城市基础设施
高质量发展探索与实践

Explorations and Practices of High-quality
Development for the Urban Infrastructure

丁　年　刘应明　主　编

陈锦全　朱安邦　汤　钟　吴　丹　副主编

深圳市城市规划设计研究院　组织编写

中国建筑工业出版社

图书在版编目（CIP）数据

城市基础设施高质量发展探索与实践 =
Explorations and Practices of High-quality
Development for the Urban Infrastructure / 丁年，
刘应明主编；陈锦全等副主编；深圳市城市规划设计研
究院组织编写. —北京：中国建筑工业出版社，2023.2
　　ISBN 978-7-112-28434-4

　　Ⅰ.①城… Ⅱ.①丁… ②刘… ③陈… ④深… Ⅲ.
①基础设施—市政工程—城市规划—研究 Ⅳ.①TU99

中国国家版本馆CIP数据核字（2023）第036689号

　　　　本书是深圳市城市规划设计研究院组织30余位技术骨干，在总结近年实践项目经验的基础上，编写的由40余篇技术论文组成的专著。全书聚焦城市基础设施高质量发展，以跨界引领发展、跨区域一体发展、跨领域协调发展和跨前沿技术融合发展为主题，以建设高质量城市基础设施体系为目标，以整体优化、协同融合为导向，响应"碳达峰""碳中和"目标要求，统筹系统与局部、存量与增量、建设与管理、灰色与绿色、传统与新型城市基础设施协调发展，系统阐述了城市基础设施高质量发展的要素，从体制机制、设施系统性、设施协同性、先进技术融合四个方面提升城市基础设施高质量发展水平。

　　　　全书不但涉及知识面广、资料翔实、内容丰富，而且集系统性、先进性、实用性和可读性于一体。本书可供城市基础设施规划建设领域工程设计人员、城镇建设管理人员以及大专院校相关专业的师生参考。

责任编辑：朱晓瑜　张智芊
文字编辑：李闻智
书籍设计：锋尚设计
责任校对：董　楠

城市基础设施高质量发展探索与实践
Explorations and Practices of High-quality Development for the Urban Infrastructure
丁　年　刘应明　主　编
陈锦全　朱安邦　汤　钟　吴　丹　副主编
深圳市城市规划设计研究院　组织编写

*
中国建筑工业出版社出版、发行（北京海淀三里河路9号）
各地新华书店、建筑书店经销
北京锋尚制版有限公司制版
廊坊市海涛印刷有限公司印刷
*
开本：787毫米×1092毫米　1/16　印张：27　字数：599千字
2023年8月第一版　　2023年8月第一次印刷
定价：**90.00**元
ISBN 978-7-112-28434-4
　　（40880）

编委会

主　　任：司马晓

常务副主任：黄卫东　俞　露

副 主 任：单　樑　杜　雁　伍　炜　李启军　丁　年　刘应明

委　　员：任心欣　李　峰　陈永海　王　健　唐圣钧　孙志超
　　　　　韩刚团　张　亮　陈锦全

编写组

策　　划：司马晓　俞　露

主　　编：丁　年　刘应明

副 主 编：陈锦全　朱安邦　汤　钟　吴　丹

编撰人员：汪　洵　刘　瑶　李　蕾　曹艳涛　关　键　孙志超
　　　　　王文倩　杨　帆　李苑君　李晓君　李　佩　江　腾
　　　　　杨　晨　钟佳志　尹丽丹　李亚坤　蒙泓延　夏煜宸
　　　　　刘　冉　申宇芳　张　捷

审核人员：彭　剑　李炳锋　曾小璜　卢媛媛　胡爱兵　杨　晨
　　　　　江　腾　杜　菲

参编人员：田　滢　梁　宏　黄垚泅　祝新源　姜　科

前　言

当前，我国已进入高质量发展阶段。2017年10月，党的十九大提出"我国经济已由高速增长阶段转向高质量发展阶段"。2021年11月，党的十九届六中全会通过了《中共中央关于党的百年奋斗重大成就和历史经验的决议》，进一步明确要求推动高质量发展。2022年11月，党的二十大报告指出，高质量发展是全面建设社会主义现代化国家的首要任务。城市高质量发展成为当下的迫切需求，也是中国现阶段推进新型城镇化的重要目标和战略导向。城镇化高质量发展的内涵可以概括为高质量的城市建设、高质量的基础设施、高质量的公共服务、高质量的人居环境、高质量的城市管理和高质量的市民化六个方面的有机统一。高质量的基础设施是经济社会发展的重要支撑，高质量的基础设施条件有利于增强经济活力，是城市高质量发展的重要体现。

2021年12月13日，国家发展改革委发布相关复函，同意深圳市开展基础设施高质量发展试点。复函要求深圳市按照基础设施高质量发展方向，统筹存量和增量、传统和新型基础设施，推动跨界引领发展、跨区域一体发展、跨领域协调发展、跨前沿技术融合发展，全面提高基础设施供给能力、质量和效率，打造系统完备、高效实用、智能绿色、安全可靠的现代化基础设施体系，尽快形成可复制可推广的经验，发挥先行示范作用。

跨界引领发展是指城市基础设施规划建设体制机制的完善：城市基础设施的高质量发展需要以体制机制完善为重点，有效解决其规划建设中的体制机制问题，推动城市基础设施"由条块到系统，从政府到市场，从环节到全生命周期"的转型发展。

跨区域一体发展的关键在于把握城市基础设施的系统性：城市基础设施是一个全局性的庞杂系统，需要我们充分认识城市基础设施的系统性、整体性，以整个城市未来的发展方向及规划作为基础，坚持先规划、后建设，发挥规划的控制和引领作用，有序推进城市基础设施建设。

跨领域协调发展的核心在于提升城市基础设施协同发展水平：关注城市基础设施优化与协调配置，实现基础设施的共建共享、空间集约节约，提升城市基础设施安全韧性水平，并打造安全可靠的城市基础设施体系。

跨前沿技术融合发展的重点在于城市基础设施与先进技术的融合发展：通过新基建赋能传统基础设施，提升基础设施网络的辐射带动作用和溢出效应。基础设施与先进技术的融合化发展是基础设施高质量发展的重要途径，加快传统基础设施智慧化升级，形成绿色智能的城市基础设施体系。

在高质量发展导向下，传统的市政基础设施逐渐向生态、韧性、智慧、集约的方向发展，以"安全、生态、空间"为核心内容的市政基础设施规划建设体制机制和技术方法成为重要的研究课题。2022年伊始，在基础设施高质量发展主题指引下，我们组织了深圳市城市规划设计研究院股份有限公司（以下简称"深规院"）技术骨干对近年来的重大项目经验进行总结，形成技术论文，并第一时间在"UPDIS市政规划研究院"公众号上发表，每周发表1~2篇，持续了将近1年时间，受到了业界广泛的关注。发表的论文以城市基础设施高质量发展为主旨，以建设高质量城市基础设施体系为目标，以整体优化、协同融合为导向，响应"碳达峰""碳中和"目标要求，旨在推进城市基础设施体系化建设，推动区域重大基础设施互联互通，促进城乡基础设施一体化发展。

本书尝试从城市基础设施规划建设的体制机制、城市基础设施的系统性、市政设施的协同性以及与先进技术融合四大方面来阐述城市基础设施高质量发展的方法、路径及实践成效。全书选取了近两年来深规院30余位技术骨干的40余篇论文，论文的选择力求契合城市基础设施高质量发展主题，既有体制机制的创新思考，也有从市政系统性解决问题的探索，既有市政协同发展的理念，也有城市基础设施与先进技术融合的路径研究。全书也集中展示了我院在城市基础设施规划建设领域的重大研究成果和实践案例，期望能为从事城市基础设施规划、设计、建设以及管理的人员提供亟待解决问题的技术方法和具有参考意义的规划案例。

深规院是伴随着深圳经济特区的发展而快速成长起来的国内一流的城市规划设计研究机构。1990年成立至今，在深圳市以及国内外200多个城市或地区完成了近4000个项目，有幸完整地跟踪了中国快速城镇化过程中的典型实践。市政规划研究院作为其下属最大的专业技术部门，拥有近180名专业技术人员，到目前已经形成了水务规划设计研究中心（暨综合管廊工程技术研究中心）、海绵城市规划研究中心（暨水污染治理技术研究中心）、生态低碳规划研究中心（暨智慧水系统技术研究中心）、可持续发展规划研究中心（暨无废城市技术研究中心）、能源与信息规划研究中心、燃气热力规划研究中心（暨区域综合能源技术研究中心）、城市安全与韧性规划研究中心、城市规划市政协同研究中心共八个优秀技术团队，是国内实力雄厚的城市基础设施规划研究专业团队之一。近年来，深规院一直深耕于城市基础设施规划和研究领域，深度参与了海绵城市、综合管廊、低碳生态、新型能源、内涝防治、智慧城市、无废城市、环境园等城市基础设施规划研究工作，积累了丰富的规划实践经验。

城市基础设施高质量发展是新时期城市规划建设工作中的重要内容，如何更好地统筹系统与局部、存量与增量、建设与管理、灰色与绿色、传统与新型城市基础设施协调发展，需要我们在理论和实践中进行创新、总结和积累。我们也衷心希望和各位有识之士共同完善和创新我国城市基础设施高质量发展理论和实践，为我国的新型城镇化建设添砖加瓦，把我们的城市建设得更加绿色、低碳、生态、宜居和美丽！

《城市基础设施高质量发展探索与实践》编写组

2023年1月

目录

第三篇　跨领域协调发展

第四篇　跨前沿技术融合发展

第一篇
跨界引领发展

　　本篇章选取了10篇论文，主要涉及设施高质量发展模式、设施空间布局和管控模式、海绵生态体制机制等多个领域和主题。以综合化的视角聚焦于基础设施规划建设体制、路径、模式及指标的研究，多层次、多维度地探索市政基础设施规划建设模式和体制机制创新，以期形成可复制、可推广的经验，为市政基础设施高质量发展提供参考和借鉴。

　　跨界引领发展的重点在于基础设施规划建设体制机制的创新与发展。当前国内市政基础设施规划建设面临体制机制不完善的问题突出。市政基础设施的高质量发展需要以体制机制完善为重点，有效解决其规划建设中的体制机制问题，推动市政基础设施"从条块到系统，从政府到市场，从环节到全生命周期"的转型发展。

高质量发展语境下
深圳市市政基础设施规划探索与思考

朱安邦　刘应明（水务规划设计研究中心）

[摘　要] 城市市政基础设施建设是城市安全有序运行的重要基础，是城市高质量发展的重要内容。坚持规划先行理念，发挥市政基础设施规划引领作用，是市政基础设施高质量发展的重要保障。当前，在高质量发展导向下，传统市政基础设施向生态、韧性、智慧、集约的方向发展；市政基础设施规划的研究方式、研究内容、技术手段、管控形式、实施要求等内涵也发生了重大的变化。深圳市在市政基础设施规划建设领域进行了一系列探索，以安全、生态、空间、智慧为核心，推进基础设施高质量规划建设。本文结合深圳实践，对深圳市高质量发展导向下市政基础设施规划实践经验进行总结，以期为市政基础设施高质量发展提供借鉴。

[关键词] 高质量发展；低碳；韧性；智慧；节约

1　引言

实现高质量发展是我国经济社会发展历史、实践和理论的统一，是开启全面建设社会主义现代化国家新征程、实现第二个百年奋斗目标的根本路径。深圳市作为首个基础设施高质量发展试点城市，旨在打造系统完备、高效实用、智能绿色、安全可靠的现代化基础设施体系，尽快形成可复制、可推广的经验，发挥先行示范作用。市政基础设施是城市基础设施的重要组成部分，坚持规划先行，发挥市政基础设施规划的引领作用，是实现市政基础设施高质量发展的重要保障。深圳市目前已经由增量发展转向存量发展，在市政基础设施规划建设过程中面临土地资源紧缺、城市高强度开发及城市建设速度快等带来的市政基础设施用地供应紧张、城市安全问题突出以及管理难度大等挑战。高质量发展是深圳市市政基础设施发展的必然趋势。

2　高质量发展的内涵

党的十八届五中全会提出了创新、协调、绿色、开放、共享的新发展理念。党的十九大报告中提出的"建立健全绿色低碳循环发展的经济体系"为新时代下高质量发展指明了方向，同时也提出了一个极为重要的时代课题。在此时代背景下，高质量发展就是坚持新发展理念，构建新的发展格局，转变发展方式，推动质量、效率、动力变革，实现更高质量、更有效率、更加公平、更可持续、更为安全的发展[1]。

市政基础设施是城市基础设施的重要组成部分，市政基础设施要实现高质量发展，需要在城市高质量发展的理念指引下，逐步向"低碳生态、韧性安全、智慧高效、集约节约"的方向发力，在质量、韧性、智慧、效率等方面取得长足进步。

3　市政基础设施发展趋势

3.1　低碳生态化

党的十八大以来，以习近平同志为核心的党中央推动生态文明建设，"绿水青山就是金山银山""推动形成绿色发展方式和生活方式，是发展观的一场深刻革命。"当前，在"双碳"背景下，推进低碳生态市政基础设施建设是持续节能减碳，引领绿色发展，各国应对气候变化、破解资源环境约束的必然要求[2]。"双碳"目标下，构建传统市政基础设施面向碳达峰、碳中和的目标和路径，持续推进低碳生态型市政技术应用（图1），对促进传统市政基础设施升级转型具有普遍的现实意义。低碳生态型市政基础设施规划建设是实现城市可持续发展，推进生态文明建设的重要一环[3]。

水资源利用	排水生态处理	能源系统	废弃物处理	其他技术
再生水利用 城市雨洪综合利用 海水综合利用 城市分质供水	初期雨水管控 水生态修复 人工湿地 污水生态处理 低影响开发 海绵城市	分布式能源 区域供冷 太阳能利用 风能利用 地热能利用 220kV/20kV系统 电动汽车充电设施	垃圾气力收集 垃圾焚烧发电 餐厨垃圾资源化利用 建筑垃圾综合利用 危险废弃物处理	综合管廊 智慧通信 智能电网

图1　低碳生态型市政技术应用

例如，污水处理厂作为温室气体的主要排放源，碳中和运行已成为未来污水处理的核心内容，开发污水处理厂潜能，采用低碳运行策略，研发与应用具有低碳运行潜力的污水处理工艺和技术是十分必要的[4]。

3.2 韧性安全化

近年来，随着城市化进程的不断加快，城市风险愈加呈现出多发性、叠加性、传导性等复杂特征，不确定因素和未知风险不断增加。自然灾害、突发重大公共卫生危机、公共冲突、环境污染等问题对城市的发展有着重大的影响。城市市政基础设施是城市赖以生存的支撑，规划建设韧性、安全的市政基础设施是城市得以稳定运行的安全保障。

在韧性城市理念下，城市水系统、能源系统、通信系统、环卫系统、防灾系统等基础设施都将面临新的规划发展要求，韧性基础设施规划趋向于多样性、冗余性、灵活性的基础设施（表1）[5]。例如，城市水系统的韧性提升，强调以水为核心对象，统筹涉水专业，全过程统筹城市水安全、水生态、水环境、水资源，强调不同系统间的协作，以达到城市韧性的最优组合[6]。在城市废弃物利用规划中，强调废弃物的多样化利用，减少废弃物产生，建设"无废城市"[7]。

韧性城市理念对市政基础设施规划领域的影响分析表　　　表1

基础设施类别	传统城市规划	韧性城市规划
给水工程	集中供水、区域供水	多水源供水、常规供水与应急供水相结合
污水工程	区域污水集中处理	适度集中与分散相结合、分布式污水处理
雨水工程	灰色基础设施	海绵城市、绿色基础设施
供电工程	单电源或双电源，管线直埋	多电源、综合管廊
通信工程	直埋管线	综合管廊
燃气工程	天然气管网	电能、太阳能、天然气等多样化清洁能源系统
供热工程	集中供热	集中供热与分布式能源结合

3.3 智慧高效化

智慧高效的治理模式正在发生重大变革，数字化—信息化—智能化—网络化逐渐成为新时代的重要发展趋势。智慧市政基础设施是增强我国城市市政基础设施精细化管理水平，提升市政基础设施公共服务水平的重要抓手[8]。实现智慧高效的运行管理模式，需要相应的基础设施作为支撑。构建泛在感知网络，推动智慧交通、智慧能源、智慧市政、智慧社区等应用落地，全面提升城市治理水平。

比如"新基建"中5G设施的规划建设，有助于城市感知数据的互联互通、智慧城市业务融合，推动传统市政基础设施的发展转型，促进生活服务的便捷，经济社会的高质量发展。

3.4 集约节约化

高质量发展内涵下，保障城市的可持续发展，集约节约利用土地资源，调整生活方式，改善生活品质是当前城市规划建设的重要课题。土地作为一种资源，其空间承载力水平是衡量城市高品质发展的重要指标。提高城市土地集约度，是实现城市可持续发展的重要途径。

市政基础设施集约化是体现绿色生态、高效集约的高质量建设理念。市政基础设施集约节约利用土地可以显著提高基础设施在城市更新、旧城改造中的设施落地性，顺应城市发展的要求。例如，市政综合园可以充分协调各类"邻避型"市政设施的防护距离，将各类市政设施集中放置，这样可以减少"邻避效应"[9]。

4 高质量发展导向下市政基础设施规划思路及理念

市政基础设施规划需要适应高质量发展需求，在规划建设过程中更低碳生态、更韧性安全、更智慧高效、更集约节约。为更好地契合市政基础设施新的发展趋势，融入生态文明理念，实现市政基础设施高质量发展需要，市政基础设施规划的发展和创新主要体现在规划内容、研究方式、技术手段、管控形式、规划实施等方面。

4.1 规划内容：由传统到新型

随着城市的发展，市政基础设施的规划内容也一直在发展、变化。新时代高质量发展的市政基础设施规划内容，一方面是传统市政基础设施的延续和效率提升；另一方面也是应对新的需求，新的市政基础设施的布局和落实。

传统的市政基础设施规划包括给水工程、污水工程、雨水工程、供电工程、通信工程、燃气工程、供热工程、环卫工程等规划内容。

高质量发展目标导向下，需要将生态文明理念融入市政基础设施规划建设全过程。在实践过程中，市政基础设施规划在传统市政规划内容的基础上不断拓展和延伸，其类型和内涵不断充实和丰富。发展出了竖向工程、管线综合、再生水利用、消防工程、应急避难场所等新型的规划内容；此外，为解决城市现状问题的市政新课题也不断发展，近年来发展出海绵城市、综合管廊、水系规划、排水防涝、黑臭水体、电动汽车充电基础设施、区域集中供冷工程、地下空间等新的规划内容（图2）。

4.2 研究方式：由条块到系统

目前，市政基础设施缺乏"系统统筹"概念，难以形成集约高效的"统一体"。市政基础设施高质量发展需要以"系统统筹"为抓手，整合各类型市政基础设施，包括水、能源、通信、环卫、防灾以及各类新型基础设施等，通过构建"规划一张蓝图"，来有效解决各个

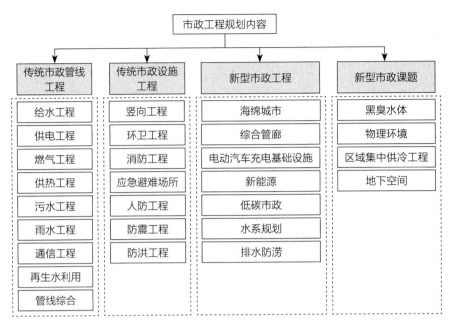

图2　市政基础设施规划内容结构图

条块之间的"统分问题"。在此基础上，市政基础设施规划研究方式，也应该打破原有规划编制方式，由各部门"关起门来编规划"转变为"参与式规划编制"，由原来"单一专业规划"转变为"多专业系统集成规划"。比如市政详细规划，作为市政基础设施规划的一类，就是通过"系统统筹"优化各类市政基础设施及管线空间布局，使得各类市政基础设施之间实现利用空间的集约节约，统筹各类市政基础设施与开发建设时序，更好地为城市开发建设服务。

4.3　技术手段：由常规到前沿技术

在市政基础设施不断革新发展的过程中，相应的规划技术手段也应随着技术的进步而同时演进。伴随信息通信技术的发展，以移动互联网、大数据与云计算、人工智能、物联网、区块链、虚拟现实和机器人自动化等新技术，共同促进信息化向数字化的转型（图3）。

在高质量发展导向下，规划需要应对新技术变化带来的影响，并对此进行响应。推动规划新技术的应用，比如打造城市信息模型基础平台，构建数字孪生城市，并通过平台构建"数字化、网络化、智能化"的基础设施规划体系。

4.4　管控形式：由粗放到精细

在高质量发展导向下，以信息化促进治理升级，实现城市空间由粗放向精细化管控是新时代发展的要求。在新时代治理升级驱动下，面向空间规划全生命周期的管控，不仅需要新理念、新方法的支撑，更需要充分利用新一代信息技术对规划编制、审查、实施、监测、评

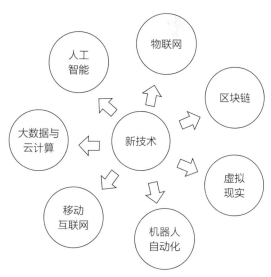

图3 未来城市的新技术应用场景示意图

估、预警全环节数字化、智慧化赋能，实现全要素覆盖、全专业协同，满足城市精细化治理需求[10]。《中共中央 国务院关于建立国土空间规划体系并监督实施的若干意见》指出，践行"以信息化促进城市治理模式更新"的新发展思路，抓住数字孪生城市建设新机遇，依托新一代信息技术赋能国土空间规划的全要素管控和城市精细化治理。

4.5 规划实施：由静态向动态

城市规划是一个动态过程，受限于传统的技术方法和思维理念，传统的规划方式以静态、蓝图远景式规划为主要理念。然而当前的经济、社会环境快速变化，规划实施过程中，面临诸多不确定性[11]。这种不确定性强调规划实施的动态性和规划弹性。因此，市政基础设施规划在实施过程中，需要面对这种变化，并预留一定弹性，由原来"静态"的视角转变为"动态"的视角。

5 市政规划3.0——深圳市高质量市政基础设施规划探索

深圳市在市政基础设施规划领域前瞻性地把握基础设施发展趋势，持续践行高质量发展理念。伴随深圳市城市规划制度的发展过程，作为城市规划体系子系统的市政工程专项规划体系，也伴随众多市政工程专项的编制及城市建设实践而逐渐清晰，逐步由市政规划1.0向市政规划3.0升级转变。

市政规划3.0是在建设生态文明及国土空间规划的背景下，市政基础设施规划面向高质量发展的一次探索。在市政规划1.0阶段，市政基础设施规划往往作为"配套规划"或"从属规划"，各类市政规划往往由多个部门编制，并相对独立存在。在市政规划2.0阶段，市政基础设施规划逐步走向"多规合一"及"一张图规划",并通过"一张蓝图"实现各层面要素的管控。在生态文明背景下,要适应城市发展要求,融入"生态、韧性、集约、智慧"等理念,聚焦"安全、生态、空间",从规划内容、研究方式、技术手段、管控形式、规划实施等层面进行探索,形成先进理念下动态的"规划一张图"。重点体现在"安全韧性为本,提升综合承载力""生态环境优先,践行低碳生态理念""空间集约节约,适应高强度开发"等方面。

5.1 安全韧性为本,提升综合承载力

市政基础设施的稳定运行是城市能够具有安全韧性的重要基础。近年来,深圳市高度关注城市的安全与韧性,建设韧性城市成为各界的共识。规划采用"缓冲性""多功能性""冗余性""多样性""自适应"的规划策略,构建安全韧性的市政系统。比如,冗余性策略是通过增加备用系统来提升韧性,当基础设施工程受到灾害冲击而出现问题时,可以启用备用系统,从而确保功能正常发挥或尽快恢复功能。在市政规划过程中,设施及管网的弹性系数采用1.1~1.3来预留相应的设施用地及计算管道规格,保障了市政基础设施及管网的弹性。在无法对将来变化、冲击、扰动进行准确认知的前提下,深圳市给水系统规划中,采用"自适应"策略,通过水厂管网"互联互通规划"应对突发情况对给水厂的冲击。

5.2 生态环境优先,践行低碳生态理念

深圳市一直将绿色可持续作为规划建设主线,坚持组团式结构、划定基本生态控制线,守住了山海资源,形成"山、海、城相依"格局。在市政基础设施领域,在规划阶段推行低碳生态理念,可以增强实施的可操作性。努力探索在城市发展中可以有效节能减排的循环经济、清洁生产、低影响开发、绿色建筑等一系列技术手段,系统推进低碳生态理念在市政领域的技术推广与落实,是打造低碳生态的市政基础设施体系的关键。比如在垃圾综合处理及利用规划中,遵循循环经济理念,充分体现生活垃圾处理全过程的资源和能源再利用,并实现生活垃圾处理产业链的协调发展。切实提高生活垃圾减量化、资源化、无害化水平,促进垃圾处理结构的调整。深圳市规划建设多处垃圾综合处理循环经济园区(环境园)来解决城市环卫困境(图4)。

5.3 空间集约节约,适应高强度开发

城市空间是一种资源,面对城市高强度开发时用地矛盾日益突出的问题,市政基础设施逐渐向"地下化""小型化""景观化""人性化"转变发展。随着城市功能提升、土地开发强度提高、服务水平提升和行业格局发生变化等新情况出现,多元化集约式建设基础设施的条件日趋成熟。目前,深圳市市政基础设施也逐步从分散的单独占地建设方式更多地向集约节约用地转型(图5)。例如,在前海合作区因土地资源紧缺而大规模采取都市综合体为主

图4　深圳市老虎坑环境园实拍图

图5　地下综合管廊实拍图

的单元开发模式。市政规划除保留现状南山污水处理厂和南油调压站外，仅规划新增2座单独占地的220kV/20kV变电站，其他规划新增的9座220kV/20kV变电站、7座区域供冷站、3座集约式通信机楼、3座消防站（含1座特勤站）、11座垃圾转运站及大量中小型设施均采取附设方式附建在各单元内，按建筑面积进行控制[12]。

6　总结

在高质量发展的内涵指引下，传统市政基础设施逐步向"低碳生态、韧性安全、智慧高效、集约节约"的方向发展。市政基础设施规划需要适应高质量发展需求，契合市政基础设施新的发展趋势，融入生态文明理念，实现市政基础设施高质量发展需要。市政规划3.0是深圳市在建设生态文明及国土空间规划的背景下，市政基础设施规划聚焦"安全、生态、空间"，面向高质量发展的探索。

参考文献

[1]　徐勤政，杨浚，石晓冬. 面向首都综合治理的北京市国土空间规划实践与思考[J]. 城市与区域规划研究，2020，12（1）：107-119.

[2]　靳利飞，孟旭光，刘天科. 面向生态文明的国土空间规划关键问题研究[J]. 规划师，2021，37（19）：65-71.

[3]　俞露，曾小缤. 低碳生态市政基础设施规划与管理[M]. 北京：中国建筑工业出版社，2018.

[4]　杨庆，王亚鑫，曹效鑫，等. 污水处理碳中和运行技术研究进展[J]. 北京工业大学学报，2022（3）：1-14.

[5]　陈智乾. 韧性城市理念下的市政基础设施规划策略初探[J]. 城市与减灾，2021（6）：36-42.

［6］ 周昕怡，孙宏扬. 韧性城市理念下水系统规划策略［J］. 净水技术，2021，40（S2）：41-45.

［7］ 郑馨，卢萌萌. 韧性城市理念下城市废弃物的利用设计研究［J］. 美与时代（城市版），2018（7）：1-2.

［8］ 盛勇，程子韬，蔡蓁，等. 新型智慧市政设施建设和产业化推进策略研究［J］. 城市道桥与防洪，2018（7）：268-270，26.

［9］ 闫萍，戴慎志. 集约用地背景下的市政基础设施整合规划研究［J］. 城市规划学刊，2010（1）：109-115.

［10］李媛媛. 国土空间规划全生命周期管控指标体系思考——以雄安数字孪生城市建设实践为例［C］//创新技术·赋能规划·慧享未来——2021年中国城市规划信息化年会论文集，2021：8-12.

［11］武占云. 智慧城市背景下的城市规划取向［J］. 城市，2017（5）：36-41.

［12］陈永海. 深圳交通市政基础设施集约建设案例分析［C］//多元与包容——2012中国城市规划年会论文集，2012：330-342.

高质量发展背景下市政设施用地功能优化研究
——以深圳市宝安区为例

汪洶　陈铸昊（水务规划设计研究中心）

［摘　要］ 高质量发展是实现人民美好生活的必然方向，但是目前深圳市宝安区的土地资源十分紧张，大部分城市区域建设密度较高、缺乏增量空间，未来需要依赖存量用地的再开发利用。在此背景下，如何保障市政基础设施的建设空间，成为支撑城市高质量发展的重要课题。本次研究以深圳市宝安区为例，通过分析市政系统现状特征和面临的困境，识别市政设施复合建设条件，提出符合宝安城市特征的市政设施用地功能优化策略，以实现市政基础设施用地功能的优化利用。

［关键词］ 高质量发展；市政基础设施；用地功能优化

1　引言

深圳市宝安区作为粤港澳大湾区经济发展的核心地带，其城市定位正快速提升。在"双区"驱动、"双区"叠加、实施基础设施高质量发展试点以及前海扩区等重大历史机遇下，为了实现宝安区的高质量发展，城市市政基础设施的支撑水平需要得到有效提升。

目前，宝安区的土地资源十分紧张，大部分城市区域建设密度较高，增量空间匮乏，未来需要以存量用地再开发为主。与此同时，部分老旧市政设施依据过去的标准和规范建设，存在用地空间浪费严重问题；一些厌恶类市政设施选址长期难以落地，特别是变电站、垃圾转运站等，对于市政负荷持续增长的区域，供给难以得到充分保障。

在此背景下，宝安区亟需通过资源整合与空间腾挪，提升土地利用效率，保障市政基础设施的建设空间，为市政系统安全稳定运行提供有力支持。

2　宝安区市政系统现状特征和面临的困境

2.1　市政系统容量偏紧，供给面临压力

由于宝安区现状人口规模、土地规模体量巨大，宝安区各项市政用量绝对值基本都位列全市各区第一；但就人均供给能力而言，宝安目前的水平仍明显低于南山区、福田区、罗

湖区等原特区内的地区，个别指标甚至低于全市平均值。尤其给水、污水、天然气和环卫等设施的服务能力难以满足当前需求，已无余量可言；变电站系统容载比更已经低于《深圳市城市规划标准与准则》（以下简称《深标》）的要求，在全市各区中排名靠后。宝安区2018年市政用量与福田区、全市均值对比情况见表1。

宝安区2018年市政用量与福田区、全市均值对比情况一览表　　　　表1

类型	宝安区		福田区		深圳市	
	总量	人均量	总量	人均量	总量	人均量
人口规模	325.78万人	—	163.37万人	—	1302.66万人	—
土地面积	396.61km²	121.74m²	78.66km²	48.15m²	1997.47km²	153.34m²
给水量	3.97亿m³	121.86m³	2.44亿m³	149.35m³	17.95亿m³	137.79m³
污水量（日均）	108万m³	0.33m³	50万m³	0.31m³	476万m³	0.36m³
电力负荷	436万kW	1.34kW	164.6万kW	1.01kW	1626万kW	1.25kW
固定电话	85万线	0.26线	96.8万线	0.59线	478.30万线	0.36线
移动电话	628万户	1.93户	406万户	2.48户	2978万户	2.28户
天然气用气量	1.8亿m³	55.25m³	1.21亿m³	74.06m³	18.11亿m³	139m³
瓶装气用气量	10万t/a	0.03t/a	1.5万t/a	0.01t/a	63.73万t/a	0.05t/a

注：数据引自《深圳统计年鉴2019》《宝安区综合市政详细规划》等。

2.2　部分设施土地利用率低，亟待升级

原宝安县作为深圳市的前身，拥有全市最老的片区，这些片区的市政设施老化、破损的情况比较普遍，亟需更新、升级、改造。例如：某220kV变电站，于1988年建成，用地面积超3.6hm²（按《深标》最大仅需8000m²），土地利用效率过低；现状通信机楼、邮政支局以独立占地建设为主，大部分设施的建筑功能单一，净容积率较低（以0.5～1.5居多），不符合土地资源集约利用要求。

2.3　城市安全存在隐患，设施亟需扩容

宝安区面临城市安全隐患，相关设施亟需扩容。例如：水安全方面，宝安区约有20%的面积处于沿海低洼区，在大规模开发建设后城市不透水面积增加，雨水汇流时间缩短、径流峰值加大，蓄排设施需要完善。消防保障方面，现阶段宝安区下辖的消防队责任区范围均大于7km²，消防车到达责任区最远端所需要的实际时间超过20min，虽然近年来多座城市消防站建成和陆续投入执勤使用，情况有所缓解，但空港新城、沙井等片区仍然存在消防力量缺口。

2.4 城市风貌融合较差，缺少外观设计

过去的标准规范中对市政设施建设主要是注重功能实现，对建筑风貌设计缺乏要求。由于建筑外观与周边城市建筑融合性较差，尤其早期建成的市政设施老化、陈旧，并且部分设施噪声、气味控制效果不佳，给周边生活的群众造成了不愉快的心理感受。

2.5 "邻避效应"下，厌恶型设施选址困难

市政设施，特别是变电站、垃圾转运站等厌恶型设施难以落地，对于持续增长的市政负荷需求，原有配套不足，难以有效保障城市发展和服务需求。

3 宝安区市政基础设施用地条件

3.1 宝安区市政设施分类

根据《深标》中的市政设施类型，宝安区现有的市政设施主要分为给水、排水、电力、通信、燃气、环卫和消防7大类，共37个子项（不包括废物箱、垃圾收集点等基本不需要独立占地的设施）。宝安区市政设施分类情况详见表2。

宝安区市政设施分类情况　　　　　表2

序号	设施大类	设施类型	序号	设施大类	设施类型
1	给水设施	给水厂	14	燃气设施	液化天然气气化站
2		给水泵站	15		天然气区域调压站
3	排水设施	污水处理厂	16		液化石油气储存站
4		污水泵站	17		液化石油气储配站
5		雨水泵站	18		液化石油气灌装站
6	电力设施	电厂	19		瓶装液化石油气供应站
7		变电站	20	通信设施	通信机楼
8	燃气设施	液化天然气接收站	21		通信机房指片区汇聚机房
9		液化天然气分输站	22		移动通信基站
10		液化天然气门站	23		邮件处理中心
11		液化天然气储备库	24		邮政支局
12		液化天然气调峰应急站	25		邮政所
13		压缩天然气加气母站	26	环卫设施	公共厕所

续表

序号	设施大类	设施类型	序号	设施大类	设施类型
27	环卫设施	垃圾转运站	33	环卫设施	其他固体废弃物处理厂
28		再生资源回收站	34		环境卫生车辆停车场
29		生活垃圾卫生填埋场	35		环卫工人作息场所
30		生活垃圾焚烧厂	36	消防设施	陆上消防站
31		危险废弃物处理设施	37		水上（海上）消防站
32		余泥渣土受纳场			

3.2 市政用地现状情况

宝安区现有市政场站563座，建成区市政场站空间密度约2座/km²。对于各类市政设施的建设形式来说：现状给水厂、水质净化厂、变电站、天然气区域调压站、液化石油气储配站均独立占地；现状给水泵站、排水泵站、瓶装液化石油气供应站、通信机楼、公共厕所、垃圾转运站、消防站点部分独立占地，部分采用附建或合建的建设形式。宝安区110kV变电站、雨水泵站、液化石油气储配站、大型垃圾转运站4类市政设施现状建设形式见图1。

（a）110kV变电站

（b）雨水泵站

（c）液化石油气储配站

（d）大型垃圾转运站

图1　宝安区市政设施现状建设形式示意图

3.3　市政负荷预测分析

根据现状市政设施规模，综合考虑规划建设用地、城市更新、人口增长等因素，采用单位用地（建筑）指标法作为主要的预测方法，并采用人均用量法进行反向校核，获得较为合理的市政负荷预测结果。根据相关规划研究结论，宝安区各专业市政负荷（除瓶装气外）较现状量都出现了大幅增长，分析结论详见表3。因此，市政设施应根据以上分析结论，确定改（扩）建、新增、预留等配置要求。

宝安区各专业市政负荷预测情况一览表　　　　　　　表3

市政负荷类型	预测增量	市政负荷类型	预测增量
给水量	翻倍	移动通信/移动宽带	少量增长
污水量	翻倍	有线电视	约增长150%
电力负荷	至少增长60%	天然气用量	至少翻4倍
固定电话/宽带	至少增长250%	瓶装气用量	减少到25%

注：市政预测结论引自《宝安区综合市政详细规划》。

3.4　市政用地兼容性分析

深圳市已经出台的相应政策文件指出，在充分保障各类公共设施建设规模和使用功能的基础上，鼓励公共管理与服务设施用地（GIC）、交通设施用地（S）、公用设施用地（U）与各类用地混合使用，提高土地利用效率。具体来说：鼓励轨道交通、商业或轨道交通、居住用地混合使用；允许市政公用设施、绿地/文体设施/交通场站混合使用；允许文体设施、商业用地混合使用。

但在项目实施前，需要充分考虑市政设施用地的兼容性，考虑不同类型市政设施之间以及与其他非市政设施，采用同地块共同建设、邻近建设、地上地下立体建设等共建形式，本次研究基于功能运行影响、防护卫生距离、建设形式特点等要求，判断兼容程度。主要分析对象为宝安区现状及规划的市政设施类型，其他用地则包括居住用地、商业服务业用地、文体设施用地、医疗卫生用地、教育设施用地、社会福利用地、交通场站用地、绿地及广场用地等。宝安区市政设施用地兼容性分析情况见表4。

宝安区市政设施用地兼容性分析情况一览表　　　　表4

设施大类	设施类型	市政设施之间兼容性分析 （1~5分）	市政设施与其他类型用地 兼容性分析 （1~5分）
给水设施	给水厂	1	1
	市政给水加压泵站	1	1
	原水泵站	1	1

续表

设施大类	设施类型	市政设施之间兼容性分析 （1~5分）	市政设施与其他类型用地 兼容性分析 （1~5分）
污水设施	水质净化厂	5	2
	应急污水处理设施	5	2
	截污泵站	5	2
雨水设施	雨水（排涝）泵站	5	2
	雨水调蓄设施	4	2
再生水设施	再生水水厂（设施）	1	2
	再生水泵站	2	3
电力设施	500kV变电站	3	4
	220kV变电站	3	4
	110kV变电站	3	4
通信设施	通信机楼	3	1
燃气设施	天然气区域调压站	3	1
	液化石油气储配站	2	1
	液化石油气瓶装供应站	2	1
环卫设施	垃圾转运站	3	3
	垃圾填埋场	2	1
	垃圾焚烧场	2	1
	餐厨垃圾回收厂	2	1
	污泥厂、底泥厂	2	1
消防设施	城市消防站	4	3

注：兼容性分析（1~5分）判断标准，5分为兼容性最强，与多种设施或用地均可共建共享；1分为兼容性最差，与不推荐采用共建共享的建设形式或仅能和少量特殊设施进行共建共享。

　　市政设施之间的兼容情况：污水设施、雨水设施与其他类型市政设施之间共建共享的兼容性最强，电力设施、通信设施、燃气设施、环卫设施、消防设施、管廊设施次之，而给水设施、再生水设施、污泥（底泥）厂的兼容性最差。

　　市政设施与其他类型用地的兼容情况：管廊设施、电力设施与其他类型用地兼容性最强，其中管廊设施为附建式。消防设施、转运站、污水设施、雨水设施、再生水设施次之，而给水设施、通信设施、燃气设施、环卫设施等厌恶类设施的兼容性是最差的。绿地、广场用地与所有的市政设施均可相容，文体设施用地、工业用地、物流仓储用地、交通设施用地与多种市政设施可共建。

4 市政基础设施用地功能优化策略

4.1 城市用地空间挖潜

（1）优先挖掘U类用地

在未利用或未完全利用的U类用地中，尽可能挖掘可利用用地。

以环卫设施为例：按照《深标》，独立占地的小型垃圾转运站用地面积为500～800m²。若采用全地下建设，由于需要设置良好的通风除臭、污水收集设备，用地面积则需要800～1000m²。有部分U类用地有少量剩余用地的，视情况充分发掘。

对于占地面积较大的变电站，可对其进行集约化改造，提高土地资源利用率。如可原址升压成为更高级别的变电站或与写字楼、保障房、公园（缓解绿地占补平衡难题）共建共享。又如110kV沙井变电站，适时升压改造为220kV变电站；110kV宝安变电站用地到期后，可考虑更新为变电站与其他功能组合使用。

对于已建消防站，考虑到消防站自身的安全防护要求，再考虑将其他设施建造其中可行性不高，应重点考虑其消防功能的多样化，如增加消防宣传和消防体验功能，定期开放。间接降低其他安全体验设施的用地。对于规划消防站，应充分参考在建凤凰消防站及宝安中心区特勤消防站的建设经验，充分考虑人才保障房用地需求及其他可兼容的设施用地需求，提高土地利用效率。包括与保障房、医疗、公安、交警等相关设施合建等。

（2）挖潜公园与绿地

公园绿地往往布局分散且占地面积较大，若这类用地的地下空间暂无利用，其地下空间可以结合规划建设排水泵站、垃圾转运站等市政设施。

（3）结合城市更新落实市政设施

宝安区具有较大体量的城市更新片区，且更新片区现状往往存在市政基础设施配置缺口。因此，在技术方案可行，消防、邻避等安全条件满足的前提下，市政设施可尽量与城市更新相结合，利用边角地、夹心地、插花地等零星空间地下配设适宜的市政设施，与开发主体协商利用独立占地的市政设施进行合建、加建，提高土地利用效率及更新单元对基础设施、公共设施的贡献。在城市更新单元落实市政设施共建共享，项目操作便利性和实施效率也能进一步提高。

4.2 隐形化、景观化建设

在基础设施高质量发展的背景下，应当对市政基础设施的建筑风貌设计提出更高要求，并且与周边城市形成良好融合[1]。满足市政基础设施功能完备、运行安全的基本条件后，地下化建设、融入其他建筑内部、采取与周边建筑形态统一或外立面景观绿化等形式，都可以优化建筑风貌，有效提升宝安区的整体城市品质。

以宝安区沙井水质净化厂三期为例：通过半地下建设水厂主体结构并上盖体育公园的形

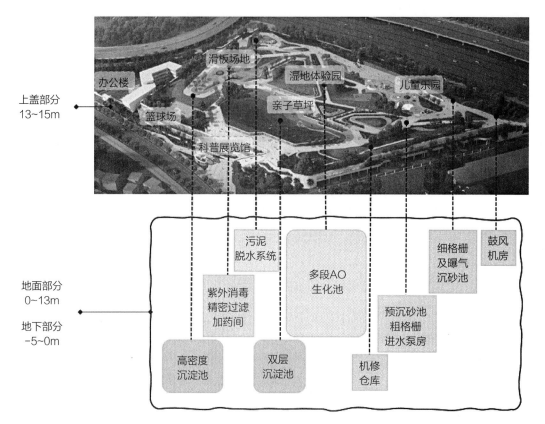

图2　宝安沙井水质净化厂三期立体建设布局示意图

式进行建设，大面积的公园绿化显著提升了区域景观，有效缓解了"邻避效应"。具体布局：在上盖部分设有停车场，为城市增加了公共停车位数量；设置篮球场、滑板场地等，增加了市民休闲运动场所；优化除臭系统布置，其通风廊（塔）则隐身化于上盖建筑物中，尽量消除臭气影响。沙井水质净化厂三期立体建设布局见图2。

4.3　集约建设与复合利用

在用地面积小于1hm²的尺度下，可以通过单一地块实现更多建筑功能。考虑到宝安区高密度发展带来的消防压力，在建的凤凰消防站，就在独立的地块内整合了消防站和保障房两种功能。该项目用地面积约6000m²，总建筑面积大于28000m²，其中地上建筑中包含训练塔、保障房、消防站业务楼等建（构）筑物，地下部分包含停车库、小型停车位及设备用房等建（构）筑物。

在用地面积为1～3hm²的尺度下，还可以尝试将更多建筑功能整合在一起，实现多种功能建筑集聚建设的"市政综合体"。虽然宝安区目前没有相应案例，但可以考虑在海洋新城、宝安中心区等高密度开发片区，将公园广场、消防场站、文体设施、环卫设施、能源站、公交场站、安居房等建筑单位，整合在独立的地块单元内，实现"市政综合体"[2]。市

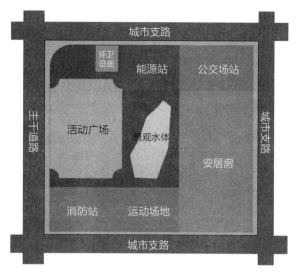

图3　市政综合体示意图

政综合体示意见图3。

在用地面积大于3hm²的尺度下，市政设施集约建设与复合利用的实例中，以污水处理厂的集约建设最为丰富。经整理宝安区与国内外其他地下/半地下形式建设污水处理厂的主要设计参数（表5），可以发现该建设形式下设施单位面积处理能力为2万～3万t/（d·hm²），集约化程度最高的可达10万t/（d·hm²），显著高于《深标》中1万～2万t/（d·hm²）的标准，并且可以实现丰富的城市公共服务功能，用地空间利用优化明显。

宝安区与国内外其他地下/半地下形式建设污水处理厂的主要设计参数对比情况一览表　　　　表5

序号	水厂名称	位置	占地面积（hm²）	处理能力（万t/d）	每公顷用地对应的处理能力（万t/d）	主要处理工艺	建设形式
1	沙井污水处理厂二期	深圳市宝安区	13.69	35	2.55	多段强化脱氮改良型A2/O生化处理	上盖沙井街道体育公园
2	沙井水质净化厂三期	深圳市宝安区	6.19	20	3.23	多段AO生物池+矩形双层沉淀池+高密度沉淀池+滤布滤池	双层覆盖半地下式结构形式，上盖市政公园
3	固戍水质净化厂二期	深圳市宝安区	15.14	32	2.11	生化处理工艺和深度处理设施	半地下式，地面建设停车场和生态体育公园
4	青岛高新区地下污水厂	山东省青岛市	6.35	18	2.83	改良A2O-MBBR+纤维转盘滤池	全地下式，上方为草坪

续表

序号	水厂名称	位置	占地面积（hm²）	处理能力（万t/d）	每公顷用地对应的处理能力（万t/d）	主要处理工艺	建设形式
5	马来西亚 Pantai 污水处理厂	马来西亚	15	32	2.13	改良A2O+周进周出矩形沉淀池，超滤+臭氧深度处理	全地下式，上盖活水公园、环保展馆、文化广场、运动场及商业街等
6	法国马赛 Géolide 污水处理厂	法国马赛	3	30	10	ACTIFLO®高效沉淀池和Biostyr®曝气生物滤池	上盖足球场
7	日本有明水再生中心	日本	4.66	12	2.57	A2O法与生物膜过滤，臭氧及纤维过滤深度处理	全地下式，上盖江东区体育馆、游泳池、健身房、网球场等
8	美国加州 Donald C. Tillman 再生水厂	美国加州	36	30	0.83	活性污泥法	污水厂的办公楼将一个日本花园和污水厂曝气池完美相连

4.4　新技术应用

市政设施建设需要结合最新的科学技术，并考虑既有项目的实施情况和技术应用成熟度，实现用地的高效集约[3]。

同样位于深圳市的罗湖区东湖水厂扩建改造工程，可以为宝安区的水厂扩容提供参考。该厂由于受周边重大基础设施限制，扩建改造无法大面积新征用地，并且需要保障改造期间30万m³/d的供水能力，此外还需增加同规模的深度处理和污泥处理系统，预计扩能至60万m³/d。因此，该厂采用叠合式设计、应用BIM技术，实现高效池型、紧凑归并、组合搭配、叠建布置等一系列集约化设计，扩建后用地指标为0.094m²/（m³/d），仅为技术规范要求的1/3。深圳市东湖水厂集约化建设效果见图4。

图4　深圳东湖水厂集约化建设效果图

5　结论与展望

在高质量发展背景下，本次研究通过分析宝安区市政系统现状特征和面临的困境，识别市政设施用地条件，提出符合宝安区城市特征的用地功能优化策略，以及可借鉴建设案例，实现市政基础设施用地功能的优化利用，并从以下三个层面助力城市高质量发展：

首先，推动宝安区完善市政基础设施系统，满足城市增长需求，提升城市整体服务水平和发展支撑能力；然后，通过设施的集约建设，充分释放用地空间，进一步为各类城市公共配套服务设施建设提供空间；此外，还需要紧跟技术发展新趋势，落实新型市政基础设施建设的理念和要求，提升市政系统水平。

在接下来的工作中，建议宝安区根据市政设施的用地条件，进一步优化用地功能，明确实施时序，保障城市高质量发展目标得以实现。

参考文献 _____

[1]　钱少华. 城市基础设施集约化、隐形化、景观化规划探索与实践 [J]. 上海城市规划，2016（2）：8.

[2]　蓝健，胡楠. 市政综合体——南京国际路市政综合体设计概述 [J]. 建筑与文化，2019（12）：2.

[3]　周彦灵，夏小青，覃露才，等. 市政基础设施集约化建设策略研究 [C] //城市基础设施高质量发展——2019年工程规划学术研讨会论文集（上册），2019：74-83.

海绵城市建设专项规划实施评估体系构建思路

王文倩（海绵城市规划研究中心）

[摘　要]　海绵城市作为新型的城市发展理念和建设方式，自2016年起，全国各市、县开展编制了大量的海绵城市专项规划，随着"十三五"的收官，大部分城市的近期规划已到期，本文从规划编制、规划实施与规划效果三个层面，探究了海绵城市建设专项规划实施评估体系的构建思路，并对深圳市的评估情况进行总结，希望能为全国海绵城市建设由试点转向全面铺开的"后海绵时代"提供可参考的工作思路。

[关键词]　海绵城市；规划实施评估体系；规划优化

1　引言

《中华人民共和国城乡规划法》明确要求将规划实施情况的评估作为总规层面城乡规划修改的基本步骤。我国的国土空间规划体制改革也进一步强调了规划实施评估的重要作用，并将国土空间规划实施评估作为国土空间规划编制的例行任务之一[1]。当前我国开展的规划实施评估工作主要在总规层面进行。

2016年，住房和城乡建设部印发的《海绵城市专项规划编制暂行规定》专项指导各地的规划编制工作，随后全国各地开展了大量的海绵城市建设专项规划编制工作。在当时规划体系尚未改革的背景下，海绵城市专项规划的定位是作为城市总体规划的重要组成，需统筹考虑水、绿、城等多要素的融合衔接[2]，规划编制工作要求新、时间紧、任务重、系统性强，大部分城市存在边学习边编制的情况。随着"十三五"的收官，各地海绵城市建设专项规划的近期规划时限也已到达，而关于海绵城市专项规划实施评估体系的研究，目前尚属空白，故本次将在空间规划体系重构的大背景下，结合国家海绵城市建设的最新要求，提出海绵城市专项规划实施情况评估体系构建的初步思路。

2　评估体系构建的初步思路

2.1　海绵城市建设专项规划概述

国家对海绵城市建设专项规划编制的规定要求发布较早，彼时我国的规划体系改革工作还未全面开展，故基于编制规定发布时间点下的规划体系，提出了海绵城市建设专项规划应充分融合规划体系的要求。如在当时城市总体规划的用地布局和空间管控、生态环境、资源综合利用等方面，需应用海绵城市专项规划的成果，并提出相应的管控要求；城市涉水规划、竖向规划、绿地规划等专项规划应与海绵城市专项规划做好协调衔接等。

海绵城市专项规划应当基于对本底条件的分析判断来制定建设目标，并在目标和问题双重导向下提出海绵城市建设的总体思路与具体方案，方案包括基于建设形态及条件下的分区指引、绿色系统性基础设施布局以及具体的管控要求等，并同步制定近期建设计划。

2.2 评估目的与意义

目前我国的规划评估工作主要作为规划修编的必要程序而组织开展，在规划体系改革前，对总规的实施情况进行分析、评价、检讨，一直是过去开展城市总体规划修编的基础支撑性工作[3]。而在国务院发布的指导意见中早已明确了海绵城市建设的2020年和2030年两个近远期时间节点，要求2030年80%以上的城市建成区需实现海绵城市目标。因而对海绵城市建设专项规划的实施评估工作应更聚焦于指导实施层面的工作不断提升完善，而并非主要用于支撑规划成果版本的迭代修订。

对海绵城市建设专项规划开展实施情况评估的主要意义体现在如下三方面：一是及时发现规划实施中存在的问题与难点，并提出解决建议，进一步提高相关规划管理工作与政府决策的科学性，为海绵城市由试点建设迈入常态化建设的新时期提供工作思路；二是了解海绵城市专项规划在空间管控上的成效，可以为国土空间规划中涉水、涉绿空间相关内容的编制提供支撑；三是随着国家对海绵城市建设的要求与评价标准更明确，现有的海绵城市建设专项规划的适应性也亟需科学评估，确保规划目标与国家总体要求相一致。

2.3 评估体系构建初步思路

（1）评估体系总体框架

参考国内外规划实施评估体系的构建，海绵城市建设专项规划的实施评估可从规划编制、规划实施与规划效果三个层面开展[4]，如图1所示。其中各方面也相互影响，如规划编制的科学性与可操作性对规划实施会产生影响，规划实施情况也将直接影响规划效果的发挥。

（2）评价层面解析

规划编制层面的评价是从科学合理性、成果适应性、产出规范性等方面对海绵城市建设专项规划成果的编制质量进行评估[5]，规划编制层面的评估结果也是整个规划实施评估体系的基础，若规划编制层面评估的结论为严重不符合要求，则后续对实施与效果的评估可不完全基于既有的规划成果而开展，应以实际工作情况为基础进行。

规划实施层面的评价是对规划方案、建设计划、保障措施等方面付诸行动的情况进行评

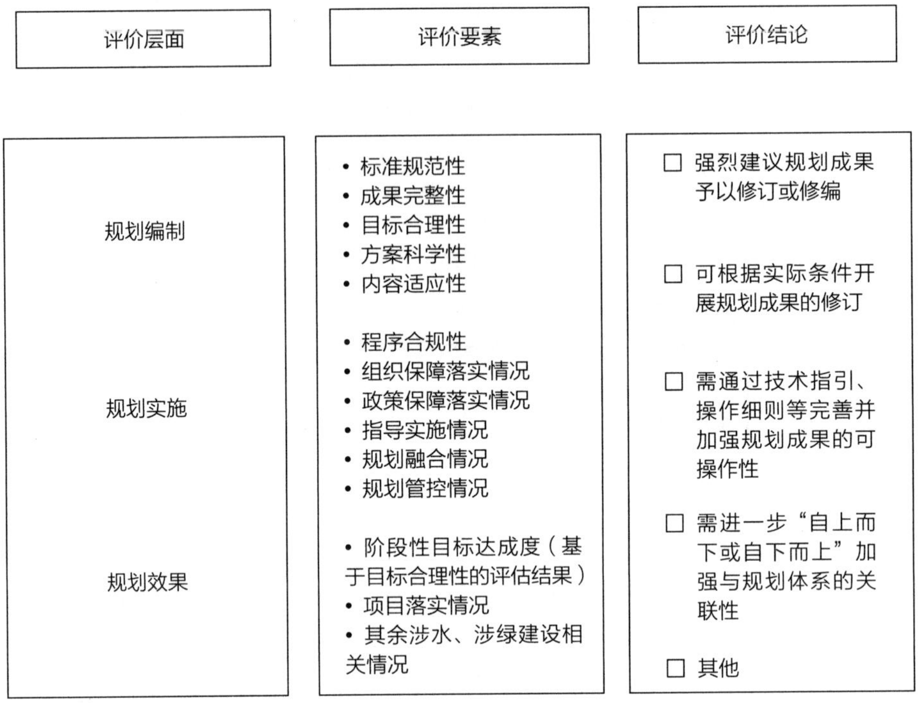

评价层面	评价要素	评价结论

| 规划编制 | • 标准规范性
• 成果完整性
• 目标合理性
• 方案科学性
• 内容适应性 | ☐ 强烈建议规划成果
予以修订或修编 |

图1 海绵城市建设规划评估体系示意图

估，主要包括三个方面：一是实施机制方面是否已基本建立完善；二是在规划体系角度，与相关规划及下层次规划的联动性；三是管控要求是否已落实在相关具体工作中。

规划效果层面的评价是对规划阶段性目标与指标的达成情况进行评估，同时，考虑到海绵城市建设内涵包括了雨水管控和山水林田湖等多重要素，也应对规划目标以外的涉水、涉绿建设等综合情况进行评估，这也能及时反映海绵城市建设的动态发展状况，为与空间规划的衔接提供支撑。

（3）评价要素内涵初探

将评价要素明确化、具体化乃至量化以实现科学、客观地评估是整个评估工作的核心，本次对各要素的基本内涵进行了初步探究，详见表1。此外，各要素的权重则建议根据评价的主要目的，通过专家咨询法、层次分析法等在实际评估工作中予以确定，可以参考其他分析研究，本文不就此展开论述。

评价要素内涵一览表

表1

评价要素	内涵	评估方式推荐
标准规范性	规划成果是否符合国家规定、本地规划编制标准及相关规范标准的要求	定性

评价要素	内涵	评估方式推荐
成果完整性	规划文本、图纸和相关说明的完整度与齐全度，其中图纸应包括且不限于现状图、海绵城市自然生态空间格局图、海绵城市建设分区图、海绵城市建设管控图、海绵城市相关涉水基础设施布局图、海绵城市分期建设规划图等	定性+定量
目标合理性	目标是否包含水生态、水环境、水安全、水资源、制度机制建设等多个方面，且规划目标的制定是否符合要求，同时切合本地实际	定性+定量
方案科学性	重点对专项规划中涉及源头减排、过程控制、系统治理的方案进行分析研判，对于仅进行了径流控制指标分解的专项规划，建议直接判定为方案严重不合理	定性
内容适应性	一是指成果是否适应《海绵城市建设评价标准》GB/T 51345-2018等国家最新要求；二是指成果使用是否与政府部门分工架构、既有工作环节等相适应	定性
程序合规性	规划是否已完成评审及报批等程序，且程序合规	定性
组织保障落实情况	一是考察负责统筹推动海绵城市建设的组织机构是否以海绵城市建设专项规划为工作的总体引领；二是水务、城管、住房和城乡建设等各相关部门中是否将规划中需实施的内容纳入了部门工作，并进行细化与实施	定性
政策保障落实情况	是否针对规划实施出台了相应的配套办法、细则等政策文件	定性
指导实施情况	一是对各属地、片区的指导；二是对具体项目建设的指导	定性
规划融合情况	与相关专项规划的协调衔接情况，如绿地、水系、水资源等相关规划在编制的时候将海绵城市专项规划中的相关内容纳入	定性
规划管控情况	一是年径流总量控制率等相关指标是否纳入控制性详细规划中予以刚性管控；二是政府在建设项目审查审批阶段是否基于专项规划予以了有效管控	定性+定量
阶段性目标达成度	规划制定的近期目标的实现情况，以及远期目标实现的支撑情况	定性+定量
项目落实情况	规划发布以来，已建项目中按规划落实海绵城市建设理念的项目数占全部建设项目数量的比例	定性+定量
其余涉水、涉绿建设相关情况	从城市水系、污水系统、雨水系统、给水系统、绿地系统、生态廊道等方面综合评估城市涉水、涉绿相关建设情况	定性

3　深圳市海绵城市建设专项规划优化中的评估工作

3.1　编制历程概述

深圳市是国家海绵城市建设试点城市之一，具有城市发展速度快、建设强度高、城镇化率高等特点，《深圳市海绵城市建设专项规划及实施方案》（后文简称"2016版规划"）于2016年12月获市政府批准后正式印发。

随着海绵城市规划建设工作的快速推进，国家对海绵城市规划的认识和要求也在不断提高。2018年，深圳市又进一步结合住房和城乡建设部珠海会议专家意见、对标顶层设计要求、吸取试点建设经验，对规划成果启动了一轮补充完善和优化提升工作（后文简称"规划优化"）。其中，对2016版规划的评估是规划优化的基础性支撑工作之一，下文将基于规划优化中的前期检讨与评估工作，围绕部分重要评价要素，阐述深圳市对海绵城市专项规划实施情况评估的探索。

3.2　规划编制评估

2016版规划以住房和城乡建设部对海绵城市专项规划的各项规定为依据，基于深圳市本土情况进行了因地制宜的探索，成果在全国优秀城乡规划设计评选中获得了二等奖。规划明确了深圳市海绵城市建设的核心目标指标，建立了海绵空间管控格局，布局了绿灰设施，确定了海绵近期达标方案等。此外，规划还有以下突破：一是因地制宜，分区分类建立了指标体系；二是对地方性规划编制技术标准提出了海绵城市相关的修订建议；三是出台指引，指导城市更新、治水提质等当前热点工作；四是转化为政策，支撑了6项地方海绵城市建设的政策、指引的出台。可见，2016版规划在标准规范性、成果完整性、目标合理性与方案科学性等方面均具有较高满意度。

随着2019年"深圳90"审批制度改革，部分审批环节进行了调整，如简化施工许可、明确将海绵城市纳入"多规合一"信息平台等，因而2016版规划在规划管控等方面的不适应性也逐渐凸显，考虑到规划管控是规划实施的重要抓手，因而需要根据最新的审批制度，参考发展改革、规划、住房和城乡建设相关涉及审批事项的部门的实际操作经验，调整优化海绵城市建设的管控内容、流程与指引。

3.3　规划实施评估

（1）组织保障落实情况

深圳市在专项规划编制前就已成立了领导小组来统领推进深圳市海绵城市建设各项工作，2016版规划又进一步从制定建设任务分解表、建立信息报送制度、落实工作责任目标制等方面提出了细化的规划组织保障方案。

深圳市海绵城市建设工作领导小组成员单位根据工作需要不断充实，规划编制完成后结合实际工作需要，历经多次调整，并通过对工作目标的层层分解，依据专项规划在四年内共下达了四批任务分工安排，合计376项任务；此外，深圳市、各部门也结合自身职能、审批权限，细化编制了工作实施方案，将海绵城市建设工作融入部门各项日常工作中，如深圳市交通运输局发布了《深圳市建设海绵型道路工作实施方案》，市规划部门制定了《市规划国土委推进海绵城市建设工作内部流程》等。

（2）政策保障落实情况

《深圳市海绵城市规划要点和审查细则》与2016版规划同步印发，细则可进一步指导全市法定图则层面规划、修建性详细规划（更新单元规划）、专项规划等各类各层次各专业规划对海绵城市内容的落实，同时针对规划部门的工作职能，细化制定了建设项目在"两证一书"阶段落实海绵要求的管控细则，并提供审查指南供行政管理人员在日常工作中操作使用。

2018年又进一步出台《深圳市海绵城市建设管理暂行办法》，其作为政府规范性文件，对全市海绵城市规划、设计、建设、运行维护及管理活动进行了系统性、全过程的规定，进一步保障了2016版规划的实施。

（3）指导实施情况

2016版规划明确了全市海绵城市建设目标与具体指标，结合深圳市特点明晰了具体实施路径，提出了海绵城市建设分区指引，划定了24个近期建设重点区域。在规划印发后，全市各区、各近期建设重点片区迅速衔接，按"全市—区—重点片区"三个层级分别编制了海绵城市专项/详细规划，实现了三级规划的全覆盖，以保证各个系统的完整性和良好衔接。以规划目标指标体系为例，各区/片区规划整体基本衔接了全市的指标体系，同时在市级规划的基础上结合自身实际进行了优化调整，如年径流总量控制率指标与全市相比，福田区有所降低，龙华区、坪山区、大鹏新区目标有所提高；管网漏损率方面除龙岗区之外，都删除了该项指标；宝安区在河道生态岸线的基础上增加了海岸线的生态岸线比例指标。

（4）规划融合情况

通过梳理全市2016年后开展的水务、海洋保护、生态文明、绿地等方面的专项规划，发现各相关专项规划的编制均较好吸收衔接了2016版规划，具体融合情况见表2。

深圳市海绵城市相关的专项规划对海绵理念的融合情况　　　　表2

序号	相关专项规划	融合内容
1	《深圳市可持续发展规划（2017—2030年）》	明确提出要建设更加宜居宜业的绿色低碳之城，全面推进海绵城市建设，提升城市环境质量
2	《深圳市绿地系统规划修编（2014—2030）》	在规划策略与生态保护建设目标中，均明确提出要"落实海绵城市建设要求，以规划建设绿地生态建设示范区和示范项目为带动，打造城市绿色海绵体"。并在绿地生态建设指引中，明确绿地应该强化入渗、净化、调蓄、收集回用等功能

续表

序号	相关专项规划	融合内容
3	《深圳市水务发展"十三五"规划》	将海绵城市作为一项重要的治水策略，提出要打造"渗、滞、蓄、净、用、排"的水系统，强化雨水径流的源头减量，缓解城市内涝
4	《深圳市生态文明建设规划（2017—2020年）》	在创新水资源节约利用路径、提升城市园林绿化水平等章节中，都提出了海绵城市建设在生态文明建设中的重要作用，要求积极推进海绵城市建设，并在规划中纳入了海绵城市试点城市建设、年度绩效考核等要求
5	《深圳市水土保持规划（2016—2030年）》	将年径流总量控制率纳入指标表，从而指导水土保持建设工作中较好落实海绵城市建设要求
6	《深圳市海洋环境保护规划（2018—2035年）》	明确了海绵城市建设与入海污染物总量控制的关系，并在海洋生态环境分区规划指引中，纳入了海绵城市建设的规划要求
7	《深圳市海岸带综合保护与利用规划（2018—2035）》	将海绵城市相关要求纳入海洋生境的保护与修复的要求中，从而降低污染物排放总量，提高海岸带生态环境

（5）规划管控情况

2016版规划印发后，深圳市政府投资项目评审中心印发了《深圳市政府投资项目前期海绵城市建设评审办法》，在可研阶段加强了对海绵城市相关内容的评审；市规划国土部门便将海绵城市要求纳入了规划许可审批中，目前已核发含海绵指标内容的"两证一书"4772份；建设工程许可阶段的管控则略有滞后。综上可评估得出深圳市依据2016版规划对各类建设项目的管控较为到位，但在部分审批阶段仍有优化空间，应作为规划优化的重点内容。

3.4　规划效果评估

（1）阶段性目标达成度

2016版规划主要依据2015年印发的《海绵城市建设绩效评价与考核办法（试行）》制定了目标体系，提出了深圳市海绵城市建设的18项指标，且各指标均根据年份（2020年、2030年）提出了相应目标值。2016版规划作为全市层面的规划，其目标指标体系的构建是科学且全面的，但仍存在针对性有所欠缺等问题。此外，随着国家对海绵城市建设效果的预期更加明晰，2018年底又新发布了《海绵城市建设评价标准》GB/T 51345—2018，明确了技术性建设效果的评价要求、方法，故2016版规划的目标指标体系与现行国家要求的评价内容及要求存在差距，导致实施效果难以量化评价。

对深圳市海绵城市建设专项规划阶段性目标达成度的评估工作主要包含对既有指标的实际达成度、各层次海绵规划的目标指标调整情况、国家最新要求与既有指标体系的不适应性三个方面的系统评估。同时，基于评估结论的工作建议也主要从以下三个方面予以提出：一是参考深圳市海绵城市"三级规划"指标体系以及水务等相关行业的规范指标，对2016版规划中各规划指标值进行调整；二是根据国家最新评价标准，对原有指标体系进行调整、优化与增补，如应考虑新增项目生态岸线恢复比例等；三是目标指标体系仍应进一步结合规划实施中实际指标的达成情况进行优化。

（2）项目落实情况

2016版规划从建设目标、管控路径、设计要点等多方面对具体项目的海绵城市建设予以了详尽指导。此外，《深圳市建设工程规划许可（房建类）报建文件编制技术规定》（深规土〔2018〕949号）等文件也充分衔接了海绵城市建设专项规划的要求，提出项目在申报建设工程规划许可的技术文件中应包含海绵城市设计专篇内容。施工图审查阶段也明确要求全面加强海绵城市技术措施的专项审查，通过2019年6月深圳市住房和建设局组织开展的专项检查发现，抽查的施工图设计28项中均按照要求开展了海绵城市设计。

4　建议

（1）依托"智慧海绵"平台最大限度实现评估工作的量化

依托"智慧海绵"系统，结合"多规合一"信息平台，并通过对降雨数据、径流数据、热岛数据、水体数据等相关数据的逐年积累，可进一步推动海绵城市专项规划中效果评估工作的定性分析直观化与定量分析科学化。

（2）更注重通过评估工作对规划管理工作的优化

应当加强对评估结果的合理处置与利用，若规划编制层面的评估结论显示规划成果的修订或修编是十分必要的，则应在国土空间规划体系大框架下开展修订或修编工作，同时进一步探索是否可以通过政策调整、规划协同、宏观调控、工作机制优化等对规划编制质量进行"打补丁"，从而加强规划的科学性与可实施性。

（3）紧密结合国土空间规划的编制

海绵城市建设是以降低城市开发建设活动对自然水文与生态环境的影响为目的，通过径流管控在城市建设过程中模拟自然的产汇流过程提出的系统性方案，同时也与城市涉水、涉绿空间息息相关。因而不仅建议将海绵城市建设专项规划的实施评估结果作为新一轮国土空间规划编制的基础性支撑工作，同时建议进一步构建"总规—专规—控规"的规划实施评估体系，为国土空间规划的编制提供全方位的科学支撑，以"多规评估"助力实现"多规合一"。

参考文献 _____

［1］　刘曼，王国恩. 以人为本理念下的城市总体规划实施评估框架与体系［J］. 规划师，2019，35（20）：26-31.

［2］　章林伟，牛璋彬，张全，等. 浅析海绵城市建设的顶层设计［J］. 给水排水，

2017，53（9）：1-5.

[3] 宋彦，黄斌，陈燕萍，等. 城市规划实施效果评估经验及启示［J］. 国际城市规划，2014，29（5）：83-88.

[4] 宋彦，江志勇，杨晓春，等. 北美城市规划评估实践经验及启示［J］. 规划师，2010，26（3）：5-9.

[5] 庞前聪，赵文燕. 城市专项规划实施评估模式及珠海实践［J］. 规划师，2019，35（16）：37-44.

高质量发展背景下城市消防站布局思考
——以深圳市为例

刘瑶　蒙泓延　彭剑（水务规划设计研究中心）

[摘　要] 本文在分析目前城市消防存在的问题的基础上，从结合深圳市"双区"建设、高质量发展要求方面，研究了高质量发展背景下消防站布局的重点。针对高质量发展中引领发展、跨区域一体化、集约高效、安全可靠、跨领域协同发展等目标，总结了深圳市在消防站布局方面的创新性实践经验和思考。从消防站体系、大型消防站、消防综合体和消防救护一体化四个方面介绍了消防站布局规划和布局要求，供同行和相关人员共同探讨学习。

[关键词] 高质量发展；城市消防站；大型消防站；消防综合体；消防救护

1　引言

经过40年的发展，深圳从一个小渔村发展为国际化大都市，肩负着成为粤港澳大湾区的核心引擎城市和中国特色社会主义先行示范区的重任。2021年12月，国家发展改革委在《国家发展改革委关于同意深圳市开展基础设施高质量发展试点的复函》（发改基础〔2021〕1662号）中提出要求深圳市基础设施高质量发展。深圳市现状消防站体系难以满足区域救援、创新引领的要求，亟需在国家相关文件的指引下，构建具有先进性的消防站体系，建设具有跨区域救援、多领域结合的消防站。

2　深圳市城市建设面临新挑战

2.1　深圳市"双区"创建为消防站提出高要求

2019年2月，《粤港澳大湾区发展规划纲要》印发，明确深圳定位为粤港澳大湾区"中心城市"、现代化国际化城市，努力成为具有世界影响力的创新创意之都；进一步强调粤港澳大湾区内城市群基础设施互联互通，强化城市、能源、水资源等系统安全。同年8月，《关于支持深圳建设中国特色社会主义先行示范区的意见》发布，提出深圳市定位为粤港澳大湾区核心引擎、社会主义现代化强国的城市范例，提出全面提升深圳市城市灾害防御能力，加强粤港澳大湾区应急管理合作。党中央提出的建设先行示范区和粤港澳大湾区等重大的国家战略赋予了深圳市更多新的使命。在大湾区一体化协同发展的大背景下，其城市群内火灾致灾因子复杂多样，风险承载体高度密集，消防工作面临重大挑战，需要进一步通过规划全面推进消防基础设施的建设。

2.2 深圳市试点基础设施高质量发展

党的十九届六中全会通过《中共中央 关于党的百年奋斗重大成就和历史经验的决议》，明确实现高质量发展是我国经济社会发展历史、实践和理论的统一，是开启全面建设社会主义现代化国家新征程、实现第二个百年奋斗目标的根本路径。2021年12月，国家发展改革委同意深圳市为开展基础设施高质量发展的试点城市。需要深圳市按照基础设施高质量发展方向，统筹存量和增量、传统和新型基础设施，做到跨区域一体发展、跨领域协调发展，全面提高基础设施供给能力、质量和效率，打造系统完备、高效实用、智能绿色、安全可靠的现代化基础设施体系。

2.3 深港发展实现新突破

2021年10月，我国香港地区发布《北部都会区发展策略》，深港合作发展即将翻开新的篇章。该策略中提出将我国香港北部建成"宜居宜业宜游的都会区"，与深圳形成"双城三圈"的战略性布局。有利于深港政府共同促进两地在经济、基建、创科、民生和生态环境的紧密合作。策略提出5项轨道交通系统规划，其中包括3条跨境通道，未来跨区通勤将成为可能。如何对消防系统进行升级，增强消防力量的辐射能力，建设区域性消防救援机构，积极把握《北部都会区发展策略》带来的机遇，成为深圳亟需思考的问题。

3 深圳市消防发展现状存在问题

3.1 消防站体系落后

目前深圳市作为国内用地紧张的超大城市，除了一般的常规性火灾扑救外，区内消防救援类型还涵盖危险化学品、海域、高层建筑、森林、轨道、地下空间、核电等。而现状消防站类型基本以普通火灾扑救的一级普通消防站为主，专业消防站较少，如水上站仅2座、特勤站仅5座，暂无轨道站和航空站，与其他先进城市差距较大。同时，深圳市救援体系较为单一，需要从传统体系中破局，探求消防体系与其他救援力量相结合，打造具有深圳特色、多位一体的消防救援体系。国内各大城市消防救援体系对比见表1。

国内各大城市消防救援体系对比一览表 表1

消防救援类型	对应消防站体系	深圳	香港	北京	上海	天津
危险化学品等	特勤消防站	√	√	√	√	√
海域	水上消防站	√	√	√	√	√
高层建筑、森林	航空消防站	×	√	×	×	×
轨道/地下空间	轨道消防站	×	×	√	√	×
核电	核电消防站	√	×	×	×	×

3.2 区域救援能力亟需加强

在双区创建与深港合作区进一步深化的背景下，深圳市消防基础设施完善迫在眉睫。区域间更为紧密的合作对深圳市消防救援力量提出了更高的要求。目前，深圳市在区域救援的消防站点布置、装备及人员配置方案方面均有不足。深圳市有着毗邻中国香港地区的区位优势，是连接粤港澳大湾区各核心城市的纽带，亟需构建区域性消防救援体系。

3.3 消防站用地落实困难

随着城市化进程不断加快，城市快速发展造成空间快速扩张，城市的开发强度日益增大，城市总体规划和消防规划都具有一定的时效性限制，在用地和空间方面不能很好地管控[1]。深圳市消防站历史欠账较多，上版消防规划落实不理想，深圳市规划140座消防站，现有执勤消防站仅45座。主要原因为消防站用地难以落实，比如原规划消防站用地，因为土地未征转、现状有建筑待拆迁导致土地无法利用，以及前期道路设计不合理或道路建设时序不匹配导致消防车辆无法出入。

4 高质量背景下消防站布局规划重点

4.1 构建具有引领效应的消防站体系

（1）消防站体系介绍

根据《城市消防规划规范》GB 51080—2015，城市消防站分为陆上消防站、水上消防站和航空消防站。陆上消防站分为普通消防站、特勤消防站和战勤保障消防站。普通消防站分为一级普通消防站和二级普通消防站。本次结合深圳市开发强度大、定位高、城市轨道交通密度大、用地紧张等特点，将规范中三级消防站分类拓展到五级（图1）。其中在传统陆上消防站、水上消防站和航空消防站的基础上新增轨道消防站和核电消防站，同时在陆上特勤、一级、二级消防站体系下新增大型消防站和小型普通消防站。

（2）特殊消防站布局要求

为应对城市快速发展的要求，充分结合地下环境的特点，在消防安全布局上可增加轨

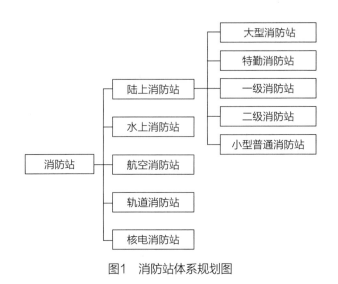

图1　消防站体系规划图

道、航空、水上消防站，具体要求如下：

1）轨道消防站布局建议

①站点的选择需靠近轨道综合枢纽；

②站点布局需要考虑均衡，做到市域重点地区覆盖；

③轨道站可结合特勤站点统一建设，若独立建设，则按照特勤站标准建设；

④可采用轨道交通"消防指挥""灭火救援""防火监督管理"职能分设的规划布局方式。

2）水上消防站布局建议

①水上消防站应设置供消防艇靠泊的岸线，岸线长度不应小于消防艇靠泊所需长度，河流、湖泊的消防艇靠泊岸线长度不应小于100m；

②水上消防站布局，应以消防队接到出动指令后30min内可到达其辖区边缘为原则确定，消防队至其辖区边缘的距离不大于30km。

3）航空消防站布局建议

①人口规模100万人及以上的城市和确有航空消防任务的城市，宜独立设置航空消防站，并应符合当地空管部门的要求；

②结合其他机场设置消防直升机站场的航空消防站，其陆上基地建筑应独立设置；当独立设置确有困难时，消防用房可与机场建筑合建，但应有独立的功能分区；

③结合城市综合防灾体系、避难场地规划，在高层建筑密集区、城市广场、运动场、公园、绿地等处设置消防直升机的固定或临时的地面起降点；

④消防直升机地面起降点应保证场地开阔、平整，场地的短边长度不应小于22m；场地的周边20m范围内不得栽种高大树木，不得设置架空线路；

⑤除消防直升机站场外，航空消防站的陆上基地用地面积应与陆上特勤消防站用地面积相同。

4.2 建设具有跨区域救援能力的大型消防站

（1）大型消防站规划

考虑深圳市位于粤港澳大湾区地理中心，需承担区域救援功能，新增满足该消防站海陆空可达、全灾种全部功能涵盖要求的大型消防站。规划选址在大湾区核心地区，综合考虑靠近东莞滨海新区、靠近深圳市宝安区的火灾高风险片区、新建城区用地易落实等因素，规划将大型消防站布局在深圳市宝安区海洋新城片区。结合该站周边条件设置专业救援队伍：站点靠近珠江口，重点设置重型水域救援队进行水上救援；综合考虑站点周边属于填海片区，地质条件差，设置重型地质灾害救援队及时应对周边可能出现的地质灾害；考虑站点靠近会展中心且有大型区域地下高速通道，设置重型机械工程救援队；为区域应急保障布置战勤保障专业队；同时构建理论学习、基础体能、技战术训练等训练体系。站内设置有直升机停机坪，配备执行24h执勤备勤任务的专业队员，随时准备出动处置"全灾种、大应急"应急救援任务。

（2）大型消防站布局要求

目前大型消防站是规范空白区域，本次通过深圳市大型消防站布局经验，创新性地提出大型消防站布局建议如下：

①以区域协作为主，具备跨区域救援能力；

②设置在道路系统较为畅通的地区，在城市应急救援通道周边，且至少具有水上救援或航空救援机停泊的其中一种特殊救援功能；

③周边消防救援特殊功能需求较多，火灾风险评估较高的地区；

④具有独立用地；

⑤如开展陆上消防救援工作，则其辖区面积宜与特勤消防站辖区面积相同。

4.3 打造集约高效的消防综合体

（1）消防综合体布置

考虑到深圳市超大城市高密度城市带来的消防压力，土地资源紧张导致可建设用地减少，社会分工细化，单一功能建筑减少、多功能建筑增加，本次结合"消防站综合体"理念[3]，进一步提出消防站建设指引。基于消防站功能和公寓、宿舍、保障房、商业综合体、文体设施、交通设施（轨道、港口等）等其他使用空间合建的综合体建筑，本文提出将"消防综合体"建设分为两大类：

第一类，相近功能宜进行组合，单体多功能建筑将增多。在进行"消防站综合体"设计时，宜考虑将与之相近的功能进行结合。相近功能的建筑相互组合有利于提高建筑空间使用率，更容易形成相辅相成的关系，单体建筑含多种功能的情况将会越来越多[2]。

第二类，不同功能用地，"消防站综合体"功能组合的方式不一样。对于用地较为宽松的情况，消防站与其他功能的组合一般为水平并置，充分利用场地对流线进行梳理，营造良好的室外空间；对于用地较为紧张的情况，消防站与其他功能的组合可能是穿插式或垂直叠加，有利于提高土地利用率。可以合建的不同功能建筑有保障房、商业综合体、文体中心等。

深圳市罗湖区某中队为一级普通消防站，辖区面积7.2km²，采用附建形式，建筑面积2900m²，见图2（a）。同时，也可在地块内结合人才房合建消防站，如深圳市福田区某消防站为一级消防站，与人才保障房合建，建筑面积2600m²，在地块内建造消防综合楼、门卫、训练塔及一栋人才房，见图2（b）。

（a）深圳市罗湖区某消防站（附建式）　　　　　（b）深圳市福田区某消防站（合建式）

图2　附建式与合建式消防站实拍图

（2）消防综合体应用要求

1）公共利益优先

消防站合建/附建，优先考虑与城市基础设施、公共服务设施、政策性公共住房结合。

2）消防救援能力保障

在符合消防系统规划、用地规模满足消防设施中远期功能发展需求，交通可达性有所保障之下考虑共建共享。与其他设施、用地共建共享后，土地用途按主导功能确定。

3）权益协商共享

消防设施用地，贡献用地面积或建设面积用于其他设施建设，共建共享产生的相应权益，由共建各方权责主体协商共享；其他用地权属单位，贡献用地面积或建设面积用于消防设施建设的单位，可参照《关于城市更新促进公共利益用地供给的暂行规定》进行相关奖励操作，并经各区政府同意。

4.4　跨领域的消防救护一体化试点

（1）消防救护一体化布局

从发达国家的实践来看，消防机构一般集灭火、救援及医疗于一体，在处理各种灾害事故的同时开展医疗紧急救护，配备有紧急医疗救护车和医生。深圳市作为社会主义先行示范区，应进一步探索开展城市消防救援站与120院前急救站合并建设模式。深汕合作区属于新开发片区，探索依托消防系统建立120院前急救系统，其实施性和落地性较强，有利于实现灾害发生时的实时救援，减少人员伤亡。本次设置深汕合作区急救中心，下辖救护站，救护站依托消防站和医院设置。救护车辆和人员配备在救护站，实行12h轮班制度。深汕合作区急救中心由消防大队统一管理，建设深汕合作区119统一调度平台。发生事故时，用户拨打119电话，信息传递至119统一调度平台，平台调度就近消防站出动，并实时调度事故发生地附近救护站，实现灭火与救护实时联动。

（2）消防救护一体的消防站布局要求

目前国内暂无消防和救护一体的案例，本次通过深汕消防救护救援站布局经验，提出以下布局建议：

①城市消防站选址布局尽量靠近大中型医院或社区医院；

②有条件的地区试点消防队伍人员增加救护专业人员；

③医疗救护调度接入119消防救援平台，消防救援同步调度附近救护站的急救车。

5 结论

①高质量发展背景下，城市消防规划应做到消防站体系先进，具有区域协作功能、集约高效、领域融合等特点。

②本文在现状普通消防站体系下，新增了轨道消防站、航空消防站、大型消防站和小型消防站，完善了深圳市消防救援体系，适用于其他建设密度大，具有海域、地下空间开发需求的城市。

③对于用地特别紧张、难以落实用地的城市可考虑附设式建设消防站，打造消防综合体，节约城市用地。

④消防救援与医疗救护息息相关，打造消防救护一体化的消防站存在多部门协调的难度，建议由有条件的城市开展试点。

参考文献

［1］ 刘瑶，叶惠婧，刘应明. 基于国土空间规划体系下城市消防规划编制重点［J］. 消防界（电子版），2021，7（2）：30-33，36.

［2］ 刘应明，刘瑶，彭剑，等. 城市消防工程规划方法创新与实践［M］. 北京：中国建筑工业出版社，2019.

［3］ 钟中，周雨曦. "消防站综合体"设计研究——以深港对比为例［J］. 华中建筑，2019，37（5）：67-71.

以低邻避效应为导向的环境园
规划指标体系研究——以深汕环境产业园为例

唐圣钧　杨帆（可持续发展规划研究中心）

[摘　要] 随着我国城镇化快速发展，城市固体废物产生量持续增长，处理设施长期不达标排放或超负荷运营以致邻避效应凸显。垃圾焚烧处理技术是解决"垃圾围城"困境的重要途径，焚烧污染物的达标排放甚至超净排放是降低环境园负外部性、化解邻避问题的基础和核心。本文详细对比分析了我国国标与欧盟固体废物焚烧污染控制标准：我国国标是综合考虑国情的基本标准，欧盟的相关标准体系更为完整，指标更加严格，在构建引导超净排放、低邻避效应的环境指标体系上更具有借鉴意义。以深汕环境产业园详细规划为例，通过借鉴转化严格的欧盟标准为环境指标，丰富拓展规划指标体系，以量化指标为抓手，科学引导、管控生态环境产业园的规划建设，保证规划落地不变形、不走样，确保实施效果，实现超净排放，以尽可能降低对周边的环境影响，减缓邻避效应，提升生态环境质量，并为以低邻避效应为导向的环境园的规划编制和规划指标体系构建提供借鉴和参考。

[关键词] 低邻避；环境园；规划管控；指标体系

1　引言

2022年，国家发展改革委等四部委联合发布的《关于加快推进城镇环境基础设施建设的指导意见》（以下简称《指导意见》）提出构建集污水、垃圾、固体废物、危险废物、医疗废物处理处置设施和监测监管能力于一体的环境基础设施体系，同时提出到2025年新增城镇生活垃圾焚烧处理能力达到80万t/d等具体目标，可以预见各地将加快规划建设固体废物焚烧设施及环境园的速度。我国的固体废物焚烧污染控制标准是综合考虑国情的基本控制标准，指标较为宽松，无法满足高标准规划建设第四代环境园的控制需求，前三代环境园（静脉产业园）普遍存在较强的邻避效应和孤立封闭性[1, 2]。另外，国内对欧盟固体废物焚烧污染控制标准的研究和分析对比尚不深入完善。国内垃圾焚烧设施对标的国际先进标准仍多为欧盟2010标准。实际上，基于该标准搭建的框架，欧盟已于2019年底正式发布了《关于废物焚烧的最佳可行技术的（2019）7987号委员会实施决议》（以下简称《BAT-2019》）。

本文多维度详细比对了我国与欧盟的焚烧污染控制标准指标体系，探讨两者的差异和差距，并介绍以低邻避为导向，通过对标借鉴国际最严格的基于最佳可执行技术建立的欧盟固废焚烧污染控制标准，将抽象的环保原则拆解为量化指标，构建深汕环境产业园的环境保护规划指标，与用地控制指标、经济社会指标一并构成规划控制指标体系，并为后续高标准规划低邻避效应的环境园提供借鉴案例。

2　控制标准比较

2.1　控制标准简介

我国已正式出台的固体废物焚烧污染控制强制性标准有《生活垃圾焚烧污染控制标准》GB 18485—2014（以下简称《生活垃圾控制标准》）、《危险废物焚烧污染控制标准》GB 18484—2020（以下简称《危废控制标准》）和《医疗废物处理处置污染控制标准》GB 39707—2020（以下简称《医废控制标准》）。各地方也出台过相关的标准，如《深圳市生活垃圾处理设施运营规范》SZDB/Z 233—2017、《上海市生活垃圾焚烧大气污染物排放标准》DB 31768—2013等。

欧盟继2010年颁布《工业排放（综合污染防治）指令》（以下简称《欧盟2010》）后，时隔近十年于2019年底正式发布了《BAT-2019》。该决议根据目前固体废物焚烧污染控制的最佳可行技术，在《欧盟2010》设定的排放限值基础上，进一步提高了固体废物焚烧排放限值的标准。总体而言，欧盟标准覆盖范围广、体系完整，对高标准严要求规划建设环境园、减缓邻避效应具有借鉴意义。

由于我国部分地方标准无强制性要求，下节比较讨论范围为国标、《BAT-2019》以及《欧盟2010》中经烟道排出的气体中各类污染物的限值。

2.2　类别与限值比较

（1）固废种类

尽管各类固体废物，如生活垃圾、危险废物、污泥等的热值及组分均有差异[3]，但《BAT-2019》及《欧盟2010》中规定的污染物排放限值是统一的，并未针对生活垃圾、危险废物（含医疗废物）和市政污泥而有所区别。

我国则针对不同种类的固体废物出台相应的焚烧污染控制标准，如《生活垃圾控制标准》适用于生活垃圾和污泥，危险废物和医疗废物的焚烧处理也有相应的污染控制标准。

（2）测量标准

我国与欧盟标准规定的各项污染物浓度的排放限值中的基准含氧量排放浓度均为11%，因此，不用换算即具有可比性。

测定值取值分为连续性和周期性两类，欧盟与我国标准有所区别。连续性取值，我国采用1h均值和24h值（连续24个1h均值的算术平均值），而欧盟采用0.5h均值和24h均值（连续48个0.5h均值的算术平均值）。

我国与欧盟的周期性短期测量取值方法相同，测定均值的取样期以等时间间隔（至少0.5h）的至少连续3个样品的测试均值；二噁英类的采样间隔较长，为6~8h。在周期性测量中，欧盟多了一项长期测定均值，取样期长达2~4周。

本文比较的排放限值为各标准中的24h均值或测定均值。

（3）污染物种类及指标

1）二噁英类

二噁英（PCDD/Fs）由于具有强毒性而备受关注。在这一项上，我国的《生活垃圾控制标准》的限值要严于危废、医废焚烧处理的控制标准，与《欧盟2010》相当。而《BAT-2019》中二噁英类限值中的上限仅为我国《生活垃圾控制标准》的1/5，下限则更为严格，为1/10。

具体而言，我国的《生活垃圾控制标准》将测定均值的排放限值规定为0.1ng TEQ/m³，《危废控制标准》和《医废控制标准》中均将二噁英类的排放限值定为0.5ng TEQ/m³[4~6]。

《欧盟2010》将二噁英的排放限值设定为0.1ng TEQ/m³[7]，而在《BAT-2019》中，除了根据新建或现有设施分别调低限值外，还增加了类二噁英类（PCBs）一项（具体指标如表1所示）[8]。

《BAT-2019》中二噁英排放指标一览表　表1

污染物	《BAT-2019》		测定周期
	新建设施	现有设施	
二噁英 （PCDD/Fs）/（ng TEQ/m³）①	<0.01 ~ 0.04	<0.01 ~ 0.06	测定均值
	<0.01 ~ 0.06	<0.01 ~ 0.08	长期测定均值②
类二噁英 （PCDD/F+Dioxin-like PCBs）/ （ng TEQ/m³）①	<0.01 ~ 0.06	<0.01 ~ 0.08	测定均值
	<0.01 ~ 0.08	<0.01 ~ 0.1	长期测定均值②

注：①符合任一标准即可；
②当排放值被证明足够稳定时，该限值不适用。

2）金属类

此类中，我国标准与《欧盟2010》中限值接近，但与《BAT-2019》差异较大，具体指标如表2所示[4~8]。

各标准中金属类污染物的排放限值表 表2

项目	《生活垃圾控制标准》（mg/m³）	《危废控制标准》（mg/m³）	《医废控制标准》（mg/m³）	《BAT-2019》（mg/m³）	《欧盟2010》（mg/m³）
汞（Hg）	0.05	0.05	0.05	0.005 ~ 0.020	0.05
镉、铊（Cd+Tl）	0.10	—	—	0.005 ~ 0.020	0.05
镉（Cd）	—	0.05	0.05	—	—
铊（Tl）	—	0.05	0.05	—	—
铅（Pb）	—	0.50	0.50	—	—
砷（As）	—	0.50	0.50	—	—
铬（Cr）	—	0.50	0.50	—	—
HM[①]	1.00[②]	2.00[③]	2.00[④]	0.010 ~ 0.300[④]	0.50[④]

注：①多种重金属及其化合物，各标准中种类不一，具体种类详见标注；各类金属限值均指金属单质及其化合物的排放限值；
②锑、砷、铅、铬、钴、铜、锰、镍（Sb、As、Pb、Cr、Co、Cu、Mn、Ni）；
③锡、锑、铜、锰、镍、钴（Sn、Sb、Cu、Mn、Ni、Co）；
④锑、砷、铅、铬、钴、铜、锰、镍、钒（Sb、As、Pb、Cr、Co、Cu、Mn、Ni、V）。

《生活垃圾控制标准》中测定的金属种类较欧盟标准缺少钒及其化合物一项，其他各类数值与《欧盟2010》的限值较为接近，但与《BAT-2019》有数量级上的区别。

《危废控制标准》和《医废控制标准》与欧盟标准相比，多测量了锡及其化合物一项。另外，由于砷的挥发特性不同[9]，我国的《危废控制标准》和《医废控制标准》将砷及其化合物单列一项，单独监测。铅及其化合物则延续旧版《危险废物焚烧污染控制标准》GB 18484—2001单独测量[10]。整体而言，《BAT-2019》严格得多，指标大多仅为我国国标规定限值的1/10。

3）氮氧化物、氨

我国的《生活垃圾控制标准》《危废控制标准》《医废控制标准》中氮氧化物排放限值一致，总体比《欧盟2010》中的限值高出25% ~ 50%，而《BAT-2019》的限值更为严格，为我国指标的1/5 ~ 1/2不等。

《欧盟2010》中氮氧化物的限值针对现有设施的处理能力作了不同区分，《BAT-2019》中则取消了处理能力的区别。

《BAT-2019》新增了测量污染物NH₃浓度一项，其限值也根据新建和现有设施而不同，具体指标如表3所示[4~8]。

各标准中氮氧化物、氨的排放限值表　　　　表3

项目	《生活垃圾控制标准》（mg/m³）	《危废控制标准》（mg/m³）	《医废控制标准》（mg/m³）	《BAT-2019》（mg/m³）		《欧盟2010》（mg/m³）	
NO$_x$	250	250	250	新建	50～120[①]	新建或处理能力大于6t/h的现有设施	200
				现有	50～150[②][③]	处理能力小于6t/h的现有设施	400
NH$_3$	—	—	—	新建	2～10[①]	—	
				现有	2～15[①][③]		

注：①可使用SCR达到范围低值；当焚烧高含氮量的废物时，范围低值可能无法达到；
　　②当SCR不适用时，范围高值为180mg/m³；
　　③对于没有应用放气分离液的SNCR技术的现有焚烧设施，范围高值为15mg/m³。

4）二氧化硫、氯化氢、氟化氢

我国《生活垃圾控制标准》中二氧化硫的控制标准比《危废控制标准》和《医废控制标准》中的稍显严格，但与《欧盟2010》相比已较为宽松。《BAT-2019》中最严限值仅为我国标准的1/20。《BAT-2019》关于二氧化硫和氯化氢的限值也针对新建及现有设施作了区分。

我国各类固废的氯化氢控制标准相同，《BAT-2019》中氯化氢的指标仅为我国标准的1/25。

我国的《危废控制标准》和《医废控制标准》中列出了氟化氢一项，欧盟限值是其指标数值的1/2，而《生活垃圾控制标准》尚未将氟化氢纳入其中。各类具体数值如表4所示[4~8]。

各标准中二氧化硫、氯化氢、氟化氢的排放限值表　　　　表4

项目	《生活垃圾控制标准》（mg/m³）	《危废控制标准》（mg/m³）	《医废控制标准》（mg/m³）	《BAT-2019》（mg/m³）		《欧盟2010》（mg/m³）
SO$_2$	80	80	80	新建	5～30	50
				现有	5～40	
HCl	50	50	50	新建	<2～6[①]	10
				现有	<2～8[①]	
HF	—	2	2	<1		1

注：①范围低值可利用湿式除尘达到，范围高值可能与喷射干吸着剂相关。

5）一氧化碳、总有机碳

我国的《生活垃圾控制标准》《危废控制标准》《医废控制标准》中一氧化碳的限值均为

80mg/m³，该指标要严于《欧盟2010》中的标准，但《BAT-2019》更为严格，低值仅为我国指标的1/8，具体数值如表5所示[4~8]。

《欧盟2010》将总有机碳列为污染物监测项目，在《BAT-2019》中将该项更改为总挥发性有机碳。我国各类固废的焚烧控制标准中尚未将该项纳入监测当中。

各标准中一氧化碳、总有机碳的排放限值　　　　表5

项目	《生活垃圾控制标准》（mg/m³）	《危废控制标准》（mg/m³）	《医废控制标准》（mg/m³）	《BAT-2019》（mg/m³）	《欧盟2010》（mg/m³）
一氧化碳	80	80	80	10~50	100
总挥发性有机碳	—	—	—	<3~10	—
总有机碳	—	—	—	—	10

6）颗粒物

我国的《生活垃圾控制标准》《危废控制标准》《医废控制标准》中颗粒物的限值均为20mg/m³，已是《欧盟2010》的2倍之多，相较于该限值进一步降低的《BAT-2019》则更为宽松，是其范围低值的10倍，具体数值如表6所示[4~8]。

各标准中颗粒物的排放限值　　　　表6

项目	《生活垃圾控制标准》（mg/m³）	《危废控制标准》（mg/m³）	《医废控制标准》（mg/m³）	《BAT-2019》（mg/m³）	《欧盟2010》（mg/m³）
颗粒物	20	20	20	2~5①	10

注：①现有的危险废物焚烧厂或未应用布袋除尘技术的，限值范围的高值为7mg/m³。

2.3 差异比较

（1）监测项目略有差异

金属类中，我国《生活垃圾控制标准》共监测11项，较欧盟标准缺少钒及其化合物一项；而《危废控制标准》和《医废控制标准》同样监测11项，与欧盟标准具体区别在于新增了锡及其化合物一项，缺少钒及其化合物、钴及其化合物两项。

除金属类外，我国的《生活垃圾控制标准》和《危废控制标准》中涵盖了二噁英、氮氧化物、二氧化硫、硫化氢、一氧化碳、颗粒物六项主要污染物，《危废控制标准》和《医废控制标准》较之新增氟化氢一项。欧盟标准则多了类二噁英、氨气和有机碳三项。

由此可见，欧盟标准中监测项目的覆盖更为全面。

（2）标准严格程度不一

我国标准区分了生活垃圾、危险废物以及医疗废物的焚烧排放控制限值。尽管生活垃圾焚烧标准是2014年出台的，但在三者中最为严格，却仍与《欧盟2010》中的指标有一定差距，与《BAT-2019》的差距则进一步扩大。经上节比较，《BAT-2019》各类污染物的排放限值仅为我国标准的1/25 ~ 1/2不等。

与《欧盟2010》相比，《BAT-2019》除了根据当前最佳可行技术将排放限值调低外，最大变化在于，排放限值从单一固定值改为了范围值，欧盟各国可根据自身情况以及适合国情的处理技术来制定本国的排放控制标准。

整体看，通过最佳可行技术，欧盟的排放限值可以控制在较低水平。

（3）排放限值区分不同

单从标准上看，我国主要根据焚烧物种类的不同来确定各类污染物的排放限值；欧盟则主要根据最佳可行的烟气处理技术来确定排放范围。除颗粒物一项外，排放范围不因焚烧物种类组分和热值的不同而有所区别。

（4）区分新建与现有设施

我国国标针对新建及现有设施的限值进行了统一，但设立了不同的生效日期，为现有设施设置了提标改造缓冲时间。欧盟则根据设施是否新建或现有，区分了限值的范围，并不强制要求实行升级减排措施。

3　实践案例

通过上节比对，我国国标是固体废物焚烧处理污染控制的基本标准，监测项目已覆盖主要污染物，但由于需要兼顾经济合理性及确保技术上的可操作性，项目指标范围的严格程度与欧盟标准相比仍有一定差距。

另一方面，在以往环境产业园或固体废物焚烧设施的规划和建设中，由于在前期和准备阶段未将严格的环保标准纳入相关要求，往往导致低价竞标，影响工程质量，以致污染排放超标的情况时有发生，引发强烈的邻避效应。

为高质量规划建设低邻避的第四代环境园，避免类似情况再次发生，深汕环境科技产业详细规划中将环保要求量化前置，以国标为基础，借鉴欧盟《BAT-2019》的严格限值范围，将固体废物的焚烧污染控制指标以强制性约束条款的方式纳入规划指标体系中。

3.1　深汕环境产业园概况

深汕合作区位于广东省东南部，与惠州市、汕尾市接壤，自2018年底由深圳市政府直接管理，成为深圳市的第11个功能区。该合作区是粤港澳大湾区向粤东辐射的重要战略节点，也是新时代区域合作发展的先行示范区[13]。

图1 深汕环境产业园整体鸟瞰图

（图片来源：深汕特别合作区生态环境科技产业园概念性规划）

深汕环境产业园致力于建设成为资源闭环循环、能源协同供应、产业协同发展、区域共建共治共享、研产集群的国际一流、国内领先的第四代产业园，成为粤港澳大湾区的环保绿谷（图1）[11]。

3.2 规划指标体系构建

深汕环境产业园在概念性规划阶段即提出"对标一流、环保优先"的规划原则[13]。"对标一流"具体指对标国际最新的设计理念、最先进的技术工艺及最高的排放控制要求；"环保优先"旨在通过科学规划布局，尽可能降低或消除对园区外的影响，实现环境园与城市的和谐共处。

深汕环境产业园详细规划的编制在延续概念性规划确立的园区发展定位和目标的基础上，将概念性规划的宏观要求细化落实到了中微观层面[12]。除了明确用地控制指标、经济社会指标外，还制定了环境园的地表水、空气和声环境等生态环保质量管控目标[13]（表7），规定了各类入园项目的污染排放控制标准并量化落实到具体地块的规定性指标中[13]（表8）。

《深汕环境产业园控规》控制指标

表7

类别	序号	指标	指标要求	控制性/指导性
用地控制指标	1	总用地面积	590hm²	控制性
	2	地块容积率	≤3.0（不含固废处理设施）	控制性
	3	总建筑面积	170万m²（不含固废处理设施）	控制性
	4	建筑高度	≤80m（不含固废处理设施烟囱等构筑物）	控制性
生态环保指标	5	环境质量目标	地表水环境质量目标 空气环境质量目标 声环境质量目标	控制性
	6	污染物排放控制标准	各类固废处理设施、污水处理设施指标要求	控制性
	7	海绵城市建设指标	水生态、水环境、水资源、水安全四个方面的指标要求	控制性
	8	资源综合利用率	80%	控制性
经济社会指标	9	产业规模	首期形成产业规模70亿元 远期形成产业规模150亿元	指导性
	10	就业人口	提供2.9万个就业岗位，其中环卫设施提供约0.5万个，产业用地提供2.3万个，相关配套服务人员0.1万个	指导性

《深汕环境产业园控规》地块控制指标（节选）

表8

地块编号	用地性质	用地面积（m²）	容积率	污染控制指标	属性
01-01	公园绿地	20602.86	—	—	—
02-06	生活垃圾处理用地	124551.84	—	烟气排放执行《生活垃圾焚烧污染控制标准》GB 18485—2014、深圳市《生活垃圾处理设施运营规范》SZDB/Z 233—2017新建垃圾焚烧设施排放标准、欧盟2019年发布的基于2010/75/EU标准的最佳可行技术下的排放水平BAT-AELs上限之严者，并要求林格曼黑度为0	约束性
03-09	污泥处理用地	91060.94	—	烟气排放执行《生活垃圾焚烧污染控制标准》GB 18485—2014、深圳市《生活垃圾处理设施运营规范》SZDB/Z 233—2017新建垃圾焚烧设施排放标准、欧盟2019年发布的基于2010/75/EU标准的最佳可行技术下的排放水平BAT-AELs上限之严者，并要求林格曼黑度为0	约束性

续表

地块编号	用地性质	用地面积（m²）	容积率	污染控制指标	属性
04-05	水域	28012.74	—	—	—
06-18	危险废物处理用地	46968.93	—	烟气排放执行《危险废物焚烧污染控制标准》GB 18484—2020、上海市《危险废物焚烧大气污染排放标准》DB 31—767—2013、欧盟2019年发布的基于2010/75/EU标准的最佳可行技术下的排放水平BAT-AELs上限之严者，并要求林格曼黑度为0	约束性
07-06	普通工业用地	24273.40	1.8	—	—

3.3 规划指标的意义

借鉴严格的污染控制标准——欧盟《BAT-2019》，以约束性控制指标的方式将焚烧污染控制标准作为环境指标，与用地控制指标、经济社会指标摆在同等重要的位置，一并写入环境园详细规划的规划指标体系，使得从规划的编制审批、指导建设运营及监督均有章可循，避免在后期实施建设过程中美好规划愿景的走样变形，从而达到规划建设低邻避效应的第四代环境产业园的目的。

在以往的规划组织体系中，实际上是由规划部门一家编制、审批、实施与监督运行，其他组织机构在前期阶段的实质性参与较弱。深汕环境产业园的详细规划阶段将污染控制标准纳入规定性指标体系，也意味着将环保要求前置，在编制阶段即开始征求行业主管部门的意见，并将其诉求吸收融入规划中。

在将规划草案上报政府审批前，会交由各相关部门和专家审查，并向利益相关方征求意见和建议。由于在规划编制过程中已纳入严格的污染控制标准，在保证环境质量的基础上基本平衡了各方诉求和利益，从而确保规划能够顺利通过政府审批，成为具有法律效力的文件。

面向实施、具备可操作性条款是规划实施落地、转变为现实的有效保障。通过将严格的污染控制标准以刚性条款的方式写入环境园控制性详细规划，能够最大程度实现建设用地和项目审批程序上的可操作性，并为开发控制提供了管理准则和设计框架，引导和约束地块内各类固废焚烧设施的开发建设活动。

同时，在国标基础上进一步提高排放限值的要求，实质上是提高了环境园各类固废焚烧设施的准入门槛，符合资质的企业才有资格参与招标投标程序，从而有效规避低价中标带来的负面影响，根据清晰的环境质量目标进行建设，实现规划成果的有序落地。

控制性详细规划的各项条款是评判和监督项目成果的参考依据和标准。将污染控制标准纳入规划指标体系，保证了在环境质量的要求上有清晰严格的界定标准，使得管理部门对规划实施情况的监督行为有章可循，提高了监督管理的技术性，减少了随意性。

综上所述，将严格的环境指标体系纳入环境园控制性详细规划，有利于从各个环节把控环境园的规划建设质量，从而降低实际运营过程中焚烧设施的污染排放浓度，实现超净排放和低邻避效应的目标。

4　结论

本文分析比较了我国《生活垃圾控制标准》《危险废物控制标准》和《医疗废物控制标准》与《欧盟2010》《BAT-2019》的主要差异，并以深汕环境产业园为例，讨论了严格的污染控制标准纳入规划指标体系在规划建设低邻避效应的环境园的模式及意义。

我国国标是固体废物焚烧处理污染控制的基本标准，已覆盖主要污染物，但由于需要兼顾经济合理性以及确保可操作性，在限值上与欧盟相关标准相比仍有一定差距。考虑到我国各地经济发展水平程度不一，污染物处理水平也有所差异。对于有条件的省市，建议结合最佳可行技术，在国标的基础上对标国际最严标准（欧盟《BAT-2019》），制定更为严格的强制或鼓励性的地方标准。

在规划建设焚烧设施或环境园时，在规划编制阶段将污染控制标准以约束性量化指标的形式纳入详细规划的规划指标体系，既保证了在规划草案中融入各类固体废物管理部门的诉求，又将入园项目的准入门槛提高，规范设施的开发建设活动，还为实施情况的监督提供了清晰的管理依据，从而保障规划落地不变形、不走样，控制固体废物焚烧处理的污染排放浓度实现超净排放，尽可能降低对周边的环境影响，减缓甚至消除邻避效应，提升生态环境品质，实现绿色发展。

参考文献 _____

［1］ 奉均衡，唐圣钧，韩刚团. 城市重大环卫工程规划实施综合风险评价研究——以《深圳市坪山环境园详细规划》实施为例［J］. 城市规划学刊，2010（S1）：115-121.

［2］ 郑秀亮. 惠阳环境园化"邻避"为"邻利"［J］. 环境，2018（5）：31-33.

［3］ NO$_x$ and N$_2$O Control: Panel of Available Techniques［C］. 2001.

［4］ 中华人民共和国环境保护部. 生活垃圾焚烧污染控制标准GB 18485—2014［S］. 北京：中国环境科学出版社，2014.

［5］ 中华人民共和国生态环境部. 危险废物焚烧污染控制标准GB 18484—2020［S］. 北京：中国环境科学出版社，2020.

［6］ 中华人民共和国生态环境部. 医疗废物处理处置污染控制标准GB 39707—2020［S］. 北京：中国环境科学出版社，2020.

［7］ Directive 2010/75/EU of the European Parliament and of the Council of 24

November 2010 on Industrial Emissions (Integrated Pollution Prevention and Control)［M］. 2010.

［8］Commission Implementing Decision (EU) 2019/2010 of 12 November 2019 Establishing the Best Available Techniques (BAT) Conclusions，under Directive 2010/75/EU of the European Parliament and of the Council，for Waste Incineration［M］. 2019.

［9］《危险废物焚烧污染控制标准（二次征求意见稿）》编制说明［R］. 2019.

［10］国家环境保护总局. 危险废物焚烧污染控制标准GB 18484—2001［S］. 国家环境保护总局，2001.

［11］深圳市城市规划设计研究院. 深汕特别合作区生态环境科技产业园概念性规划［R］. 深圳，2019.

［12］江腾. 环境园规划要点探讨——以深汕合作区为例［C］//中国城市规划学会，重庆市人民政府. 活力城乡 美好人居——2019中国城市规划年会论文集. 北京：中国建筑工业出版社，2019：353-358.

［13］深圳市城市规划设计研究院. 深汕特别合作区生态环境科技产业园详细规划［R］. 深圳，2019.

考虑景观影响的城市变电站规划选址方法研究

李苑君（能源与信息规划研究中心）

[摘　要]　城市快速发展伴随着城市用电需求提升，为保障城市电力供给及城市用电安全，在城市建成区内新增110kV及以上电压等级变电站的案例屡见不鲜，但在成熟街区中新增建（构）筑物必然会对现状风貌造成不同程度的影响。现有城市建成区变电站的景观优化方法主要用于变电站建筑设计环节，存在一定局限性，可能造成变电站建成后阻断城市绿廊、打断市民原有行动路线、破坏原有景点景观等一系列的问题。问题根源在于常规变电站规划选址方法中缺少景观影响分析的环节。本文对城市变电站规划选址方法进行局部优化，提出规划选址阶段能够落实的景观影响分析方法，并通过项目案例，对变电站规划选址阶段应具备的景观分析要点及景观优化方法进行阐述。

[关键词]　变电站；规划选址；景观影响；景观优化

1　引言

随着信息化与工业化深度融合及城市快速扩张，城市的电力需求不断提升。如何在城市建成区内有效协调城市景观、生态环保、社会稳定、土地供应等因素，完成110kV及以上电压等级变电站布点增补工作，从而提升电网安全性及供电可靠性成为一个亟待探讨的问题。

现有规划选址实践侧重于从技术合理性及用地合法性角度破题，先以数学分析提供选址的技术最优解，随后在技术最优解的周边，寻找可与各类既有城市规划及城市管理条例协调的地块，解决用地合法性问题，变电站与景观的协调问题仅在设计阶段通过美化外立面解决。城市现状建成区往往已形成自身独特风貌，大多具有定位清晰、功能完善、人员密集、动线规律的特点。在明晰设施建设必要性的基础上，本变电站规划选址方法致力于将景观影响进一步前置考虑，将其纳入变电站选址的考量因素，修正变电站的选址方案，降低新增邻避型设施对社区风貌及民众生活的影响，进而减少市民的抵触心理，力促变电站顺利落地。

2 常规城市变电站景观优化方法

2.1 建设形式优化

城市变电站现有的三种主要建设形式为独立式、地下式及附建式。独立式变电站电气设备及建筑大部分位于地上，尽管占用地面空间，但具有设备成熟、安全风险低、建设成本低等优点，目前独立式变电站仍是国内变电站的主流建设形式。地下式变电站则将电气设备及建筑放置在地下，国内的现有案例中，地面部分仅建设变电站必要的人员出入口及通风口等构筑物，地块的地面其余部分往往作为公园或广场的一部分，如深圳110kV福田党校变电站［图1（a）］、香港132kV梳士巴利花园变电站［图1（b）］及上海500kV静安变电站等。附建式变电站则是将变电站与对噪声、电磁环境不敏感的建筑共同建设[1]，变电站的开关楼等建筑集成为一个附属模块，与主体建筑共用消防通道等设施，大大减少变电站占地面积，如深圳110kV投控站等。地下式及附建式变电站通过形式优化，使变电站基本隐形，可消除变电站对景观的影响。

（a）110kV福田党校变电站　　　　　　　　　（b）132kV梳士巴利花园变电站

图1 变电站实拍图1

2.2 立面优化

现有变电站标准外立面设计更多地从建筑功能角度出发，忽视建筑物与周边环境的关系，因此，独立式变电站通过营造与周边环境相融合的建筑立面，成为变电站景观优化的常用手段。对于设计阶段便有景观优化意识的变电站，往往会结合当地气候、文化风俗、地域特色进行建筑外立面设计，构建景观化变电站[2, 3]，如深圳110kV花卉变电站［图2（a）］。此站位于深圳知名景区荷兰花卉小镇周边，与花卉结合设计可摒弃刻板外观，选用欧式建筑风格，外墙采用石材砌筑，配色欧化，立面主体以线条为主，与一旁的荷兰花卉小镇相呼应。

对于已建成的变电站，在变电站运营期间，随着城市风貌不断提升，变电站外观与周边

（a）110kV花卉变电站　　　　　　　　（b）110kV农科变电站

图2　变电站实拍图2

格格不入，则多采用立面彩绘及垂直绿化改造等手段进行景观优化，如深圳110kV农科变电站［图2（b）］。此站临近街区公园及学校，周边视野开阔，因此，采用爬藤植物对围墙进行垂直绿化，建筑物立面采用彩绘的方式进行景观化处理，契合了在地景观。

2.3　优缺点对比

通过选择地下式或附建式作为变电站的建设形式，可最大程度消除变电站景观影响，但随之而来的是造价和运营安全风险的提升。

对于地下式变电站，同规模110kV地下式变电站用地面积增加35%～50%，建筑安装工程费用约为独立式变电站的3～6倍，电气设备的火灾危险性等级要求也从丙类提升至丁类，对应价格提升约3倍，总投资约为独立式变电站的3～4倍[4]。此外，地下建筑还需考虑城市内涝及事故逃生等问题，在规划设计和实施难度方面均比地上建筑要复杂许多。

对于附建式变电站，由于与主体建筑零距离甚至嵌入其中，其设备价格可达普通变电站的4～8倍[5]，尽管部分主体建筑开发商愿意承担变电站土建成本，在土地价值极高地区，土地价值可平衡变电站设备费用，但该方式需对现有消防规范进行突破，同样存在较大的技术难题。

通过立面优化形式可利用较低经济成本对变电站进行景观化处理，通过合理的宣传，可减少市民对邻避型设施的抵触心理，但难达到地下式和附建式变电站的消隐效果。

3　常规城市变电站规划选址方法及优化方案

3.1　常规规划选址技术路线

常规电力规划工作首先需要明确城市用电的需求规模（负荷预测）；其次，依据需求规模进行规划范围内的电力供求平衡分析，以便于确定向本区域供电的电力设施的总体规划建

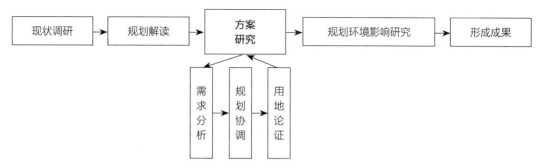

图3 常规城市变电站规划选址技术路线图

设规模；随后，形成区内的电力设施布局方案以及与此配套的电网通道布局方案。常规城市变电站规划选址技术路线如图3所示。

在电力设施布局方案的基础上深化城市变电站选址时，侧重于解决其用地合法性及生态环保问题。

3.2 常规规划选址研究内容

（1）现状调研及相关规划解读

根据立项文件及设施周边地块的发展建设情况说明设施的建设背景、主要服务对象及其在电网结构中的地位与待协调的用地问题，并通过对相关规划及管理规定的解读指出用地手续待完善问题，确定选址方案的重点关注内容。

（2）方案研究

1）需求分析

根据变电站实际情况明确设施所需的用地规模及建设条件等关键内容，从项目建设规模、布置形式、区域概况、建设条件、地质条件等因素入手，确定变电站的初步用地方案。

2）规划协调

在相关规划解读的基础上阐述用地方案与规划的协调性，并补充用地方案与城市控制线如城市蓝线、水源保护区、城市橙线、森林公园、自然保护区、国家安全区等文件的协调结果，明确土地权属，分析选址方案的可行性及唯一性，对相关设施用地方案形成科学的初步判断，为后续论证提供论述的基础信息。

3）用地论证

根据用地情况差异，对变电站存在的土地问题进行规划协调。由于项目存在问题不同，可能存在多个用地问题及多个论证重点，通过充分的论证和方案比选，确定变电站的选址方案。

（3）规划环境影响说明

以项目环境影响评价表为基础，简述相应选址方案下，设施的规划建设在施工期及运营期内对周边的电磁环境、生态环境、水环境、大气环境、声环境的影响以及固体废弃物的处理方式，明确项目对环境的影响，并给出建设运营建议。

3.3   存在问题及优化方案

在独立式变电站仍然占据主流选择的今天，常规城市变电站的规划选址流程中，各环节仅关注如何合理合法地落实变电站用地，缺乏变电站选址对周边景观影响的部分，一味将景观优化的压力传导到设计阶段。然而，在选址阶段忽视变电站对景观的影响，则可能造成变电站建成后阻断城市绿廊、打断市民原有行动路线、破坏原有景观风貌等一系列的问题。

为避免上述问题，变电站选址研究阶段应将景观协调作为其规划选址技术路线的一部分，在站址完成规划协调后进行。经过一系列项目的探索，变电站选址阶段景观协调内容由宏观至微观应包含：片区绿地梳理、片区景观需求分析、市民动线调研、片区重要视点分析及对应的景观处理方案。优化后的城市变电站规划选址技术路线如图4所示。

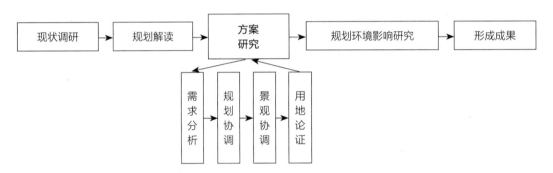

图4   优化后的城市变电站规划选址技术路线图

4   基于景观影响优化变电站选址案例

4.1   项目背景情况

根据负荷测算，某110kV变电站初步确定选址于某公园范围内，公园内各方位用地情况相近，公园设计中对该变电站用地进行了预留（该预留用地以下简称"原站址"），但在变电站办理用地手续过程中，由于对片区及公园景观造成较大影响，因此，需要解决景观影响来优化变电站选址方案（优化后选址以下简称"优化后站址"）。

4.2   站址周边景观要求分析

（1）片区景观要求

根据片区法定图则，该片区是西部工业组团的重要城市景观区域。该公园是大型公共空间，点缀于片区自然景观轴带上。

（2）公园景观要求

该公园已投入运行，经与社区协商，社区要求变电站红线避让现有园路，弱化变电站建设对公园现有设施的影响，避免因变电站建设影响公园设施之间的可达性及连通性。

（3）周边视点分析

变电站周边主要视点位于该公园山顶广场处及现状古塔处，两者分别为该公园南北部最高点，现代景观与历史景观遥相呼应，两点标高分别为35.000m及27.600m（古塔底端标高）。不建议变电站高于以上景观节点，改变公园制高点及次高点空间位置，避免对公园瞭望景观造成影响。

4.3 变电站站址优化

（1）站址选择

法定图则对110kV变电站用地已进行预留，后应街道要求，改至该公园范围内。该公园及周边绿地均为图则内大型公共空间。考虑到变电站西侧、北侧、东侧地块均为图则规划公园绿地，为响应图则"保护并加强城市公共开放空间环境和空间的整体性、系统性"的要求，110kV变电站站址需进行优化，原站址及优化后站址对图则内规划绿地整体性、连通性的影响如图5所示。

（a）原站址 （b）优化后站址

图5 原站址及优化后站址对绿地连通性影响比较图

　　由图5可知，原站址存在阻碍大钟山公园与万丰公园间的连通性的问题，原站址旋转后北移至优化后位置，大大改善了绿地间的连通性，配合公园现有园路，可通过修建步道，有效串联周边绿地。

（2）红线优化

　　深圳市常见110kV变电站地块红线为长方形，为减少变电站建设对公园现状设施及游人的影响，故对变电站红线进行优化，为避让公园现状园路，切除部分西北角，如图6所示。图6中黑色虚线为红线优化前线位，由于切角部分需妥善处理地形高差并布置消防车道，该段护坡需进行特殊处理。

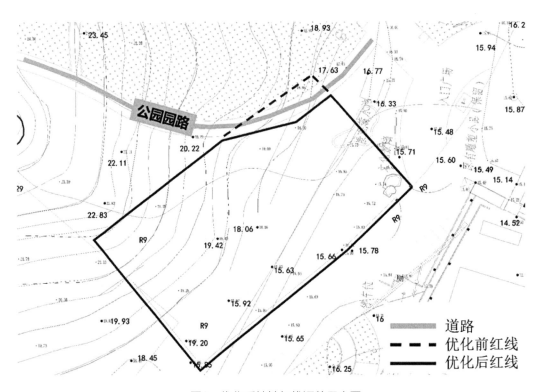

图6　优化后站址红线调整示意图

4.4　规划设计条件控制

（1）围墙设计

　　为进一步提升绿地间的整体性，110kV变电站采用通透性围墙，以减小变电站常用的砖砌围墙对景观造成的隔断，拓展游人视野范围，增加站内空间与公园绿地间的互动，在视觉层面加强绿地间的连通性。在此基础上，围墙色彩及材质可与公园景观相适应，可借鉴中国古典园林构景技法，利用绿化形成夹景，因地制宜，使变电站与公园景观呼应交融。

（2）站内布局设计

110kV变电站对站内建筑规模进行优化设计，优化后站内主要建筑物（配电装置楼）尺寸接近46m×22m，占地面积小于常规变电站，站内其他空间用于布置站内必需的消防设施。变电站红线为避让现状公园园路，调整为不规则多边形，为满足相关消防要求，必须设置14m×14m回车场，为靠近现状市政道路一侧的消防车道营造满足条件的转弯半径。

小型化的配电装置楼不仅满足了不规则多边形红线的布局要求，同时增加了建筑物与围墙间的距离，增加了视觉缓冲的空间，配合通透围墙的使用，该距离可被有效利用，以及在非消防车道区域进行适当绿化，形成视觉缓冲带，降低景物转换带给游人的突兀感。

此外，得益于配电装置楼小型化，与原站址相比，变电站内建筑物体量有效削减，避让了公园内视点间的瞭望视线，可为游人提供更好的瞭望体验。

（3）建筑高度优化

除了极力减弱变电站在水平维度上对景观的影响之外，在竖向上也进行了优化调整（图7）。原站址内建筑物设计高度为19.0m，配合道路标高（15.600m）进行建设后，建筑物结构标高达到34.600m，超过大钟山公园内次高点。现有变电站配电装置楼采用特殊设计，建筑物高度由原设计的19.0m降低至12.0m，配合道路标高（15.600m）进行建设后，变电站结构标高约为27.600m，低于公园内主要视点。加之原站址配电装置楼位于公园瞭望视线上，与原设计相比，优化后设计对公园纵向空间关系影响较小。

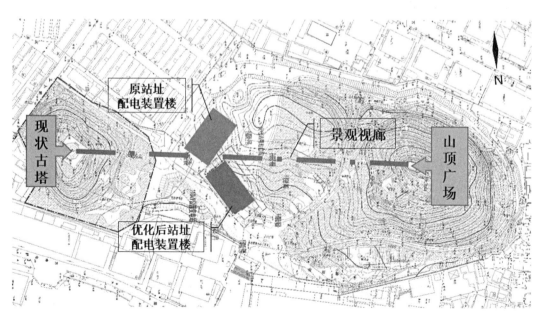

图7　建筑物位置与景观视廊关系示意图

5　总结与借鉴

5.1　项目总结

优化后站址相较原站址更有利于串联周边绿地，营造片区的绿地连通性。通过优化设计，优化后站址在建筑物高度、视觉通透性及对公园视点的影响等方面优于原站址。在对优化后站址红线进行优化后，变电站对公园现有设施的影响降低。通过技术手段，优化后站址对片区绿地的影响、对公园景观的影响远小于原站址。

5.2　借鉴价值

在变电站选址规划阶段进行景观影响分析，通过规划手法进行优化调整，并对变电站的下阶段建设提出一定的建设要求，能够有效避免变电站建成后引起的系列景观问题，契合公园城市建设和山海连城计划，有助于区域空间的高品质塑造，并在一定程度上加快变电站用地手续的办理。

参考文献

[1]　孙国庆，雷鸣，李男，等. 国内地下变电站建设现状与发展趋势 [J]. 电力勘测设计，2020（1）：68-73.

[2]　高岩. 景观式变电站设计方案研究 [J]. 山东电力技术，2018，45（1）：29-32，46.

[3]　方灿文. 浅谈变电站建筑外立面改造设计 [J]. 建材与装饰，2020（4）：72-73.

[4]　夏溢. 城市变电站建设发展现状及趋势探讨 [J]. 上海节能，2020，383（11）：44-48.

[5]　毛森茂. 中心城区110kV嵌入式附建变电站规划建设研究 [J]. 电力系统装备，2019（16）：43-44.

面向实施的海绵城市建设详细规划编制探索

汤钟　张亮（生态低碳规划研究中心）

[摘　要]　随着海绵城市建设进入实施落地阶段，需要加强规划引领，因地制宜确定海绵城市建设目标和具体指标，完善技术标准规范。综合考虑规划区域的自然水文条件、土壤状况、原有排水系统基础、经济社会发展条件等因素，坚持问题导向与目标导向相结合，坚持因地制宜、因地施策，以排水分区、管控单元为基础全面推进海绵城市建设工作。因此，需要在海绵城市专项规划的基础上针对片区自身特点编制具有可实施性的海绵城市详细规划。本文以深圳市盐田区盐田港后方陆域海绵城市详细规划为例，以系统化思维对海绵城市建设进行整体统筹考虑，以期为类似地区的海绵城市详细规划提供参考。

[关键词]　海绵城市；详细规划；实施路径

1　引言

海绵城市建设是转变城市发展方式的重要国家战略。一是推进生态文明建设的重要举措。尊重自然、顺应自然、保护自然，探索生态城市建设模式的创新，谋求生态、社会、经济协调互促、可持续发展[1]。二是提升城市人居环境的重要途径。缓解城市内涝、削减径流污染负荷、提高雨水资源化水平、改善城市景观，以生态服务发展。三是稳定国民经济增长的重要领域[2]。

目前全国各地的海绵城市建设正在全面推进，但由于海绵城市建设系统性、综合性、创新性较强，城市层面的海绵城市专项规划对片区的指导能力相对较弱，因此，需要编制片区级的海绵城市详细规划，以片区的问题及目标为导向，指导达标策略及整体海绵系统，并且以实施落地作为基本要求，科学合理地分配任务及指标。

2　区域概况

盐田区位于广东省深圳市东部，盐田港后方陆域位于盐田区中部，片区南、北、西三面环山，东临盐田港区，盐田港为四大国际深水中转港之一。后方陆域总用地面积约9.13km²。

《深圳市海绵城市专项规划》中将盐田港后方陆域片区纳入全市海绵城市建设重点区域，《盐田河临港产业带规划研究》定位将临港产业带片区打造为环境品质与发展定位相匹配的片区。

盐田区作为东进战略中海绵城市建设试点，是建设宜居、宜业、宜游的生态型海港的关键路径。盐田港后方陆域片区应抓住海绵城市建设的机遇，推进公园绿地、景观绿化的建设，利用海水、山水和雨水开展水景观、水生态的规划设计，利用雨洪资源打造城区景观水系，提升滨海空间景观环境，打造港、产、城一体繁荣的湾区城市标杆。

2016年12月，盐田区政府印发了《盐田区推进海绵城市建设工作实施方案》，要求盐田区打造成为国际一流的海绵城区，着力推动盐田港后方陆域、大梅沙两个重点片区的海绵城市建设。

3　问题及需求分析

3.1　水资源：用水结构依赖外调水，非常规水资源利用率提升空间大

后方陆域片区本地水资源短缺，对境外供水依赖高。供水主要来自盐田港水厂，盐田港水厂现状水源主要来自东深供水和正坑水库，已建东深供水工程，规划增加东部供水。

片区非常规水资源开发力度不够，本地水源利用率不高。全区尚未形成非常规水资源的系统利用，规划区内以盐田污水厂再生水利用和雨洪利用为主，主要用以市政绿化和盐田河补水。区域雨洪资源丰富，低品质用水需求量大，非常规水资源利用率的提升空间较大。

3.2　水环境：盐田河水环境良好，需继续推进面源污染控制

后方陆域片区地表河流经治理后水质明显改善，盐田河经过十年综合治理，水质由劣Ⅴ类改善为Ⅲ类，是深圳市水质最好的河流之一，但截污治理仍需继续推进。

片区硬质化比例高，城市面源污染形势严峻，存在暴雨过后河水发臭现象。一是面源污染物受强降雨冲刷，随雨水径流汇入河道；二是部分旧村排水管网没有实施雨污分流，暴雨时雨水携带管底污泥及污水进入河道。

3.3　水生态：河流硬质化严重，水生态功能不足；城区物流仓储、道路广场用地多，绿化本底差

盐田河硬质化普遍，水生态功能退化，河道亲水空间不足。建成区范围内，盐田河基本全为硬质化河岸；缺乏与自然生态系统的连接，水生动、植物罕见，河道水生态功能退化严重；沿河仅以观水为主，河流亲水空间不足，景观相对生硬。

河道底泥存在淤积现象，形成河流内源污染。河岸缺乏系统的生态缓冲带，受水土流失、暴雨径流冲刷影响，河流普遍存在泥沙淤积现象，形成河流内源污染。

后方陆域片区用地以物流仓储用地、道路、城中村用地为主，建成区海绵本底较差。物流仓储用地、道路、城中村绿化条件较差。

3.4　水安全：暴雨天气易发，地质风险较大；管网排水能力有待提升

后方陆域片区地处暴雨易发区，地形条件不利于排水，深圳市地处广东南部低纬度滨海台风频繁登陆地区，受海岸山脉地貌带影响，每年4~10月份，受锋面雨、台风雨影响，暴雨频发，洪、涝、潮灾害时常发生，在暴雨季节还极易在沿海片区形成洪潮顶托。

片区雨水管网设计标准低，管径偏小，水力条件差，根据水力模型评估，一半以上雨水管排水能力不满足3年一遇的设计标准，存在雨水管道水力条件差、管道破损老旧等问题。

暴雨径流易引发山体滑坡等地质灾害，地质灾害易发点为梧桐山、梅沙尖山脚一线，暴雨期间，易出现滑坡、塌陷等地质灾害问题。

4　面向实施的海绵城市建设策略

盐田港后方陆域片区在水资源、水安全、水环境、水生态等多方面还存在有待进一步完善和提高的空间，因此，确定该片区海绵城市详细规划的编制聚焦蓝绿空间、低碳生态、城市发展，修复大面积仓储物流用地带来的诸多生态问题。降低城市开发对生态环境的影响，整体技术路线如图1所示。

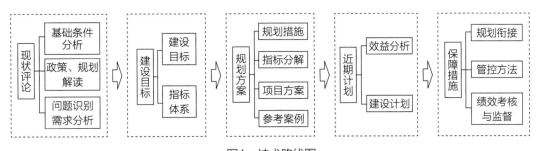

图1　技术路线图

4.1　策略一：制定科学合理的海绵指标达标策略

结合《深圳市排水（雨水）防涝综合规划》中二级排水分区、三级排水分区的划分，对管控单元进行细化。根据规划区的本底特点、排水分区、竖向、分水岭、土壤渗透性等将建设用地划分为6个管控单元，其划分情况如图2、图3、表1所示。

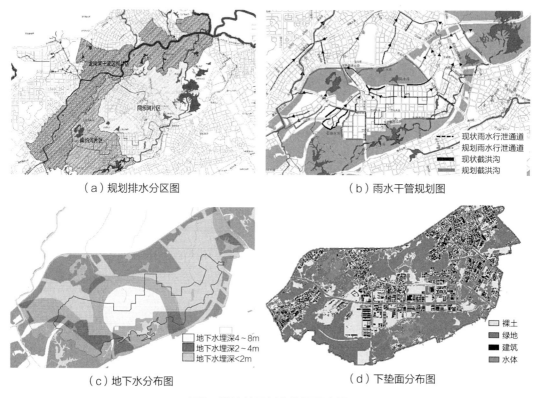

（a）规划排水分区图　　　　　　　　　　（b）雨水干管规划图

现状雨水行泄通道
规划雨水行泄通道
现状截洪沟
规划截洪沟

地下水埋深4~8m
地下水埋深2~4m
地下水埋深<2m

裸土
绿地
建筑
水体

（c）地下水分布图　　　　　　　　　　（d）下垫面分布图

图2　管控单元划分依据示意图

图3　管控单元划分结果分析图

管控单元情况一览表　　　　　　　　　　　　　　　　表1

管控单元编号	面积（km²）	主要用地类型	主要地下水位	主要土壤分布
1	0.73	S4、W0、W1	>8m	壤土、软土
2	1.03	W0	>8m	壤土、软土
3	1.42	M0、R2、GIC	4~6m	软土
4	1.28	W0、M0	4~6m	软土
5	1.55	R2、C、GIC、M0	<2m	软土
6	3.12	E	>8m	壤土

现状模型评估：经SWMM模型评估，规划区现状年径流总量控制率为58.9%。其中建设用地（管控单元1~5）现状控制率为36.21%。各管控单元的现状年径流总量控制率分别为35.5%、36.9%、34.9%、36.0%、37.3%、73.2%。管控单元1~5均和规划区目标相差较大。管控单元6主要为生态用地，且为壤土区。现状控制情况较好。

规划模型评估：建立地块SWMM模型（图4），对各管控单元类所有地块的年径流总量控制率指标进行分解，并对海绵城市模式下的径流控制效果进行评估[3]。

图4　后方陆域SWMM模型分析图

根据模型评估，规划区现状年径流总量控制率为59.8%（包括盐田河可控制容积），距离70%的目标需要增加81055m³控制容积。规划通过三类项目的海绵城市指标落实来达到后方陆域2020年控制目标。

第一类：已确定在2020年之前动工的地块。结合临港产业带规划、城市更新计划等确定。主要包括储备用地、可搬迁村、规划落实用地、更新项目用地。完成第一类项目后，规划区年径流总量控制率为66.89%（包括盐田河可控制容积），距离70%的目标仍需要增加26160m³控制容积。

第二类：对全部GIC类（深标公建类）和部分G类用地进行海绵城市改造。完成第一类项目及第二类项目后，规划区年径流总量控制率为67.77%（包括盐田河可控制容积），距离70%的目标仍需要增加19204m³控制容积。

第三类：对现状仓储物流、建筑小区等海绵城市建设需求较大的地块进行海绵城市改造。完成三类项目后，在新开挖的河道增加1465m³雨水调蓄空间即可达到70%的控制目标。

4.2　策略二：综合统筹治理，全过程管控，提升水安全保障

（1）构筑源头、中途和末端全过程控制的雨水排水体系

建设海绵城市，构建从源头到中途再到末端的雨水径流管理模式。采取"渗、蓄、滞、排"等技术，综合统筹灰、绿、蓝三类基础设施，建立大排水系统，全过程进行雨水管理，提升城市内涝防治能力[4]。确保具备有效应对不低于50年一遇暴雨的能力。城市内涝防治思路如图5所示。

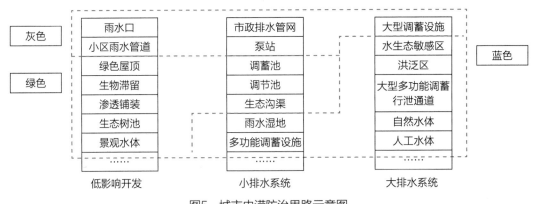

图5　城市内涝防治思路示意图

（2）开展河道治理，通过拓宽断面、清淤清障，提高河道行泄能力

通过拓宽河道断面、堤岸加高加固、调整河道纵坡、拆除重建破损堤防、清淤清障、改造阻水构筑物等工程措施，提高河道的行泄能力。从防洪安全的角度出发，提出保障河道安全需要的河道预留宽度。

盐田河属山溪雨源型河流，雨季部分河段排洪不畅，部分河段未达到50年一遇的设计标准。应结合河段排洪能力、两岸用地情况、建筑物分布等，通过技术经济性分析后，综合确定河道治理方案，提高河道排洪能力。

对盐田港后方陆域片区的其他河流、箱涵，针对破损、地陷隐患等相关风险，提出治理措施，全面提升防汛抗灾能力。

4.3　策略三：灰绿结合，改善城市水环境，保障地表水环境质量

建设灰绿结合的海绵城市设施并将其作为水环境系统的重要组成部分，整体思路如图6所示。

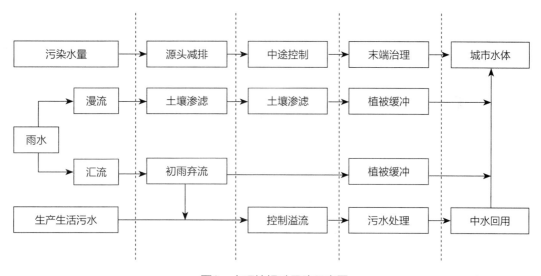

图6　水环境提升思路示意图

（1）推进雨污分流改造，实施污水厂提标改造，削减点源污染

1）新建片区和旧改片区严格实行雨污分流制

按照《深圳市水务发展"十三五"规划》要求，严格执行排水许可制度，对新建片区、城市更新区严格执行分流制改造措施。

对于城中村等进行彻底雨污分流改造有困难的区域，应通过总口截污等形式解决水的溢流污染问题[5]。

2）完善污水收集处理系统，实施污水厂提标改造

进一步完善污水管网建设，到2020年城市污水集中处理率稳定在98%以上。推进盐田污水厂提标改造，保障污水处理厂出水达到准Ⅳ类及以上，进一步削减污水厂出水中污染物负荷，削减点源污染排放量。

（2）基于全过程管控的雨水管理模式，逐级削减面源污染

盐田港后方陆域片区的水环境质量是影响滨海旅游的重要因素之一，系统地多点同步推

进，进而实现逐级削减面源污染的目的。

（3）结合河道综合整治工程，开展河流生态修复，增强河流自净能力

对片区内盐田河实施截污控源、清淤清障的同时，应注重对河流自身生态系统的修复重建，增强河流自净能力，最大程度地发挥自然生态系统的净化功能。在保障盐田河等防洪安全的基础上，对部分河道断面进行生态化整治，采用建设人工湿地、跌水曝气增氧、建设生态浮岛及滨岸缓冲带等措施，分类推进驳岸改造，恢复河道的净化功能、调蓄功能、景观功能。对初期雨水进行净化，削减面源污染。打造滨水街区、生态河岸、涵养绿地等多功能水环境系统。

4.4　策略四：开源节流，优化水资源结构，提高本地水源供应能力

盐田港后方陆域片区对非常规水资源的利用应以雨洪利用为主，同时推进雨水、再生水、海水等开发利用。该片区现状非常规水资源开发利用还主要以污水再生利用为主。但是，由于再生水管网普及率很低，用于市政杂用的污水再生利用量较小，所以未来进一步推广污水再生利用于市政杂用，也还需推进管网敷设并考虑用户使用意愿。目前现状污水再生利用以盐田河生态补水为主。而对雨洪资源作为盐田港后方陆域片区水资源的主要补给，对其进行利用的重视程度还不高。近期有通过建设雨洪利用工程，用于河道生态补水和市政杂用，在后期应大幅提高雨水资源利用比例。此外，盐田港后方陆域地处沿海地区，拥有丰富的海水资源[6]，可直接用于港口码头冲洗且经济性较高，海水淡化利用也可作为技术储备，待远期技术成熟后再开发其利用比例。因此，建议盐田区非常规水资源开发利用，近期以雨洪利用为主，同时结合道路建设与改造、推进再生水管网建设，逐步提高污水再生利用替代城市供水比例。

4.5　策略五：结合城市更新开展蓝绿空间和生态岸线改造

规划区内现状自然河流为盐田河，总长约2.8km，其余为箱涵或暗渠。据遥感卫星资料和现场踏勘，现状河岸全部为硬质化河堤。盐田路以北，盐田河左岸为北山道，右岸紧邻密集的建成区；盐田路以南，盐田河左、右岸均为密集的建成区，河岸可改造空间不足。

根据深圳市和盐田区海绵城市建设的要求，盐田河2030年生态化断面比例达50%。在现状生态化断面基本为零，且两岸可利用空间不足的现实条件下，盐田河生态化断面改造任务艰巨。

根据《盐田河临港产业带空间发展专项规划研究》，规划区结合盐田四村工业区片区和洪安围村片区改造，将新增两条河流，且全部采用生态化断面进行建设，两岸预留充足的海绵生态空间，可有效提升海绵功能。

经统计，盐田四村工业区片区新增河流总长度为1.25km，并计划近期启动；洪安围村片区新增河流总长度为0.55km，正在编制更新规划，预计2030年可完成，如图7所示。

经研究，应重点推进盐田四村工业区片区的更新改造及新增河流的建设，可实现生态化断面比例为1.25/（2.80+1.25）＝30.86%，实现近期盐田河生态化断面比例的建设要求。

远期推进洪安围村片区更新改造及新增河流的建设，可实现生态化断面比例为（1.25+0.55）/（2.80+1.25+0.55）＝39.13%。在此基础上，推进现状盐田内局部的生态驳岸发行，要求在满足防洪要求的基础上，局部进行河道内部改造500m，则可实现远期盐田河生态化断面比例达50%。建议先启动现状盐田河道内部驳岸改造的研究，并在远期完成建设。盐田河现状河道内生存化断面改造及新增河道生态化断面如图8、图9所示。

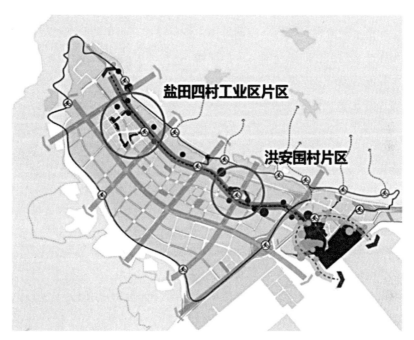

图7　盐田四村工业区片区、洪安围村片区新增河道示意图

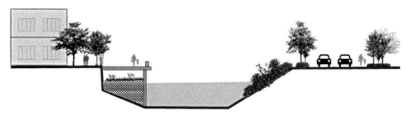

图8　盐田河现状河道内生态化断面改造示意图

图9　盐田河新增河道生态化断面示意图

4.6 策略六：针对仓储物流用地进行针对性的海绵改造

以盐田港后方陆域某仓储用地为例。

（1）现状分析

大面积硬化，绿地少且普遍高于路面，雨水通过管道排往市政管网；常规海绵措施使用困难，重荷载路面不适宜使用透水铺装。地面污染严重；屋面雨水未进行收集。

（2）改造措施

以"蓄、用、净、排"方法为主；屋顶在满足荷载情况下采取简单性绿色屋顶或者草皮绿化形式；屋面雨水径流污染较轻，以回用为主进行设计，收集的雨水可以用来补充空调冷凝水、地下车库洗车用水、冲洒地面、浇洒绿地等[7]。

地面雨水径流污染严重，以去除污染为主进行设计，可经过雨水花园或者初期雨水处理后排至地面雨水调蓄池，削峰后排至市政管网或者用于冲洒地面、浇洒绿地等；重荷载路面不适用于普通的透水铺装，新型工艺需要经过专门论证可考虑使用[8]；使用截污型生态雨水口[9]。

4.7 策略七：在相关规划和部门任务中同步落实海绵城市内容

根据梳理结果，共形成近期建设项目约67个，可提供面积1.6km²，约占当年盐田区指标的30%。其中：近期规划项目49个，涉及用地面积1.28km²，海绵投资估算1.97亿元；改造项目18个，涉及用地面积0.11km²，海绵投资估算2649万元。

与《深圳市海绵城市专项规划》和《盐田区海绵城市建设规划研究》进行衔接，在指标控制、规划方案、设施布局等方面进行相互校核。

与《盐田河临港产业带空间发展专项规划研究》进行衔接，结合其用地方案进行指标分解，并将海绵城市建设相关要求纳入用地布局和管控要求。

与相关专项规划进行衔接，包括城市水系规划、城市绿地系统规划、城市排水防涝规划、道路交通专项规划、城市低碳发展规划等。

5 结语

本文以深圳市盐田区仓储物流区域——后方陆域为例，初步探索了对此类型区域编制海绵城市详细规划的技术路线和思路，并使用SWMM模型对现状和规划地块进行了模拟分析，同时构建了以七大策略为核心的海绵城市系统。下一步还将结合规划实施后的实际监测数据，以及各部门的年度项目库，将盐田港后方陆域打造为类似区域的海绵标杆。

参考文献

[1]　肖娅，徐骅. 澳大利亚水敏城市设计工作框架内容及其启示 [J]. 规划师，2019，35（6）：78-83.

[2]　汤钟，张亮，俞露，等. 南方某滨海机场海绵建设策略探索 [J]. 中国给水排水，2018，34（20）：1-6.

[3]　杨婕. 填海造陆地区海绵城市规划设计方法研究 [D]. 西安：西安建筑科技大学，2018.

[4]　黄崇凯. 海绵城市专项规划定量化过程中的模型应用 [D]. 杭州：浙江大学，2017.

[5]　王悦灵. 滨海地区海绵城市规划设计方法研究 [D]. 西安：西安建筑科技大学，2017.

[6]　任心欣，汤伟真，李建宁，等. 水文模型法辅助低影响开发方案设计案例探讨 [J]. 中国给水排水，2016，32（17）：109-114.

[7]　汤伟真，任心欣，丁年，等. 基于SWMM的市政道路低影响开发雨水系统设计 [J]. 中国给水排水，2016，32（3）：109-112.

[8]　胡爱兵，任心欣，丁年，等. 基于SWMM的深圳市某区域LID设施布局与优化 [J]. 中国给水排水，2015，31（21）：96-100.

[9]　任心欣，汤伟真. 海绵城市年径流总量控制率等指标应用初探 [J]. 中国给水排水，2015，31（13）：105-109.

共建模式下高密度易积水老旧片区海绵城市实施路径研究——以罗湖区为例

李晓君　黄垚洇　马倩倩　邓立静（生态低碳规划研究中心）

[摘　要] 高密度老城区水系统问题突出，有历史遗留问题，老旧小区数量较多，城区空间紧密，未开发用地基本无存量。以深圳市罗湖区老旧城区及城中村片区为例，研究海绵系统与旧城改造、整治更新规划融合，总结片区开展系统性海绵城市改造微更新的技术方法及主要实施路径，通过政府及社会投资的方式，统筹考虑政府建设的重点项目、民生微实事等各类型项目，以及政府—社会—街道社区基层管理者—村集体—市民的多元共建模式，以见缝插针、点状植入的方式成功完成海绵城市片区的改造，为类似的高密度城中村及老城区推进海绵城市建设提供基层实践经验。

[关键词] 共建；高密度；老旧城区；海绵城市；实施路径；城中村

1　引言

2014年，国家提出海绵城市建设理念，随后通过推动试点建设进行技术、体制和机制的探索，目前第一批、第二批海绵城市建设试点城市均完成试点建设考核工作，积累了丰富的海绵城市建设经验，并在全国得到广泛推广。我国地域辽阔，不同地区的气候特征、建设情况、经济状况等存在巨大差异，各城市各区域应根据气候条件、城市建设密度、存在问题、经济情况、机构体制等不同特征，持续探索因地适宜的海绵城市建设策略和实施模式。

在海绵城市建设实践中，新城区落实海绵城市理念相对成熟，管控机制顺畅，但高密度且具有历史遗留问题的老城区的实施难度较大。高密度老城区通常具有突出的水系污染严重、内涝事件频发、供水排水管网老旧、绿地空间不足等系统问题，但是由于城区空间紧密，未开发用地基本无存量，缺少基于新建项目系统化实施海绵化改造的理想空间。国内学者也开展了针对高密度老城区实施海绵城市的方法与实践的研究，马雪涵[1]等对镇江的老城海绵设计与改造背景进行了研究，刘玮彤[2]提出沁阳市旧城更新海绵理念实践经验，李满园[3]等提出了许昌市高密度老城区街道与老旧小区改造的两种模式，而黄广鹏[4]、董良海[5]、战永祥[6]、张伟[7]、张玉[8]等都研究了旧城区的海绵设计技术与策略。在海绵改造的基础上，刘家宏[9]等研究了高密度老城区海绵城市径流控制技术，张亮[10]研究了基于海绵城市理念的高密度建成区黑臭水体综合整治规划方法。在针对海绵城市实施路径以及政府管理等方面，吴亚男[11]等厘清"流域—片区—项目"的绩效联系，探索出排水分区海绵建设绩效达标的规划实施路径。综上，国内学者对于高密度老城区实施海绵城市的技术以及成效已有较多研究，但较少研究老城区在落实海绵城市建设过程中实施路径、管控机制的特殊性，特别是政府、基层管理者与市民之间的关系。本文将从政府、基层管理者与市民共同参与老旧城区海绵城市建设，构建共建共治共享模式的角度来阐述实施策略和路径。

2 总体实施策略

高密度老城区的海绵城市建设侧重点在于解决实际问题，研究海绵系统与旧城改造、综合整治融合的路径，通过见缝插针的方式落实海绵建设理念，强化对建设管控的延展研究，探索共建共管模式，综合多方主体统筹考虑系统绩效。

（1）覆盖多种老城改造方式

老城改造方式主要包括城市更新拆除重建、综合整治提升以及现状保留区域微型改造。对于城市更新拆除重建的区域，通过地块指标管控以及更新项目海绵指引进行控制；而综合整治的区域，则通过将海绵理念与综合整治目标有机融合，结合常规项目库同步实施，并针对具有较重污染的特殊区域增补环境整治项目；现状保留区域结合具体情况开展微型民生实事项目，结合微型优化提升项目进行海绵体的点状植入。

（2）完善小微改造管控机制

旧城更新新建类项目一般需要报规划国土部门、城市更新部门审批，在立项或土地出让及用地规划许可阶段，明确新建管控指标，在工程规划许可阶段，对设计专篇进行形式审查，将结论列入建设工程方案设计核查意见书来完成新建项目的管控。但旧城建设特别是整治类项目，不涉及红线变化的不需要报规划国土部门、城市更新部门审批，该类部门自建自管及既有设施改造类项目，应制定完善的小微改造类项目的管控机制，部门立项及审批中给予技术管控，在项目翻新改造的过程中落实海绵城市建设要求。

（3）实施引导辅助多元共建

海绵城市建设应形成"规划引领、政府引导、企业运作、全方位管控、全社会共建共享"的建设模式，鼓励全社会参与，面向学校、社区开展海绵科普教育活动。老旧城区的住宅小区，作为城市的街道社区基层治理单元，是推动高质量发展、创造高品质生活、实现高效治理的重要城市网络节点。街道基层治理和管理的核心区别在于其决策过程是一个多元利益主体协商的过程，必须坚持公共参与和协调治理的基本理念。调动街道社区基层管理部门、社会企业或组织与社区居民等多元行动主体来促进老城区公共空间环境整治提升。采用社区"共同缔造"的理念，在政府组织下，将原来"自上而下"的社区规划设计转变为"自上而下"与"自下而上"相结合的公共参与式规划设计，政府引导并提供资金辅助，激发基层积极性与活力，给予全过程全方位的技术指导，市民参与，解决市民最关心的身边小事，落实惠民，实现多元共建共治。

（4）统筹考虑片区系统绩效

全国海绵城市建设已从推动单个项目达标向片区达标、流域达标转变，在老城区海绵城市建设中亦统筹考虑片区达标绩效。通过建筑小区、道路广场、公园绿地等绿化提升、正本清源等源头项目，雨污分流、排水管网整治工程等过程项目，以及黑臭河流排污口治理、河道清淤、污水处理站等末端项目，系统梳理项目关系，分散式、插针式点状落实多类型海绵技术，解决老旧城区内涝积水、环境差、散乱排污、雨污合流等问题，达到海绵城市片区整体达标绩效。

（5）激励撬动社会资金投入

开发商等社会机构是社会共建海绵城市的重要力量，但现阶段社会机构参与海绵城市建设的意愿不强烈，对海绵城市建设仍有抵触心理，适当的激励奖励政策有助于鼓励社会机构共建海绵城市。当地政府应围绕海绵城市阶段性建设目标，针对当前突出问题，发挥财政资金引导作用，制定海绵城市资金奖励政策，鼓励社会机构主动承接海绵城市建设项目，以奖励资金的方式鼓励社会机构参与共建海绵城市。

3　研究案例——深圳市罗湖区

3.1　区域简介

罗湖区是山水之城，辖区总面积78.75km²，现状建设用地面积43.43km²，剩余为生态保护区，城市开发建设空间有限。该区是深圳最早建设开发的区域，建筑密度全市最高，配套市政设施老旧，早期建设的排水管网设计重现期较低，城市雨天内涝积水问题严峻。

3.2　建立微型项目管控流程

罗湖区人民政府出台《罗湖区海绵城市建设管理办法》，对常规新建、更新项目进行管控，进行针对性的技术指导，重点考虑不同类型项目的海绵理念植入。针对更新新建类区域，制定《罗湖区城市更新海绵城市建设指引》，研究指导高密度更新项目海绵实施；针对综合整治类区域（含改、扩建），则结合已有项目建设计划融合落实海绵理念。现状保留类区域采取见缝插针，即局部优化提升的方式，进行微型的民生问题的修缮和提升，通过《罗湖区自建自管项目海绵城市建设管控流程》补充微型项目管控方式。自建自管类项目主要由业主市民提出，经社区居民议事会、街道可行性调研后的民生微实事项目，由各个街道自建自管，罗湖区部分自建自管项目如表1所示。管控流程包括立项阶段的项目适宜性分析，方案阶段技术指导，方案及施工图设计经多方会审后施工，施工过程现场指导，实施完成后，报区海绵办归档记录（图1）。

罗湖区清水河街道部分自建自管项目列表　　　　表1

序号	项目名称	海绵技术建议
1	工业小区环境美化项目	园路修改为透水铺装，设置分散型雨水花园
2	星湖花园小区环境美化项目	园路修改为透水铺装，设置分散型雨水花园
3	武警医院宿舍问题广场修建项目	广场为透水铺装，采用生态树池、环保型雨水口
4	红岗花园16栋外围绿化带硬化项目	采用透水铺装及环保型雨水口
5	清水河三路拓宽改造工程	人行道采用透水铺装，采用环保型雨水口
6	西湖春天街心公园	园路修改为透水铺装，设置雨水花园、下沉式绿地

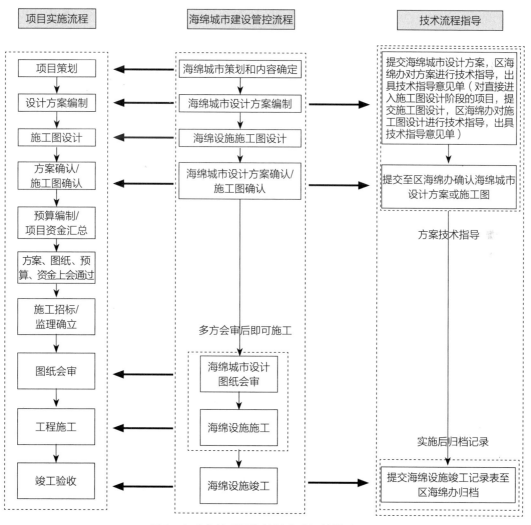

图1　自建自管项目海绵城市建设管控流程图

3.3　政府引导基层主导市民共建

深圳市从2015年开始推行的"民生微实事"工作，以群众"点菜"、政府"买单"的方式，快速解决社区居民身边的急事、难事，对于改善城市更新和固定资产投资暂时无法涉及区域的基础设施，起到了填补城市质量提升死角的作用。在资金使用对象方面，罗湖区通过以正面清单替代负面清单，使民生微实事范围更加明确，资金有效地向老旧住宅区基础设施改造等民生短板倾斜，惠及面更广。在项目来源方面，各社区"自下而上"挖掘城市基础设施项目需求的同时，要求各街道"自上而下"地全面摸底调查，并制定本街道民生微实事2年项目计划，部分项目如表2所示。相比于深圳市其他辖区，罗湖区由于老城区面积大、密度高，大型新建项目极少，在"民生微实事"中以见缝插针、点状植入的方式落实海绵城市建设理念是罗湖区实现高密度老城区精细化、海绵化更新的重要手段，能够解决重要的内涝、环境问题，实现市民共建。

罗湖区部分民生微实事项目　　　　　　　　　　　　表2

项目类型	项目名称	项目特点	规模	海绵城市设计	效果评价
建筑与小区	水贝大院共建花园	利用小区边角地；社区居民全程参与设计和施工，亲手栽种绿植	200m² 19.8万元	5个小型雨水花园和1条旱溪；设置屋面雨水落水槽、溢流口、穿孔管，形成联动调节的微观雨洪管理模式	景观提升、缓解小区内涝积水
	鹿鸣苑绿化及路面提升改造	现状排水管网重现期为1~3年一遇，排水能力不足，频繁出现内涝积水。杂草丛生，蚊蝇滋生	18582m² 91万元	公共空间改造为透水性广场，屋面雨水断接进入下沉式绿地，超标雨水经下沉式绿地溢流口排入市政雨水井	解决蚊蝇滋生、内涝积水问题。提供舒适休闲空间
道路与广场	化工大院公共广场路面提升改造	两侧为商铺，硬质地面破烂不堪。现状雨污合流，内涝积水频繁发生	760m² 60万元	硬质铺装全部替换成透水混凝土，新增1座雨水井，场地雨水径流经透水混凝土下的穿孔排水管排入雨水井	削减雨水径流和初雨污染物，解决内涝积水
	深中街16号广场环境提升改造	原为人迹罕至的破败杂草地，整体景观效果较差，改造成宽敞明亮的休闲健身广场	600m² 82.23万元	迁移原有猫舍，轻荷载透水混凝土替换原有的杂草	供居民休闲健身，提升周边环境景观效果
公园与绿地	泥岗社区公园提升改造	位于学校正对面，整体景观效果较差	8400m² 150万元	利用天然地形，在公园低洼处构建雨水花园、下沉式绿地、植草沟等生物滞留设施，公园内人行小道选用透水砖、透水混凝土等透水铺装	为学校师生提供活动场地、改善景观、海绵科普教育

罗湖区部分民生微实事项目改造成效示意如图2所示。

化工大院公共广场海绵化改造（改造，道路广场类）　　　　笔架山河暗渠复明（改造，水务类）

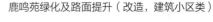

泥岗社区公园（改造，公园绿地类）　　　　鹿鸣苑绿化及路面提升（改造，建筑小区类）

深中街16号广场（改造，道路广场类）　　　　水贝大院共建花园（改造，建筑小区类）

图2　罗湖区部分民生微实事项目改造成效图

以水贝大院共建花园为例介绍市民共建过程（图3）：水贝大院为老旧小区，缺乏公共空间，选址地存在白蚁、蚊虫肆虐的问题。项目前期，设计师多方走访，听取社区居民的改造意愿，最后达成共识。以点状植入的方式，选择小区一栋楼后的废弃菜地，解决原场地白蚁、蚊虫问题的同时，将露土的场地改造成以观赏性为主的小花园，改造现状排水沟为旱溪，设置多处雨水花园，屋面雨水管断接到雨水花园。施工当天，30多位社区居民共同参与花园建设，主要参与人群为小区内的亲子家庭和退休人士。新的花园不仅能够解决场地的虫患问题，还能成为居民们休闲娱乐、孩子们接受自然和生态教育的好去处。

图3　水贝大院共建花园改造过程图

3.4　城中村片区系统海绵化改造

大望梧桐片区位于罗湖区东北部，包含10个城中村，总面积约2.68km²，总建筑数量约2600栋，雨污合流、大量硬化、面源污染严重，建筑群密集。通过与村民、村集体协商共建，在密集的村用地上分散"点状植入"村屋绿色屋顶、垂直绿化和生态停车场，特别是在仅1~2m宽村屋间狭窄过道"见缝插针"落实海绵理念，改造透水铺装及设置高位花坛承接屋面雨水，村民、村集体参与绿色屋顶、高位花坛的日常运维管理，实现海绵城市共建共管（图4、图5、表3）。加上政府投资建设的雨污分流工程、河道生态化治理和截污工程、污水

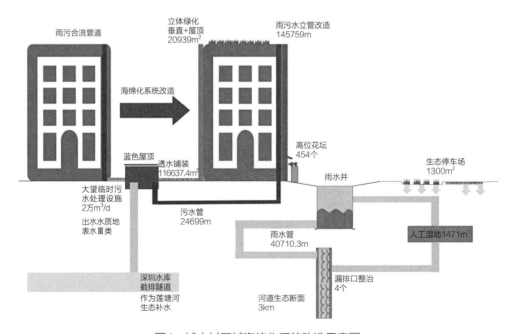

图4　城中村区域海绵化系统改造示意图

生态河岸

蓝色屋顶

立体绿化

高位花坛

污水泵站及雨水湿地

雨污分流

图5 城中村区域海绵设施实施现状图

临时处理设施及生态湿地工程等，将海绵城市"源头减排、过程控制、系统治理"的系统理念全面融入"治污+生态修复+城中村整治"体系，形成涵盖源头、雨污分流、正本清源、点状落实海绵设施，过程排水系统接驳完善，末端水系湿地生态治理的全过程治理思路。

城中村区域海绵设施类型与规模对比表　　表3

序号	设施类型	海绵设施量	特色做法	环节
1	建筑立管	雨污立管改造，大望约1400栋，梧桐1460栋，新平115栋，共145759m	雨污分流后，雨水立管散排或接入花坛	源头减排
2	透水铺装	主要覆盖村内巷道、绿道，总面积约116637.4m²	—	
3	高位花坛	有条件的地方承接屋顶雨水，454个	狭窄空间设置高位花坛，承接屋面雨水	
4	生态停车场	零星分布，共约130个停车位，总面积近1300m²	原有水泥地或裸地改造	
5	立体绿化	95栋私人物业绿色屋顶约20600m²，垂直绿化约300m²	政府出资改造或培训，鼓励私人物业屋顶建设绿色屋顶，墙面种植垂直绿化，后期维护由私人物业完成，政府监督，实现海绵城市共建共管	

续表

序号	设施类型	海绵设施量	特色做法	环节
6	雨污管网完善	雨水工程40710.3m，污水工程24699m	—	过程控制
7	雨水湿地	占地面积1471m²，服务面积9.87hm²，调蓄容积1398m³	利用村集体产业用地绿化空间改造建设	系统治理
8	沿河污水漏排口整治	彻底雨污分流，全部消灭4个污水漏排口	—	
9	河道整治生态岸线	梧桐山河状况较好，正坑水、赤水洞水、茂仔水已纳入一河一景另外实施，本项目对新田仔水、大窝山排洪渠、兰科中心排洪渠、坑背村排洪渠、横排岭水共5条河沟及灌溉渠进行整治，约3km	—	
10	大望片区污水临时处理设施	采用APO-M工艺（多级好氧强化除磷生物膜工艺），建设雨水湿地、蓝色屋顶，处理规模2万m³/d，出水达到地表水Ⅲ类标准，排入深圳水库截排隧道，对莲塘河生态补水	由于城中村距离现有污水处理厂较远，且建设独立的处理设施，出水经过雨水湿地净化	

3.5　产业转型升级，专项资金扶持海绵城市建设

2018年，罗湖为加快推进辖区内产业结构优化和转型升级、海绵城市建设，设立区级产业转型升级专项资金，每年制定印发《罗湖区产业转型升级专项资金扶持专业服务业实施细则》（以下简称《实施细则》），规范产业转型升级专项资金的使用。《实施细则》第十九条规定，鼓励机构承接辖区建设海绵城市项目，对上一年度获得市海绵办评定的海绵城市优秀规划设计、施工、监理奖的项目，位于罗湖区且为社会资本（含PPP模式中的社会资本，外资除外）出资建设，项目规划设计、施工、监理单位或团队按照市级奖励金额的一定比例给予区级配套奖励。至今已有深业泰富广场、水贝珠宝总部大厦、笋岗中学美丽校园等项目获得深圳市海绵城市奖励资金，同时还获得了罗湖区产业转型升级专项奖励资金，大大鼓励了社会投资参与共建罗湖海绵城市。

4　总结

高密度易积水老城区的海绵城市建设，应重点以解决问题为导向，融合综合整治、更新建设、微改造等多类型的项目途径，完善小微项目管理流程，探索政府—社会—街道社区基层管理者—村集体—市民的多元共建模式，见缝插针，点状植入，统筹考虑片区达标绩效。"十三五"期间，罗湖区共新增11.18km²海绵城市建设面积，占全区建成区面积的25.76%，超额完成2020年建成区20%，达到海绵城市的目标。其中大望梧桐片区海绵设施

调蓄容积为471.4m³，系统化海绵改造后，年径流总量控制率从51.2%提高到62%，达到罗湖区海绵城市建设重点片区规划目标。当前，全国各地仍在积极探索具有地域特色的海绵城市建设模式，罗湖区构建的共建模式将为高密度老旧城区常态化精细化建设海绵城市提供重要的经验和参考。

参考文献

［1］　马雪涵，王万竹，蒋旻君，等．海绵城市发展理念视野下老城区设计与改造背景研究——以镇江为例［J］．中国市场，2020（26）：29-30．

［2］　刘玮彤．海绵城市理念下的旧城更新实践研究——以沁阳市旧城更新为例［D］．郑州：郑州大学，2019．

［3］　李满园，段宁，刘珊杉，等．高密度老城区海绵城市设计研究——以许昌市为例［J］．许昌学院学报，2019，38（2）：49-54．

［4］　黄广鹏．海绵城市低影响开发技术在旧城区道路升级改造的应用［J］．广东土木与建筑，2020，27（8）：41-43，55．

［5］　董良海，高子泰．老（旧）城区海绵城市改造探索与实践［J］．环境工程，2019，37（7）：13-17．

［6］　战永祥．海绵城市理念在旧城更新改造规划中的应用与建议［J］．智能建筑与智慧城市，2019，266（1）：97-99．

［7］　张伟．LID技术在华南地区高密度小区的应用设计［J］．铁道建筑技术，2020，323（4）：51-54．

［8］　张玉．老旧城区海绵城市改造策略探究［J］．现代园艺，2020，43（16）：170-171．

［9］　刘家宏，王开博，徐多，等．高密度老城区海绵城市径流控制研究［J］．水利水电技术，2019，50（11）：9-17．

［10］　张亮．基于海绵城市理念的高密度建成区黑臭水体综合整治规划初探［C］//中国城市规划学会，杭州市人民政府．共享与品质——2018中国城市规划年会论文集．北京：中国建筑工业出版社，2018：148-156．

［11］　吴亚男，孔露霆，任心欣，等．海绵城市排水分区绩效达标规划实施路径探索——以深圳市国家试点区域某排水分区为例［J］．深圳大学学报（理工版），2021，38（1）：10-19．

高密度开发区市政设施空间整合模式探究
——以深圳市妈湾片区为例

陈锦全　朱安邦（城市规划市政协同研究中心、水务规划设计研究中心）

[摘　要] 城市市政基础工程主要由水务、能源、环卫、信息、防灾等工程系统构成，是城市生存和发展必不可少的物质基础。在高密度开发区，市政基础设施的数量和规模都在不断增加，推进市政设施集约节约布局，减少"邻避效应"，对提高土地空间利用效率具有重大意义。本文通过系统研究市政设施布局特点，探索市政设施空间高效利用的方式，提出"复合化建设""融合化建设""组合化建设"三种设施空间整合模式，为市政设施空间集约节约利用提供了途径，并在深圳市妈湾片区进行应用，实现了市政设施的"消隐化""小型化""生态化"的规划目标，契合了高强度开发区土地高效利用的要求，为高强度开发区市政设施空间布局提供参考。

[关键词] 高强度；市政基础设施；空间；整合模式

1　引言

城市市政基础工程主要由水务、能源、环卫、信息、防灾等工程系统构成，是城市生存和发展必不可少的物质基础。常规市政基础设施具体包括供水、雨水、污水处理与回用、供电、供气、供热、环卫、通信、有线电视等设施。近年来随着城市的发展和技术的进步，市政基础设施呈现出多样化和复杂化态势，区域供冷、直饮水、新能源充电设施、多功能杆等新型市政设施也不断涌现。与此同时，城市发展逐渐呈现高密度、高强度开发形态，需要体现绿色生态、高效集约的开发建设理念。大量的市政设施对城市空间的需求日益增加与城市高效集约的开发理念存在着诸多矛盾。现阶段国内已经开始着手对市政基础设施空间布局进行研究。闫萍[1]从宏观层面对市政基础设施规划提出了空间整合概念，并探索了整合范围、内容和方式；钱少华[2]在结合城市风貌、环境特色要求，通过梳理近年来上海市在地下隧道风塔、高等级变电站、排水泵站、轨道交通风亭等各类市政设施集约化、隐形化、景观化规划探索和实践的案例，总结提升城市基础设施景观化的规划管理策略；周彦玲[3]等通过总结全国市政设施集约化建设案例，提出了"自身用地节约""市政设施建设模式转变""市政设施多元化整合建设"的市政设施集约化建设策略。结合相应的研究，本文针对如何破解高强度开发区市政基础设施空间布局这一难题，提出了相应的策略，并在前海妈湾片区的规划中进行实践。

2 市政基础设施发展趋势及其问题

市政基础设施作为城市生存和发展必不可少的支撑性设施，随着城市发展和技术进步，在城市空间中市政设施空间与其他空间的关系也在不断地发展和变化。市政设施呈现出"类型多样化、建设地下化、空间小型化、功能复合化"等发展趋势。市政设施的不断发展和变化，必然会对城市空间的规划布局产生较大的影响。

2.1 设施类型多样化

一直以来，城市中的传统市政基础设施常见的有给水厂、水质净化厂、泵站、变电站、通信机楼、燃气调压站、垃圾转运站、消防站等。近年来，国家提出了"新型基础设施"的概念，其主要有新能源汽车充电设施、数据中心、5G基站等（图1）。随着城市发展和技术进步，设施类型不断增加和丰富，传统的设施和新型的设施是相辅相成的，在促进城市发展和便利市民生活等方面都发挥了不可替代的作用。设施类型的多样化也对其在城市空间的布局带来了新的挑战和难点，例如5G基站相比于4G时代的基站数量要增加2~4倍，对城市空间和景观风貌将带来较大影响[4]。

图1 多样的市政基础设施类型

2.2 设施建设地下化

地下空间开发是凸显土地集约开发和价值提升的重要手段和方式。市政设施地下化在其中起到了节约土地、改善环境、安全稳定等作用。在综合考虑技术、经济、环境影响、安全防灾等因素的基础上，推进市政场站的地下化，促进地下空间的复合利用，是城市高强度开发过程中的重要措施。现阶段城市地下市政设施主要包括综合管廊、地下市政场站、地下能源设施、地下海绵设施等。一般情况下，污水厂、给水厂、垃圾处理厂、调蓄设施等适宜进行地下化建设。燃气设施、通信设施、消防设施、防洪设施等由于功能要求、安全要求和使用场景等因素，一般不适宜进行地下化建设。例如，对于大型地下市政场站，如污水处理厂等，应充分结合地形，建设地下或者半地下设施，地面可建设公园、绿地、广场和体育活动设施等，覆土深度应满足植被种植的基本需求。但是，地下市政设施相比于常规的地面建设，其投资较大，建设难度也较大，而且，相比于地面建设，地下设施在发生灾害时，在救援方面存在较大难度。因此，地下空间市政设施开发利用应该因地制宜，结合设施自身功能特点进行差别化、限制性下地[5]。深圳洪湖水质净化厂如图2所示。

图2 深圳市洪湖水质净化厂（全地下式）实拍图

2.3 设施空间小型化

得益于技术进步和科技的发展，相应的设施设备工艺流程有了全新的进步，使得市政设施空间集约化程度不断提高，逐渐向小型化发展。比如采用高效澄清池工艺的水厂可比现行国家标准、行业标准及地方用地指标集约35%；模块化变电站是一种变电站建设的新模式，把变电站设计为模块化结构，可集约用地，降低综合造价，减少工期。此外，通过分散型设施的规划布局，也可以减少城市大型设施的建设和管网敷设[3]。

2.4 设施功能复合化

为提高土地利用效率，高度集中各项城市功能，将城市基础设施剩余空间与其他不同类型的城市功能相复合，实现功能的综合化。通过鼓励不同市政基础设施之间，以及部分市政基础设施与公共服务设施、交通基础设施等融合设置，全面提升市政基础设施服务水平。市政基础设施与商业功能的复合利用，与居住功能的复合利用、与体育功能的复合利用等形式成为空间资源整合的重要方向。例如，鼓励供热设施用地与燃气供应设施用地、环卫设施用地复合利用；鼓励排水设施用地与供热设施用地、环卫设施用地复合利用；鼓励排水设施用地、环卫设施用地、电力设施用地兼容交通停车设施；鼓励市政基础设施用地与文化教育、公园绿地复合利用[6]。福田滨海生态体育公园是以福田水质净化厂复合建设足球体育公园，形成一座以足球体育运动为主，辅以休闲游览活动，绿色、环保、低碳、集约用地的足球文化标杆。

3 市政设施空间整合模式

各类型的市政设施空间与其他空间可以根据设施的特性进行整合，在整合过程中主要是实现"人—环境—市政"融洽发展以及实现用地集约节约的目标。一方面是通过改变市政基础设施功能单一的局面，以建设绿色、低碳、高效、可持续发展的市政基础设施为目标，促进市政设施之间及与公共设施之间的多种功能融合，降低市政设施"邻避效应"，推动城市高质量发展。另一方面，以功能整合、用地集约、设施共享为规划理念，促进市政设施在规划层面的融合，进一步集约利用土地，节能低碳，改善城市景观，全面提升市政基础设施服务水平。因此，结合各地实践应用案例，本文提出市政设施空间整合的三种模式：复合化模式、融合化模式、组合化模式。

3.1 复合化模式

即主体功能为市政设施，在市政设施基础上叠加其他相容性功能，实现设施用地的多样化，提升空间利用效率（图3）。市政设施与绿地、广场、公共设施等公共空间融合，通过多元化整合建设市政用地。例如，通过对市政场站的地下化处理，达到市政场站设施与绿地公园共建。市政设施与问题设施进行共建，可以使得单纯的市政设施用地得到更多的用途。比如深圳福田水质净化厂，上盖建设约8万m²的市民休闲体育主题公园，实现市政用地复合利用。

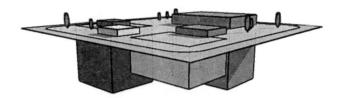

图3　市政设施用地复合化建设模型示意图

3.2　融合化模式

即主体功能为公共建筑或其他类型，在满足设施设置要求的前提下，实现设施与公共建筑整合，提升空间利用效率（图4）。例如深圳华强广场配建110kV华强变电站，该项目的地块规划设计要点中，规划主管部门根据电力专项规划明确要求配建华强变电站。建筑设计单位将该变电站布置在地块的西侧（西临振中二路），变电站的底层建筑面积687.24m^2（41.40m×16.60m），建筑面积2113.00m^2，共布置3台63MVA主变压器，站内设备分4层布置（地上3层、地下1层），变电站的上部为商业裙楼。

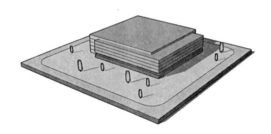

图4　市政设施融合化建设模型示意图

3.3　组合化模式

将两类或以上不同专业市政公用设施用地在同一平面共用防护用地的建设状态，即通过对同类型的设施进行贴邻建设，减少设施间的防护距离，实现用地的集约和节约。其中贴邻建设是将两个设施的防护用地进行合并取消，以减少用地需求（图5）；非贴邻建设是通过共享防护用地减少用地需求（图6）。在社会、经济、城市建设发展过程中，市政场站设施也将从分散的单独占地建设方式逐步向多元集约建设模式发展。

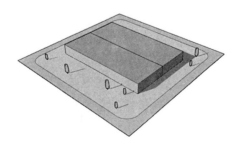

图5　市政设施组合化建设模型示意图（贴邻建设）

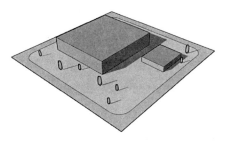

图6　市政设施组合化建设模型示意图（非贴邻建设）

4　前海深港国际服务城规划实践

4.1　项目概况

（1）规划定位

前海深港国际服务城位于前海妈湾片区（图7），其战略定位为新兴产业集聚、交流交往交融、国际商贸消费和未来城市示范，聚焦文化创意、数字经济、海事服务、智慧城市系统集成与示范、供应链服务与管理、免税购物与跨境电商、市民体验式消费目的地和品质国际社区。

图7　规划范围示意图

（2）空间开发特点

本次规划范围北至前海湾，南至怡海大道，西至珠江，东至前湾河水廊道，总面积约 2.9km²，开发总量达到600万m²。前海深港国际服务城空间规划为分层设置的空间方案，即空间上从上往下分别为7m层（7m是相对地面层的高度）、地面层和地下层。"7m层"旨在跳脱城市机动车网络，构建无干扰的纯粹生态与步行系统，提供高品质的极致城市体验。"地面层"旨在利用交通与景观资源，最大化地面空间价值，提供综合城市服务。"地下层"旨在最大化利用地下公共交通资源，发挥土地价值，集约减量发展。

4.2　市政设施规划情况

为适应前海深港国际服务城空间规划特点，构建"安全韧性、高标绿色、集约智慧"的市政供给系统，为妈湾片区提供高标准、高保障、高效率的市政基础设施服务。打造"多源多通道"的市政供应保障体系，以全面提升市政系统保障能力。前海深港国际服务城市政负荷预测量如图8所示。

图8　前海深港国际服务城市政负荷预测量

通过对规划区及周边区域的市政系统分析后，为保障片区的市政需求，需要在规划区内新增电力、通信、冷站、充电站、垃圾转运站、消防站等市政设施。在规划区内需要规划建设45座市政基础设施。

4.3　布局策略及方案

（1）布局策略

为了实现规划区内市政设施"小型化""隐形化""生态化"的规划目标，项目通过技术衔接和布局优化将部分市政设施进行整合建设，可节约用地，减少投资，减少邻避设施的防控要求，并在上下游设施衔接中实现资源共享、能量互供，最大化发挥各自效能。市政基础设施整合建设最大化将每个单体设施所占用的空间降低，使得土地和空间的利用效率提高，可分为同类型设施间的整合和不同类设施互相整合建设。

通过市政设施空间整合模式，对环境产生影响效果类似的同类型市政设施一体化建设，可以显著减小防护距离要求，提高用地使用效率并减少环境污染源。可整合建设的设施如下：垃圾转运站、公厕、环卫工人休息所，变电站、开闭所、配电室，移动电视、有线电视、基站等各类通信设施。

不同类型的市政设施，主要考虑性质相似，相互间无影响，通过设施间的适度整合集中，可以实现整体防护用地的节约。可整合建设的设施如下：大型市政设施如污水厂等与供配电、通信设施，环卫设施与供电设施、通信设施，消防站与给水泵站、通信设施等。

（2）市政设施复合化建设

在本次规划中，消防站及数据中心等设施需要独立占地，占地面积分别为4200m²和23000m²。通过对消防站及数据中心等设施进行复合化建设，将不同的功能叠加在消防站用地及数据中心用地上，实现市政用地的复合利用。

（3）市政设施融合化建设

将市政设施与公共建筑、商业综合体等进行融合化建设，附建于公共建筑内部，如将直饮水中心、片区汇聚机房、邮政支局、公共充电站、变电站以及冷站等市政设施融合建设于公共建筑内。一般利用公共建筑的地面层或地下空间层进行建设，在保障市政设施消防、技术、安全等方面的要求前提下，尽量减少市政设施对公共建筑的影响。

通过对市政设施进行复合化建设以及融合化建设，有效实现了规划区内市政设施空间的优化利用，规划建设市政基础设施45座，其中数据中心1号楼、邮政支局、消防站需独立占地，其余设施采用附建式。市政设施独立用地面积9253m²，其他设施需建筑面积约50000m²，为规划区集约节约了大量设施用地。规划区内市政设施规划布局情况如表1所示。

市政设施规划布局情况 表1

设施名称	建筑面积（m²）	数量	建设方式
直饮水中心	300	1	附建式
变电站	6000/座	2	附建式
开关站	500/座	2	附建式
数据中心	23000	1	独立占地，占地面积为5033m²
邮政支局	1500	1	
数据中心	2000	1	附建式
通信片区机房	31~250	19	附建式
邮政所	150	1	附建式

续表

设施名称	建筑面积（m²）	数量	建设方式
冷站	A站8000、B站12000	2	附建于地面层及以上
转运站	转运站：1400~2500	5	附建式
充电站	1100	1	附建式
	500	8	附建式
消防站	2300~3400	1	独立占地
合计	—	45	—

4.4　设施空间管理策略

由于规划区范围内大部分市政设施附设于规划地块内建设，为保障市政基础设施的功能及安全需求，各专业市政设施建设受其专业性要求影响，需要满足市政设施的服务半径或一定的空间尺度要求。因此，为保障市政设施整合模式的有效性，需要对相关市政设施空间管控进行规定。在本次规划中，由于规划数据中心1号楼（邮政支局合建）和消防站2宗独立占地市政设施原则上需保留上位规划用地条件及规模外，其他融合化建设的市政设施需要满足表2所列管控要点。

规划市政设施空间管控要点　　　　表2

通信设施	变电站设施	区域供冷	充电设施	环卫设施
①附设式须保证建筑面积不变 ②不宜建在公共停车库的正上方；不宜建在住宅小区和商业区内	①均匀布置原则 ②靠近管廊或隧道，便于电缆出线 ③避开学校、医院、居住等敏感设施用地	①可附设于地下、裙楼或塔楼屋面 ②站房净高需10m左右 ③公建比例尽可能高，容积率高 ④布置负荷中心 ⑤用户冷源明确	①公共充电站：宜靠近片区中心布置，服务半径不小于0.9km；不宜选在城市干道的交叉路口和交通繁忙路段附近；不应靠近有潜在危险的地方 ②公交充电站：宜在公交车场站0.5km范围内布置，优先考虑与公交场站合建	①优先建设的建筑体地下空间或裙楼 ②于餐厨垃圾产生集中区域就近布点 ③于其他垃圾产生量大的区域就近布点

5　结论

在高密度开发区，市政基础设施的数量和规模都在不断增加，推进市政设施集约节约布局，减少"邻避效应"，对提高土地空间利用效率具有重大意义。本文提出市政设施空间整合的"复合化""融合化""组合化"模式，通过分析市政设施的空间整合模式，实现了规划区内市政设施的"消隐化""小型化""生态化"的规划目标，契合了高强度开发区土地高效利用的要求，为市政设施整合提供了参考样本。

参考文献

［1］ 闫萍，戴慎志. 集约用地背景下的市政基础设施整合规划研究［J］. 城市规划学刊，2010（1）：109-115.

［2］ 钱少华. 城市基础设施集约化、隐形化、景观化规划探索与实践［J］. 上海城市规划，2016（2）：35-42.

［3］ 周彦灵，夏小青，覃露才，等. 市政基础设施集约化建设策略研究［C］//城市基础设施高质量发展——2019年工程规划学术研讨会论文集（上册）. 北京：中国城市出版社，2021：74-83.

［4］ 梁春，李祥锋. 青岛市5G通信基站空间布局规划探讨［J］. 规划师，2021，37（7）：51-55.

［5］ 刘婷，罗翔. 重庆主城区地下空间市政设施开发利用规划研究［J］. 城市建筑，2017（17）：55-57.

［6］ 岑土沛. 城市基础设施空间复合性利用设计策略研究［D］. 深圳：深圳大学，2019.

海绵城市视角下城市多层级竖向管控体系构建

汤钟　代金文　刘枫（生态低碳规划研究中心）

[摘　要]　海绵城市作为城市水系统的顶层设计，目标是通过生态化优先、多专业协调、系统化治理的思路解决城市水问题，而竖向是城市排水系统的先决条件，在城市早期开发建设过程中未充分重视长远期竖向规划，城中村、老旧工业区、部分道路等普遍存在竖向标高偏低的问题，随着城市开发建设的不断推进，后期新建片区竖向标高高于早期建设片区，易形成低洼易涝区域。因此，城市竖向管控是实现合理的径流组织、畅通的排水通道的重要要求。本文以深圳市某区域竖向体系构建为案例，提出海绵城市视角下"流域—地块—设施"的三级竖向管控体系，以期为类似区域的竖向管控提供参考。

[关键词]　城市竖向；海绵城市；韧性城市；内涝防治；行泄通道

1　引言

城市竖向是城市规划体系中的一项重要内容，合理的城市竖向可以形成规划区域高低有序的格局，在保障排水、交通、土地开发等要求下做到最优的土方设计。但是各专业出于自身专业特点对竖向的要求不一[1]。例如：水专业要求竖向设计中应保留区域主要排水通道，并能保障地块、道路排水的顺畅衔接；道路交通专业要求竖向需要满足不同等级道路的通行需求；规划专业更加侧重竖向对地块开发的限制。目前，城市竖向规划编制有两种类型：一种是结合城市规划（例如国土空间规划、更新单元规划等）编制的竖向规划专题；另一种是单独编制的竖向专项规划，这两类规划编制的重点是解决土方平衡、道路交通、地块开发、地下空间建设等需求，对于海绵城市建设的考虑有所欠缺，造成了竖向衔接上的矛盾。

在国土空间规划和海绵城市建设理念下，水系统如何在流域层面提出自然排水通道的保留、道路竖向的标高要求、低洼点的控制要求[2]；如何在地块层面提出最低标高点的竖向要求，与市政管道系统的合理衔接；如何在设施层面约束径流的汇集和排除，进而充分发挥海绵设施的效益，是海绵城市视角下城市竖向管控体系的关键。对于新开发区域，竖向设计和排水分区的合理布局是未来城市规划、建设、管理环节中水务要素的重要管控手段。对于已建区域，竖向优化可以解决天然的低洼内涝点，提升片区人居环境。

竖向规划部分考虑的因素如图1所示。

交通规划	土地整备	水系规划	城市风貌

道路标高：确定城市道路控制点标高、坡度，保障道路落地性

土地整备：确定利用与改造地形的合理方案及标高，土石方工程方案等

排水格局：结合原始地貌和自然水系，规划排水分区、组织排水

景观风貌：竖向规划是实现城乡环境景观特色、保障规划落地的重要手段

图1　竖向规划部分考虑的因素

春秋时期《管子·乘马》即有"凡立国都，非于大山之下，必于广川之上。高毋近旱而水用足；下毋近水而沟防省。因天材，就地利，故城郭不必中规矩，道路不必中准绳"的顺应自然空间、顺应竖向设计的城市开发理念[3]。在竖向规划中也需要对天然低洼地、自然蓝绿空间、滨水岸线等进行保护，保留雨洪滞蓄空间，能大大降低区域内涝风险。近年来的一系列文件也将竖向管控作为关注的重点（表1）。

关于城市竖向管控的部分政策文件　　　　　　　　　　　　　　表1

发文机构	文件名	要求要点
国务院办公厅	《国务院办公厅关于加强城市内涝治理的实施意见》（国办发〔2021〕11号）	充分考虑洪涝风险，优化排涝通道和设施设置，加强城市竖向设计，合理确定地块高程；严格实施相关规划，在规划建设管理等阶段，落实排水防涝设施、调蓄空间、雨水径流和竖向管控要求
住房和城乡建设部	《住房和城乡建设部关于在实施城市更新行动中防止大拆大建问题的通知》（建科〔2021〕63号）	在城市绿化和环境营造中，鼓励近自然、本地化、易维护、可持续的生态建设方式，优化竖向空间，加强蓝绿灰一体化海绵城市建设
住房和城乡建设部	《住房和城乡建设部关于加强城市地下市政基础设施建设的指导意见》（建城〔2020〕111号）	实现地下设施与地面设施协同建设，地下设施之间竖向分层布局、横向紧密衔接

2 海绵城市与竖向规划的关联分析

2.1 问题分析

目前各城市编制的竖向规划对海绵城市的考虑有所欠缺，因道路竖向不合理而造成"工程致涝"情况时有发生，重要的生态调蓄空间因为城市开发没有得到很好的保留。在海绵城市建设理念下，如何系统性地统筹不同专业、不同建设时序、不同功能下的竖向要求，进而满足城市安全和城市功能是海绵城市视角下竖向管控体系的关键。目前的竖向规划主要存在以下问题：

（1）专业衔接不足

《城乡建设用地竖向规划规范》CJJ 83—2016中要求竖向规划需要综合考虑市政管线、道路交通、场地排水、防洪排涝等需求[4]。但是实际竖向规划编制过程中，编制的主导专业对本专业的需求考虑得较为全面，对其他专业的需求无法做到全面考虑，尤其是存在冲突的竖向位置，往往采用优先考虑有利于本专业的解决方案，这可能会造成其他专业的重大风险。例如目前很多城市的内涝点，往往是由于为了满足道路的横坡、纵坡要求而产生了锯齿形道路，进而制造出来的。

（2）管控力度薄弱

目前竖向规划缺乏完善的管控机制，城市竖向规划中往往仅对重要道路交叉点的标高提出了要求，无法支撑片区的竖向管控，道路和地块施工图自由发挥空间较大，经常出现施工图先于规划实施的情况，规划陷入被动调整的不利局面。以海绵城市建设为例，由于缺乏对低洼点、生态调蓄空间、绿地广场等公共海绵体的标高约束，雨水难以按照海绵城市规划的要求形成"源头—中途—末端"的三级排水系统。

（3）动态调整困难

由于缺乏竖向管控的具体责任部门，现有的竖向规划体系缺乏动态更新机制，缺乏类似"一张图"的管理平台系统。例如，海绵城市提出的某项目竖向管控要求建议难以进行专业联动，最终可能会造成建设效果走样。

2.2 需求分析

海绵城市视角下的竖向规划着力于建立打造竖向合理的全流程的排水体系。解决因为竖向不合理而造成的水域空间被严重挤占、区域汇流路径不足、滞蓄空间与场地竖向条件不合理等问题，实现具有韧性的区域雨洪系统。主要需求包括以下部分内容：

（1）以区域竖向管控全方位保护和提升区域生态空间

在对区域进行径流分析和生态敏感性分析的基础上，划定和保护区域内的大排水通道、低洼点等，并对区域内整体道路竖向方向提出要求。对于竖向条件较差的水网平原型城市，更应当强化城市道路竖向控制，优化水系布局，对经分析无法满足区域排水能力的瓶颈段提出拓宽等工程方案。

（2）以地块竖向管控确保城市安全运行，保证人民生命安全

治理城市内涝事关人民群众生命财产安全，既是重大民生工程，又是重大发展工程，排水安全是竖向规划的核心目标之一，基于海绵城市理念开展城市竖向规划，借助模型工具进行风险模拟与分析，提出低洼区域以及内涝风险区域的竖向调整建议，从源头降低内涝风险。

（3）以设施竖向管控保证海绵设施建设效果

海绵城市设施的规划布局是一项系统性的工作，绿色屋顶、下沉式绿地、雨水花园等海绵设施收集场地雨水，植草沟、排水沟、暗管等设施输送雨水。在先进行场地竖向设计的基础上才能进行科学合理的海绵设施建设。

3　海绵城市视角下竖向管控体系

场地雨水通过源头海绵设施等小海绵系统收集、滞蓄，通过浅表流系统或市政管网输送至调蓄湖、河道等大海绵系统。由于雨水排放主要依靠重力流，故竖向管控为海绵理念落实的重点之一，主要从三个层级进行竖向管控（表2）。

竖向管控体系　　　　　　　　　　　　　　　表2

层级	竖向规划特点
区域竖向管控	提出节点竖向要求，使市政管网或浅表流系统收集到的雨水可以汇入景观调蓄湖、河道等大海绵系统中
地块竖向管控	提出地块排水的竖向要求，使雨水可以顺利排出；地块排水出口连接到市政管网，竖向衔接需要合理。必要时可将以上要求加入地块出让条件中，进行竖向管控
设施竖向管控	提出海绵设施的竖向要求，使径流雨水可以汇入海绵设施中，使海绵设施充分发挥效益。可通过海绵专项技术审查严格管控设计方案，通过项目现场巡查管控施工质量

3.1　区域竖向管控

（1）保留天然排水通道、小微水体，建立完善的排水通道

结合内涝设计标准评估城市各排水分区的排水能力能否达到要求，不能满足排涝要求的，应制定排水出路新增、拓宽等优化方案，保障排水通畅。

（2）管控道路竖向设计

目前道路设计中往往为满足道路与周边地块竖向的衔接，以及满足规范要求，纵坡通常设计为不小于0.3%，最终很多道路被设计为锯齿形纵坡面，造成人为的低洼点[5]。同时，城市道路易出现坡度较大现象，在降雨量较大时，易出现路表径流难以迅速进入雨水系统的情况，因此，应尽量保证道路单向坡向受纳水体，避免反坡和内涝点，尽量减小排水距离，

图2　纵坡道路排水设计图

使径流能迅速排向受纳水体，保障城市排水安全（图2）。

在对某地内涝点的调研中发现，由于道路的横坡为坡向两侧，部分水体周边的道路反而是内涝积水高发区域，故建议靠近河道道路直接坡向水体，避免靠近河道道路积水（图3）。

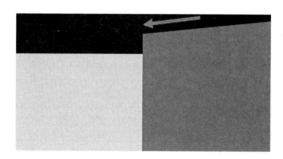

图3　横坡道路排水设计示意图

垂直于河道道路可考虑设计为超标降雨的道路行泄通道，并计算排水能力（图4）。设计为行泄通道的道路纵坡需要进行优化设计，不必恪守小于0.3%的要求，可与地面坡度保持一致。

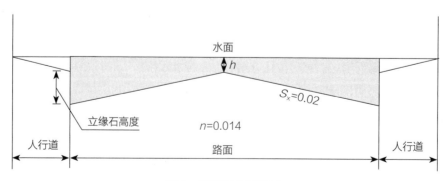

图4　行泄通道剖面图

（3）局部低洼区竖向调整

局部低洼地区是内涝的高风险区域，应对该类型地区进行竖向调整，以减少该地区水安全风险。对于新规划区域，建议低洼地区不进行高强度开发建设，对于已建片区，结合工程措施进行河道清淤、泵站扩容等提升应对能力，若片区内有城市更新改造计划，可结合城市更新进行场坪抬高[6]。

3.2　地块竖向管控

（1）海绵城市视角下地块竖向标高主要要点

①适当抬高场地高程，除雨水调蓄绿地外，场地高程应高于周边市政道路最低点0.3m以上，便于地块雨水排放与市政排水管渠竖向衔接。

②场地设计标高应高于或等于城市设计防洪、防涝标高；沿河或受洪水泛滥威胁地区，场地设计标高应高于设计洪水位标高0.5~1.0m，否则必须采取相应的防洪措施[7]。

③对场地排水设施底高程进行管控，接入周边市政排水管渠处的场地排水设施底高程，应高于–0.5m（相对于场地±0.000标高）。

④场地设计标高应高于多年平均地下水位。

⑤场地设计标高与建筑物首层地面标高之间的高差应大于0.15m。

⑥存在积水风险的区域建筑首层宜架空。

地块建筑布局与明沟排水的关系如图5所示。

图5　地块建筑布局与明沟排水关系示意图

（2）内涝风险区地块竖向标高主要要点

1）建成区

建成区应制定能降低设计涝水位的排涝规划和综合整治措施；当无条件降低排涝水位时，可通过增加排水管沟或改变排水沟出水口，将雨水排入涝水位较低的河道等措施排涝；没有其他方法时，只能选择局部泵站强排的方法[7]。

2）更新改造区

更新改造区的建筑方案宜采用首层架空或者抬高地坪等策略；对于重要地区如重要公共建筑、交通场站区域，道路最低设计标高不低于100年一遇内涝淹没深度加安全超高0.5m；对于地区排水出路为山洪沟的，抬高地面至防洪水位之上；对于地区排水出路为排涝河道的，抬高地面至设计水位加安全高度1~1.5m[7]。

（3）重大基础设施竖向规划

重大基础设施包括自来水厂、污水处理厂、变电站、排水泵站等，其地坪标高在满足城市防洪排涝标准的基础上，还应与周边市政道路高程相协调，城市重大基础设施的地坪标高一般按100年一遇洪水位加0.5~1.0m的安全高度进行控制，且重要机电设备等应设置在高处[8]。

3.3 设施竖向管控

（1）地形平坦区域

地形平坦，有水景营造需求时，采取挖方营造能够承接径流的调蓄水塘，同时将这部分土方就近堆筑在周边区域，结合空间营造形成一系列朝向水塘的微地形，人为增加用地的汇水面积，通过竖向设计将雨水内聚，由地形坡度引导径流至水塘[9]。

（2）地形有坡度区域

现状地势虽然存在明显的坡地汇水区，但不具备洼地蓄水条件，或是集水区的规模不能应对特定降雨强度的雨水调蓄量，宜通过挖方增加调蓄水塘的容积，并将土方堆筑在主要汇水方向的相反一侧，依据设计需求营造与水面相宜的地形景观。

（3）海绵型道路竖向设计要点

1）机动车道与非机动车道共平面或高差相差不大的道路

当非机动车道与机动车道高程相差不大时，可通过合理的竖向设计，利用道路两侧下沉式绿化带收集径流雨水。应该注意：①绿化带内溢流口顶部高程应低于路面高程；②路牙开口处至溢流口的径流雨水组织路径竖向应合理。错误示例如图6所示。

2）非机动车道高于机动车道较多的道路

当非机动车道与机动车道高程相差较大时，建议下沉式绿化带仅收集非机动车道雨水，并设置环保型雨水口，削减机动车道径流污染负荷。若利用下沉式绿化带收集机动车道雨水，则绿化带下沉深度较大，存在安全隐患。错误示例如图7所示。

图6 绿化带标高高于路牙开口处标高
（错误示例）示意图

图7 绿化带下沉深度过大
（错误示例）示意图

（4）每个海绵设施应明确汇水范围，并确保能够汇入径流，如图8所示。

图8 海绵城市汇水范围示意图

①场地布置：设置低影响开发设施的绿地尽量设置于场地低洼处，绿地尽可能分散设置，优化不透水下垫面与绿地空间布局。

②场地竖向：不透水下垫面标高高于绿地、透水下垫面，确保雨水径流有效汇入绿地进行滞蓄、流经透水下垫面下渗。

③停车场、广场、庭院竖向应尽量坡向绿地或水体调蓄。

④道路两侧绿化带低于车行道、人行道等硬化面，硬化面坡向绿化带，以利于雨水径流就近引入绿地调蓄、入渗。

⑤绿地竖向设计，应考虑绿地外雨水的引入，进水口宜高于蓄水层。

⑥下凹式绿地等生物滞留设施，应考虑超渗水的溢流，溢流雨水口的标高应与蓄水位持平，且低于汇水面5～10cm。

⑦渗井、渗透塘等深层渗透设施，其底部渗透面距季节性最高地下水位或岩石层宜≥1m。

⑧渗井出水管的内底高程应高于进水管管内底高程，但不应高于上游相邻井的出水管管内底高程。

⑨具有滞蓄功能的低影响开发设施溢流排放系统应做好与场地内雨水排放系统的衔接。

（5）验收时重点关注海绵设施竖向是否合理

重点核查设施收水能力（占汇水面积比例）、设施进出水口竖向、过流断面、调蓄容积、排空时间。检查方法有观察检测、钢尺量测和水准仪测量等。

4　某片区竖向管控规划实践

某片区地处区域中心，计划打造以商业、商务服务、研发办公、旅游、居住及配套等多种功能复合的绿色宜居新城区。在该片区的规划设计前期，水务局、规划和自然资源局等相关部门就要求在该片区探索建立竖向管控体系。

4.1　区域竖向分析

基于该片区的道路中心线的现状标高与规划标高，利用ArcGIS对该区域进行高程分析与水文分析，辨别范围内地表汇流方向，确定地表径流汇水线，为竖向规划分析提供基础。

基于区域道路中心线规划高程的水文分析，明确各个分区范围内地表汇流方向，提出规划改善方案。部分分区存在竖向问题，应保障分区雨水径流坡向受纳水体，能迅速排向受纳水体，保障城市排水安全。

4.2　面向实施的竖向管控指引

根据规划区土地利用规划、道路竖向规划、已设计施工道路与河道、现状地形地势等数据形成竖向管控总体思路，在此基础上制定各分区的道路竖向调整与地块建议最低标高（图9）。

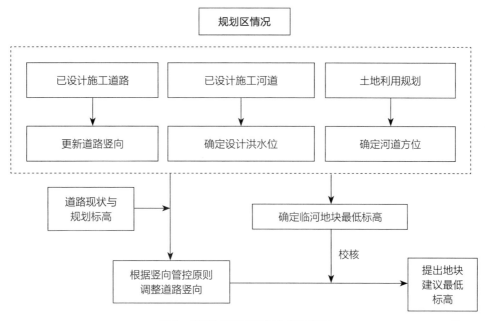

图9　规划区竖向管控技术路线图

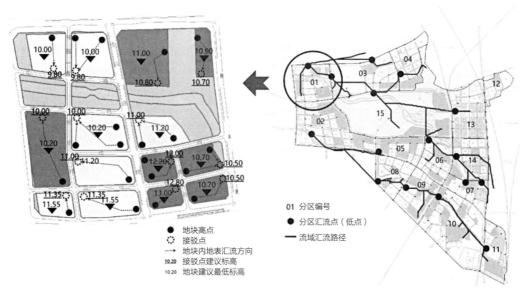

图10　片区竖向管控要求示意图

以01分区为例（图10）：河道东西向穿过01分区，对该分区进行道路竖向调整，使分区整体坡向楼村水，道路存在部分低点，可通过泵站进行排水防涝，提出地块建议最低标高。水文分析得出的汇流节点与水体相差较远，应对高程进行完善，使其靠近排水河道。提出以下地块排水的竖向管控要求，使雨水可以顺利排出。

①除河道两侧的雨水调蓄绿地外，场地高程高于周边市政道路最低点（接驳点）0.2m以

上，使地块与市政排水管渠竖向衔接。

②01分区场属于沿河分区，场地设计标高高于设计洪水位标高0.5～1.0m。

③地块排水出口连接到市政管网，通过重力流排放入排水河道。

5 总结

合理的竖向规划是保障城市安全、节约城市开发成本的基础之一，在各类城市建设中需要对其进行优先考虑，之前的城市竖向规划考虑得较多的是道路交通、土方平衡、地块开发等因素，对排水系统的考虑主要是管网系统，希望基于本研究成果，未来的城市开发能够以城市自然水循环为基础，统筹海绵城市、排水防涝、坑塘水系，合理确定规划区地块及道路基准标高，保留规划区天然排水系统，推动形成各有特色的城市竖向形态。本文通过对海绵城市视角下竖向管控体系的要求及具体案例进行分析，简要说明了竖向管控体系的基本架构和要点。目前，关于海绵城市竖向管控的要求、规范等仍显不足，应尽早在制度上和技术上完善体系。

参考文献

[1] 孙宏扬. 南沙新区万顷沙联围重点片区海绵城市竖向规划研究 [J]. 环境工程，2020，38（4）：114-118，163.

[2] 张亮，汤钟，俞露，等. 新型城镇化背景下城市内涝防治规划的编制思考 [J]. 给水排水，2021，57（6）：43-49.

[3] 何俊.《管子》中城邑规划思想的探求 [J]. 城市建筑，2021，18（21）：72-74.

[4] 张亮，汤钟. 解析城市内涝防治规划与管理 [J]. 城乡建设，2020（24）：16-19.

[5] 蔡辉艺. 路面行泄通道在发达国家的实践及对我国的启示 [J]. 给水排水，2021，57（9）：53-57，62.

[6] 陆利杰，杨鹏，张亮，等. 海绵城市导向下雨水浅表排放系统规划路径探索——以沣西新城理想公社为例 [J]. 给水排水，2021，57（9）：94-99.

[7] 于卫红，盛玉钊，李丁，等. 济南城市综合排涝规划研究 [J]. 规划师，2012，28（8）：93-96.

[8] 黄先岳. 历史地段新建建筑形式及其设计逻辑研究 [J]. 城市建设理论研究（电子版），2020（15）：19.

[9] 汤钟，张亮，俞露，等. 韧性城市理念下的区域雨洪控制系统构建探索及实践 [J]. 净水技术，2020，39（1）：136-143.

第二篇
跨区域一体发展

　　本篇章选取了10篇论文，主要涉及区域供冷、设施区域联动、水污染区域治理、雨洪设施系统构建、蓝线空间全要素划定等系统性内容。尝试从系统性的角度来论述市政基础设施的系统分析、系统治理、系统管控，探索基础设施的系统性规划建设思路，构建系统完备的城市基础设施体系，为业内人士提供参考。

　　跨区域一体发展通过增强跨区域基础设施的连接性、贯通性，实现区域设施共建、服务共享、运营共管，其核心在于把握市政基础设施的系统性。市政基础设施是一个全局性的庞杂系统，需要充分认识市政基础设施的系统性、整体性，以整个城市未来的发展方向及规划作为基础，坚持先规划、后建设，发挥规划的控制和引领作用，有序推进市政基础设施建设。

论区域供冷在双碳背景下的发展机遇
——以粤港澳大湾区为例

李佩（燃气供热规划设计部）

[摘　要]　2020年，国家主席习近平向全世界承诺：二氧化碳排放力争于2030年前达到峰值，努力争取2060年前实现碳中和。"双碳"上升到国家战略目标，各领域节能减碳势在必行。20世纪90年代，伴随着城市化发展、科技进步和能源紧缺问题，区域供冷技术在包括港澳在内的广东珠三角地区开始得到推广应用，经过20余年的发展和经验累积，迎来了"双碳"和粤港澳大湾区融合建设双赋能。本文将结合粤港澳大湾区的能源、产业、气候等特点以及区域供冷发展历程、减碳优势，探讨区域供冷技术在当前"双碳"目标叠加大湾区建设的背景下将迎来何种发展机遇，并应如何把握机遇，以及如何更好实施、助力"双碳"目标实现。

[关键词]　区域供冷；碳达峰；碳中和；能源；粤港澳大湾区

1　引言

在2020年9月的第七十五届联合国大会一般性辩论上，我国首次明确提出"碳达峰""碳中和"，国家主席习近平向全世界承诺：二氧化碳排放力争于2030年前达到峰值，努力争取2060年前实现碳中和。2021年9月，《中共中央　国务院关于完整准确全面贯彻新发展理念做好碳达峰碳中和工作的意见》发布。实现碳达峰、碳中和，是以习近平同志为核心的党中央统筹国内国际两个大局作出的重大战略决策，是着力解决资源环境约束突出问题、实现中华民族永续发展的必然选择，是构建人类命运共同体的庄严承诺。

在"双碳"目标明确提出前的2019年2月，《粤港澳大湾区发展规划纲要》印发，确立了粤港澳地区的国际一流湾区和世界级城市群的发展目标，并直接提出将确立绿色智慧节能低碳的生产生活方式和城市建设运营模式作为区域协调发展的重要目标。

区域供冷技术在粤港澳大湾区历经20余年发展后，在当前"双碳"引领和区域融合的背景下迎来了更多的机遇和挑战，也承担了更高使命。

2　粤港澳大湾区"双碳"挑战

2.1　目标及困难

京津冀、长三角、粤港澳大湾区三大区域是我国最重要的城市群、都市圈，三大区域均为中国经济发展最活跃、开放程度最高、创新能力最强的区域。相关专家提议实现"双碳"目标，应鼓励包括京津冀、长三角、粤港澳大湾区等先进区域在"十四五"期间二氧化碳提前达峰[1]。

在我国三大区域中，粤港澳大湾区能耗强度水平领先于京津冀和长三角地区。在能源结构方面，粤港澳大湾区煤炭完全依赖省外调入和进口，原油对外依存度高达80%，外购电比例也达到46%[2]，在全国范围内属于能源消费端。推进碳达峰、碳中和过程中，存在如产业结构和能源结构优化空间有限，内部挖潜减排的难度较大，新增能源消费需求大，以及短期内难以实现能源消费增长与碳排放脱钩等等困难。

与世界三大湾区相比，粤港澳大湾区经济体量较大，增长势头强劲，人口总量和土地面积在全球湾区城市群中位列第一，但人均GDP和能源强度差距较大，在能源发展、二氧化碳减排、污染物控制等指标方面，粤港澳大湾区面临着硬约束，需要推动能源发展的质量变革、效率变革和动力变革[3]。相比之下，粤港澳大湾区减碳任务重、难度大，时间紧迫。2016年粤港澳大湾区与世界三大湾区的宏观指标对比如表1所示[3]。

2016年粤港澳大湾区与世界三大湾区的宏观指标对比一览表　　　表1

项目	东京湾区	旧金山湾区	纽约湾区	粤港澳大湾区
经济总量（亿美元）	17836	7220	23836	14977
人口总量（万人）	3631	760	2341	6793
土地面积（万km²）	1.35	1.79	2.15	5.65
人均GDP（万美元）	3.54	10.46	6.56	2.11
能源消费总量（万t标准煤）	11691	7225	23644	23004
能源强度（t标准煤/万美元）	0.66	1.07	0.96	1.54
人均能源消费（t标准煤）	4.44	10.16	10.10	3.44
湾区经济特点	高端制造业和服务业、重化工业	世界硅谷原始创新低、先进制造	金融、制造业	重化工业、应用型创新、集成创新

2.2　大湾区重点减碳领域

据相关机构测算，2020年电力、钢铁、水泥、有色金属、石油化工、煤化工，以及交通、建筑领域的碳排放占比较大，合计约占90%以上[4]，是减碳的重点行业/领域。粤港澳大湾区在产业结构上以第三产业为主，是消费主导型城市[5]，交通和建筑部门是大湾区能源转型的着力点[3]，推进碳达峰、碳中和应聚焦建筑、交通领域的低碳发展与碳排放控制。

2.3 建筑领域减碳关键

2018年，我国建筑领域碳排放约占全国碳排放总量的52%，建筑运行阶段能耗占全国能源消费比重的21.7%，碳排放占全国能源碳排放的21.9%[6]，而空调能耗占建筑运行总能耗1/3以上。空调耗能碳排放是建筑全生命周期中碳排放的主要构成，空调节能是建筑节能减碳的首要内容。

粤港澳大湾区地处夏热冬暖地区，与寒冷地区的京津冀和夏热冬暖地区的长三角不同，大湾区民用建筑无采暖需求，制冷期长达八个月，因此，制冷空调减碳是大湾区建筑领域减碳的关键。

3 发展历程

由于城市经济快速发展、城市建设日新月异，建筑空调耗能持续增长，能源矛盾突出等原因，包括港澳在内的珠三角地区一直是区域供冷应用的前沿阵地，从2000年至今，基本可分为三个阶段。

区域供冷技术刚刚起步的2000～2010年：中国香港2000年开展了东南九龙（现启德发展区）区域供冷研究，2001年开展湾仔及铜锣湾区域供冷研究，2005年开展全港广泛使用区域供冷研究探讨。在广东珠三角地区，广州大学城区域供冷于2004年开始建设，2005年区域供冷系统4个冷站建设完成，7.7万冷吨总装机容量，建成当时全球最大区域供冷系统。2008年珠江新城区域供冷项目一期动工。

2011～2020年，深圳前海合作区、中国香港启德发展区、珠海横琴粤澳深度合作区建设的区域供冷系统是这段时期最具代表意义的项目。2011年启德发展区区域供冷系统开启建设，2014年启德发展区完成一、二期工程建设，2017年启德发展区完成三期组合甲建设，并计划2020年后完成剩余工程；2014年深圳前海合作区完成区域供冷规划，规划建设当时世界规模最大区域供冷项目群，规划建设规模达40万冷吨。几乎同期，珠海横琴粤澳深度合作区规划建设更大规模区域供冷项目群。2016年，前海二单元一期区域冷站竣工，截至目前，前海规划的10座冷站已有6座陆续投入建设，其中2座已在运行，至2020年，2号冷站运行已满4年。

2020年至今，粤港澳大湾区多地已陆续开展了区域供冷应用的研究，深圳湾超级总部基地、深圳海洋新城、广州南沙区、东莞滨海湾新区等地的区域供冷系统已经步入了不同程度的规划建设进程。

在2000年至今的20余年间，粤港澳大湾区在区域供冷的应用上把握住了城市快速发展的

图1　珠江新城区域供冷项目实拍图

图2　前海2号冷站实拍图

机遇，在一些重点新兴片区的发展初期阶段进行提前规划部署，随着已有区域供冷项目的逐步推进，形成了完善的责权划分和管理体系，在产品、技术、人才等多方面形成了积累，发展建设模式逐步成熟（图1、图2）。

4　区域供冷的减碳意义

区域供冷系统是为了满足某一特定区域内多个建筑物的空调冷源需求，由专门的供冷站集中制备冷冻水，并通过区域冷冻水管网向各用户供给冷冻水的供冷系统。其可以单独设立区域供冷站，也可以置于区域能源站内，作为三联供系统（冷、热、电等）的组成部分，区域供冷在减碳方面具有多重积极意义。

4.1　直接减碳

区域供冷系统的直接减碳体现在制冷剂的减量和能耗减少。

由于区域供冷系统整合了区域范围内的多个建筑物的供冷需求，区域供冷的制冷设备及相关供配电设备的安装容量低于各建筑物单独安装制冷设备的总和，可减少约30%设备装机容量，这意味着卤烃类制冷剂用量大幅缩减，由于卤烃类制冷剂的GWP（全球变暖潜能值）通常数千倍于二氧化碳，减少制冷剂用量就是直接减少温室气体排放。

在能耗减少上，区域供冷一方面可依赖规模优势，使设备运行在高负荷率水平，提高运行能效，减少能耗；另一方面，在有条件的区域，利用"区域供冷+"模式（图3），使用海水、江河水、污水、余热等当地可用的资源制取冷能，减少制冷能耗，也可作为多联供系统的组成部分（图4），梯级利用能源，提高能源利用效率，大幅提高能效，实现减碳。具体减碳效果与采用的低碳技术和系统形式相关。

此外，系统运维管理水平是制冷系统能耗不可忽略的影响因素。在技术人员配备方面，相比单体建筑，区域供冷易于组建少、精、专的运维团队实现高水平管理；从管理的角度看，能源费用是冷站运营主体最主要的控制要素，区域供冷系统节能降耗的目标性和动机更

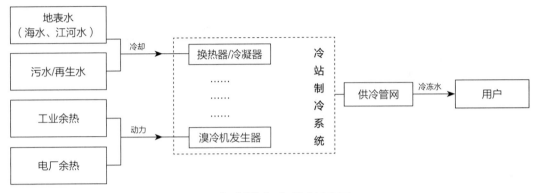

图3 "区域供冷+"模式示意图

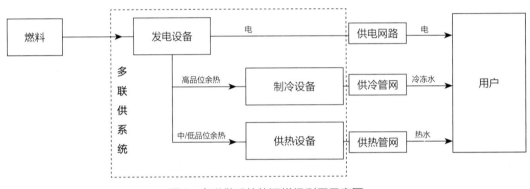

图4 多联供系统能源梯级利用示意图

强，促使区域供冷系统在减少能源使用方面做更充足有效的投入。区域供冷系统可以通过对大范围制冷耗能的高水平运维管理，降低制冷能耗，从而实现降耗减碳。

4.2 响应电力需求侧管理促进减碳

构建以非化石能源为主体的新型电力体系，是实现"双碳"目标的重要任务，而加强电力需求侧响应管理是促进非化石能源电力消纳的关键。加强电力需求侧响应管理，要引导用户主动响应电力系统需求，及时调整用电行为和用电模式，达到消纳清洁能源的目的，主要手段是推进储能技术规模化应用，以及以市场化激励引导用户"削峰填谷"。

推进储能技术规模化应用是电力需求侧管理的主要技术措施。当前技术条件下，相比电能的存储，冷能的存储成本低、技术成熟度高，是最为有效的储能手段，蓄冷系统通过谷时蓄冷、峰时释冷，大幅调节建筑用电的不均匀性，可以实现区域的柔性用电，消纳可再生能源电力。

广东省分时电价策略作为有力的经济手段，使得广东地区蓄冷技术具备较好的经济性，省内目前已经建成运行的区域供冷系统基本均配建了蓄冷系统。区域供冷规模化和高水平管理使蓄冷技术优势得到充分发挥，区域供冷的发展显著提高了整体蓄冷规模和调峰减碳效果。区域供冷是蓄冷技术规模化应用、平衡电力系统以及促进可再生电力消纳的有力方式。以深圳市某区域供冷项目测算结果为例，该项目为建筑面积500万m²的区域供冷系统，采用冰蓄冷，可削减原空调用电电力负荷峰值38%，为发电端减少50MW调峰装机容量，全年减少峰时用电量63%，若削减的电量由谷时可再生电量补充，则大幅提高了电网的可再生能源电力消纳能力，成为有力的减碳手段。

4.3　先进能源技术应用的重要载体

"双碳"目标实现必须以科技创新为先导。除了当前较为成熟的各类热泵技术之外，在"双碳"目标驱动倒逼之下，空调制冷领域的低碳技术将持续推陈出新，成为降低空调能耗的主要手段。理论上，低碳技术在单体建筑冷源和区域供冷系统上均可使用，差别仅在规模大小方面，而实际上，低碳技术用于区域供冷相比单体建筑冷源有着明显优势。主要原因可以归结为以下两个方面：

首先，低碳技术在单体建筑中的应用常常面临以下阻力：①低碳技术应用增加的初投资通常由单体建筑建设主体一力承担，影响建设主体意愿；②部分技术涉及公共资源环境方面的许可，影响建设主体意愿；③运营管理复杂，普通运维团队难以胜任，易导致效果不佳；④单体公共建筑通常业态单一，负荷波动明显，导致系统鲁棒性不高，技术的低碳优势难以充分发挥。而由于区域供冷的规模效应，技术难度增加带来的人力、物力成本提升被摊薄后，使高标准高品质的设备以及高水平的设计运营资源投入成为可能。

其次，由于区域供冷具有准公共产品属性，政府可以给予其更有效的引导，有利于相关低碳技术在制冷方面的推广应用。区域供冷系统是目前以及未来即将出现的低碳能源技术的有效平台，是粤港澳大湾区低碳节能技术在制冷领域运用的重要载体。

5　迎接机遇

5.1　行业体系基本健全

在粤港澳大湾区20余年的发展建设过程中，区域供冷技术由空白起步，逐步成长，目前在政策法规、标准、技术、产品、能力五个方面已形成了较为健全的体系，为区域供冷发展建设提供了全方位的支撑。

在政策体系方面，中国香港2014年形成了区域供冷服务及收费相关法律，并在之后多次修改完善并发布了《区域供冷服务条例》，对供冷用户批准、服务提供、合约履行及收费等内容予以详细规定；同年，深圳市前海管理局发布执行《前海深港现代服务业合作区区域集中供冷管理办法》，规范监管前海合作区区域供冷系统的建设、运营、服务质量和收费机制等工作。在标准体系方面，中国工程建设标准化协会、中国城镇供热协会均编制了专门针对区域供冷的技术规程，弥补了区域供冷标准体系方面的缺失。在技术体系方面，电厂余热制冷、冰蓄冷、水蓄冷等技术在区域供冷系统结合应用的过程中，设计和运营策略不断完善成熟，在区域供冷系统中发挥着有效的降耗作用。在产品方面，区域供冷规模的扩大，推动了国内厂商在大型制冷设备、蓄冷设备、冷却塔、水泵等相关设备以及智能控制系统方面的生产制造水平，为区域供冷系统提供了丰富、低价、优质的产品选择。在能力体系构建方面，在20余年的项目发展历程中，区域供冷在规划、设计、施工、运维各环节人才队伍完备、壮大，并形成了丰富的经验。

5.2 大湾区新节点兴起

自2016年《中华人民共和国国民经济和社会发展第十三个五年规划纲要》正式提出"支持港澳在泛珠三角区域合作中发挥重要作用，推动粤港澳大湾区和跨省区重大合作平台建设"以来，政府多次提出粤港澳区域协调发展要求，并形成了粤港澳大湾区城市发展群的概念。2019年2月印发实施的《粤港澳大湾区发展规划纲要》，更是进一步锁定了国际一流湾区和世界级城市群的发展目标。

在一系列相关政策推动下，粤港澳大湾区建设展开了新的蓝图，深圳前海深港现代服务业合作区、广州南沙新区，珠海横琴粤澳深度合作区、东莞滨海湾新区等湾区融合趋势下的新节点兴起，加快了各城市发展空间格局调整，城市建设展现出新面貌，为高效、先进、低碳的能源系统建设带来宝贵的契机。

区域供冷系统在商业上具有显著的排他性，已经建设冷源设备的建筑难以成为区域供冷用户；在空间上，设施管网占用空间较大，在交通市政建设成熟的区域难以协调落实。基于这两个特点，连片新建或改建的区域有着最为有利的区域供冷系统建设条件，随着湾区融合而产生的新兴建设区域不断涌现，将为区域供冷带来广阔的生长土壤。

5.3 契合的产业发展方向

合理选择适宜区域科学合理建设是区域供冷成功的关键，在没有特殊能源资源的条件下，空间聚集的高密度和快速发展建设区是区域供冷应用的优质区域，可使区域供冷系统的规模优势得到充分发挥。《粤港澳大湾区发展规划纲要》提出要构建具有国际竞争力的现代产业体系，支持传统产业改造升级，加快发展先进制造业和现代服务业。先进制造业和高端商业服务是核心地区新建公共建筑或工业建筑业态的重要发展方向，这两种类型的建筑区域，尤其是高端商业服务聚集区具备建筑密度高、制冷需求大、环境品质要求高的特点，是区域供冷的技术适用性所在。大湾区产业发展方向与区域供冷应用方向契合度高，随着粤港澳大湾区的发展，可以预见区域供冷技术将得到更广泛的应用。

6 发展要点

6.1 规划先行

建筑空调冷源方案具有排他性，建筑一旦选用了自建冷源，难以切换其他冷源，因此，在建筑尚未建设之前进行集中的区域供冷部署，是区域供冷技术在该片区应用的基本前提。把握大湾区新节点规划建设时机，在前期筹备和规划阶段进行区域供冷或"区域供冷+"的研究和规划是区域供冷应用的首要前提，规划阶段不考虑、不参与，则区域供冷应用无从谈起。

6.2 因地制宜

区域供冷系统在减少碳排放、提升能源供应品质、提升能源管理水平方面具备优势，但是优势的发挥有着诸多前提，包括用户功能、冷负荷时间特性、空间分布、用冷密度和用冷时长、本地开发情况、资源禀赋以及政府导控力度等等软硬条件，需要综合考虑的因素多。当区域供冷与其他低碳节能技术结合应用时，还需叠加考虑组合技术的应用条件。若要素考虑不足，将给后期项目实施带来不同程度风险，减碳提质无法达到预期水平，甚至导致项目失败。因此，在区域供冷及其组合技术应用前，因地制宜地开展不同深度的适用性研究，判断适用性、应用形式，形成基本应用策略是十分必要的。

6.3 保障体系

一方面，为了激励系统能效提升、切实减排，以及保障用户利益，区域供冷应以市场化方式经营；另一方面，区域供冷涉及市政道路、公共空间等公共资源占用，且需要在一定程度上约束供冷范围内用户的冷源方案和用冷行为，区域供冷系统因此同时具有公共产品属性和经营属性。但由于区域供冷属于非常规公用事业，应用缺乏普适性，社会认知度不够，对项目推进程式尚未形成普遍共识，因此，区域供冷项目从研究、规划、设计、实施再到全面建成，离不开政府必要支持。当经过科学的分析论证，认为存在开展区域供冷及相关技术应用的合理性和必要性时，则需把握区域发展建设时机向前推进。若徘徊停滞，则将错过区域建设前的统筹阶段，导致区域供冷系统建设成本增加、效果不达预期，或以失败告终，还可能对区域发展建设造成不良影响。

7 总结

由于地区气候、能源、产业等特点，粤港澳大湾区作为区域供冷应用的前沿阵地，已有20余年的发展历程，至今为止应用规模持续扩大，相关标准、政策、人才队伍、产品要素等各方面支撑体系基本健全。当前，在"双碳"目标和大湾区融合发展的大背景下，区域供冷技术将在"双碳"目标推进、大湾区新节点兴起、行业体系完备等机遇中得到更广泛的应用。为确保区域供冷技术得到科学合理利用，节能减碳效果达到预期目标，规划先行、因地制宜是区域供冷应用的首要原则，此外，项目推进还应获得政策层面必要的、稳定的支持，方可切实发挥技术效用，助力大湾区"双碳"目标实现。

参考文献

［1］ WRI. 零碳之路:"十四五"开启中国绿色发展新篇章［EB/OL］.［2023-01-31］. https://wri.org.cn/research/accelerating-net-zero-transition-strategic-action-for-china%E2%80%99s-14th-five-year-plan.

［2］ 林泽伟，汪鹏，任松彦，等. 能源转型路径的经济环境健康效益评估——以粤港澳大湾区为例［J/OL］. 气候变化研究进展: 1-19［2023-1-31］. http://kns.cnki.net/kcms/detail/11.5368.p.20220214.1606.002.html.

［3］ 陈勇. 粤港澳大湾区能源转型中长期情景研究［R］. 中国科学院广州能源研究所，2019-12-07.

［4］ Analysis of a Peaked Carbon Emission Pathway in China Toward Carbon Neutrality［J］. Engineering, 2021, 7 (12): 1673-1677.

［5］ 庄贵阳，魏鸣昕. 碳中和目标下的中国城市之变［J］. 可持续发展经济导刊, 2021（5）: 12-15.

［6］ 中国建筑能耗研究报告2020［J］. 建筑节能（中英文），2021，49（2）: 1-6.

湾区联动的城市飞地消防机制探索
——以深汕特别合作区为例

汪洵　刘应明（水务规划设计研究中心）

[摘　要]　深圳市在国家、省市各层面的湾区发展规划文件指导下，通过"深度合作"主动参与大湾区消防体系建设，结合消防制度创新、装备物资储备共享、区域消防救援协作等，构建切实可行的消防应急救援机制。深汕特别合作区作为深圳市第"10+1"区，更应当在大湾区消防安全协同发展上发挥重要作用。通过积极参与由深圳市主导的"示范引领、湾区联动"先进型消防协作机制建设，深汕特别合作区一方面完善自身的消防基础设施，充分发挥粤港澳大湾区向东辐射节点区效应；另一方面不断强化战区联动，实现大应急设施共建共享，跨区域消防应急救援联合处置；更进一步通过构建湾区交流互访机制，破解粤港澳消防体制瓶颈。

[关键词]　大湾区；城市飞地；城市消防；消防机制

1　引言

国家公布的《粤港澳大湾区发展规划纲要》作为纲领性文件，对推进中国香港、中国澳门与广东省消防应急工作协同发展提出顶层设计要求；《粤港澳大湾区（广东）消防救援规划（2021—2035年）》则通过宏观视角和系统思维，提出深圳与港澳之间的区域联动要求。深圳市在国家、省市各层面的湾区建设发展规划文件指导下，通过"深度合作"主动参与大湾区消防体系建设，结合消防制度创新、装备物资储备共享、区域消防救援协作等，构建切实可行的消防应急救援机制；与此同时，在新一代通信技术引领下，深圳市还以互联网、物联网和云平台为技术支撑，为消防资源融入粤港澳一体化消防平台预留接口，在风险识别与评估、预防与准备、预警与预测、应急与处置、灾害恢复与评估等方面起到积极作用。深汕特别合作区（以下简称"深汕"）作为深圳市第"10+1"区，其定位为粤港澳大湾区向东辐射节点区、区域协调发展示范区、深圳市自主创新拓展区、现代化国际性滨海智慧新城，更应当在大湾区消防安全协同发展上发挥重要作用[1]。

2　深汕的消防救援力量

根据广东省消防救援总队、深圳市消防救援支队工作部署，深汕消防救援队伍于2017年12月26日正式进驻并启动筹建，结合深汕实际情况，快速形成了"一个中心+四个执勤点"的队站救援结构。历经多年时间，消防救援队伍从无到有、从零到逐步壮大，现有执勤队员181人、消防救援车辆13台、消防机器人及各类器材装备6000余件，各项筹建工作迅速、有序推进。2019年2月18日，按照省消防救援总队通知要求，深汕的消防管理职责正式由汕尾市消防救援支队移交至深圳市消防救援支队，并由深汕消防工作筹建组全面承担深汕防灭火各项工作。

深汕拥有良好的自然景观、郊野植被，已划定自然公园空间面积约98km²，依托龙山、狮山、南山、百安半岛及小漠港周边的山林地，形成"一湾三山"的自然生态格局，但在森林灭火救援方面存在着重大缺口。于是深汕决定组建一支森林消防专业队，并于2019年11月21日完成了50名森林政府专职消防员的招聘、培训工作，及时投入森林灭火救援工作中。

确定以深圳市全面主导、汕尾市积极配合的原则后，深圳市政府以一个经济功能区的标准和要求，对深汕进行顶层设计、资源配置、规划建设、管理运营，城市发展逐步加速，但消防基础设施建设和经济社会发展不相适应问题也逐步凸显。大面积推进的城镇化建设，导致火灾事故以及各类安全事故进入易发、高发期；现状公共消防基础建设滞后，消防站数量、消防供水能力、消防通信水平、消防车通道建设等，已经无法满足城市快速发展的需要；高层建筑、大跨度大空间建筑、地下空间开发、轨道交通大型商业综合体不断提上建设议程，极大地增加了灭火和应急救援难度[2]。以上情形，为深汕的消防救援工作带来了极大挑战，也给消防机制建设提出了新的命题。

3　"深圳标准"，完善飞地城市的消防基础设施建设

深汕目前正按照"深圳标准"，结合社会主义先行示范区建设要求，整合市政基础设施规划资源，高质量推进消防基础设施建设。首先，依据"符合标准、功能配套、满足需要、适度超前"的原则，实施"消防站力量布局强化优化工程"，构建均衡布局与重点保护相结合、陆上与水上相结合的消防救援力量，结合城市组团中心、核心产业园区和重点单位分布，优先布局城市消防站、特勤消防站，新建区级消防指挥中心，并同步配置消防车辆及器材装备；在消防供水层面，通过多部门联合，确保市政消火栓与市政给水系统同步规划、设计、建设与使用，并推动非常规水资源配置消防取水点建设；利用物联网技术建立灭火救援大数据平台，初步组建深汕消防通信专网，前瞻布局5G通信网、卫星通信网等信息基础设施，形成多层次、立体化、全覆盖的消防通信基础网络；完善各级道路的合理级配，建立高速畅通的消防车通道脉络，确保消防救援的通达性、时效性；在初期火灾的应急处置方面，

则需要依托群防群治力量和现有消防救援组织，建立有人员、有器材、有战斗力的"微型消防站"。预计经过5年建设，快速提升城市消防应急救援能力；经过10～15年建设，实现城市消防应急救援力量全覆盖。消防救援系统建设分类指标如表1所示。

消防救援系统建设分类指标表　　　　　　　　　　　　表1

一级系统		二级子系统		指标层	目标值	单位	约束性/预期性
1	消防救援力量体系	1	消防队伍建设	万人拥有消防人员	6	人/万人	约束性
		2	消防装备	消防装备达标率	100%	—	预期性
2	公共消防基础设施体系	3	消防供水	市政消火栓建设数量	0.40	万座	约束性
				市政消火栓智能化率	60	%	预期性
		4	消防通道	消防车通道密度	3.67	km/km²	预期性
		5	消防通信	消防指挥网覆盖率	100	%	预期性
3	火灾防控体系	6	灭火救援预案	火灾应急预案编制完成率	100	%	约束性
		7	火灾防控水平	10万人火灾死亡率	0.17	人/10万人	预期性
		8	消防宣传	应急消防科普教育基地数量	13	座	约束性
				消防宣传志愿者数量	1000	人	预期性

4　节点效应，实现大应急共建共享

当前，临深片区因房产价格洼地吸引了大量深圳市及周边城市市民置业，但不同城市的公共服务配套标准及质量存在差异，尤其周边城市在市政基础设施、消防安全力量布置水平方面与深圳市仍有较大差距，需要深圳市发挥极点城市的带动作用，有效提升周边城市的消防安全及应急救援能力。深汕作为粤港澳大湾区的辐射节点，在区域一体化发展背景下，作为区域合作的空间载体，实施弹性化治理，可以促进城市个体更好地融入全球化网络发展，实现区域优势资源的高效整合[3]，尤其在区域消防安全布局方面，可以有效强化深圳—惠州—汕尾之间的协助关系，形成一体化消防协同治理示范区。

深圳市借助深汕的节点效应，通过"深惠汕"三市消防安全治理的区域协同，携手建立应急力量共建共享机制，尤其在交界地区，在消防安全层面实现统一规划、统一政策、统一管控。随着深汕规划建设大型消防站、消防学院、消防训练基地等湾区级和战区级（城市组团级）公共消防基础设施，为大湾区消防力量协同发展、立体防护的消防安全空间格局提供了力量保障。在陆上立体布局"深惠汕"主干交通线、海上设立小漠港消防航线、深圳市域建立消防航空机场，对粤港澳大湾区形成有弹性、存冗余的陆海空全方位消防应急救援交通体系作出重要贡献。

针对深汕特点，强化与森林消防体系的融合。通过城市消防与森林消防部门开放共享消防训练培训基地、组织联合练习、演习等方式，强化城市消防与森林消防体系的融合；健全大应急体系中战勤物资保障机制，实现物资和装备设施的共建共享；依托应急救灾部门实施的全民普惠性安全宣传培训系统，强化消防安全的宣传工作；共享应急、消防救援双方的装备力量信息，特别是使用频次不高的高精尖设施，可以及时通过统一指挥调用的方式综合保障全区安全。

5 战区联动，实现跨区域联合处置

战区消防联动是在执行消防救援任务时，实现跨区域联合处置。"深惠汕"三市消防救援支队需要突破地域限制、闻警即动，按粤港澳大湾区消防力量"一盘棋"思想，健全完善的联勤联动工作机制。当火灾或救援事故发生在交界地区时，在接到省、市的增援及调度命令后，应立即启动跨区域应急救援响应机制，协调最近的消防力量投入现场处置，在事故灾害较为严重时，需要进一步协调各市的战斗力量前往现场增援。

"深惠汕"三市应建立固定的联合应急演练机制，响应应急管理"联勤、联训、联战、联调"的工作要求，模拟区域灾害发生时，多地消防力量投入参战，多种灭火救援战术交错运用，与实战场景综合进行，强化战区消防联动水平。通过定期组织人员共同组训、任务共同执行，整合消防救援力量，高精尖装备实现共享共用，急装备物资在灾害发生时实现共同使用。此外，通过建立领导协调对接、信息互通共享机制，定期协商重大事宜，保持联系沟通，掌握粤港澳大湾区消防救援安全大局情况，打造应急共同体，为突发事件出战做好周密准备。

6 "消防学院"，实现湾区交流互访机制

在大湾区建设框架的指导下，深圳市通过主动加强与其他国家和地区、粤港澳各地消防部门之间的合作，积极创建与中国香港消防部门的合作平台，通过承办消防联合演习、城市应急救援论坛、成立民间消防协会等方式，建立多元化消防平台组织和常态化、制度化的交流互访机制。因此，在深汕建立"湾区消防学院"的理念应运而生，通过构建一个应急救援合作交流平台，可以深化深港两地消防工作，充分加强两地的消防联合训练和业务交流。

"湾区消防学院"的核心目标是响应国家"全灾种、大应急"要求、符合深圳消防救援特点并辐射粤港澳大湾区的消防救援模拟实战训练基地，通过面向大湾区开展消防训练和业务交流，实现消防训练、防火监督培训、社会消防培训、消防宣传教育、消防犬培训、消防博物馆等多种功能，为大湾区加快构建消防救援教育培训体系、培养造就高素质消防救援专

业人才、推动新时代应急管理事业改革发展提供有力支持。此外，针对三地消防器材装备不兼容、消防救援设施接警调度及通信工具不一致等问题，通过配备必要的器材装备转换接口，并通过交流培训来熟悉彼此的具体业务操作。在交流平台的引导下，通过理念互通，形成协同一致的消防工作方式，共同推动大湾区整体消防工作提升。

7 结论

作为深圳市的城市飞地，深汕积极参与由深圳主导的"示范引领、湾区联动"先进型消防协作机制建设。一方面完善自身的消防基础设施，充分发挥粤港澳大湾区向东辐射节点区效应；另一方面不断强化战区联动，实现大应急设施共建共享以及跨区域消防应急救援联合处置，更进一步通过构建湾区交流互访机制，消除粤港澳消防体制瓶颈。

参考文献 _____

[1] 蔡赤萌. 粤港澳大湾区城市群建设的战略意义和现实挑战 [J]. 广东社会科学，2017（4）: 5-14，254.

[2] 宋敏，胡浩. 快速城市化进程下消防规划研究 [J]. 消防科学与技术，2011，30（8）: 735-737.

[3] 龚蔚霞，张虹鸥，钟肖健. 基于多元伙伴关系的城市合作发展模式探索——以粤港澳地区城市合作为例 [C] //中国城市规划学会. 城乡治理与规划变革——2014中国城市规划年会论文集. 北京：中国建筑工业出版社，2014: 187-195.

探索新规划路径，助力环境基础设施高质量发展——以深汕环境园为例

江腾（城市安全与韧性规划研究中心）

[摘　要] 国家"十四五"规划要求全面提升环境基础设施水平，构建集污水、垃圾、固废、危废、医废处理处置设施和监测监管能力于一体的环境基础设施体系，形成由城市向建制镇和乡村延伸覆盖的环境基础设施网络。本文以深汕环境园为例，探索出新型环保科技园区的规划路径，提出适应新时代要求的环境基础设施园区规划思路与方法，实现破解环卫工作末端处理难题的同时，打造产城融合、集约高效、经济适用、绿色智能、安全可靠的环境基础设施体系与网络，并挖掘、提炼、赋能场所精神，共同营造出循环再生、生态良好、景观优美、与周边城区高度融合、共享共荣的开放园区，推动基础设施高质量发展。

[关键词] 规划路径；环境基础设施；高质量发展；环境园；规划

1　引言

习近平总书记指出，基础设施是经济社会发展的重要支撑，要以整体优化、协同融合为导向，统筹存量和增量、传统和新型基础设施发展，打造集约高效、经济适用、智能绿色、安全可靠的现代化基础设施体系。环境基础设施是生态文明建设的重要支撑，随着人民对美好生活的要求不断提高，人民群众对环境基础设施的建设标准和要求越来越高，亟需规划师创新规划思路，探寻更适用的设施综合规划方法与路径，在破解固废困局的同时，营造出循环再生、生态良好、景观优美、与周边城区高度融合、共享共荣的优美环境，助力城乡高质量发展。

所谓环境园，就是将分选回收、焚烧发电、高温堆肥、卫生填埋、渣土受纳、粪渣处理和渗滤液处理等诸多处理工艺的部分或全部集于一身，并具有宣传、教育和培训等功能的环境友好型环卫处理综合基地[1]。

2 环境基础设施高质量发展的内在需求

2.1 高效衔接需求

环境基础设施建设多会面临邻避效应，多数城市不是面临无地可选，就是遭遇周边居民的反对，致使环卫工作压力巨大。基于此，环境园规划需引入高效衔接机制，在规划阶段建立集群化参与设计的组织模式，建立联合设计团队，组织建立以城市设计、市政、生态、综合交通为核心，以社会稳定性评价、环境影响评价、地质调查、产业发展、防洪排涝等研究为前提的集群化设计团队，并引入各类环境基础设施建设主体全程参与，形成由多学科组成的联合设计团队，全面扫清实施障碍，提供综合研究解决方案，有条件的区域，甚至可以提前引入各类环境处理设施的建设主体，提前参与设计，实现充分协调与高效对接。

2.2 区域协调需求

构建全新的规划理念，变被动为主动，跳出"处理设施"并重新审视"处理设施"，开始思考环境基础设施基地的新定位，以及与城乡同步发展的可能性与可行性，并积极挖掘自身资源禀赋，探寻环境基础设施基地发展新路径，融入区域城乡发展序列，开启环卫工作新格局。

科学分析区域发展的实际需求，以环境基础设施区域共享为指导思想，合理配置城镇环境基础设施资源，统筹规划环境基础设施与生活、生态空间布局，立足环卫工作并承载高质量发展新使命，更好地推进城镇环境基础设施区域协调共享、融合发展[2]。

2.3 资源整合需求

全面、系统地梳理盘整已有的各类条件。结合设施周边的建成环境、用地类型，以及环境基础设施基地内部的建设用地、自然环境等条件，合理整合自然与人工建设资源，使其能够融入区域发展，并最终生长为区域建设的标志性节点。

2.4 特色营建需求

除环卫处理功能之外，环境基础设施基地还需承担与城乡发展及人的活动需求相关联的新职能[3]。因此，应充分利用好所在区域的各类资源要素，结合园区发展定位，规划多尺度空间控制体系，强调弹性协调，兼顾近远期发展，通过建设高品质的服务与环境，并通过对环卫相关产业的培育，实现人的集聚与根植，为园区发展带来持续生命力。

3 新的规划路径探索

3.1 编制方法演进

（1）技术路径阶段

该阶段的主要特点为：就"环境园"论"环境园"。仅从城乡规划编制体系出发，按照"设施选择—规模预测—用地布局"主要规划环节，将"初期处理、焚烧发电、卫生填埋、生物处理、综合利用"等诸多固废处理设施集中考虑，形成固废处理综合基地[4]。

这种纯技术规划路径的主要问题在于：环境园仅承担固废处理职能，疏于对固废处理设施规划建设影响因素的识别与分析，以及更为重要的设施后续运营对周边环境的影响研究，使得环境园建设时常面临所在区域及周边居民反对的境遇，影响固废处理设施顺利建设。

（2）多元融合阶段

在遭遇了规划的纯技术方法所带来的固废处理设施无法落实的困境后，环境园规划在编制阶段开始注重将设施建设可能带来的风险提前介入分析，同步展开包括安全影响、环境影响、社会影响等在内的多方面评估，作为规划的前置条件或是考虑因素，并注重在规划技术中融入经济、生态、环境、景观等理念与方法；同时，着重关注后续建设运营的可行对策研究。

该阶段相对于"技术路径阶段"，无论是规划理念还是技术方法均有了较为全面的提升，在较大程度上保障了园区的顺利建设。但是，对环境园的规划思路还囿于被动式接受与协调阶段，难以确保园区后续运营的持续性与成长性。

（3）特色突出阶段

立足固废处理设施规划基础，探寻将固废处理设施与城市功能、市民生活相关联的可能性。探索"固废处理+"概念及路径，依托环境园所在区域特点，分析识别并深入挖掘经济、社会、文化要素，结合园区资源特色，与区域城乡规划同步并差异化延伸自身功能，主动承担城乡发展功能，构建自身特色。

该阶段构建了全新的规划理念，变被动为主动，跳出"环境园"并重新审视"环境园"，开始思考环境园应该如何定位并与城乡同步发展，并积极挖掘自身资源禀赋，探寻环境园发展新路径，融入区域城乡发展序列，开启固废处理工作新格局。

3.2 技术思路导向

环境园规划历经了上述"技术论""综合论""固废处理+"等主要的阶段，在当前"生态文明建设"与"无废城市建设"的发展要求下，必将依托已有工作基础，进一步提炼环境园规划的核心要点，融入城乡发展的内涵，积极探索"从规划编制到规划管理，从规划理念到空间协调"的新外延。其规划导向可以归纳为以下几方面：

（1）融入与突出

立足固废处理工作基础，积极融入城市发展，依托自身优势，突出环保、生态、教育、科普、研发等主要元素，承担片区发展新职能。

（2）多元与协同

在新的理念指引下，需协同设施布局、环保技术、科研办公、参观游览、景观构建等多条设计主线，共同推进与城乡协同发展的环境园高定位、高标准、人性化、智能化建设工作。

（3）多样与统一

在多样功能附合化的要求下，结合不同功能对于空间的组织及尺度要求将会呈现多样化的特点，应把握设计理念的主题，关注各设计主线下空间组织的协调与空间尺度的相互匹配，多样化承载功能要求，实现综合最优的目标。

3.3　规划内容要求

（1）园区功能多元化

集生产、服务、生活回馈、游憩功能于一体，向综合型园区跨越[5]。

（2）产业发展集群化

产业精专，不求全，但求精。明确主导，做大规模，强化品质，突出集群，延伸链条、提升价值。

（3）服务配套优质化

面向环保产业提供产业吸引、培育、孵化所需的土地、金融、科技、文化、人才、休闲、娱乐等全套服务。

（4）空间开发特色化

空间独特，尺度层次丰富。明晰定位，突出主题，彰显特色，提升品质[5]。

3.4　小结

在新型环境园的规划路径中，要重点体现"严立标准、生态环保、协同联动、产业引领、系统共进、弹性控制"等关键内容，确保规划的高定位、高标准、重系统、多协同与强落实。

4　环境基础设施规划实践——以深汕环境园规划为例

4.1　高质量的规划要求

（1）树立国际国内一流标准

入园项目对标欧盟排放标准和国内最严标准，全面对接全市"碳达峰碳中和"工作。重点考虑入园市民的感官体验，兼顾嗅觉与视觉维度，按照国内外最严格的嗅觉标准严格要求，并引入城市设计与景观设计，在去工业化设计的基础上进一步提高建设标准。

（2）精选专业设计一流团队

组织建立以城市设计、市政规划、生态规划、综合交通为核心，以社会稳定性评价、环境影响评价、地质调查、产业发展、防洪排涝等10余项专题研究为前提的集群化设计团队，此外，还引入了各类环境基础设施建设主体全程参与，形成了多学科组成的联合设计团队，为园区建设问题提供综合解决方案。

（3）争创生态环保一流成效

专项规划包括交通设计、海绵城市等10余项专题研究，确保园区建设与运营安全性，整体提升适用性与美观度，体现新型环境园的智能化与经济性。

4.2 全面系统的策略构思

①梳山理水，构建框架：梳理生态发展框架与山水特性；

②多元集聚，循环兴产：营造功能复合、基于环卫处理的多元化环保产业发展平台；

③区域协调，公益回馈：环境基础设施区域一体化建设，积极融入城市发展序列；

④特色营建，活力园区：打造国际一流，新生代环保绿谷。

4.3 特色突出的目标定位

深汕环境园将承担起构建完善的生态环保产业链，塑造生态环境科技产业发展典范的主要职能。建设资源闭环循环、能源协同供应、产业协同发展、区域共建共治共享、生态服务精品、研产集群、国际一流、国内领先的第四代生态环保产业园，打造粤港澳大湾区的环保绿谷。

4.4 路径清晰的方案传导

（1）多元功能有机融合

园区集环保智造、垃圾处理、综合交通、生活回馈、游憩回馈等功能于一体，形成综合型生态科技环保园区；同时，尊重历史发展，注重活化地域文脉，保留现有清代建筑群落，赋能园区发展，添加靓丽名片。

（2）复合产业集群发展

大力发展生态环保产业与节能产业。其中，生态环保产业包括：水处理、固废处理、再生资源、环境监测与修复、大气污染治理、绿色制造等。

节能产业重点发展节能金属材料、工程材料及其他功能材料等上游设备原材料，推进工业变频技术、节能配电技术、节能监测、高效电动机、余热余压利用、锅炉窑炉等装备和节能技术的生产制造及技术应用与推广，吸引国内外知名企业设立总部和研发中心，打造深圳市重要的节能环保产业基地。

（3）配套服务高质创新

重点发展创新孵化、商务服务、展览展示、科教体验、科技研发、信息服务等创新服务业。高质量建设时尚商街、餐饮美食、文化娱乐、公寓酒店等配套产业，为园区提供生活性服务。

（4）空间开发特色彰显

基于生态优先，引入环保科技，塑造"大公园、循环圈、智慧园"三大园区品牌，并融入山林环、湿地链、滨水服务核、环保产业坊、超级环保公园等多个设计亮点，着力打造"明晰定位，突出主题，彰显特色"的高质量园区[5]。

深汕环境园鸟瞰图如图1所示。

图1　深汕环境园鸟瞰图

（图片来源：《深汕特别合作区生态环境科技产业园详细规划》）

4.5　严格高效的管控抓手

（1）控制内容

用地控制方面，通过量化指标实现用地管控，严守城市开发边界，引导产业用地合理有序开发、集约节约化利用，实现园区用地的综合效益最大化。

生态环保方面，运用海绵城市建设理念，严控污染物排放，最大限度地减少产业及环境基础设施建设对生态环境的影响；通过园区内资源综合利用、污水再生回用，打造循环经济型园区。

经济社会方面，通过政府主导，积极培育多元化环保投资主体，引进核心产业项目，形成产业规模效应，提供新增就业岗位。

（2）控制要点

将环境园建设周期划分为"规划、建设、运营"三个主要阶段（图2），并根据不同的控制角度构建环境园的"三不同"控制体系，即控制时段不同、控制介入不同、控制内容不同。

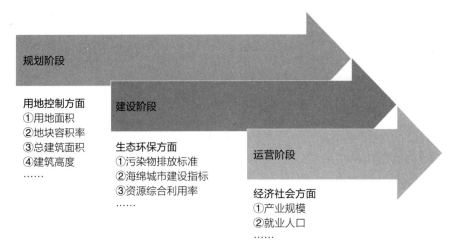

图2　环境园建设周期的三个主要阶段

5　结语

推进高质量发展和创造高品质生活是我国社会经济发展的基本方向和基本任务，要求环境园的建设发展不再拘泥于单一功能，而是要将生态、环保、与周边环境高度融合发展作为追寻的目标和价值，整合利用好自身资源禀赋，着力体现"产城融合、环境优美、无废终端、能源协同、智慧管控、快捷运输、高效运转"等高质量园区特点，为提升人民群众幸福感贡献规划的智慧和力量。

参考文献

［1］　韩刚团，丁年. 环境园详细规划编制探讨——以深圳市坪山环境园详细规划为例［J］. 规划师，2011，27（9）：108-112.

［2］　倪羽翔. 项目进度风险管理研究——老虎坑环境园生态环境改造工程［D］. 深圳：深圳大学，2017.

［3］　郑秀亮. 惠阳环境园化"邻避"为"邻利"［J］. 环境，2018（5）：31-33.

［4］　郑希黎，杜任俊. 走出邻避困局，探索垃圾综合处理设施新模式——以深圳国际低碳城节能环保产业园规划为例［C］//规划60年：成就与挑战——2016中国城市规划年会论文集. 北京：中国建筑工业出版社，2016：651-659.

［5］　深圳市城市规划设计研究院. 深汕特别合作区生态环境科技产业园详细规划［R］. 深圳：深圳市城市规划设计研究院，2019.

超大城市全要素蓝线规划编制探索与思考

陈锦全（城市规划市政协同研究中心）

[摘　要] 目前城市水系及其周边用地空间在规划管控、水务治理及城市安全等方面均存在问题，严重影响了水环境治理成效及功能提升，同时还对水系日常维护与滨水空间规划管控工作的开展，甚至城市的水安全造成了影响。城市蓝线作为城市水系及其周边空间规划保护与控制的重要依据，亟需通过全要素蓝线规划的编制，扩大蓝线保护范畴，实现城市蓝线全覆盖；同时细化和完善蓝线管控要求，以及城市水系全方位的空间保护和协同管理，以满足城市规划与水务建设的新要求。以深圳市蓝线规划修编为例，介绍了水系现状评估、划定对象界定、蓝线标准优化、管理要求完善等方面的编制内容，以期为类似城市蓝线规划编制提供参考。

[关键词] 城市蓝线；水务管理；城市管理线；水域控制线

1　引言

在全国生态文明建设大背景下，城市水系的保护日益受到国家层面的高度重视，蓝线是城市水系空间保护和管理的重要手段。蓝线划定及其管理要求，是践行生态文明建设、落实城市治理、水污染防治、推进海绵城市建设的空间要素。与其相关的政策文件如表1所示。

城市蓝线相关政策文件一览表　　　　　　表1

文件	内容
习近平出席全国生态环境保护大会并发表重要讲话	加快形成节约资源和保护环境的空间格局、产业结构、生产方式、生活方式，给自然生态留下休养生息的时间和空间；用最严格制度最严密法治保护生态环境，加快制度创新，强化制度执行，让制度成为刚性的约束和不可触碰的高压线[1]
《中华人民共和国水法》	所有的水工程应当按照国务院的规定划定工程管理和保护范围
《城市蓝线管理办法》	划定城市蓝线，统筹考虑城市水系的整体性、协调性、安全性和功能性，保障城市水系安全
《国务院关于加强城市基础设施建设的意见》（国发〔2013〕36号）	强化城市蓝线保护，坚决制止因城市建设非法侵占河湖水系的行为，维护其生态、排水防涝和防洪功能；坚决制止因城市建设非法侵占河湖水系的行为

文件	内容
《海绵城市建设技术指南——低影响开发雨水系统构建（试行）》	提出海绵城市建设三大途径，其中第一条即为保护水生态敏感区，维持城市开发建设前的自然水文特征
《水污染防治行动计划》	严格城市规划蓝线管理，留足水域的管理和保护范围

深圳市作为常住人口超过1300万人的超大城市，于2009年发布了《深圳市蓝线规划（2007—2020）》。规划批准并施行10多年来，对全市城市水系、水源工程的保护与管理，以及保障城市供水和防洪防涝等发挥了重要的作用，但该蓝线规划已不能满足新时代深圳市的城市发展需求。主要表现在以下几个方面：

（1）落实上位法

近年国家发布了多项上位法规，如《国务院关于加强城市基础设施建设的意见》（国发〔2013〕36号）、《海绵城市建设技术指南——低影响开发雨水系统构建（试行）》《水污染防治行动计划》（简称"水十条"）等，均体现了城市水系的保护日益受到国家层面的高度重视，而深圳市现行版本蓝线规划已至规划期末，为更好地落实上位法规的要求，有必要对城市蓝线进行调整，进一步优化、核实蓝线线位，便于下一步实施精细化的管理。

（2）满足新要求

现行蓝线施行已久，已不能适应城市规划与水务建设的新要求。深圳市近年来大力开展治水工作，多条河流防洪标准提高、线位发生调整，原蓝线划定方案未能实现河道保护的要求，也影响规划与水务主管部门对城市水系实施管控；另外，国土空间总体规划、法定图则以及城市更新单元规划编制与调整，对包括河道周边用地在内的城市用地空间布局进行了调整，因而需要优化调整蓝线，确保满足城市规划与水务建设的新要求。

（3）解城水矛盾

城水矛盾是由来已久的城市问题，在生态文明建设的背景下，通过全要素全覆盖的蓝线划定，系统地保护城市水系的生态、工程等用地空间，解决现状城市水系沿岸侵占、水面率下降、防洪排涝风险压力日益加大等问题，在有效规划管控的同时适应城市现状及规划发展。

（4）全方位管控

现行规划仅对大河道、水源水库、湿地以及重要原水管渠划定蓝线，后期部分区域虽补充划定了小河道蓝线，但蓝线保护对象仍然未实现全要素全覆盖，蓝线划定标准及管控要求不统一。因此，扩大蓝线保护范畴，统一全市蓝线划定标准，重新对全市范围内城市水系划定对象进行复核与补充，开展新增划定对象的蓝线补充划定工作，实施深圳市城市水系全方位的控制与保护。

（5）定管理要求

蓝线管控规则一直未正式出台，试行管理规定过于刚性，不利于城市的建设与发展，应结合规划修编同步制定适应新时代的蓝线保护与管理要求。

为全面贯彻国家、省、市对城市水系保护的相关要求，有必要开展蓝线规划编制（修编）工作。本文以深圳市蓝线规划修编为例，通过对水系现状分析与评估、划定对象识别与界定、蓝线标准校核与优化和管理要求细化与完善等内容编制，以期能为类似城市蓝线规划编制提供参考与借鉴。

2　蓝线析义及划定意义

城市蓝线是城市规划七线之一，是城市管理体系中保护城市水域的管理线（图1），在相关法规和规范中定义见表2。

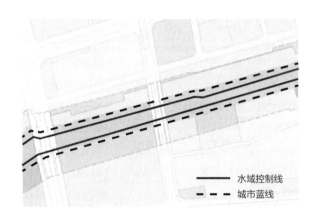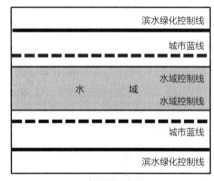

图1　蓝线定义及与其他管理线的关系示意图

城市蓝线定义一览表　　　　　　　　　　　　　　表2

文件	蓝线定义
《城市蓝线管理办法》	城市规划确定的城市地表水系（江、河、湖、库、渠和湿地等）保护和控制的地域界线[2]
《城市水系规划规范》（2016年版）GB 50513—2009	城市蓝线介于水域控制线与滨水绿化控制线之间，包括水域及一定宽度的陆域范围

蓝线控制范围包括需保护的水域以及一定宽度的陆域范围。蓝线划定第一步需准确界定其水域范围及原水管渠走向，确定水域控制线及管渠外边线；其次，以此为基础线按照各对象陆域控制后退标准划定蓝线范围。为进一步加强对深圳市城市河道、水库、滞洪区及湿地、原水管渠等的规划与控制、保护与管理，适应新时代的城市发展需求，统筹考虑城市水

系的整体性、协调性、安全性和功能性，实现水系及周边空间的保护和控制，保障城市供水和防洪排涝安全，落实海绵城市、水务工程、生态修复等建设新要求，实现打造安全高效的生产空间、舒适宜居的生活空间、碧水蓝天的生态空间的先行示范战略目标，促进城市健康、协调和可持续发展。规划目标体系如图2所示。

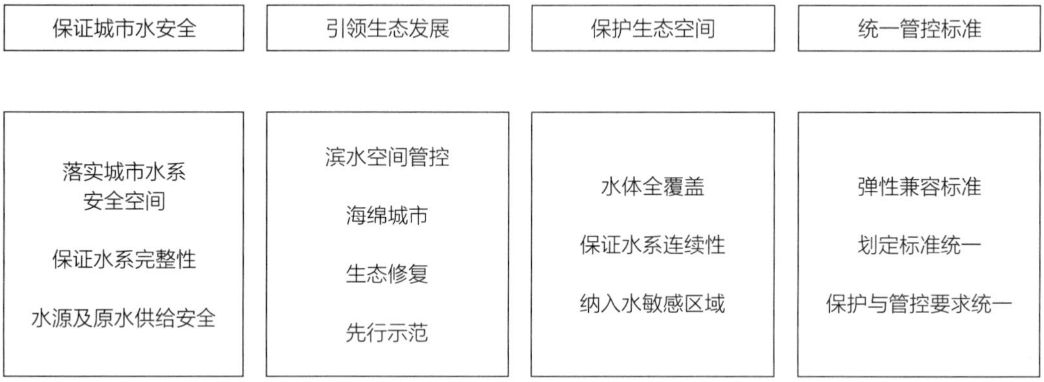

保证城市水安全	引领生态发展	保护生态空间	统一管控标准
落实城市水系安全空间 保证水系完整性 水源及原水供给安全	滨水空间管控 海绵城市 生态修复 先行示范	水体全覆盖 保证水系连续性 纳入水敏感区域	弹性兼容标准 划定标准统一 保护与管控要求统一

图2 规划目标体系

3 水系现状分析与评估

蓝线规划的工作内容主要包括现状评估、对象界定、标准确定、蓝线划定、要求制定五个部分，其中后四部分内容将在后续章节中详细介绍，本章将重点介绍水系现状评估的工作内容。

划定对象现状分析与评估是蓝线规划工作的基础，是确定水系水域控制线，做好蓝线线位定量、定位的先决条件。现状分析与评估离不开详细的调研、座谈以及实地踏勘等工作，其中涉及大量的内业及外业工作。内业工作需要收集并梳理大量的地形、卫片、设施、水务、工程以及规划等工作，制定外业调查记录表、重点调研内容、踏勘点和调研计划；外业工作涉及各个划定对象的详细情况记录，记录河道宽度、暗渠化、走向、河道两侧周边建设（是否有侵占行为）以及整治等情况。结合本案例编制过程，要做好本项工作除了常规工作外，需注重以下两个方面的工作：

（1）做好地形图、卫片以及现场调研与复核工作

地形图是确定水系水域控制线的基础数据资料，对其数据的准确性分析及查核工作关系蓝线线位的准确性，以及将会严重影响后期开展的合理避让与优化工作。由于近几年深圳市处于水环境治理、水务工程加固除险工作快速推进时期，导致局部地区地形地物情况的变化，为避免出现数据不准确的情况，需要借助卫片、现场踏勘以及GPS定位等技术手段辅助分析，确保水系走向、综合整治、用地建设和暗渠化等信息与数据的准确。

（2）做好未整治、无整治规划河道的线位评估工作

深圳市目前仍有部分小型河道未开展整治规划工程，其河道线位或水域控制线难以确

定。为了正常开展此类小河道的蓝线划定工作，项目组开展对其现状行泄能力的评估。对于维持原河道宽度仍能满足规划防洪标准要求的，其蓝线按现状河道上口线确定水域控制线；对于不满足规划防洪标准要求的，经水力计算确定河道设计宽度，并沿河道现状中心线拟定河道上口线作为水域预控制线，作为下一步划定蓝线的基础。其水域控制线确定的示意图如图3所示。

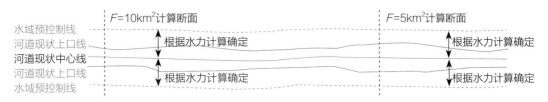

图3　未整治、无整治规划河道水域控制线确定示意图

4　划定对象识别与界定

根据《城市蓝线管理办法》的相关要求，蓝线划定的对象识别与界定除本着保障城市安全、供水安全外，还应统筹城市水系的整体性和连续性。本文借鉴国内主要超大城市、珠三角周边城市以及水系发达城市的蓝线划定对象情况，应将城市大小河渠、湖库、湿地、滞洪区等全要素全覆盖的纳入蓝线保护对象范畴。

根据笔者掌握的情况，国内部分城市将海域和重要水利工程（主要含船闸、排灌站等）纳入蓝线保护对象，考虑到深圳市内并无大型通航的船闸，一般水系控制水闸已包含在水系水域空间范围内，因此，并未将其作为特定对象类别进行蓝线划定；而排涝（灌）站等市政基础设施在同步修编的黄线规划中进行控制与保护，蓝线规划不再对相关市政基础设施进行重复划定与保护。

由于海域并未在《城市蓝线管理办法》中城市蓝线的保护与控制范围内，且市内大部分海岸线已以海堤管理线的形式纳入水务管理线范围，因此，并未将海域列入保护与控制对象中，其他滨海城市可视其海岸线利用、保护、控制现状及规划情况进行划定对象的扩展。本文所称的城市蓝线是指深圳市城市规划确定的城市水系和水源工程（河、渠、湖、库、湿地、滞洪区及原水管渠等）的保护与控制的地域界线。深圳市蓝线划定对象统计结果见表3。

<table>
<tr><td colspan="3" align="center">蓝线划定对象统计一览表</td><td align="right">表3</td></tr>
<tr><td align="center">分类</td><td colspan="3" align="center">本次划定对象</td></tr>
<tr><td align="center">河道</td><td rowspan="2" align="center">流域面积大于1km²的自然水流</td><td rowspan="2" align="center">共314条
新增小河道240条</td></tr>
<tr><td align="center">大型排水渠</td></tr>
</table>

分类	本次划定对象	
水库	蓄水工程及部分塘坝	160宗 新增小型蓄水工程87宗
湿地、滞洪区	现状与规划滞洪区和湿地	
原水管渠	境外引水工程、已建、在建和规划的重要原水输水工程	42项 新增原水管渠28项

5 划定标准优化

蓝线标准的优化与确定是蓝线规划编制的核心内容，需综合考虑规划、建设、管理、保护与发展等各方面需求，结合水系现状等级、标准、功能区段等因素，同时类比国内其他城市蓝线划定标准，响应落实海绵城市、生态修复、碧道建设（广东省要求）等新时代新要求。

通过对标准确定依据，以及考虑因素的全面性、有效性进行系统分析，结合水系不同的类别、级别、功能区段以及存在的问题等情况，综合水务管理的需求，从规划、建设、管理、保护及发展等多角度进行全面优化，使城市蓝线与水务管理线充分衔接与协调，满足城市水系规划管控与日常管理的需要，实现水系周边空间的保护和控制。

5.1 划定标准优化原则

（1）分级分类原则

按城市水系和原水管渠的不同级别、类别、规模制定分级标准，级别、规模越大，其相应的保护与管控空间应越大，体现不同城市水系的重要程度。

（2）功能分区原则

充分考虑水系的不同功能、区段位置和保护需求，在保障城市安全的前提下，按生态区、建成区、暗渠上盖区、水源保护区、库区、工程区等不同分区确定合理的划定标准。

（3）弹性兼容原则

划定标准应具有一定的弹性空间，以应对不同土地利用现状和规划，以及满足工程建设、日常管理的空间需求。例如，现状大型河道两侧用地空间相对较大，两侧建设行为管控较好，标准应单一、高值为宜；小河道两侧建设行为较复杂，历史遗留问题较突出，在保证城市安全的情况下，标准应设置可选、低值为宜。

5.2 水域控制线界定

（1）河道水域控制线

对于现状已实施综合整治，能满足规划防洪标准要求的河道，按现状河道上口线或河道综合整治工程治导线确定（即河道设计上口线）。对于已完成整治规划报批的河道，但该河道综合整治工程方案尚未获得批准的，按规划上口线确定。对未整治且未编制河道整治规划且不满足防洪标准要求的河道，统一按规划防洪标准拟定河道上口线作为水域控制线。

（2）水库水域控制线

水库水域控制线为其坝顶高程淹没区范围线。

（3）滞洪区及湿地水域控制线

滞洪区、湿地公园及人工湿地的水域控制线为水域边界范围。

5.3　河道蓝线标准

蓝线划定涉及相关因素较多，河道两侧用地规划、现状建设、防洪标准、海绵及生态建设的需求等均对其标准制定产生影响；另外，沿河两侧现状用地权属情况也需统筹考虑，需进行规划校核并进行合理避让，尽可能保证规划的合理性、协调性以及可操作性[3]。

河道蓝线标准分为基本划定标准和补充划定标准。基本划定标准根据河流的流域面积大小以及两侧建设现状情况，综合上版的蓝线划定标准以及前述考虑因素，整合为五个等级的分级分段基本划定标准，结合河道实际情况具体分为有堤防与无堤防两种情况。

①河道有堤防的，按控制断面以上的流域面积分级自堤防外坡脚分别外延4~15m（表4）。

河流流域面积对应堤防外坡脚外延长度一览表（有堤防）　表4

流域面积（km²）	≥100	50≤F<100	10≤F<50	5≤F<10	<5
上版标准（m）	15	12	8	—	—
修编标准堤防外坡脚外延（m）	15	12	8		4

②河道无堤防的，按控制断面以上的流域面积分级自河道上口线（水域控制线）分别外延4~25m（表5）。

河流流域面积对应堤防外坡脚外延长度一览表（无堤防）　表5

流域面积（km²）	≥100	50≤F<100	10≤F<50	5≤F<10	<5
上版标准（m）	25~30	20	15	10	5或8
修编标准河道上口线外延（m）	25	20	15		8或10

本次河道基本划定标准较上版有较大的优化调整，原标准河道蓝线按照相应标准外延陆域空间确定蓝线线位，本次蓝线按相应断面累积的流域面积标准分段划定，这样更符合河道防洪工程建设、沿河空间管控的实际需求；另外，对于本次规划主要新增（<10km²）的小河道，设置可选择的划定标准，编制人员可结合各河道的实际情况进行合理选取，大大提高了蓝线规划的可实施性。

在上述基本划定标准的基础上，结合河道流经的功能区段、现状建设、已批规划等实际情况，增加补充划定标准，进一步加强蓝线划定标准的弹性，适应城市的现状及规划发展。对于暗渠化的河道，其渠道现状断面基本不符合规划的防洪标准，深圳市作为高度城市化的代表，应结合城市更新进行河道水安全、水环境、水生态治理，实现城市水综合治理目标。在此背景之下，暗渠化河道蓝线标准确定需考虑其后期修复、复明拓宽的空间需求，结合沿线用地情况采用相应基本标准的高值，为后续工程预留充足的用地空间；若已有经批复复明方案的，由于其方案线位、断面等已满足规划防洪标准的空间需求，因此，蓝线划定按其规划走向及相应标准规定执行，以指导河道暗渠复明用地规划调整。

5.4　水库蓝线标准

根据相关法规的要求，结合深圳市水库建设规模及功能，分级分类分区确定蓝线划定标准，水库标准主要分为水源水库及非水源水库两类。

（1）水源水库

已划定水源保护区的水库，蓝线划定综合考虑一级水源保护区及水库工程区保护范围。其蓝线划定标准具体为：

库区：一级水源保护区范围；

工程区：挡水、泄水、引水建筑物及电站厂房的占地范围及其周边，大型水库50m，主、副坝下游坝脚线外延200～300m；中型水库分别按30m和100～200m后退，小型水库分别按30m和50～100m后退。

（2）非水源水库

库区：水库水域控制线范围；

工程区：大坝按下游坝脚线外延50～100m，挡水、泄水、引输水等建筑物的占地范围及其周边30m。大坝蓝线不小于坝坡脚线和泄水等建筑物范围。工程区蓝线划定标准宜宽则宽；在规划用地、选址方案及权属核查时，避让标准不得低于其最低值。

5.5　湿地、滞洪区蓝线标准

现状湿地公园蓝线按水域边界外移30m控制，规划湿地蓝线按规划用地红线或边界控制[4]。
①独立设置的现状及规划湿地按上述标准划定蓝线；
②沿河滞洪区和湿地与所属河道蓝线闭合，并同步划定。

5.6　原水管渠蓝线标准

参照《广东省水利工程管理条例》水利工程保护范围：小型渠道为5~10m。其中，境外引水工程，蓝线按管道或渠道外边线各外移10m确定[5]；其他支线引水工程，结合周边土地现状情况，蓝线按管线或渠道外边线各外移5m确定。

5.7　规划核查与优化

按基本划定标准划定蓝线方案后，需开展蓝线与已批各类用地规划、现状权属用地的全面协调，与水务方面的河道管理线、水源工程管理线、水源保护区等进行同步协调衔接，对蓝线划定方案进行局部优化与调整。进行具体的核查与优化时，除按最下限标准划定的蓝线外，其余蓝线进行局部避让和优化调整。蓝线方案校核示意如图4所示。

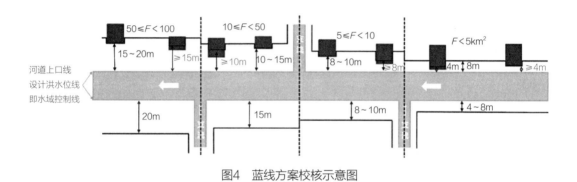

图4　蓝线方案校核示意图

其中优化后的河道蓝线范围不应小于其下一级标准的上限值，优化后水库工程区蓝线不应小于其标准的下限值。

6　蓝线空间管控要点

依据《城市蓝线管理办法》的要求，深化落实"放管服"改革措施，同时改变蓝线原刚性管理、管理要求不明确的现状，基于规划面向实施的原则，进一步细化与明确蓝线保护与控制要求，明确了规划协调、建设行为等管控规则；另外，配合今后蓝线个案调整的可能性，实行动态维护管理机制，提高蓝线管理的可操作性与可实施性。下面重点介绍蓝线内空间管控要点：

（1）蓝线管理由刚性管理走向弹性（理性）管理

原蓝线管理要求重在保护，蓝线范围内原则上仅能安排与水资源开发利用、水体保护、生态涵养、供水排水、防洪安全等相关的项目，真正实现强制性管控；但本次修编工作涉及大量小河道、小型水库，其规模小、现状建设情况极其复杂，标准制定、蓝线划定及管理要求不能"一刀切"，应尊重其发展现状，衔接各层次规划，在切实有效地保护水系的同时兼顾城市的发展。

（2）以科学论证为前提的蓝线内空间利用

规划编制或调整中落实蓝线的同时，综合统筹蓝线内的土地空间规划，可在保证城市安全的前提下布置规划用地，但需进行必要的论证，并征求行业主管部门的意见。

（3）优先保障与公共利益相关的项目

过去10多年的城市建设中，存在大量涉及蓝线的基础设施和民生项目，基于原蓝线刚性管理的原则，各项目自规划审批到工程建设均深受影响与限制。本次管理要求制定，依据"简化程序、优化服务"原则，在保证供水安全、行泄安全等前提下，城市基础设施和民生项目可与蓝线管控范围兼容，便于其项目审批与实施[6]。

7　思考及建议

通过深圳市蓝线规划修编项目的编制，总结出蓝线规划中需重点关注以下几个问题：

（1）明确划定对象

应重点对规划区域范围内的城市水系进行划定对象界定，保证城市水系的整体性、连续性，真正实现城市水系全要素全方位的控制与保护。

（2）制定统一的、弹性兼容的蓝线划定标准

科学的划定标准是蓝线规划合理性的前提，按不同类别对象，制定统一的分级、分段蓝线弹性划定标准。

（3）全面协调，充分考虑各方权益

衔接国土空间规划等各类最新规划，做好蓝线与现状用地权属、用地规划等的衔接，并协调与生态红线、城市和水务管理线等的关系。城市管理线之间出于用地与空间管控的共同目的具有其兼容性，蓝线与其余各管理线之间根据兼容性原则进行处理。

（4）细化与明确蓝线保护与管控要求，增强可操作性与可实施性

城市蓝线规划是总体规划层次的专项规划，应纳入各级国土空间规划，并在下级规划以及其他相关规划中予以落实。在应用中精简管控程序，实行动态维护，在实施有效规划管控的同时适应城市现状及规划发展。

参考文献 _____

[1]　新华社. 习近平出席全国生态环境保护大会并发表讲话 [EB/OL]. （2018-05-19）[2023-05-01]. http://www.gov.cn/xinwen/2018-05/19/content_5292116.htm.

［2］　俞露，丁年. 城市蓝线规划编制方法概析——以《深圳市蓝线规划》为例［J］. 城市规划学刊，2010（S1）：88-92.

［3］　郑段雅，周星宇. 区域尺度水系保护线划定的技——基于武汉市"三线"概念的基础［J］. 规划师，2016，32（6）：118-123.

［4］　张有才，崔玲，王茵茵. 生态廊道型限建区保护规划编制探讨——以洛阳市洛河以北区域为例［J］. 规划师，2015，31（3）：127-134.

［5］　边朝辉，张志峰. 深圳市河道蓝线内非防洪工程管理研究［J］. 人民珠江，2014，35（4）：116-119.

［6］　杨培峰，李静波. 生态导向下河流蓝线规划编制创新——以广州流溪河（从化段）蓝线规划编制为例［J］. 规划师，2014，30（7）：56-62.

韧性城市背景下构建区域韧性污水系统的思考与实践

陈锦全（城市规划市政协同研究中心）

[摘　要]　城市的建设和扩张通常伴随着各类资源需求的增加，市政基础设施作为城市建设中的重要组成部分，需要结合城市空间布局，在发展上给予城市充分的空间预留，以便更加韧性地应对各种突发情况。市政基础设施系统的韧性设计，应兼具结构上的灵活性和对空间的刚性管控。本文以市政基础设施系统中的污水系统韧性构建为例，从设施韧性、管网韧性和管理韧性三个方面进行分析，以期为今后新城规划、旧城改造，城市快速发展中城市空间布局以及污水系统布局等规划提供新思路和可借鉴的经验。

[关键词]　韧性城市；污水系统；提质增效

1　引言

　　韧性城市是近期规划学术讨论的热点。韧性城市所针对的问题，来源于外部"扰动"带来的危机。这些"扰动"具有"不确定性高""随机性强"与"破坏性大"等特点，现代城市需具备应对不确定性程度更高、潜在影响更大更广的危机的能力[1]。《北京韧性城市规划纲要研究》《广州市国土空间总体规划（2018—2035年）》等均把安全韧性城市作为城市未来发展的重要方向。市政基础设施是现代城市正常生产生活的重要支撑条件之一，也是在自然灾害等特殊情况下，城市保持稳定运行及迅速恢复的生命线工程，其承担着城市的动脉、静脉、神经、免疫等功能。因此，打造在各种情况下均能安全、稳定、可靠、持续运转的韧性市政系统是支撑城市运转的重要环节[2]。

　　城市污水系统包括对污水的收集、处理与排放，在保障公共卫生与健康等方面发挥着重要作用，与此同时，也存在传播病毒的风险。在席卷全球的新冠肺炎疫情中，研究人员在患者的粪便中检测出了病毒核酸，带有病毒的排泄物随生活污水进入排水管网和污水处理厂，如若污水系统运行不畅，则可能造成传染病暴发等重大公共卫生安全问题。韧性污水系统旨在构建高质量、高标准的污水处理及收集系统，使其超前于城市规划建设，预留城市及系统发展的弹性空间，并制定合理的运行调配机制与方案，提升污水系统的综合服务及应急能力，从规划顶层设计的高度构建住户—管网—设施—机制的一体化韧性污水系统，适应与保障城市的可持续发展。

本文以深圳市南山区污水完善和提升规划为例，探索提高市政系统韧性的研究思路和规划视角，加强污水系统规划的科学性、前瞻性和可操作性，适度超前地推动城市基础设施的有序建设。

2 污水系统概况

2.1 污水厂站

深圳市南山区现有污水处理设施包括南山水质净化厂（以下简称"南山厂"）、蛇口水质净化厂和西丽再生水厂，总处理规模可达66万m^3/d。区外东南侧有福田水质净化厂（以下简称"福田厂"），规模为40万m^3/d。区内水质净化厂分布及其服务范围如图1所示。

2.2 污水管网

近几年来，随着南山区治水提质、提质增效等水务工作的开展，对原有存在问题的排水系统进行了大规模的查缺补漏。南山区改造小区管网近500km，1046个小区完成了正本清源改造，实现雨污分流，改善了区域水环境。后海河等四段黑臭水体已全面消除黑臭，顺利通过国家部委联合督查，基本实现"水清、岸绿、景美"目标。南山区近年来逐厂梳理干管运行工况，对长期高水位运行、进水条件不佳、与设计工况严重不符的干管进行排查，切实降低不明来水（河水、地下水、海水、基流）的影响，有条件的箱涵采取剥离基流、增设拍门、修复干管、整改沿河截污系统和污水管网系统的交叉串联等举措，减少外来水量，提升污水浓度，改善运行工况。区内已布置的污水处理设施，其配套的污水、截污干管也已实施完成或正在施工，污水系统建设基本满足区内污水收集、处理和排放的需求。另外，结合全市小区雨污分流工程和城市黑臭水体治理要求，区内同步开展了污水支干管网系统的升级和改造，新建及完善了大量的市政污水管网。污水干管系统现状如图1所示。

图1　南山区污水系统现状图

3 问题及需求分析

3.1 城市发展问题

南山区新增开发建设量具有较大发展空间，市政支撑系统面临城市更新和重点片区建设带来的双重压力。根据目前南山区已批城市规划、存量城市更新项目的梳理与统计，区内规划的开发量比现状多约90%，比法定图则多约25%。如果考虑正在开展及潜在的城市更新项目，未来开发建设总量将增长106%，远高于福田区、罗湖区的增长量，城市发展空间巨大。南山区还是中心城区增量土地最大的行政区，土地的二次高强度开发直接导致污水量的快速增长，压力均转嫁到各个城市更新片区外的污水系统上[3]，前海、后海、深圳湾、留仙洞四个总部基地的高强度集中开发对污水系统的影响巨大，导致设施和管网无法满足增长需求的不断累积。

3.2 污水系统问题

（1）区内污水增长过快，设施超负荷运行，预留用地空间不足

区内污水增长过快。南山区城市更新大量铺开、四个总部基地与自贸区等重点片区启动开发建设导致污水水量增长迅速，管网容量及建设任务等方面压力也随之增大[4]。

污水处理设施能力不足。南山区现有的三座水质净化厂中，南山水质净化厂由于服务范围较大，服务范围内重点片区、城市更新单元规划新增污水量较大；此外，近期新建成的几个临时截污系统将污水截流进入南山水质净化厂，使得南山水质净化厂长期处于超负荷运行状态。区内其他两座水质净化厂处理规模较小，虽有一定的污水处理余量，但缺乏水质净化厂间污水调配系统与机制，造成区内水质净化设施规模严重不足。

污水设施用地预留不足。后海总部基地和深圳湾超级总部基地两个重点片区的快速发展致使片区内创业路泵站和白石洲泵站服务区域污水快速增长，两泵站现有用地已无法支撑远期片区污水增长的需求；西丽再生水厂及蛇口水质净化厂同样存在着扩建用地不足的情况。因此，设施用地的研究与预留成为本次规划亟待解决的问题之一。

（2）管网老旧，标准低；管网容量不足，管网系统正常运行受影响

管网老旧，标准低。南山区蛇口片区作为深圳市最先发展的区域，部分污水管道建成时间久远，尤其是蛇口旧工业区，其污水管网按工业区标准配套建设，管道容量、建设质量等已不能满足南山区城市发展的需求，应结合道路改造和片区更新等计划逐步改善管道问题。

管道容量不足。目前南山区北部大勘片区及麻磡片区污水管网覆盖率偏低，部分区域污水通过雨水管渠截流至西丽再生水厂，对污水处理设施的水质稳定造成严重影响；此外，区内局部地区发展速度过快，例如龙珠、白石洲、后海、华侨城、南头、南油和蛇口旧区等片区均存在污水管道容量不足的问题，影响污水管网正常运行。

4　韧性污水系统建设思路及方案

4.1　系统建设思路

（1）思路1：打造能力充足、面向未来的污水系统

南山区有诸如前海、后海、留仙洞、深圳湾等诸多重点发展区域，规划应统筹与衔接区内每一个重点发展片区的建设需求，按照高质量、高标准原则，完善污水处理设施和管网，全面提升污水处理设施的服务能力，促进污水系统更好地满足南山区未来的发展需求。

（2）思路2：构建连通污水设施的区域污水管道及运行机制

在有效利用现有污水处理设施及主干管道的基础上，结合城市发展需求，充分利用工程措施和建设方式加强管道的集中布置与连通，促进市政通道之间的集约建设，分区域分情况提出管网布置策略，老城区应重在改造和提升，新建区规划综合管廊建设，形成以综合管廊为主要载体的地下管线系统。另外，通过非工程措施的制定，构建污水处理设施间的连通与运行机制，保证设施的安全及应急运行。

4.2　系统建设方案

（1）设施韧性

南山区污水量包括两部分：一部分是系统旱流污水量；另一部分是区内已建大型截污系统收集的混流污水量，其中包含截污系统上游的雨季污水量。南山区污水分区及系统如图2所示。规划中为了提高系统的韧性，预留系统发展的弹性空间，污水设施及管网与设施用地采用不同的规模进行控制，污水处理设施用地按其设计规模的1.2倍进行复核与规划管控。

据预测，南山区远景产生的雨季污水总量最大可达127万m³/d，其中划入南山水质净化厂、蛇口水质净化厂及西丽再生水厂的近期（2025年）和远期（2035年）污水量分别为101.5万m³/d和118.0万m³/d。经复核，现有的及原规划的污水净化设施处理能力均无法满足该需求。因此，需在区内另择新址建设净化设施，为远景污水净化预留能力与空间。

1）用地选址

在众多市政设施中，污水处理厂具有占地面积大、异味强和影响城市景观等特点，

图2　南山区污水分区及系统示意图

在城市建成区密度日益提高的情况下，新建污水厂难度仅次于垃圾焚烧厂。深圳市龙岗区布吉污水厂的改造案例可为此次规划提供参考，布吉污水厂为全国首个地下式污水厂（地上作为城市公园），尽管建设成本增加，但该项目的实施与建成不仅拓宽了市政设施的建设方式，同时也为其他敏感型设施建设提供了较好的案例。本次规划拟在现大沙河公园用地范围内新增一座污水处理设施，该设施建议采取地下式建设，地面维持城市公园的功能不变，后期需加大对异味的处理力度，减少敏感设施对周边环境的影响。

规划通过设施选址的研究与比选，确定在大沙河公园内新建沙河水质净化厂，水质净化厂规模按14万m³/d控制，用地规模按20万m³/d控制。用地图中西北角用地为水质净化厂一期建设用地，用地面积约4hm²，可满足14万m³/d的污水处理量和5万m³/d的深度处理设施的建设。

2）用地预留

结合现有用地空间布局方案，在上述选址用地东侧规划预留3hm²用地作为该设施预留控制用地。在其他的规划编制项目中，可考虑在沿河、地势低洼及污水干管沿线区域设置公园绿地或预留市政设施发展备用地，作为污水系统韧性发展的空间，以解决污水系统设施扩建难、污水干管负荷大等问题。

3）充分利用现状市政设施用地

通过现状污水设施用地内部空间的挖潜，扩大污水设施处理规模或提升污水厂出水水质标准。区内南水水质净化厂、蛇口水质净化厂以及西丽再生水厂均通过厂内用地空间整合、处理工艺升级以及半地下式的建设方式等，解决设施扩建、水质提质等空间不足的问题。

4）污水资源化利用

目前污水系统的资源化利用成为发展的重要方向，例如新加坡的"Tuas Nexus"系统将水处理设施与固废处理设施设立在同一地点，充分利用水务、能源和废物处理三者间的协同关系使厂区实现完全的能源自供，减少能源的浪费。"Tuas Nexus"系统将使从废水中回收的能源增加一倍，并向电网输出更多电力（估计总电量可为多达300000套四室公寓供电），同时使这两个设施的能源自给自足。目前国内的污水厂的污泥以外运填埋为主，浪费土地且有污染风险。在未来的污水厂升级改造中，可按照功能融合、用地集约、设施共享的规划理念，把不同市政基础设施与公共服务设施、交通设施等融合设置，全面提升市政基础设施服务水平。

（2）管网韧性

南山区未来有四个重点发展片区及众多的城市更新单元规划改造，导致区内新增污水量较大且分配不均，对已建及规划污水管网影响和冲击较大。因此，规划针对现状管网存在的问题、新增污水量的分布情况以及管网实施方式，结合污水量增长分布、累积效应等方面提出本次管网规划的思路。

1）问题管道修复及改造，完善污水管网

对于区内目前存在的问题管道、破损管道进行修复及改造，作为区内近期急需解决的重点工程，纳入区年度实施工程项目库。

2）设置弹性系数，扩大管网设计容量，对重要干管进行复核

污水管网复核时，按管网上游规划污水总量乘以1.2的弹性系数进行。对重要干管进行复核时，重点考虑重点发展片区、大型城市更新片区下游的污水管网排水能力校核，对容量不满足要求的管道进行升级扩容或新增污水管道。

3）新建污水管道，调整污水分区，以分流污水的方式解决现有管道容量不足问题

对于新建道路或新建区域，通过新建污水管道、加大规划污水管管径或开展污水规划布局、调整污水分区等措施，解决污水管道容量不足的问题。

图3 污水管网复核分布图

4）原管位扩建或平行敷设新管道

对上述复核管径容量不足的管道，在改造道路管位充足时，可采取平行敷设新管道的方式进行管道扩容；在管位紧张或不足时，为不影响现状污水管网的正常运行，结合临时措施进行原管位扩建，这种方法适用于小管径污水管道的扩建工程。污水管网复核分布图如图3所示。

（3）管理韧性

1）水质净化厂间污水调配的联动（应急）方案

根据南山区地形条件、现状水质净化厂的分布情况，创新性地提出南山区水质净化厂间联动机制，实现水质净化厂间污水调配的联动（应急）方案，保证水质净化厂正常维修养护期间以及出现突发性事故时污水处理系统的运行安全[5]。

以南山—福田污水调配方案为例，建立南山厂和福田厂的污水转移方案，提高系统韧性。

南山厂至福田厂污水调配方案：规划通过现状白石洲泵站调整红树湾片区污水至福田厂，属于永久调整，调整污水量约7.1万m³/d；另外，需扩建白石洲泵站至15万m³/d，应急时考虑利用泵站备用泵，可实现20万m³/d的处理规模；增加白石洲泵站至福田厂 $DN1400$ 的污水压力管，结合白石路综合管廊建设工程实施。

福田厂至南山厂污水调配方案：规划保留原白石洲泵站提升至排海干渠的管道，利用白石洲泵站可调配污水7.0万m³/d，同时保留原凤塘泵站提升至排海干渠的2 $DN1400$ 污水压力管道，均可作为远期福田厂向南山厂应急调配污水的连接管。

污水应急调配管网规划图如图4所示。

2）管道"体检"定期化

"埋在地下看不见"的市政管道（特别是排水管道）不可避免地会被垃圾、杂质、污垢等沉淀物堵塞，或者因土壤塌陷等外部因素影响导致管道错位，这些疑难杂症在现代高科技手段面前正逐步被攻克。目前排水管道电视摄像检查和声呐检测技术已得到普遍使用，易形成排水管道的周期性检查制度，定期利用"地下机器人"开展排水管道巡检工作，对排水管道进行体检，3~5年为一个周期，可实行长效维护机制，一定能够把"埋在地下看不见"的排水管网状况"看清楚查清楚"，把整治需求和工作量弄清楚[6]。从2009年开始，德国就花费了近10亿欧元对54万km的排水管道进行可视体检，近85%排水管道已完成电视成像普查[7]。

图4 污水应急调配管网规划图

3）维护管养经常化

采取上述方式能实时发现排水管道存在的问题，准确判定管道破损、缺陷及其严重程度，因而对症下药，有针对性地制定管道养护与修理方案，开展管道清淤、定向维修破损和缺陷管段主动管养等举措，将事故消灭在萌芽状态，避免造成更大的人员和财产损失。

5 思考及展望

南山区城市建设标准高、发展速度快，其市政设施发展模式与建设经验对全国其他地方具有示范及指导意义。南山区污水系统面临的问题将是全国其他城市今后将要面对的系统问题。近年来，按照规划已指导规划区内蛇口赤湾片区、白石路、沙河西路、沙河五村污水管网建设，新增污水管网长度达30km。另外，规划提出新建的沙河水质净化厂正开展相关前期研究，下一步将适时推进建设。本文结合南山区污水系统布局规划的相关经验，提出污水设施在选址、预留、污水管网规划以及运行机制等方面的韧性提升方案，以期为其他城市污水系统的规划、建设以及管理提供借鉴。在保证南山区韧性污水系统构建的工作中将开展以下方面的工作。

（1）充分挖掘流域内水务设施潜能

从防洪与治污相协调的层面出发，科学制定高度规程，做到"两水平衡"。不断总结和积累调度经验，并根据南山区箱涵内水量、水质的变化不断更新、优化高度规程。对存在基流的实施"基流、初小雨、雨水"三水分离；无基流的实施"初小雨、雨水"分离，并优化排口入河方式，做到雨后不积水。

（2）全面推行排水管理进小区

小区、城中村排水管理工作移交水务集团，进行相关检测、测绘、清疏、修复改造等工作，从源头对排水户进行管控，切实提升南山区排水管网质量与成效。

（3）开展"污水零直排"创建行动

在排口溯源整治的基础上，推进"污水零直排"创建行动，推进水污染治理精细化、排水设施管理精细化，切实巩固提升南山区水环境治理成效。

参考文献

［1］ 徐江，邵亦文. 韧性城市：应对城市危机的新思路［J］. 国际城市规划，2015，30（2）：1-3.

［2］ 关天胜. 海绵城市理念下高密度城区污水提质增效策略研究［J］. 给水排水，2019，55（12）：59-64.

［3］ 张辰. 基于海绵城市建设理念的排水工程设计［J］. 给水排水，2019，55（6）：1-5.

［4］ 周霞，毕添宇，丁锐，等. 雄安新区韧性社区建设策略——基于复杂适应系统理论的研究［J］. 城市发展研究，2019，26（3）：108-115.

［5］ 周艺南，李保炜. 循水造形——雨洪韧性城市设计研究［J］. 规划师，2017，33（2）：90-97.

［6］ 何怡. 中心城区给水系统改造规划研究［D］. 西安：西安建筑科技大学，2016.

［7］ 吴浩田，翟国方. 韧性城市规划理论与方法及其在我国的应用——以合肥市市政设施韧性提升规划为例［J］. 上海城市规划，2016（1）：19-25.

韧性城市理念下的区域雨洪控制系统构建探索及实践

汤钟　吴丹　刘枫（生态低碳规划研究中心）

[摘　要]　近年来极端天气出现的频率和强度骤增、城市不透水下垫面面积的急剧增加等因素造成城市雨洪灾害日益严重。韧性城市理念作为城市规划中的新理念，要求提高城市在各类不确定因素下的抵抗力、恢复力和适应力。城市雨洪韧性系统属于韧性城市中的重要环节，弥补了常规排水管网系统的缺陷，成为应对城市雨洪灾害的一种有效途径。本文以海绵城市国家试点区——深圳市光明区为例，按照韧性城市理念对区域雨洪安全问题进行梳理，从生态雨洪韧性、工程雨洪韧性、社会雨洪韧性三个维度分别进行阐述和剖析，并通过对规划区的本底分析和模型评估，建立起了从源头到末端、从工程到管理、从灰色到绿色的区域雨洪控制系统，以期为其他同类型项目提供参考。

[关键词]　海绵城市；雨洪安全；规划策略；光明区；韧性城市

1　引言

　　城市是人与自然相互协调发展共生的复杂系统，城市发展必须尊重城市客观发展的规律。当外部冲击来临时，韧性城市是通过城市整体结构和功能的运行方式调整，实现在受到冲击后基本保持城市功能结构和系统，并能迅速实现灾后恢复的一种城市建设方式[1-3]。

　　洪涝是我国城市最主要的自然灾害之一，城市中人口、资产高度集中，一旦受损，损失较大。城市雨洪韧性以韧性城市理论为基础，指城市能够避免、缓解及应对城市雨洪灾害，不受大的影响或者能够迅速从灾害中恢复，对公共和经济的影响降至最低的能力。基于韧性城市理念的区域雨洪系统相比于常规的雨水管道系统，综合运用自然生态本底的生态韧性和人工雨洪系统的工程韧性，因而有着更强的包容能力。韧性雨洪系统可以分为生态、工程、社会三大部分，如表1所示。

韧性雨洪系统内涵一览表　　　　　　　表1

雨洪韧性分类	内容
生态韧性	城市空间及城市基础设施规划保护原有的生态本底及径流路径，超标雨洪来临后能够承受、消化、适应[4]
工程韧性	具有应对不同层级降雨的能力，以不同降雨下对应的不同目标选择不同的工程措施[5]
社会韧性	从城市管理机制方面建立管控体系，以加强城市精细化、智慧化管理为手段，不断提升城市管理水平，提升社会韧性

传统的雨洪系统对于提升水安全的方式主要是增加雨水管渠或加大雨水管渠管径等工程化措施，并未考虑区域雨洪系统的整体性、复杂性。深圳市光明区以绿色、生态立区，在城市开发过程中将解决雨洪问题视为优先考虑因素。在城市开发建设前保留径流通道，以系统规划指导相关建设工作，确保高起点规划、高标准建设、高水平管理，逐步实现具有抵抗力、恢复力和适应力的区域雨洪系统。本文通过对光明区区域雨洪控制系统的构建思路进行梳理，以期为其他同类型地区提供参考[6]。

2 规划区概况及问题分析

2.1 区域概况

光明区位于深圳市西部地区，总面积为155.33km^2。光明区自然基底优越，土地储备丰富，肩负国家海绵城市试点（第二批）、国家低影响开发雨水综合利用示范区、国家新型城镇化综合试点、国家绿色生态示范区、国家绿色建筑示范区、国家循环化改造示范试点园区等国家级改革试点任务。光明区50%以上的用地位于生态控制线范围内，境内有大面积林地、园地、耕地，水库、鱼塘等大小水体参差其间，自然生态在光明区具有重要作用，应善加保护和利用[7]。

2.2 雨洪问题评估

光明区位于茅洲河流域，城市内涝问题是光明区面临的重要城市水问题。根据《深圳市历史内涝调查及问题分析专题》，光明区现状内涝点有26处，采用MIKE水力模型对现状排水管网进行评估。通过求解圣维南方程组等流体力学公式，准确地解析管网中的水流状态，由此可知，规划区管网低于设计标准的比例较高，小于1年一遇的管网占比高达34.3%。采用多指标叠加进行内涝风险评估可知，规划区整体内涝风险较低，局部地段有零星风险区，但茅洲河下游地区抽排区风险较大，有6.2km^2的潜在风险区[8]。

2.3 雨洪问题成因分析

综合分析光明区城市水安全问题，主要有以下因素。

（1）极端降雨频发，季节性明显

光明区地处低纬度滨海台风频繁登陆地区，受海岸山脉地貌带、锋面雨、台风雨影响，暴雨频发。根据2006~2017年的降雨数据（图1），2006~2017年大暴雨（100.1~250mm）共发生30次，暴雨（50~100mm）共发生70次，大暴雨比重较高，最大日降雨达247mm/d。根据光明区内石岩水库48年雨量资料统计，光明区多年平均年降水量为1600mm，且年内分配不均，降雨主要集中在汛期，其中4~10月降雨量占全年降雨量的87.6%。

根据深圳市气象局编制的《深圳市暴雨雨型研究》，短历时设计暴雨雨型（120min）为前锋雨型，雨峰系数为0.35（第42min），长历时设计暴雨雨型（1440min）采用珠江三角洲雨型。

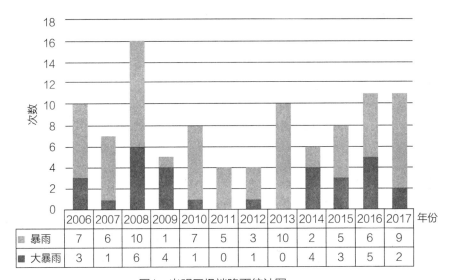

图1　光明区极端降雨统计图

根据深圳市40多年的气象资料统计，得到深圳市设计降雨量—年径流总量控制率曲线（图2）。深圳市70%年径流总量控制率对应的设计降雨量为31.3mm，即要实现70%年径流总量控制率的目标，海绵城市各项设施需容纳单位面积用地上不低于31.3mm的降雨量。

（2）地势低洼，抽排排水

光明区位于茅洲河流域，属于全市最大的抽排区。上游地区依山而建，山体汇水面积大，带来洪涝压力；中下游地区地势低洼，加之潮位的顶托，汛期时部分区域雨水不能自流排放，易形成区域性涝灾。现状采用泵站进行抽排。

（3）硬化面增加，标准偏低

随着城市建设的快速发展，许多池塘、稻田等滞洪区被开发为城市建设用地，地表滞蓄能力及地面的渗透能力降低，导致洪峰流量加大，洪峰提前。现状排水设施建设标准偏低，排涝泵站规模不够，河道防洪不达标，建成区高速开发建设严重破坏原有排水体系，一旦出现超标准的强烈极端天气，极易造成严重洪涝问题。

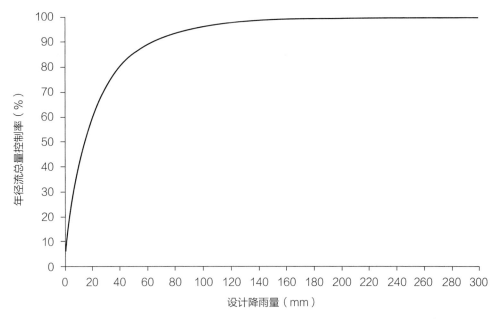

图2　深圳市年径流总量控制率与设计降雨量之间的关系图

（4）侵占河道，暗渠化严重

河道两岸城市建设存在侵占河道用地的现象，下游河道淤积严重，导致河道行泄断面减少，造成防洪标准下降，加剧了洪涝灾害隐患。光明区境内有暗渠的支流有九条，有些暗渠淤积严重，且清淤困难，防洪标准严重不达标[9]。

3　生态雨洪韧性系统

生态雨洪韧性系统是区域雨洪系统中的重要组成。对已受破坏的水体、低洼地等自然本底，运用生态手段进行恢复和修复，并维持一定比例的生态空间。结合生态岸线恢复目标，考虑河岸、水库、湖泊、湿地周边用地类型，根据水体现状水质情况、整治情况、水生态系统情况等，有区别、有针对性地提出生态雨洪的修复策略。规划区生态雨洪韧性系统主要包括保护"海绵基质"生态框架、保护径流路径等内容[10]。

3.1　保护"海绵基质"生态框架

规划区主要的绿色"海绵基质"可分为城市公共部分、林地部分、湿地部分。根据地块性质与居民生活需求，因地制宜设置海绵基础设施，提升公共绿地的海绵功能。"海绵基质"生态框架主要分为四类：城市公共绿色基础设施、林地绿色基础设施、湿地绿色基础设施和海绵技术应用（表2）。通过规划调整、海绵城市建设指引、项目审查、竣工验收等方式，对"海绵基质"全面保护，为雨水预留滞蓄空间[11]。

"海绵基质"生态框架表   表2

海绵基质	内容
城市公共绿色 基础设施	以城市公共服务功能为主，结合城市水景和海绵基础设施，提升城市绿地的海绵功能。公共绿色基础设施主要包括城市公园、街心公园、街道绿化带等
林地绿色 基础设施	林地绿色基础设施以保育及提升生态资源与群落为主，设置海绵基础设施，包括休闲栈道、景观休憩设施等，同时注重水景观营造及雨洪利用，提升公共绿地的海绵功能
湿地绿色 基础设施	湿地绿色基础设施以乔灌草形成丰富的种植层次，同时增加水生植物，形成湿地生态系统，起到净化水质的作用
海绵技术应用	海绵城市技术是指以各类低影响开发技术为主体的雨水径流控制技术体系，主要有透水铺装、绿色屋顶、下沉式绿地、生物滞留设施、渗透塘、渗井、湿塘、雨水湿地、蓄水池、雨水罐、调节塘、调节池、植草沟、渗管/渠、植被缓冲带、初期雨水弃流设施、人工土壤渗滤等

3.2 径流路径的保护

通过高精度DEM建立光明区汇水分区及径流路径，叠加现状河道，全区河道走向基本合理，有三处有径流路径但是无河道区域，且与内涝点分布较为吻合。根据对径流路径的GIS分析，主要径流路径已属于蓝线保护范围，但仍有部分地区存在提升空间[12]。

（1）城市更新区

公明老城区现分布大量旧村，目前主要采用暗渠的形式排洪，径流路径的完全割裂对区域排水不利，建议在旧村改造的同时，尽可能对径流路径通过景观提升的方式加以保护（图3）。

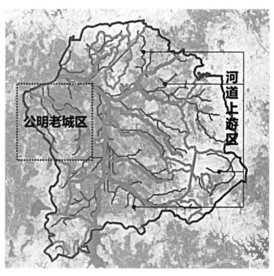

图3　径流路径保护示意图

（2）河道上游区域

新陂头河（南北支）、鹅颈水等河道上游基本处在生态控制线内，应不断提升径流路径周边的生态涵养建设，减少水土流失。

3.3 水环境提升方案

规划区对水环境治理有很高的要求，水体水质方面，要求近期地表水体水质基本达到V类水标准，完成黑臭水体治理目标；面源污染控制方面，要求径流污染物削减率（以SS计）近期不低于40%，远期不低于50%。城市建设区的点源及面源污染是城市的主要污染来源，加强对污染企业的排放控制，加强对面源污染的防控，利用"渗、滞、蓄"设施减少地表径流量；利用"净"设施削减面源污染物。采用工程和非工程性措施削减径流量，减少进入径流的总污染量。规划近期通过"一河一策"，制定黑臭水体治理方案，达到V类水要求；远期通过构建"源头、过程、末端"全过程控制系统，对入河污染物进行全流程管控，达到径流污染削减目标，并保证水环境质量达标。

4 工程雨洪韧性系统

工程雨洪韧性系统是保障水安全的核心内容，常规的水安全体系仅由雨水管渠系统及河道防洪系统组成，不能满足当前愈发严峻的城市水安全问题。本项目根据光明区本地特点构建源头减排系统、排水管渠系统、排涝除险系统和应急管理系统相互融合的城市水安全体系，并与防洪系统相衔接[13]。

源头减排系统通过场地及道路海绵城市建设进行控制，通过在源头建设海绵城市设施，减少径流产生量，延长雨水汇流时间。源头减排系统主要控制中小降雨，排水管渠系统主要依靠雨水管渠系统，排除及调节市政排水及内涝防治标准内的雨水。排涝除险系统包括内涝防治系统以及河道防洪系统，各系统分别控制各自标准内的降雨，如表3所示。

工程雨洪韧性系统设计标准一览表[5] 表3

分类	内容
源头径流控制标准	年径流总量控制率为70%，设计降雨量为31.3mm
雨水管渠标准	一般为3~5年一遇；重要地区为10年一遇，2h降雨量为83~109mm
内涝防治标准	50年一遇，对应日降雨量为412mm
河道防洪标准	50~100年一遇，对应日降雨量为412~466mm

注：降雨曲线数据采用茅洲河流域中心点最大24h设计雨量。

4.1 源头减排系统

在地块、道路等雨水产生和汇集的源头开展海绵城市建设，建设透水铺装、绿色屋顶等透水下垫面，增加透水下垫面比例，合理控制城市开发强度，减少径流产生量、降低对下游市政排水系统及防洪系统的压力。针对规划区主要的用地类型提出了新建地块类、综合整治地块类、道路类三大源头减排指标系统，在新改建项目中，按照海绵城市分类用地指引进行规划设计和建设，严格执行地块控制目标（表4）。

年径流总量控制率指标一览表（综合整治类项目）　　　　　　表4

用地类型	LID设施比例				规划控制目标（%）
	下沉式绿地率（%）	绿色屋顶率（%）	透水铺装率（%）	不透水下垫面径流控制比例（%）	
居住小区类	40	0	50	50	55
公共建筑类	40	0	50	50	57
工业仓储类	40	0	50	50	55
道路广场类	50	0	50	80	50
公园绿地类	10	0	40	85	80

4.2 排水管渠系统

（1）提升雨水管渠设计标准，提高管网排放能力

根据《深圳市排水（雨水）防涝综合规划》，光明副中心属于中心城区，雨水管渠设计重现期应取5年一遇。高铁光明站属于特别重要地区，雨水管渠设计重现期应取10年一遇。其他地区的雨水管渠设计重现期应取3年一遇。

（2）对排水能力不足管段、内涝风险区新/扩建雨水泵站

雨水泵站的设置应能快速排除涝水，防止内涝的产生。泵站常设置于低洼区域、洪潮影响区域、历史内涝区域等。通过对现有资料及模型结果的研判，规划保留1座泵站，新建3座雨水泵站，扩建3座雨水泵站，总设计流量296.98m³/s，统筹解决各片区的内涝风险。

4.3 排涝除险系统

根据《城镇内涝防治技术规范》GB 51222—2017及《深圳市排水（雨水）防涝综合规划》，确定规划区内涝防治设计重现期为50年，并采用数学模型方法进行评估（图4）。

以公明、上村和下村、合水口排洪渠片区为例。由于高区雨水排入了低区雨水系统，加重了低区的内涝风险，同时低区地势较低（低于茅洲河20年洪水位），受潮水顶托影响，且

泵站抽排系统尚待完善，低区雨水无法顺利排出。

本区域排涝系统的构建思路为：

①高区：高水高排，使高水高排区域的雨水能够自由进入排洪渠后排向茅洲河；

②低区：低水围排，低区的雨水通过行泄通道、管网系统收集后经泵站抽排至有堤防达标的支流，最终排向茅洲河。

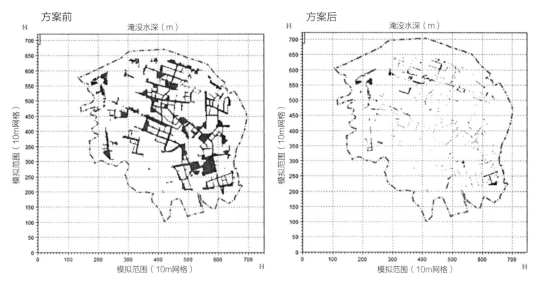

图4　光明区内涝风险模型评估分析图（50年一遇暴雨）

4.4　超标应急系统

（1）规划建设行泄通道，解决超标雨水排放问题

行泄通道主要以河流水系、排水干沟、明渠、暗渠为基础，主要作用为将超标雨水就近排至水体，避免内涝灾害发生。本次规划新建雨水行泄通道总长度4.295km，总设计流量183.75m³/s。

（2）多功能雨水调蓄系统

随着城市的开发建设，不透水下垫面急剧增加，雨水径流量增大，城市雨水管网的排水压力急剧增大，内涝风险增加。雨水调蓄池可以将峰值流量暂时贮存，流量下降时再将蓄水池中水外排，削减了洪峰流量，从而降低下游管渠的排水压力，提高整体排水和防涝能力。对于现状已建且高密度开发区域，通过在公园下、建筑下的调蓄设施的建设，可以大大降低建成区的内涝风险。结合规划区正在开发现状有利条件及集约利用土地的需求，建议调蓄设施以雨水湿地、多功能调蓄等设施为主，兼具一定的净化功能。规划集中雨水调蓄设施14处，皆为调蓄水体，主要目的是调节峰值流量，为周边提供蓄水空间。

（3）整治河道断面，兼顾防洪需求与生态效益

河道的布置符合城市防洪与相关规划的要求，应首先对现状河道过流能力进行校核，不

能满足城镇内涝防治设计标准中的雨水调蓄、输送和排放要求时，结合用地条件，增加河道行泄断面尺寸，提高过流能力，并且需要与城市用地、交通网络及排水等规划相协调。顺河势维持河道走向不变，不缩窄河道，在有用地条件下，尽量以拓宽河道方案为主，增加行泄断面尺寸，降低洪水位，为城市雨水顺利排放创造有利条件。规划区综合治理总长度为71.11km。每条河道因地制宜编制"一河一策"方案并纳入河长制常态化管理。

5 社会雨洪韧性系统

社会雨洪韧性系统主要从城市管理、应急抢险、机制体制等方面建立雨洪管控体系。

5.1 制定超标暴雨应急方案

有效应对超标暴雨（降雨频率超过内涝防治标准但小于防洪标准的暴雨）是韧性雨洪系统的一大目标。光明区内涝防治标准为50年一遇，本次超标暴雨标准按100年一遇设计。采用数学模型法识别超标暴雨情况下内涝风险区的分布、淹没等，提出实施交通管制建议；充分发挥防汛物资仓库、社区中心、学校、福利设施等规划应急避难场所的作用，保障超标暴雨情况下人民群众生命安全[6]。

当发生超标暴雨时，光明区出现4处易涝风险区，为应对内涝灾害，需对4段道路进行暴雨时交通管制，总管制长度为7.14km。流域内有1座区级防汛物资仓库以及1座街道级防汛物资仓库可供使用，超标暴雨发生时充分发挥防汛物资仓库的作用，调用物资，保证城市正常运行。为保障人民群众生命安全，流域内共规划室内应急避难所74处，主要为学校、社区中心、福利设施等（图5）。

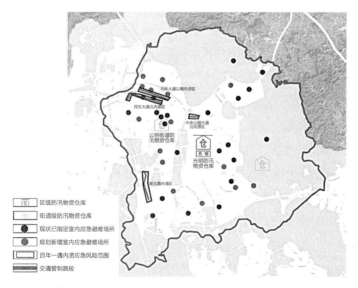

图5　光明区超标暴雨应急防汛系统布局图（百年一遇暴雨）

5.2　开展智慧水务建设

（1）积极建立基于GIS的城市排水管网数据库

建立城市排水管网的地理信息系统，数据标准和质量应满足构建水力模型的需求，并为智慧城市、智慧水务建设提供基础数据；实现日常管理、运营维护、系统调度、灾情预估等，并根据城市建设情况动态更新，提高城市排水防涝系统的智慧化[7]。

（2）尽快建立智慧水务平台

加快防汛视频监测、遥感预报和指挥调度系统建设，整合智慧光明、智慧海绵、数字城管、交警监控等资源，建立智慧水务综合平台，在同一平台下执行防汛决策。全面提升城市防汛指挥信息化、自动化水平。

（3）建立各部门之间的信息数据共享和协调联动机制

加强同气象、水利、交通、公安等部门的沟通协商，建立信息数据共享机制；建立联合会商机制，明确各部门职责，完善城市暴雨预警及防涝协调联动机制。

5.3　完善体制机制

当前排水防涝存在的诸多问题尚不能适应光明区经济社会发展的要求，因此，应按照《国务院办公厅关于做好城市排水防涝设施建设工作的通知》（国办发〔2013〕23号）、《住房城乡建设部办公厅　国家发展改革委办公厅关于做好城市排水防涝补短板建设的通知》（建办城函〔2017〕43号）等要求，建立有利于光明区排水防涝系统运行的体制机制，确保相关要求落实到建设、运行、管理上。

6　总结

本文以光明区韧性雨洪系统构建为案例，坚持生态为本、自然循环理念，保证雨水汇水区和山、水、林、田、湖等自然生态要素的完整性，努力实现城市水体的自然排水。通过加强灰色基础设施和海绵城市设施建设，构建城市雨水调蓄、排水系统，综合调控消除城区雨水内涝，提高城市雨水排涝安全保障能力。作为新生概念，城市雨洪韧性在如何落实生态雨洪保护空间、衔接各类工程措施、建立管理和预警制度等方面需要做进一步的研究和探索。

参考文献

[1]　马坤，唐晓岚，任宇杰，等. 基于韧性理论的丘陵岗地雨洪管理模式建构研究 [J].南京林业大学学报（自然科学版），2018，42（3）：139-145.

［2］ 郑艳，翟建青，武占云，等. 基于适应性周期的韧性城市分类评价——以我国海绵城市与气候适应型城市试点为例［J］. 中国人口·资源与环境，2018，28（3）：31-38.

［3］ 邴启亮，李鑫，罗彦. 韧性城市理论引导下的城市防灾减灾规划探讨［J］. 规划师，2017，33（8）：12-17.

［4］ 李彤玥. 韧性城市研究新进展［J］. 国际城市规划，2017，32（5）：15-25.

［5］ 周艺南，李保炜. 循水造形——雨洪韧性城市设计研究［J］. 规划师，2017，33（2）：90-97.

［6］ 王祥荣，谢玉静，徐艺扬，等. 气候变化与韧性城市发展对策研究［J］. 上海城市规划，2016（1）：26-31.

［7］ 杨晨，任心欣，汤伟真，等. 水力模型在低洼地区排水防涝规划中的应用［J］. 中国给水排水，2015，31（21）：101-104.

［8］ 张亮，俞露，任心欣，等. 基于历史内涝调查的深圳市海绵城市建设策略［J］. 中国给水排水，2015，31（23）：120-124.

［9］ 吴浩田，翟国方. 韧性城市规划理论与方法及其在我国的应用——以合肥市市政设施韧性提升规划为例［J］. 上海城市规划，2016（1）：19-25.

［10］ 刘瑶. 基于模型分析构建城市排水防涝方案［D］. 西安：西安建筑科技大学，2015.

［11］ 张亮. 西咸新区：重构城市水安全屏障［J］. 城乡建设，2018（12）：14-17.

［12］ 武振东. 从海绵城市角度浅谈如何提升合肥市主城区水安全保障系统［J］. 城市勘测，2018（S1）：118-124.

［13］ 赵广英，李晨，刘淑娟. 城市内涝问题的规划改善途径研究——以湖南省为例［J］. 现代城市研究，2016（12）：51-61.

国土空间高质量发展下的水务生态治理研究
——以深圳市光明区为例

吴丹　张亮（生态低碳规划研究中心）

[提　要] 水务空间高质量发展是国土空间规划中的重要专项内容，也是粤港澳大湾区推进生态文明建设及深圳市创建先行示范区的重要举措，水务生态治理则是水务空间规划的基础支撑。我国水务空间治理一直存在诸多问题和挑战，研究以深圳市光明区为例，研判水务空间治理存在的问题与应对思路，从生态治理视角，针对水务工作先行先试的示范区特点，创新性地提出水务空间生态治理技术路径，构建支撑绿色发展的水生态空间格局，针对生态区、建成区提出宏观、中观、微观层面的治理策略，引导水务工作更加关注水务工程自身生态能力的建设，发挥好水生态全要素引导约束作用，为深圳市国土空间布局提供基础依据。

[关键词] 国土空间规划；水务空间；高质量发展；水务生态治理；深圳市光明区

当前，我国国土空间规划面向高质量发展，中央城市工作会议指出，要坚持一个尊重、五个统筹，致力于国土空间规划引导新时代的"一优三高"，即生态优先，高质量发展、高品质生活、高水平治理。长期以来，我国走的是一条高速发展道路，"十四五"时期，推动国土空间治理走向高质量要重点贯彻的思想之一是落实"绿水青山就是金山银山"的理念，如何实现人与自然高水平的和谐，将是下一步要关注的核心目标[1]。"十四五"期间生态文明建设将实现新进步，以推动高质量发展为主题，锚定2035年远景目标，坚持以人民为中心，生态文明建设实现新进步，国土空间开发保护格局得到优化，生态环境持续改善，自然灾害防御水平明显提升，健全规划制定和落实机制。水作为一种资源要素与环境要素的集合体，是空间规划编制的重要依据[2]。然而，由于水资源环境要素的复杂性，长期以来其事权分属水利、住建、生态环境、自然资源等多个部门管理，行政事权不一、规划缺乏衔接等因素造成水资源环境的制约作用在城乡规划体系中长期缺位[3]。水务空间设施生态治理是国土空间规划的重要支撑，当前我国各地国土空间分区规划的支撑体系规划中无水务空间专项规划及水务设施生态治理专项研究，亟需从水务工作领域出发，编制中长期综合性水务空间规划及开展水务设施生态治理方案研究，与国土空间规划相衔接，并纳入国土空间规划之中，如图1所示。

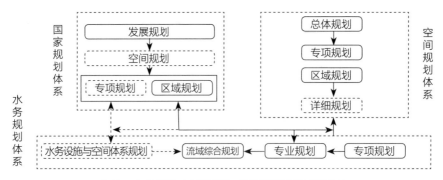

图1 水务设施空间规划与各层级规划的关系图

1 相关研究进展综述

国外许多国家都非常重视水资源综合管理与利用，如新加坡"ABC水计划"，在水环境提升、水生态修复、非常规水源的利用等方面有着丰富的经验[4]；美国纽约在水务治理实践中，采用灰色基础设施和绿色基础设施相结合的综合策略，注重绿色渗透体系建设，将水务设施连接为综合系统，促成整体性的多模式联运[5]；欧洲国家则注重河道自然蜿蜒，建设以河流水系为主元素的水廊道，贯通沿河绿色生态空间，有效地发挥河流连接城市生态空间的作用[6]。我国各地长期以来坚持贯彻生态文明建设发展，突出开发与保护并重，水务生态环境不断得到改善，严格落实"三区三线"，保护古树、林地、耕地、自然河流、湿地等与水紧密相关的自然元素，将海绵城市理念切实纳入城市建设需求中，在城市开发建设中取得了较好成绩[7, 8]。在国土空间规划体系重构的探索期，实现"+生态"与"生态+"的互动发展，城乡空间权力的公平共赢[9]。近年来，以深圳市为代表的市政水务设施联动发展，实现全流域、全要素治理，取得了良好效果[10]。

2 水务生态治理挑战及应对

深圳市稳步推进区域水务基础设施建设，光明区坚持"科学治水"，坚持"海绵惠民"，坚持"系统治理"，率先提出并推进"补水向小微延伸、碧道向社区延伸"的治水新模式，治水成效显著。

然而，水务生态治理仍面临诸多困难。水系蓝线空间存在较多侵占挤占现象，小微水体未划定保护线导致暗渠化或填平，防洪排涝空间被制约，水土流失问题增多，市政排雨水系统建设滞后及历史遗留问题未解决，生态安全问题仍旧存在。同时，海绵城市建设进入生态化、景观化发展建设阶段，全域海绵任重道远，加之深圳千里碧道建设，多项碧道工程建设项目逐步深入实施，但缺乏与生态环境保护协调统筹，难以与高质量高标准发展定位相匹配。

目前，水务生态治理工作面临重大机遇。生态文明建设对水务工作提出，应深入贯彻落实"节水优先、空间均衡、系统治理、两手发力"的新时期水利工作方针，统筹"山水林田湖草"各要素，持续推进系统治理；"双区"建设即粤港澳大湾区和深圳市建设中国特色社会主义现行示范区对水务工作提出，城市水务需提供全方位的专业支撑和行动计划；光明科学城建设对光明区水务工作提出，打造生态样板城区，统筹做好全要素生态系统规划建设与治理。

同时，水务生态治理工作也面临前所未有的挑战，首先是城市快速发展对城市水务设施生态空间带来的挑战，光明科学城将构建科学装置集聚区，导致生态用地压缩。接着是国内原有水务标准和城市韧性保障能力面临挑战，加上不稳定的社会外部环境也对区域水务生态安全保障能力带来挑战，必须统筹发展与维护水务生态基础设施安全，推进流域生态全要素规划与治理。城市水体是重要的战略资源，在现代化的生态城市中，水应该成为市民亲近自然的纽带和延伸[11]。

在这样的新型水务生态治理工作环境中，深圳市光明区率先打造我国水务生态治理先行示范，率先将水务生态规划与国土空间规划统筹结合，全面统筹未来新开发区域水务设施生态空间建设，遵循"优化布局、注重落地，功能复合、注重效益，互联互补、注重安全，智慧管理、注重科学"的原则，为水务工程及相关行业监管提供规划基础和依据。将水务生态治理与海绵城市建设、碧道建设、初雨系统建设、水资源保障、防洪排涝设施建设、水环境提升、水务设施空间管控等现代水务设施纳入城市规划体系，如图2所示。

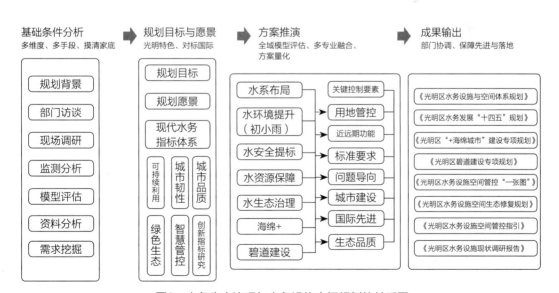

图2　水务生态治理与水务设施空间规划的关系图

3 光明区水务空间生态评价

光明区作为深圳市最大的可连片开发区域，其生态控制区面积83.45km²，占全区面积的53.72%，被誉为"深圳最后的后花园"（图3）。

图3 光明区自然要素分布图

3.1 水质情况

光明区无国控和省控水质考核断面，仅有3个市控考核断面，其达标要求均为Ⅴ类水标准。根据市生态环境局关于光明区河流水质的通报资料可知，光明区内茅洲河及玉田河、大凼水、鹅颈水等14条河道均有长期的水质监测数据（图4）。

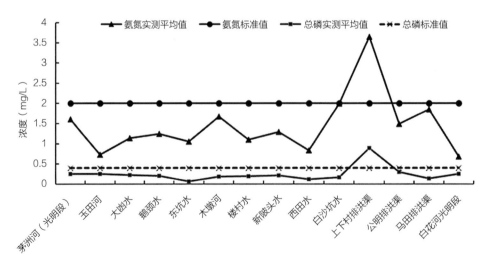

图4 光明区河流氨氮水质检测图

3.2　生态基流

光明区河道均为雨源型河流，因此，枯水期会有一定程度的断流情况出现，影响河道正常生态功能。虽全区大部分河道均有不同程度的补水，但是2020年结合现场踏勘及遥感信息，有8条河道存在断流情况，一方面因当月降雨量较少，另一方面因疫情期间补水量不稳定。光明区生态基流情况分布如图5所示。

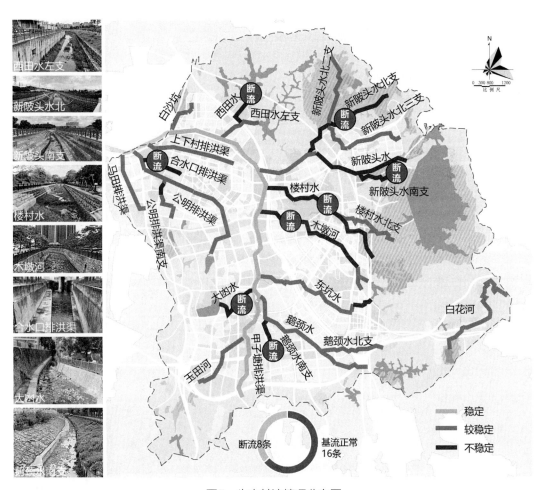

图5　生态基流情况分布图

3.3　湿地情况

光明区湿地相对偏少，目前主要有5座，总占地面积27.96hm²，分别为楼村人工湿地、同观人工湿地、鹅颈水人工湿地、华星光电人工湿地和新陂头南人工湿地（表1）。华星光电人工湿地和鹅颈水人工湿地现状如图6所示。湿地生态环境相对河道、渠道等均较好，可以对水质起到一定的净化改善功能，但湿地生态环境受植物生长环境、动物生境营造等因素影响，动植物的良性生存和繁衍还存在不足，亟需进一步改善。

光明区现状湿地主要情况统计表 表1

| 序号 | 湿地名称 | 项目位置 | | 占地面积（hm²） | 出水水质标准 | 主要工艺 | 项目建设情况 | | 备注 |
		所处流域	位置				已建/在建	建成时间	
1	楼村人工湿地	茅洲河流域	新陂头水河口	8.70	达到地表水Ⅳ类	植物净化	已建	—	正在改造
2	同观人工湿地	茅洲河流域	玉田河河口下游	3.06	—	—	已建	2019年	景观湿地节点公园
3	鹅颈水生态湿地	茅洲河流域	鹅颈水与茅洲河干流交汇处	7.20	地表水准Ⅳ类水标准（TN除外）	潜流、表流湿地	已建	2019年	—
4	华星光电人工湿地	茅洲河流域	华星光电	4.00	达到《水污染排放限值》DB44/26—2001第二时段一级排放标准和《地表水环境质量标准》GB 3838—2002中的Ⅳ类水质标准要求	采用稳定塘、生态快滤池、垂直流人工湿地、景观调蓄水池等海绵城市技术设施	已建	2017年	—
5	新陂头南湿地	茅洲河流域	新陂头南狮山北侧	5.00	按照《地表水环境质量标准》GB 3838—2002）中Ⅳ类水（TN除外）	格栅提升→初沉池→潜流湿地→表流湿地	已建	2019年	—

图6 华星光电人工湿地现状照片、鹅颈水人工湿地现状照片

3.4 水中水岸动植物

水中水岸植物资源禀赋不高，造成水中水岸的生态系统功能受到削弱。据调查和分析，水库、山地、河道上游沿岸植被覆盖度较高，人类扰动较大的硬质河道植被覆盖度低，排洪渠类河道沿岸植被覆盖度普遍较差，本地生物多样性还受到外来物种的侵害（图7）。

在动物保护方面，当前全区尚未采取严格的生物多样性保护措施，管理方式单一，常见白鹭、松鼠、蛙、蝴蝶、蜻蜓等小动物在水域附近活动（图8）。

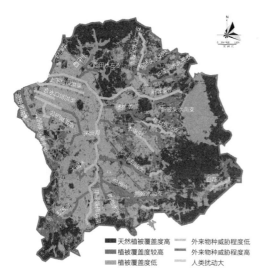

图7 光明区植被覆盖及物种入侵情况分布图

图8 光明区动物活动情况分布图

3.5 生态岸线

根据《深圳市海绵城市建设关键指标本底调查细则》中对河道生态岸线的分类原则，经核查统计，光明区现状生态岸线总长86.07km，生态岸线占比90.7%，其统计信息及类型如表2、图9所示。其中，硬质化岸线总长5.71km，占比6.0%；暗渠化岸线总长3.03km，占比3.2%。由于初级生态岸线品质差，本次规划扣除初级生态岸线，生态岸线占比51.7%。河道多以自然型岸线为主，植物群落单一，在整体河道规划定位方面缺乏系统的、复合的、多元的功能定位，整体景观效果较差。排洪渠以硬质化岸线为主，已基本丧失生态功能。连通性、连续性也存在一定程度的问题，水体水质受干扰因素影响变化较大，内源污染严重。

光明区现状生态岸线统计表　　　　　表2

序号	河道名称	生态岸线（km）					硬化岸线（km）	暗渠化岸线（km）	生态岸线占比（%）
		原始生态岸线	初级生态岸线	高级生态岸线	河床生态岸线	生态岸线合计			
1	茅洲河（光明段）	0	0	15.10	0	15.10	0	0	100
2	玉田河	0	0	0	2.70	2.70	0	0	100
3	大凼水	0	1.04	0	0	1.04	0.95	0	52
4	鹅颈水	1.54	0	0	4.10	5.64	0	0	100
5	鹅颈水北支	0	2.54	0	0	2.54	0	0	100
6	鹅颈水南支	0	1.88	0	0	1.88	0	0	100
7	东坑水	0	2.34	0	1.79	4.13	0	1.08	79
8	木墩河	0	4.76	0	1.02	5.78	0	0	100
9	楼村水	0	1.17	0	4.58	5.75	0	0	100
10	楼村水北支	3.09	0	0	0	3.09	0	0	100
11	新陂头水	0	0	7.38	0	7.38	0	0	100
12	新陂头水北支	0	4.22	0	0	4.22	0	0	100
13	新陂头水南支	0	1.54	0	0	1.54	0	0	100
14	新陂头水北二支	2.79	0	0	0	2.79	0	0	100
15	新陂头水北三支	1.37	2.32	0	0	3.69	0	0	100
16	西田水	0	0.99	0	1.14	2.13	0	0	100
17	西田水左支	0	0.86	0	0	0.86	0	0	100
18	白沙坑水	0	1.34	0	0	1.34	0.14	0	90
19	上下村排洪渠	0	3.89	0	0	3.89	0	0	100
20	公明排洪渠	0	4.33	0	0	4.33	2.03	0	68
21	合水口排洪渠	0	0	0	0	0	0.1	1.49	0
22	公明排洪渠南支	0	0.65	0	0	0.65	0.71	0.46	36
23	马田排洪渠	0	2.39	0	0	2.39	0	0	100
24	白花河	0	0.68	0	2.53	3.21	1.78	0	64

图9　光明区现状岸线类型分布图

3.6　水库生态节点

区内水库18座，其中市管水库2座，总库容1.72亿m³。水库存在不同程度的人类扰动，水生态健康状态、营养状态不稳定。非供水水库有轻微富营养化现象，部分水库岸线存在硬质化、水土流失化等情况。水库作为城市中重要的水域生态节点，其本应承担的生态功能尚未得到充分的发挥，当前的生态甚至有弱化、丧失现象。光明区水库实景如图10所示。

图10　光明区水库实景图

4 水务生态治理规划策略

4.1 高质量水务生态治理技术路径

本研究提出分类管控，层层净化，通过人工水生态修复技术应用，使雨水重新归河。生态区中未受到破坏的水体，约束性保护开发；生态区、建成区中已受到破坏的水体，从宏观、中观、微观三级，从主、干、支、微层层实施人工水生态修复。全面实现人工生态治水，打造高质量深圳北部中心生态城区。具体技术路线如图11所示。

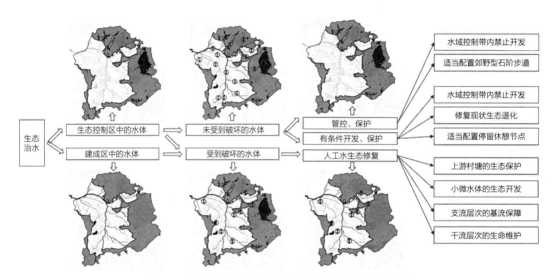

图11 水务空间生态治理系统构建总体技术路线图

4.2 支撑绿色发展的生态空间格局

构建"一廊缝合，多带织补，二心互映，多珠串梢，四山环抱，绿环萦绕"的生态空间格局（图12）。"一廊"是指茅洲河干流生态长廊；"多带"是指区内23条支流滨水景观带；"二心"是指公明水库生态中心、两明生态绿心；"多珠"是指区内16座小型水库形成的生态节点；"四山"是指巍峨山、大顶岭、大眼山、凤凰山；"绿环"是指由五指耙、阿婆髻、大雁山、观澜、大顶岭、光明和罗田森林公园组成的绿环。

4.3 生态区中未受到破坏的水体约束性保护开发

对自然郊野型水生态公园的建设（图13），应进行严格保护控制，水域控制区和缓冲圈内禁止开发，维持自然状态。维持自然岸线，避免人工干预，以生态保育为主。适当建设"手作步道"，鼓励徒步穿越休闲活动，鼓励就地取材、不采用机器施工的人力维修步道，减少对自然山径、环境生态的干扰。

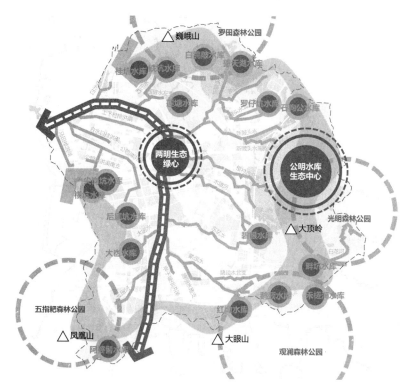

图12 光明区生态空间格局图

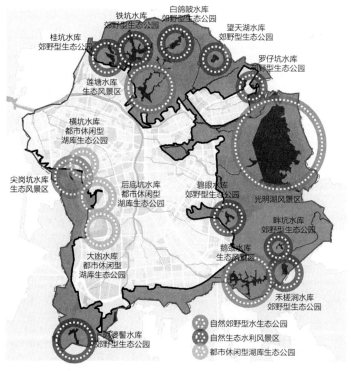

图13 自然郊野型水生态公园、自然生态水利风景区、都市休闲型湖库生态公园建设布局图

自然生态水利风景区建设（图13），水域控制核心区禁止开发，缓冲区内适度开展观光、教育活动。库岸类型为自然岸线，避免人工干预，以生态保育为主人流线路与生态核心区分离，可建设人工休闲廊桥，使人类活动区与水域生态环境分离，提供人适度停留节点。

4.4 生态区中受到破坏的水体生态治理修复

宏观层面纳入碧道规划进行生态廊道建设，生态区中的生态廊道主要为都市型、郊野型和城镇型三种类型（图14）。郊野型，侧重生态保育、郊野徒步休闲功能岸线为自然岸线，进行人工自然岸线恢复。城镇型，侧重生态空间塑造，结合工业转型与城市更新活动，加强水质改善与河道补水措施，进行人工的生态岸线改造。

中观层面恢复河道蜿蜒形态同时保障基流，对生态区中已经受到破坏的水体，在中观层面首先应进行岸线形态改造，通过人工有限干预的方式恢复自然蜿蜒，同时应有生态基流的保障。

微观层面河道发挥自净功能，对生态区中已经受到破坏的水体，在微观层面实施上中下游的生态修复，恢复生机勃勃，实现生境丰富。上游区域，以植被群落修复为主要修复措施，中游区域以水生植物补植、底栖动物投放为主要修复措施。下游区域以漫滩植被修复、河岸林相修复为主要措施（图15）。

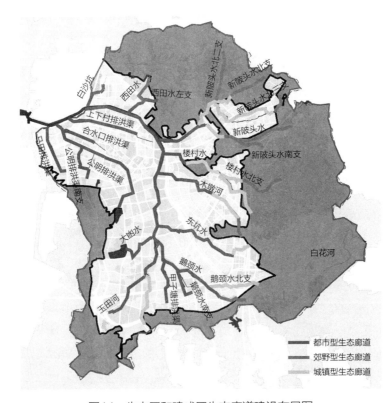

图14 生态区和建成区生态廊道建设布局图

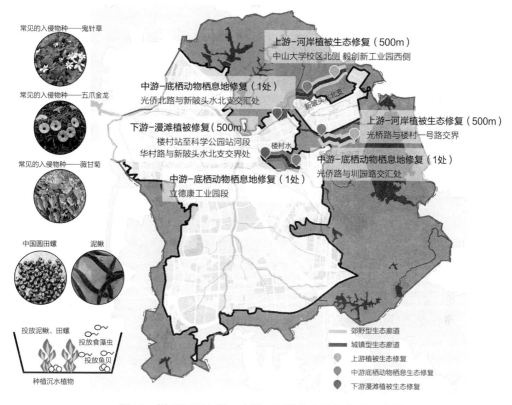

图15　微观层面上游、中游、下游生态修复布局示意图

4.5　建成区中受到破坏的水体人工水生态修复

宏观层面纳入碧道规划进行生态廊道与水生态公园建设，建成区中的生态廊道主要为都市型和城镇型。都市型，加强河湖水系连通，重点侧重生态修复。城镇型，侧重生态空间塑造，结合工业转型与城市更新活动，进行以水质改善与河道补水措施为主的生态岸线改造。

中观层面河岸曲化改造与保障水量，茅洲河干流及其一级支流共14条河道实现生态补水全覆盖，目前全区形成了较完善的补水系统，日最大补水量为35万m³/d，满足生态需水要求。建成区中已受到破坏的水体，重点进行河岸曲化改造，保障生态基流，恢复自然健康状态，在形态和水量上同时满足使生态系统稳定的要求（图16）。

微观层面生境改造与生态修复技术，生境改造，利用植物作为结构成分来稳定和减少河岸侵蚀，利用良好的工程实践和综合生态原则来评估、设计、建造、维护"活的植被系统"，对护岸进行加固，如三维植被网植草护坡、乱石缓坡护岸、植物扦插护岸、木桩护岸等方式。可修复土壤侵蚀和破坏造成的损害，保护或加强已经正常运行的系统。

图16　建成区已受破坏水体水量保障示意图

5　结论

在深圳市光明区全面推进经济社会高质量发展及打造水务治理现代化先行示范区的要求下，本研究提出的水务生态治理方法，突破传统水生态治理思路，创新性地基于国土空间规划提出一套完整的涉水生态设施空间规划管控思路。过去水务设施建设一直依赖粗线条的工程化措施，水务设施生态空间缺乏全要素统筹规划与治理，而当前的水务工作理念发生了变化。在满足水务设施工程结构完整性、可持续性、水生态系统自我恢复的原则之上，立足流域特征及社会需求进行宏观、中观、微观部署，减少对生态环境的影响，提升水务设施工程的生态自我保护能力。

参考文献

[1]　樊杰，郭锐. "十四五"时期国土空间治理的科学基础与战略举措 [J]. 城市规划学刊，2021（3）：15-20.

[2]　贾梦圆，陈天，臧鑫宇. 耦合水资源环境的城镇用地扩张多方案预景与规划路径——

以天津市为例 [J]. 城市规划学刊，2021（3）：58-65.

[3]　匡耀求，黄宁生. 中国水资源利用与水环境保护研究的若干问题 [J]. 中国人口·资源与环境，2013（4）：29-33.

[4]　吴丹子，王晞月，钟誉嘉. 生态水城市的水系治理战略项目评述及对我国的启示 [J]. 风景园林，2016（5）：16-26.

[5]　张炜，杰克·艾亨，刘晓明. 生态系统服务评估在美国城市绿色基础设施建设中的应用进展评述 [J]. 风景园林，2017（2）：101-108.

[6]　刘京一，吴丹子. 国外河流生态修复的实施机制比较研究与启示 [J]. 风景园林，2016（7）：121-127.

[7]　汤钟，戴韵，张亮，等. 海绵城市视角下城市水资源利用体系构建 [J]. 净水技术，2020（9）：150-157.

[8]　汤钟，孙静，张亮，等. 深圳后海河流域黑臭水体系统化治理方案探索 [J]. 中国给水排水，2020（24）：28-33.

[9]　孙娟，林辰辉，陈阳，等. 长三角生态型发展区空间治理研究 [J]. 城市规划学刊，2020（3）：96-102.

[10]　张亮，俞露，汤钟. 基于"厂—网—河—城"全要素的深圳河流域治理思路 [J]. 中国给水排水，2020（20）：81-85.

探索建立全域推进海绵城市建设的工作机制
——以深圳市为例

杨晨　王爽爽（海绵城市规划研究中心）

[摘　要]　深圳市自2016年获批成为国家第二批海绵城市试点城市以来，以试点为契机，在全市深入系统化推进海绵城市建设工作，切实增强了城市的"弹性"和"韧性"，构建了海绵城市全域系统化推进的长效机制，被住房和城乡建设部誉为"智慧型"推进海绵城市建设工作的典范。目前，在海绵城市建设由试点走向全域系统化推进的关键时刻，通过剖析深圳的经验做法，以期为全国其他城市系统化全域推进海绵城市建设提供参考与借鉴。

[关键词]　海绵城市建设；全域系统化；长效机制；深圳市

1　引言

　　海绵城市是我国城市发展理念和建设方式转型的重要标志，也是生态文明背景下解决城市涉水问题的重要手段，是我国在世界范围内对城市治水和城市可持续发展作出的重大贡献。2022年4月，住房和城乡建设部印发了《关于进一步明确海绵城市建设工作有关要求的通知》（建办城〔2022〕17号）（以下简称"二十条"），针对一些城市存在对海绵城市建设认识不到位、理解有偏差、实施不系统等问题，从理念认识、实施路径、建立健全长效机制等六个方面明确了二十条要求，其中在建立健全长效机制方面主要是对"落实主体责任、强化规划管控、科学开展评价、加大宣传引导、鼓励公众参与"等内容进行了详细规定，进一步明确了海绵城市机制建设的系统性、科学性[1]。

　　深圳市自2016年获批国家第二批海绵城市试点城市以来，将海绵城市作为城市转型的切入点，全市同步推进，通过政府主导、社会动员、方式变革等方式，把海绵城市建设理念和要求，通过法规和标准，落实到城市规划、建设、管理各方面和全过程，探索建立了"部门协同、规划引领、项目管控、行业监管、社会参与"的全域系统化推进长效机制[2]。本文选取深圳市在工作机制推进、规划引领、项目管控、社会共建共享等方面的做法和经验，对照住房和城乡建设部"二十条"中关于长效机制的工作要求，总结建立全域推进海绵城市建设的工作机制的关键节点，以期为其他城市提供经验和智慧。

2 基本概况

深圳市是经济、产业、人口大市，实际管理人口超过2100万，国民生产总值超3.0万亿；同时也是空间资源、环境容量小市，境内无大江大河，可建设用地不足1000km²。随着城市超常规发展，环境承载能力先天不足与高度发达的经济行为之间的失衡日益突出（数据截至2015年，具体如图1所示）：90%以上用水依靠境外引入；近一半河流为黑臭水体；城市内涝问题比较突出；水生态破坏严重[3]。

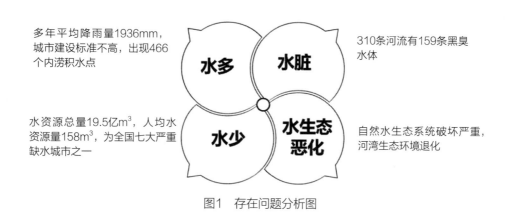

图1 存在问题分析图

在此背景下，依赖土地、环境等资源粗放式消耗的发展模式已不可持续；提升城市品质，增强民生幸福感，探索海绵城市等新型城市发展方式，推动可持续发展已成为深圳新时期城市发展的内在诉求。正因如此，深圳市以国家试点为契机，在全市将海绵城市建设与"治水""治城"相融合，构建了海绵城市全域系统化推进的长效机制（图2），被住房和城乡建设部誉为"智慧型"推进海绵城市建设工作的典范。该模式破解了城市建设部门条块分

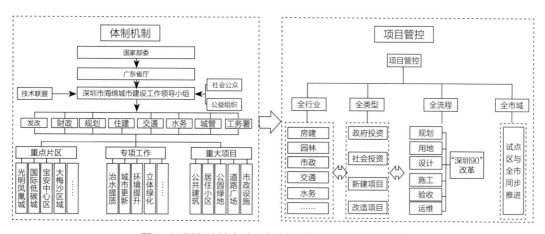

图2 深圳海绵城市建设机制体制及项目管控示意图

割的现行管理体制障碍，解决了大城市、特大城市项目多、审批要求高等难点，形成了一套"以事为本，不随人走"的法规、政策、标准保障体系，探索了一条"融合实施，技审分离"的管控和监管机制，用机制保障了政府部门主动作为，社会力量积极作为，确保了全市海绵城市工作扎实推进。

3　全域推进海绵城市建设长效机制的关键环节

3.1　以制度机制保障海绵城市切实融入城市管理各方面

海绵城市建设是系统性、全局性工作，为有序推进海绵城市建设，要充分发挥政府的主体责任、协调统筹功能，通过制定政策法规，明确任务分工，充分运用绩效考核机制，建立"部门行业管理、政府属地管理"的工作机制，破解条块分割难题。

（1）搭建统筹协调平台

海绵城市建设的主体是城市人民政府，其工作不是一个部门的事情，需搭建统筹协调平台，促使全市各部门、各区协作联动。深圳市成立由分管副市长任组长，市直主要部门、区政府（新区管委会）、国有企业等37个成员单位组成的海绵城市建设工作领导小组。深圳市海绵城市建设工作领导小组办公室设在市水务局，负责全市海绵城市建设统筹协调、技术指导和监督考核等工作。

2016年8月深圳印发了《深圳市推进海绵城市建设工作实施方案》，明确了领导小组成员的单位职责，动员各部门主动作为，结合自身职能细化编制各自工作方案，将海绵城市建设工作切实融入各部门各项日常工作中。

（2）落实责任分工

围绕核心目标及工作推进情况，深圳按年度制定任务分工，逐年细化制定具体任务，保证任务可落实可操作。五年累计制定652项任务（表1），涉及海绵城市机制建设、规划引领、政策标准、管控制度、实施推进、考核监督、宣传推广、资金保障八个方面，明确责任单位和时间节点，压实各部门职责，并将其全部列为重点工作加以督办，切实保障各项工作落到实处。

全市海绵城市建设工作任务分类一览表　　　表1

序号	任务类型	数量
1	机制建设	60
2	规划引领	33
3	政策标准	50
4	管控制度	70

续表

序号	任务类型	数量
5	实施推进	320
6	考核监督	28
7	宣传推广	52
8	资金保障	39
合计		652

（3）以考核为抓手督促任务落实监督考核

为强化和压实各单位责任，督促任务落实，以考促主动作为，深圳市自2017年起开展了海绵城市建设工作实绩考评（表2），并将海绵城市建设工作情况纳入政府绩效考核和生态文明考核体系中。同时在河长制等其他相关工作考核中纳入海绵城市工作内容，将海绵城市建设与黑臭水体整治、城市排水防涝、水环境治理等工作有机结合。并组织各行业专家、社会公众参与考核结果评定，一方面对考评结果划分为四个等级全市通报，另一方面设置奖励分，充分发挥社会各界的监督职能，确保考核结果客观、公正，同时进一步加强海绵城市的共建共享共治。

深圳市2017年政府绩效评估体系——海绵城市建设一览表 　表2

考核对象	类别	分值	主要内容	备注
市直部门	年度任务完成考核	60分	包括标准政策制定、规划编制、项目库编报及项目推进情况	每年根据年度分工表进行滚动更新
	持续性考核	40分	针对《深圳市推进海绵城市建设工作实施方案》中市直部门组织分工的落实情况进行考核	考核内容相对固定
各区政府（新区管委会）	规划编制与执行情况	15分	主要针对各区海绵城市专项规划、重点片区详细规划编制以及规划落实等内容	—
	进度情况	70分	主要针对海绵城市年度建设任务的完成情况	—
	能力建设情况	15分	主要针对组织技术培训、落实技术支撑单位、项目规划建设管理全过程管控机制的建立与运转等内容	—

（4）法规制度长效保障

海绵城市的建设需要构建长效机制，需要以法制化实现长效政策保障。2018年深圳市印发了市政府规范性文件《深圳市海绵城市建设管理暂行办法》，对规划、建设、运维、管理作出了全面的规定。在此基础上，总结试点建设经验，2022年9月深圳市开始实施《深圳市海绵城市建设管理规定》，进一步明确了管理部门、建设单位、设计单位、施工单位、监理单位、运行维护单位的法律责任，并对违法行为规定了相应的行政处罚条款；同时归纳提炼出各类海绵城市建设项目的基本指标底线要求，转化为法条形式，并与后续的法律责任条款相关联，以增强海绵城市建设设计的刚性约束。

另外，深圳市已结合《深圳市经济特区排水条例》《深圳市节约用水条例》《深圳经济特区水土保持条例》等，在相关法规修编中，纳入海绵城市相关内容。

3.2　结合放管服，实现海绵城市全流程管控服务

城市建设行为复杂，需要刚柔并举，因地施策，深圳结合行政服务改革，在不新增审批事项和前置条件的情况下，技审分离，统一审查准绳，实现业主诚信实施、政府监管的全流程管控。项目管控机制的流程如图3所示。

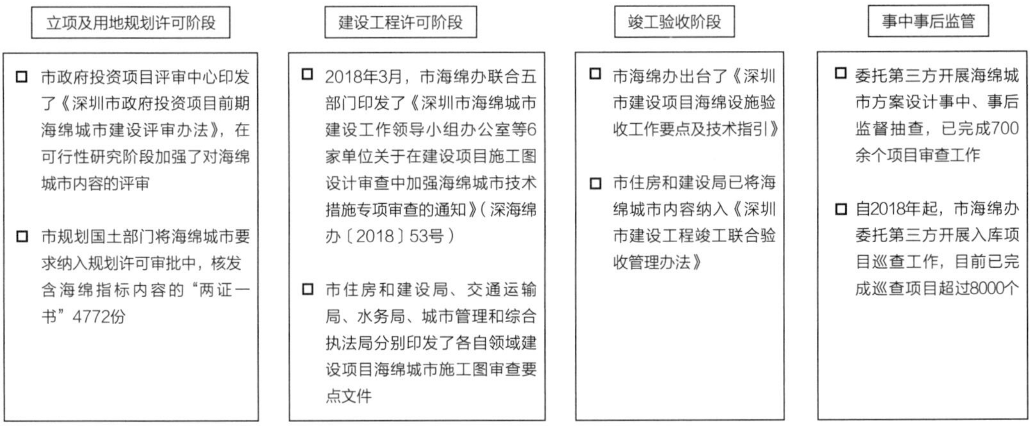

立项及用地规划许可阶段	建设工程许可阶段	竣工验收阶段	事中事后监管
□ 市政府投资项目评审中心印发了《深圳市政府投资项目前期海绵城市建设评审办法》，在可行性研究阶段加强了对海绵城市内容的评审 □ 市规划国土部门将海绵城市要求纳入规划许可审批中，核发含海绵指标内容的"两证一书"4772份	□ 2018年3月，市海绵办联合五部门印发了《深圳市海绵城市建设工作领导小组办公室等6家单位关于在建设项目施工图设计审查中加强海绵城市技术措施专项审查的通知》（深海绵办〔2018〕53号） □ 市住房和建设局、交通运输局、水务局、城市管理和综合执法局分别印发了各自领域建设项目海绵城市施工图审查要点文件	□ 市海绵办出台了《深圳市建设项目海绵设施验收工作要点及技术指引》 □ 市住房和建设局已将海绵城市内容纳入《深圳市建设工程竣工联合验收管理办法》	□ 委托第三方开展海绵城市方案设计事中、事后监督抽查，已完成700余个项目审查工作 □ 自2018年起，市海绵办委托第三方开展入库项目巡查工作，目前已完成巡查项目超过8000个

图3　项目管控机制流程图

一是因地制宜分类明确要求，不搞指标盲目"一刀切"。新建项目严格以目标为导向；存量改造类项目结合问题细化技术措施，弹性管控；特殊项目，如应急项目、特殊地质区域项目、特殊污染源地区等，由市海绵办联合八家行业主管部门结合本部门项目特点细化出台源头管控豁免清单，鼓励项目因地制宜实施，不搞目标盲目"一刀切"，出台源头管控豁免清单。

二是将海绵城市审批关键环节纳入"深圳90"改革，在不新增管控环节的基础上，实现对海绵城市建设要求的全过程管控。将海绵城市管控要求量化到地块，纳入"多规合一"平台，政府加强事中、事后监管，充分引导建设项目各参与方严格执行海绵城市规划管控指

标、相关标准规范，委托第三方对建设项目方案设计、施工图设计、竣工验收、运维管理等各环节进行抽查核查，对于"不守规矩"者纳入诚信体系进行处理，建立完善了从规划、设计、建设到监测、验收的全生命周期的海绵城市建设体系。如在项目施工建设及运维方面，对纳入年度海绵城市项目库的项目开展全面巡查，对于前期或新开工项目，重点巡查项目前期资料及海绵城市落实情况，对于建设期项目，重点巡查施工管理质量，对于已完工项目，重点巡查项目整体效果及运行维护情况。巡查问题项目的主要原因如图4所示。

竖向+径流问题（8%）

- 问题项目类型主要是**道路类项目、少量建筑小区项目**
- 同时存在竖向问题和径流组织问题

竖向问题（19%）

- 问题项目类型主要是**道路类项目、建筑小区项目、公园绿地项目**
- **主要为施工问题**：未按图施工，下沉式绿地、生物滞留带下凹深度不够，溢流口高度不够

径流组织问题（5%）

- 问题项目类型主要是**道路类项目、建筑小区项目**
- **设计问题**：机动车道和生物滞留带均设计了一套雨水口；路缘石开口位置不明确
- **施工问题**：未按图施工，路缘石开口正对溢流口；路缘石开口间距过大；雨水口位置不合理

设施规模、位置与图纸不符（6%）

- 问题项目类型主要是**道路类项目、建筑小区项目、公园绿地项目**
- **设计的海绵设施未实施**
- **实施的海绵设施规模、位置不满足设计需求**

设施实施后改造、破坏（5%）

- 问题项目类型主要是**道路类项目、建筑小区项目、公园绿地项目**
- **项目完工后开展改造工程，破坏原有海绵设施**
- **项目周边工程对场地内海绵设施进行破坏**

设施施工质量（3%）

- **设施隐蔽工程施工质量不合格**：绿色屋顶、生物滞留带等结构层厚度不达标
- **施工材料不合格**：下沉式绿化带土壤质量不佳影响下渗
- **其他**：雨水回用设施排风接入消防排烟通道，导致无法使用；雨水回用设施未完工

运维问题（54%）

- 主要分为：景观、植物类问题，垃圾、卫生类问题，海绵设施运维问题

图4　巡查问题项目的主要原因分析图

3.3　构建全周期技术体系，提供精细化支持

深圳市是较早引入低影响开发理念的城市之一，很早之前便陆续出台了多部海绵城市低影响开发相关的技术标准，具有先行先试的优势。在充分凝练多年实践经验的基础上，衔接国家最新技术要求，并结合深圳市特色及既有的相关技术标准，在国家及省级的总体框架内进行了"本地化"的落实完善，制定或修订了34部地方标准、指南及要点，覆盖全过程各环节（表3）。

海绵城市相关技术标准一览表

表3

序号	类别	名称
1	规划 （8部）	《深圳市海绵城市规划要点和审查细则》（2019年修订）
2		《深圳市重点区域开发建设导则》（2018）
3		《深圳市城市规划标准与准则》（修订）（2018）
4		《深圳市绿色建筑评价标准》（2018年修订）
5		《深圳市城市规划低冲击开发技术指引》（2014）
6		《深圳市拆除重建类城市更新单元编制技术规定》（2018年修订）
7		《深圳市建设工程规划许可（房建类）报建文件编制技术规定》（2018）
8		《深圳市法定图则编制技术指引》（2014）
9	设计 （13部）	《深圳市海绵型道路建设技术指引》（2018）
10		《海绵城市设计图集》（2018年）
11		《深圳市正本清源工作技术指南》（2018年修订）
12		《深圳市水务工程项目海绵城市建设技术指引》（2018）
13		《深圳市房屋建筑工程海绵设施设计规程》（2017）
14		《深圳市建筑工务署政府公共工程海绵城市建设工作指引》（2017）
15		《深圳市海绵型公园绿地建设指引》（2016）
16		《深圳市暴雨强度公式》（2015年）
17		《低影响开发雨水综合利用技术规范》（2015）
18		《雨水利用工程技术规范》（2011）
19		《再生水、雨水利用水质规范》（2010）
20		《深圳市开发建设项目水土保持方案（设计）报告书编制指南》（试行）（2019）
21		《深圳市城中村治污技术指引》（2018）

续表

序号	类别	名称
22	设计审查 （4部）	《深圳市道路建设工程海绵城市施工图设计审查要点（试行）》（2018）
23		《深圳市房屋建筑工程海绵设施施工图设计文件审查要点》（2017）
24		《公园绿地海绵城市技术措施审图要点》（2018）
25		《深圳市水务类海绵城市施工图设计审查要点》（2018）
26	施工、验 收、运维 （2部）	《海绵城市建设项目施工、运行维护技术规程》（2018）
27		《深圳市建设项目海绵设施验收工作要点及技术指引（试行）》（2019年）
28	试点区域 （7部）	《深圳市光明新区建设项目低冲击开发雨水综合利用规划设计导则（试行）》（修订） （2013）
29		《光明新区海绵城市规划设计导则》（2018）
30		《光明新区建设项目海绵城市审查细则》（修订）（2018）
31		《光明新区建设项目海绵城市专篇设计文件编制指南》（2018）
32		《光明新区建设项目低影响开发设施竣工验收要求（试行）》（2018）
33		《光明新区低影响开发设施运营维护和建设项目海绵城市绩效测评要点（试行）》（2018）
34		《光明新区强基惠民项目海绵城市建设技术指南》（2018）

　　如《深圳市海绵城市建设项目施工、运行维护技术规程》，明确了5大类17小类海绵设施的设施构造示意图、施工工序、施工要求，并逐一制定了运行维护的工作流程、巡查要点、巡视周期、注意事项等内容（图5），实现了"设施全覆盖、要求成体系、要点菜单化"。

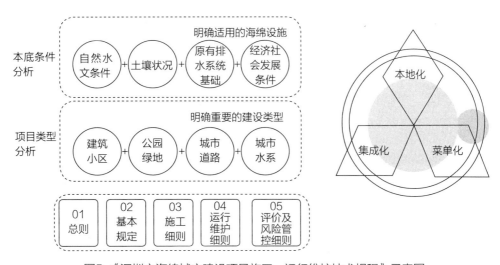

图5　《深圳市海绵城市建设项目施工、运行维护技术规程》示意图

3.4 全社会共同参与，加强共建、共享

海绵城市建设公益性强，需要政府和社会力量共谋、共建、共享，走进市民生产和生活，真正为民所需、为民所用。海绵城市建设应充分发挥政府财政的引导作用，积极吸引社会资本参与。深圳市于2018年出台了《关于市财政支持海绵城市建设实施方案（试行）》，对社会资本（含PPP模式中的社会资本）出资建设的相关海绵设施，包括既有项目海绵化改造和新建项目配建海绵设施两类给予奖励。另外，为鼓励社会资本在海绵城市建设中的过程参与，对参与相关标准规范编制，投资建设相关优秀项目，优秀规划、施工、监理单位，以及优秀研究平台和研究成果也设立了资金奖励，包含了海绵城市建设的各环节、各参与方。自2019年起，三年累计对90余个项目奖励约4000余万元。

2019年，深圳市城市管理和综合执法局推进"社区共建花园"计划，联动行业主管部门、深圳市绿色基金会、万科公益基金会、大自然保护协会等社会组织，充分发动群众将海绵城市理念充分融入共建花园建设中，通过参与海绵城市规划设计方案、施工质量监督、设施运维状态"随手拍"等灵活多样的方式，解决老百姓身边的问题，提升老百姓的获得感和幸福感，为建设宜居、绿色、韧性、智慧、人文城市创造条件，切实促进城市高质量发展。

4 实施效果

"十三五"期间，深圳市结合人口产业高度密集，土地开发强度大，水资源、水环境、水生态承载能力严重不足的实际，大力推进海绵城市建设作为贯彻新发展理念、落实高质量发展要求的重要举措和建设韧性城市、提升城市精细化治理水平的必由之路，通过"部门协同、规划引领、项目管控、行业监管、社会参与"的制度管控新路，实现了"城水空间融合、径流原位净化、洪涝弹性应对、雨水综合利用"。2016年以来，全市建成符合海绵理念的项目3627个，形成了满足海绵城市建设要求的片区和小流域44个，建成区353km²达到海绵城市要求，城市发展方式进一步转变，蓝绿生态骨架得以进一步强化，全市域消除黑臭水体，缓解城市内涝治理，推动水环境实现历史性、根本性、整体性好转，涌现出大沙河生态长廊、人才公园、万科云城、香蜜公园等一批精品工程。

5 结语

深圳海绵城市建设已取得了一定的成效，探索形成了一套海绵城市建设深圳模式，但由于海绵城市建设系统的复杂性，还存在不少问题有待解决，如雨水源头、过程、末端的全过程管理尚有待加强，水环境、水安全、水资源、水生态的协同效应还较弱，为避免后海绵城市建设试点时代建设出现萎缩，"十四五"期间，深圳市将进一步结合国家新的政策要求及

本地建设需求，进一步完善海绵城市政策、法规、标准体系，加强雨水全过程管控，系统化推进片区"+海绵"，助力打造"韧性城市"，探索"双碳"背景下的可持续发展之路。

参考文献 _____

[1]　任心欣. 强化系统思维和底线思维，实事求是推进海绵城市建设工作 [N]. 中国建设报，2022.

[2]　深圳市海绵城市建设工作领导小组办公室. 深圳海城市建设的探索与实践 [M]. 北京：科学出版社，2021.

[3]　张亮，等. 系统化全域推进海绵城市建设的"光明实践" [M]. 北京：中国城市出版社，2022.

超大城市建筑废弃物减量化与综合利用策略研究——以深圳市为例

李蕾　唐圣钧（可持续发展规划研究中心）

［摘　要］　大规模房屋建设和地下空间工程的持续性推进，伴随着建筑废弃物产生量大幅增长，已成为产生量最高的一类固体废物，若不进行有效控制和妥善处置，将对环境造成巨大压力，从而面临"建筑废弃物围城"的困境。因此，源头减排和综合利用是未来城市建筑废弃物管控的必由之路。本文以深圳市为例，基于现状分析及借鉴国内外先进经验，从规划→设计→施工→资源化利用等阶段全过程探索具有可实施性的减量化和综合利用策略，从而实现城市绿色发展和无废城市的建设。以期为高强度开发、高质量发展的超大城市在建筑废弃物减排与综合利用方面提供科学参考。

［关键词］　超大城市；建筑废弃物；减排；综合利用；策略；深圳市

1　引言

高强度的城市更新或大体量地下空间工程的建设是超大城市解决人地矛盾冲突、高效发展经济的一种有效手段，但随之会产生大量建筑废弃物。深圳市是典型的土地紧缺且人口及经济高度集聚的超大城市，随着其定位为中国特色社会主义先行示范区、粤港澳大湾区的核心引擎，城市开发建设工程体量必然不断增加，未来建筑废弃物产生量也将持续增加。据统计，2021年深圳市建筑废弃物产生量约9000万m^3，资源化利用率约22%，市外处置将近65%。市外处置依赖程度较高，一旦市外处置设施缩紧，深圳市建筑废弃物产生量若一直持续性维持高位，且不显著提升减排和综合利用水平，将导致产生的大量建筑废弃物无法得到妥善处置，从而出现"建筑废弃物围城"现象，不仅浪费资源，而且对大气、水、土壤等生态环境造成严重污染，甚至成为制约城市高质量发展至关重要的因素。

推动建筑废弃物源头减量化和综合利用对于缓解建筑废弃物处置压力、提升处置效率、控制环境污染具有重要意义。建筑废弃物具有显著资源属性，是被放错地方的土石方资源和城市矿山。作为我国超大规模市场重要组成部分的建筑行业，具有非常大的再生建材需求潜能，因此，在推进建筑业高质量发展的同时，大力促进建筑废弃物转换为高质量再生建材，回用于建设工程中，既可以解决建筑废弃物处置无出路问题，又可实现城市绿色发展，对"碳达峰""碳中和"目标的实现，以及保护青山绿水具有重要意义。

在面对大体量建筑废弃物居高不下、综合利用设施显著不足、设施建设落地极其困难的三重压力下，本文通过全面梳理深圳市五类建筑废弃物产生特征及面临困境，借鉴国内外先进经验，研究探索具有可实施性的五类建筑废弃物减量化和综合利用策略，并从技术、用地、政策、组织、制度等方面提出保障措施，以此推动建筑废弃物类别的无废城市建设，从而为人口、经济高度集聚的超大城市在建筑废弃物减量化和综合利用规划方面提供经验借鉴。

2 深圳市建筑废弃物基本情况

2.1 产生特征

建筑废弃物是城市建设的必然产物，城市更新、轨道交通、市政水务、房屋装修等工程大规模建设，伴随的建筑废弃物排放量大，依据深圳市历年《固体废物污染环境防治信息公告》，统计出2014~2021年建筑废弃物（不包括施工废弃物和装修废弃物）产生量如图1所示。产生量从2014年的3500万m³增长至2018年的1亿m³左右，年产量呈倍数增长，2019~2021年的产生量持续性保持高位。巨额产生量意味着建筑废弃物在处置方面面临艰巨的任务。以现状建筑废弃物产生数据为基础，通过单位建筑面积预测模型预测2022~2035年建筑废弃物的产生量如图2所示，可发现，在时间分布上，近15年建筑废弃物产生量基本保持稳定，将近1亿m³。

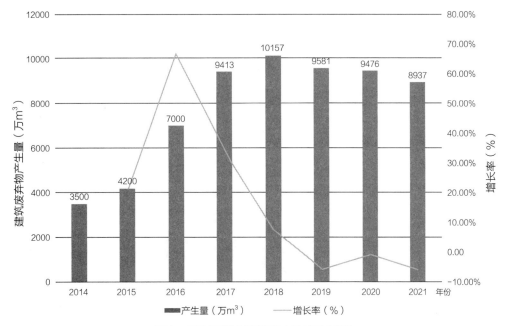

图1 历年深圳市建筑废弃物产生量图

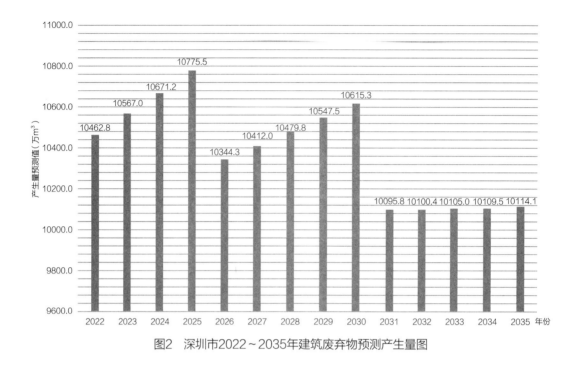

图2　深圳市2022～2035年建筑废弃物预测产生量图

　　根据产生特性和组成成分不同，建筑废弃物分为工程渣土、工程泥浆、拆除废弃物、装修废弃物和施工废弃物。其中工程渣土是指地下空间开挖、场地平整等施工过程中产生的弃渣、弃土，现阶段是建筑废弃物产生量最多的一类，占比约80%。工程泥浆为钻孔桩基施工、地下连续墙施工、盾构施工、水平定向钻及泥水顶管等施工产生的泥浆，高含水率和黏度，且易流变，需现场进行沉淀、脱水干化等预处理。拆除废弃物是指拆除各类建（构）筑物、管网等产生的废弃混凝土、砖瓦、沥青等，具有显著资源化属性，占比约18%。装修废弃物和施工废弃物其组成成分大体与拆除废弃物相类似，但多了模板、废脚手架、劳动保护废弃物、木材、油漆、各种包装材料等，具有不稳定性、复杂性和污染性，目前建筑废弃物产生量统计数据中未包括施工废弃物和装修废弃物的产生量。深圳市2021年各类建筑废弃物的占比如图3所示。

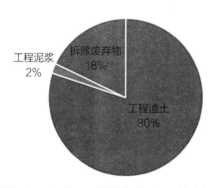

图3　深圳市2021年不同类别建筑废弃物的占比示意图

2.2 处置现状

目前,深圳市建筑废弃物的处置方式(图4)主要有三种:一是通过工程回填、围填海、临时消纳点或固定消纳场填埋处置;二是运往综合利用设施进行综合利用;三是通过海路或陆路运至南沙、珠海、东莞、惠州、中山等市外进行跨区域平衡。据统计(图5),2021年固定消纳场填埋约68万m³,综合利用约1919万m³,工程回填约923万m³,临时消纳点消纳约251万m³,通过海陆两路外运至中山、惠州、东莞等地平衡处置约5812万m³。

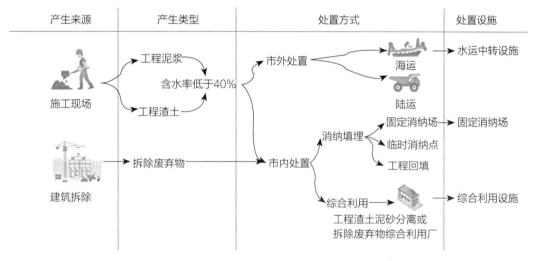

图4 深圳市建筑废弃物处置流向图

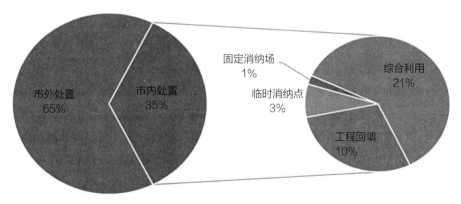

图5 2021年深圳市建筑废弃物处置方式占比情况图

2.3 存在问题

（1）建筑废弃物产生量居高不下，整体综合利用率低

从总量上看，年均约1亿m³的产生量，相当于每年深圳市（不包括深汕合作区）整体抬高0.05m，亟需采取减量化措施，减少建筑废弃物的排放量。从类别上看，工程渣土占最大比重，主要原因在于地下空间大力开发。此外，2021年深圳市建筑废弃物的综合利用率约为21%，与发达国家或城市相比，其值相对较低，存在较大的提升空间。

（2）虽有减量化标准或规范，但未有实质性效果

随着建筑废弃物带来的"城市病"越来越显著，建筑废弃物的减量化逐渐引起重视，目前，在规划阶段，城市竖向设计及城市更新方案中要求优化竖向设计，鼓励地面停车场，编制土石方平衡方案等方式减少建筑废弃物的排放；设计与施工阶段要求按照《建设工程建筑废弃物排放限额标准》SJG 62—2019和《建设工程建筑废弃物减排与综合利用技术标准》SJG 63—2019进行设计及施工方案的优化，但总体上来说，未有定量化的强制性指标，且措施大多数均为形式化，未有相关的审查或验收标准。在施工阶段，目前已有《绿色施工导则》和《建筑工程绿色施工评价标准》GB/T 50640—2010等要求制定建筑废弃物减量化计划，每万m²住宅建筑的建筑废弃物排放量不宜超过400t，力争建筑废弃物的再利用和回收率达到30%，建筑物拆除产生的废弃物的再利用和回收率大于40%，对于碎石类、土石方类建筑废弃物，可采用地基填埋、铺路等方式提高再利用率，力争再利用率大于50%。但由于缺乏有效监督手段，因此，减量化效果不是很理想。

（3）综合利用产品均以不成型产品为主，全链条综合利用技术未打开

据调查，目前深圳市对建筑废弃物的综合利用仅停留在初级利用层面，主要表现在：一是对拆除废弃物大部分仅进行破碎筛分成再生骨料，深加工程度不够；二是工程渣土和经干化处理后的工程泥浆运至综合利用设施仅进行简单的泥砂分离处理，生成机制砂，剩余的泥饼由于受环保政策的限制，无法进行环保烧结。总体上来说，建筑废弃物全链条综合利用技术未打开，综合利用产品附加值低，利用不充分。

（4）综合利用产品应有领域受限，市场未全面打开

目前生产的主要再生建材产品为再生骨料或机制砂等半成型综合利用产品，主要应用于路基、工程回填或作为其他建材产品生产的原材料等，未能实现应用于各类建设工程或每类建设工程的各个部位。主要原因在于：①再生骨料或建材制品产品生产成本相对于天然骨料或原生建材成本较高，产品缺乏市场竞争力。②综合利用产品应用不够广泛。目前仅有政府投资工程强制使用综合利用产品，但对使用综合利用产品数量上没有要求。社会投资工程对综合利用产品使用不广泛。此外，对于生态修复等无须报建的项目，综合利用产品应用不够广泛。总体上来说，综合利用产品应用未有强制性政策依据。③综合利用企业均为市场化经营，政府补贴低，探索高端综合利用技术和生产深度加工的综合利用产品

内生动力不强。④受原料来源参差不齐等影响，综合利用产品质量有待提高，市场认可度不高。

3 国内外经验借鉴

3.1 建立多层级建筑废弃物排放收费体系，促进建筑废弃物减量化和综合利用

中国香港地区于2005年1月开始实施建筑废弃物处置收费计划，即建筑废弃物产生者（如建造工程承包商、装修工程承包商或处所拥有人）在使用政府的废物处置设施前，须先向环境保护署开立账户并通过账户缴费。其收费遵循的主要原则为惰性建筑废弃物含量越低、收费越高，如基本为惰性成分的公众填料，收费标准为27港币/t；掺杂着一定惰性物质的混合建筑废弃物需通过设施进行分类筛选，收费标准为100港币/t；建筑废料对环境影响较大，且无重用价值的，收费为125港币/t。德国按照资源属性的不同实行差异化收费，如具有显著资源价值的含煤焦油的沥青混合物、土壤和砾石可免费处理，纯砖块的处理费用约为8欧元/t，但杂质含量较高的建筑建设和拆建废物的处理费用约为148欧元/t[1]。新加坡实行高额建筑废弃物堆填处置费，其费用约为97新元/t[2]，增加建筑废弃物排放成本，有利于承包商减少建筑废弃物的排放。因此，差异化收费标准可有效鼓励源头分类，降低处置成本及环境负担，有效进行资源重复利用。

3.2 大力推动绿色设计和施工，减少建筑废弃物排放量

新加坡的建筑工程广泛推进绿色建筑和绿色施工理念，实行绿色建筑标识计划，并出台了建筑废弃物拆除行为准则，减少建筑废弃物排放[3]。日本要求建筑行业各责任主体要通过建筑方案设计、施工建材的选择及施工技术的改进来实现建筑废弃物的源头减量，此外要求建筑师在设计时要考虑建筑在50年或100年后拆除的回收效率，建造者在建造时采用可回收的建筑材料和方法，尽量做到建造零排放，建造时利用延长建筑物寿命的技术和建筑结构[4]。上海市在源头减量层面一方面要求推广装配式建筑、全装修房、建筑信息模型应用、绿色建筑设计标准等新技术、新材料、新工艺、新标准，另一方面鼓励通过完善建设规划标高、堆坡造景、低洼填平等就地利用方式，以及施工单位采取道路废弃沥青混合料再生、泥浆干化、泥砂分离等施工工艺，减少建筑废弃物的排放[5]。

3.3 多措并举提升建筑废弃物综合利用水平

德国、日本及新加坡等从健全法律法规体系、提升工艺技术、加大政策补贴、设立标准规范等措施来提升本国的建筑废弃物综合利用水平。日本制定了一系列促进建筑废弃物减量化和综合利用的法律法规，已形成了以《环境基本法》—《推进循环型社会形成基本法》—普通法律体系—个别物品的不同特性而制定的专门法的四层法律体系；德国、新加坡等通过

减免税、提供专项环保基金、融资方式或土地低租金等经济政策扶持综合利用企业；日本、德国大力发展减量化和综合利用技术工艺，研发各种先进专业设备，并形成了一套较为完善的生产标准体系。

3.4 建立全过程监管体系，实现建筑废弃物精准管控

发达国家非常注重智慧化全过程监管体系的建立，以此动态监控建筑废弃物产生来源及去向，比较典型的为日本，通过现场分类、预申报、管理票、妥善处置报告等制度形成"申报—排放—运输—处置"全过程全参与方的闭环管理，并在法律层面明确规定建筑废弃物产生前、实施拆除过程中、建筑废弃物产生后各环节中工程建设单位、总承包单位、分包单位在建筑废弃物产生量、回收量、处置量等信息登记制度中的责任和义务，实行全过程建筑废弃物信息的动态监控，为建筑废弃物减量化和综合利用奠定良好的基础。

4 建筑废弃物减量化与综合利用策略

4.1 强化规划引导，将减量化和综合利用理念在各层次法定规划内深化

在总体规划层面，严控大拆大建、大挖大填，统筹全市地下空间资源有序开发和高效利用，避免盲目和无序的地下空间开挖，提倡在各层次规划中采取有效的建筑废弃物减量化和综合利用措施；在详细规划层面，尤其在编制重点片区、新建片区、城市更新规划时，通过科学抬升标高、集约化利用地下空间、实施屋顶绿化、推行立体停车等方式促进工程渣土减量，估算建（构）筑物拆除总量和地下空间开挖总量，并适当预留建筑废弃物综合利用设施用地；在专项规划层面，尤其是涉及建筑废弃物产生量大的地下空间、道路工程、地铁工程、铁路工程、水务工程、综合管廊等建设类专项规划时，建议增加建筑废弃物减量化篇章，估算工程渣土、拆除废弃物产生总量并科学安排处置渠道。此外，建议编制建筑废弃物专项规划，因地制宜制定源头减量化和综合利用控制指标，合理规划布局建筑废弃物综合利用设施。

4.2 实施绿色设计，明确规划设计阶段各类建筑废弃物的排放标准、设计标准和验收要求

对于工程渣土和工程泥浆，在项目方案设计阶段，根据地形地貌合理确定场地标高，开展土方平衡论证，减少工程渣土排放，将土方平衡论证纳入项目设计方案审查内容。设计单位应在施工图设计中编制建筑废弃物减量化专项设计说明，开展建筑废弃物排放量测算。各类建设工程的方案设计需落实《建设工程建筑废弃物排放限额标准》SJG 62—2019和《建设工程建筑废弃物减排与综合利用技术标准》SJG 63—2019的要求。

4.3 以排放限额或收费机制为抓手，促进施工阶段的建筑废弃物减量化和综合利用

在施工阶段，目前深圳市已要求实行新建、改建、扩建工程实行建筑废弃物排放限额制度，但并未明确具体化的指标，鉴于施工阶段主要产生的是施工废弃物和装修废弃物，因此，依据《住房和城乡建设部关于推进建筑垃圾减量化的指导意见》（建质〔2020〕46号），建议新建建设项目施工废弃物和装修废弃物合计排放量不高于300t/万m^2，新建装配式建筑项目施工废弃物和装修废弃物合计排放量不高于200t/万m^2。其排放指标的实现可通过推动装配式建造、BIM技术发展和应用、加强绿色建筑全过程监管及现场精细化分类实现。此外，实行建筑废弃物排放收费制度是建筑废弃物减量化最有效最直接的手段。通过借鉴中国香港地区、新加坡和德国等发达国家和地区的经验，建议我市建立科学合理的多层级建筑废弃物排放收费体系。

4.4 大力推动建筑废弃物综合利用，将建筑废弃物变废为宝

影响建筑废弃物综合利用的因素可概括为四个方面：原料品质、市场环境、技术工艺及产品应用。为保证高品质原料，建议以综合利用工艺技术倒逼的方式实行精细化分类制度；在市场环境营造方面，形成以企业为主体的建筑废弃物综合利用产业合作创新机制，健全建筑废弃物处置利用的全产业链，促进建筑废弃物减量化和综合利用，这些创新工作都需要社会多方合作完成。因为深圳市建筑废弃物综合利用企业普遍规模较小，没有形成产业化，同时政策的限制、利润的缺失让现有的综合利用企业难以维持和发展壮大。因此，要培育产业发展还需要形成合力。此外，还需政府进行大力扶持，政府一方面通过产品认定、发布产品目标、统一标识及定期公布产品信息价等保证综合利用产品的质量和良好的市场环境，另一方面实行建筑废弃物成型产品政策补贴制度来维持企业可持续性经营。在技术工艺方面，拓宽建筑废弃物综合利用技术，鼓励企业、高校及科研机构进行先进技术、装备工艺等的研发，并将优秀减量化和综合利用案例进行推广应用；在产品应用方面，要求政府投资工程应强制推广使用综合利用产品应用目录，目录内综合利用产品使用量占同类产品的比例不低于30%。综合利用产品的应用可与海绵城市、绿色建筑、绿色建材及生态修复等结合起来。

4.5 科技赋能，实现建筑废弃物全过程监管

实现联单全面覆盖。将全市范围内所有排放场所、利用场所、消纳场所之间的建筑废弃物及其再生材料、综合利用产品的运输，以及跨市处置建筑废弃物的车辆、船舶运输，全面执行电子联单管理并动态纳入建筑废弃物监管系统中。

探索数字化升级改造。加快"圳智慧"平台建设，将建筑废弃物排放、运输、消纳等环节整合纳入监管，打造我市数字政府、智慧城市的崭新亮点。

5　结语

　　建筑废弃物的减量化和综合利用是一项涉及多方利益的复杂系统，需政府、企业、社会组织及公众等多方参与，因此，明晰权责、形成协同合力非常关键；与此同时，其减量化和综合利用的实现，除了需要制度、技术、市场、监管等保障体系的建设，更离不开法律法规作为上层次依据。

参考文献

[1]　高景莉. 中德建筑垃圾资源化利用政策比较研究 [D]. 西安：长安大学，2018.

[2]　王璐，陈艳，伏凯. 新加坡建筑垃圾管理经验研究及借鉴 [J]. 中国环保产业，2020（4）：0-42.

[3]　陈雅芝. 国内外建筑垃圾资源化利用政策的比较研究 [J]. 建筑技术，2019，50（3）：4.

[4]　李俊，牟桂芝，大野木升司. 日本建筑垃圾再资源化相关法规介绍 [J]. 中国环保产业，2013（8）：65-69.

[5]　左亚. 中国建筑垃圾资源化利用的现状研究及建议 [D]. 北京：北京建筑大学，2015.

生态文明背景下
规划水资源论证工作的实践及思考

钟佳志　朱安邦　姜科（水务规划设计研究中心）

[摘　要]　规划水资源论证作为我国水资源论证制度体系中重要的一环，是规划审批工作的前置条件和重要依据，是生态文明背景下，加强用水管理，实现"以水定城、以水定地、以水定人、以水定产"，促进经济社会发展与水资源条件相适应，必须开展的一项重要工作。但在各地开展规划水资源论证工作过程中，也涌现了大量的问题，包括对于建设项目水资源论证、规划水资源论证、水资源论证区域评估三类水资源论证关系把握不明确；对于规划水资源论证重点把握不充分，使得论证整体深度不足；管控指标及引导指标选取不合理。本文通过梳理我国水资源论证体系，详细阐述了规划水资源论证的重点和难点，并根据项目实践，总结出了一些经验和思考供大家参考。

[关键词]　规划水资源论证；三条红线；节水评价

1　水资源论证的背景

我国水资源时空分布极不均匀，人均水资源保有量处于国际上较低的水平。随着城市化进程和工业化发展，各类水资源、水环境问题逐渐显现，人、水、城、产的关系日益紧张。水资源成为制约我国诸多城市居民生产生活发展的重大因素之一，如何在生态文明理念的指引下协调人、水、城、产的关系，寻求可持续的发展模式显得尤为迫切。在此背景下，水资源论证是为贯彻落实水资源刚性约束要求和"以水定城、以水定地、以水定人、以水定产"原则，促进经济社会发展与水资源条件相适应，必须开展的一项重要工作。我国自1997年开始进行水资源论证工作以来，逐步建立健全了建设项目水资源论证制度、规划水资源论证制度和水资源论证区域评估制度。通过不同层次、不同深度互相关联的水资源论证工作，形成了较为健全的水资源论证制度体系。在推动相关规划科学决策和建设项目合理布局中发挥了重要作用，有力促进了水资源节约保护和合理开发利用。

2　水资源论证体系分析

水是基础性的自然资源和战略性的经济资源，水资源的可持续利用是经济和社会可持续发展的保证。为了实现水资源优化配置和水环境的保护与恢复，促进经济社会可持续发展，1997年原国家计委制定、国务院批转的《水利产业政策》（国发〔1997〕35号）中就提出要对建设项目组织水资源论证；1998年国务院批准的水利部"三定"方案明确了组织建设项目水资源论证是水利部的管理职能；2000年底《国务院关于加强城市供水节水和水污染防治工作的通知》（国发〔2000〕36号）中，又进一步强调了兴建建设项目要进行水资源论证[1]。随后颁布的《建设项目水资源论证管理办法》（水利部、国家发展计划委员会令第15号）、《中华人民共和国水法》（中华人民共和国主席令第四十八号）、《国务院关于实行最严格水资源管理制度的意见》（国发〔2012〕3号）、《建设项目水资源论证导则》GB/T 35580—2017则正式从制度层面建立健全了我国建设项目水资源论证制度。

建设项目水资源论证主要对建设项目的取水水源、取水合理性、退（排）水情况及其对水环境和其他用水户权益的影响进行分析。实际上，单一项目可能并不会对区域水资源可持续利用产生明显影响，但这些项目的影响累积到一起时可能对水资源产生显著影响；同时，往往一个大型项目的开发会诱发一些新的开发项目，这些被诱发的新项目的取用水影响在主项目的水资源论证中很难得到论证，甚至其对水资源和水环境的影响可能会超过主项目的影响。建设项目水资源论证的论证范围和论证深度不足以解决上述可能产生的累积影响、间接影响和诱导影响，更无法解决项目所在的区城（行业）发展规划和整体布局带来的水资源问题。

2007年，黄河水资源保护科学研究所结合国内建设项目水资源论证工作实践经验和我国水资源管理特点，对规划水资源论证制度进行了探索研究，完成了《国民经济发展规划和城市总体规划水资源论证前期研究报告》，提出了规划水资源论证的一般原则、工作程序、内容、方法等，构建了规划水资源论证的初步框架[2]；2016年，《水利部　国家发展改革委关于印发〈"十三五"水资源消耗总量和强度双控行动方案〉的通知》（水资源〔2016〕379号），正式提出建立健全规划和建设项目水资源论证制度；2021年颁布的《规划水资源论证技术导则》SL/T 813—2021则为规划水资源论证工作提供了技术依据。

规划水资源论证则通过早期介入规划的制定过程，将多个"小"建设项目造成的累积影响、间接影响和诱导影响纳入规划水资源论证统筹考虑，把水资源需求管理的源头从建设项目向前推进至区域、流域发展规划和行业发展规划阶段，从源头上解决水资源可持续利用问题，体现了"从源头和过程控制"。这样做有利于促进经济布局与水资源条件相适应、经济规模与水资源承载能力相协调，同时也是弥补项目层次水资源论证不足的必要手段。

随着我国改革开放程度不断深入，为改善营商环境，2015年5月12日，国务院召开全国推进简政放权放管结合职能转变工作电视电话会议，首次提出了"放管服"改革的概念。为深化"放管服"改革，2019年8月，《国务院办公厅关于印发全国深化"放管服"改革优化营商环境电视电话会议重点任务分工方案的通知》（国办发〔2019〕39号），方案要求推动简政放权向纵深发展，进一步放出活力，继续压减中央和地方层面设定的行政许可事项。为应对深化"放管服"改革的新形势，2020年11月6日，水利部制定印发《关于进一步加强水资源论证工作的意见》（水资管〔2020〕225号），要求贯彻落实水资源刚性约束和"以水定城，以水定地，以水定人，以水定产"原则，重点推进规划水资源论证、建设项目水资源论证和水资源区域评估。

水资源论证区域评估是传统的水资源论证与工程建设项目区域评估制度的结合，是深化"放管服"改革、优化营商环境的重要创新性举措之一。对工程建设项目审批过程中具有共性的前置性评估事项提前实施统一集中评估、评审，形成整体性、区域化评估评审结果，提供给进入该区域的工程建设项目共享使用，变工程建设项目评估评审的"单体评估"为"区域评估"，由企业申请后评审变为政府提前服务，逐步解决目前建设项目评估评审手续多、时间长等问题，进一步提高审批服务效率、减轻企业负担、促进建设项目尽快落地。

三类水资源论证工作在论证范围、论证深度和论证尺度上有所不同，相互联系，形成了完整的水资源论证体系，三类水资源论证工作的侧重点见表1。

三类水资源论证工作的侧重点　　　　表1

	建设项目水资源论证[3]	规划水资源论证[4]	水资源论证区域评估
论证范围	对于直接从江河、湖泊或地下取水并需申请取水许可证的新建、改建、扩建的单一建设项目	国民经济和社会发展相关工业、农业、能源等需要进行水资源配置的专项规划、城市总体规划、重大产业布局和各类开发区（新区）规划，以及涉及大规模用水或者实施后对水资源水生态造成重大影响的其他规划	自由贸易试验区、各类开发区、工业园区、新区和其他有条件的区域
论证深度	建设项目取用水的必要性、合理性、可行性的论证，包括对建设项目取用水是否符合用水总量控制指标、是否满足生态流量保障目标要求、是否符合水量分配指标、是否符合地下水取用水总量和水位管控要求、是否达到节水要求等进行论证	以河湖生态流量保障目标、江河流域水量分配指标、地下水取用水总量和水位管控指标、用水总量和效率控制指标、用水定额标准等作为约束条件，对规划需水规模及其合理性、水资源配置方案的可行性和可靠性、规划实施对其他取用水的影响、对水生态水环境的影响、涉及区域的用水水平和节水潜力等进行分析评价，提出论证意见和规划优化调整的建议	分析涉及行政区域水资源承载能力和开发利用现状的基础上，依据生态流量保障目标、江河流域水量分配指标、地下水取用水总量和水位管控指标、区域用水总量和效率控制指标等，结合区域的功能定位、产业布局，明确提出评估区域的用水总量、用水效率控制目标，提出项目准入的用水定额标准和相关管理要求
论证尺度	近期	近期、远期	近期（一般每5年开展一次）

三类水资源论证工作也具有明显的层次关系，其中规划水资源论证等级最高，可以直接指导建设项目水资源论证和水资源论证区域评估工作的进行；水资源论证区域评估等级次之；建设项目水资源论证等级最低，具体体现在：

①对前期工作中已开展规划水资源论证的区域，在满足管理要求的前提下，可不再进行水资源论证区域评估；

②对已开展规划水资源论证并纳入规划内的建设项目，可结合实际合理简化建设项目水资源论证报告书内容，或填写建设项目水资源论证表；

③对已经实施水资源论证区域评估范围内的建设项目，推行取水许可告知承诺制。相关水行政主管部门应根据水资源管控要求并结合当地实际，提出适用取水许可告知承诺制的项目类型和具体要求。

3 规划水资源论证的难点分析

3.1 规划水资源论证的必要性问题

笔者在规划水资源论证的工作中发现，各地区对于什么项目需要进行规划水资源论证问题认识还不统一。部分应当进行规划水资源论证的项目没有进行论证，部分取用水量很小，对区域水资源管理影响很低的项目却又被一刀切要求进行规划水资源论证，造成了资源的浪费。针对此情况，笔者认为应从定性和定量两方面评估一个项目是否需要进行规划水资源论证。

从定性方面来看，符合以下条件的项目应进行规划水资源论证工作：

①国民经济和社会发展相关工业、农业、能源等需要进行水资源配置的专项规划，城市总体规划，重大产业布局和各类开发区（新区）规划，以及涉及大规模用水或者实施后对水资源水生态造成重大影响的其他规划，在规划编制过程中应当进行水资源论证。

②已审批的相关规划，规划内容有重大调整的，应当重新开展水资源论证。

③省、市人民政府基于实行最严格水资源管理制度，有条件的地区可逐步扩大水资源论证工作范围，并进行规划水资源论证。如《深圳市水务局深圳市发展和改革委员会关于加快推进我市规划水资源论证工作的通知》（深水务〔2017〕600号）要求城市总体规划、开发区规划、重大产业基地规划应编制规划水资源论证专题，其他规划应在规划报告中设立单独章节进行规划水资源论证。

④基于流域开发保护目的单独立法要求进行规划水资源论证的项目。如《中华人民共和国黄河保护法》（2022年）第二十四条要求：黄河流域工业、农业、畜牧业、林草业、能源、交通运输、旅游、自然资源开发等专项规划和开发区、新区规划等，涉及水资源开发利用的，应当进行规划水资源论证。未经论证或者经论证不符合水资源强制性约束控制指标的，规划审批机关不得批准该规划。

从定量的角度来看，参考建设项目水资源论证中水资源论证分类等级的要求，对于规划退水量在1000m³/d以下（缺水地区为100m³/d）的项目，笔者不建议做规划水资源论证，或应根据水资源论证区域评估结果向主管部门申领用水许可证。但考虑到水利部关于进一步加强水资源论证工作的意见中进一步强化规划水资源论证的要求，笔者认为可以借鉴建设项目水资源论证过程中对取水量较少且取退水对周边影响较小的建设项目，可不编制建设项目水资源论证报告书，改为填写建设项目水资源论证表的形式，建议对于取水量较少且取退水确对周边影响较小的规划，可改为填写规划水资源论证表，进一步探索建立水资源论证工作的信用评价制度。

3.2　规划水资源论证的重点性问题

在规划水资源论证的实践中发现，在进行水资源论证的过程中，往往存在论证重点不清晰，论证深度不足，部分规划项目难以入手的问题。这一类问题通常是因为没有根据规划类型和深度选取合适的论证重点导致的。

①对于宏观性、指导性的规划，其水资源论证应在规划需水量的基础上，重点论证规划所在区域可为规划提供的取水水源及可供水量，并结合规划所在区域的现状水资源承载状况，对规划布局和规模等提出意见和建议。

②对于有具体经济社会发展指的规划或明确建设项目的规划，其水资源论证应在现状区域水资源承载状况分析的基础上，重点论证规划需水量、水资源配置以及规划实施影响，并对规划的目标和有关指标提出意见和建议。应结合不同类型规划的特点，突出论证重点。

③对于工业、农业、畜牧业、林业、能源、交通、市政、旅游、自然资源开发等有关专项规划，重点从需水规模和用水效率指标合理性，水资源配置方案可行性、合理性以及与流域综合规划、水资源综合规划的符合性和协调性，规划实施对水资源水生态影响等方面，论证规划方案布局、结构和规模的合理性。

④对于重大产业、项目布局的规划，重点从产业布局与流域区域水资源条件的适应性、用水工艺与节水技术的先进性、水资源配置方案的合理性及可靠性，以及取退水对水资源水生态、第三方取用水的影响等方面，论证规划的产业结构、发展规模、项目布局等的合理性。

⑤对于开发区（新区）、重点区域发展等规划，应重点分析规划需水规模预测及用水结构的合理性、节水先进性、区域水资源条件及承载状况、水资源相关管控指标等，评估水资源配置方案合理性、可行性，分析水资源对规划实施的保障程度，论证水资源条件支撑规划实施的可达性和合理性。

3.3　水资源管控指标的符合性问题

2011年中央1号文件《中共中央　国务院关于加快水利改革发展的决定》和中央水利工作会议明确要求实行最严格水资源管理制度，确立水资源开发利用控制、用水效率控制和水功能区限制纳污"三条红线"。规划水资源论证过程中需要阐述规划所在区域的最严格水资源管理三条红线控制指标及指标落实情况。

以广东省为例，省政府和各市（区）政府等分别出台最严格水资源管理制度实施方案，将三条红线指标分别分配到市、区一级，典型的市区一级水资源开发利用控制红线、用水效率控制红线、水功能区限制纳污红线分配指标如表2～表4所示。

水资源开发利用控制红线分配案例表（单位：亿m³）　　表2

广东省部分地级以上市"十四五"和2030年用水总量控制目标表					
行政区	广州市	深圳市	珠海市	汕头市	佛山市
2030年用水总量	49.52	26.75	7.36	12.61	27.45
深圳市2021～2030年部分区用水总量分配方案					
行政分区	福田区	罗湖区	盐田区	南山区	宝安区
2021～2030年用水总量	2.21	1.50	0.36	2.30	4.99

水功能区限制纳污红线分配案例表　　表3

广东省部分地级以上市水功能区限制纳污控制目标（2020年）					
行政区	广州市	深圳市	珠海市	汕头市	佛山市
水功能区水质达标率	75%	80%	85%	85%	85%
广州市部分区水功能区限制纳污控制目标（2020年）					
行政分区	越秀区	海珠区	荔湾区	天河区	白云区
水功能区水质达标率	75%	75%	75%	75%	75%

用水效率控制红线分配案例表　　表4

广东省部分地级以上市用水效率控制目标（2025年）					
行政区	广州市	深圳市	珠海市	汕头市	佛山市
万元地区生产总值用水量较2020年降幅（%）	18	17	17	19	17
万元工业增加值用水量较2020年降幅（%）	18	10	12	15	17
农田灌溉水有效利用系数	0.559	0.652	0.620	0.542	0.550
广州市部分区用水效率控制目标（2020年）					
行政分区	越秀区	海珠区	荔湾区	天河区	白云区
万元国内生产总值用水量（亿m³）	6.02	14.54	16.61	7.97	22.00
万元工业增加值用水量（亿m³）	14.54	21.93	19.00	15.50	17.46
农田灌溉水有效利用系数	—	—	—	—	0.51

各省市在执行最严格水资源管理制度的过程中取得了积极的成果，但是上一阶段的水资源"三条红线"划定时间节点为2020年，2020年后的控制目标，根据下达指标情况另行制定。而新一阶段的工作目标下达进度较慢，直到2022年才通过《水利部　国家发展改革委关于印发"十四五"用水总量和强度双控目标的通知》（水节约〔2022〕113号）、《广东省人民政府办公厅关于印发广东省"十四五"用水总量和强度管控方案的通知》（粤办函〔2022〕221号）将水资源开发利用控制红线、用水效率控制红线两条指标分配到市一级，区一级分配指标还未制定，水功能区限制纳污红线分配还未下达，不利于规划水资源论证工作的进行。

此外，如何进行水资源管控指标符合性判定，是目前水资源论证的一大难点。如前所述，水资源管理"三条红线"仅划分到区一级，但对于规划水资源论证工作，尤其是对于部分较小的规划项目而言，区一级的管控指指导意义较差。笔者认为，将管控指标通过时间和空间两个尺度分解会具有更好的实际操作指引性。例如，一方面，各区可以将区用水总量控制线分配到街道层面；另一方面，通过现状每个社区现状用水水平和分配用水控制总量的比较，可得到允许新增用水量的定额，再将此定额通过时程分配到每一工作年，则可确定出该街道每年允许新增用水定额。该指标便可以直接指导规划项目的符合性判定，也有助于推动计划用水与定额管理结合向定额管理转变，强化用水定额在水资源管理中的约束作用，加快水平衡测试推广工作。

3.4　节水评价指引性指标的选择问题

规划水资源论证工作的另一关键点为节水评价，应结合不同规划的类型和特点，从人均生活用水量、单位产值用水量、单位产品用水量、单位面积用水量等指标，与国家和地方相关标准、用水效率管理指标以及同类地区（行业）、先进地区（行业）进行比较分析，评价规划用水指标的先进性。由于指引性指标的选取不是强制性规定，各编制人员在指标个数和指标数值的选取上具有很大的自主性，一定程度上造成了节水评价过程的混乱以及结论的合理性问题。笔者参考《水利部办公厅关于印发规划和建设项目节水评价技术要求的通知》（办节约〔2019〕206号）、《广东省规划和建设项目节水评价技术指南（试行）》《深圳市节约用水规划（2021—2035）》《用水定额　第1部分：农业》DB44/T 1461.1—2021、《用水定额　第2部分：工业》DB44/T 1461.2—2021、《用水定额　第3部分：生活》DB44/T 1461.3—2021，总结出综合节水、生活节水、农业节水、工业节水、非常规水资源节水、节水管理6类共20项评价指标，并根据规划类型进行选用推荐，详见表5。笔者建议在水资源评估中应至少选取4个指标，通过综合分析选用指标与管理指标、相关标准、相关规划的相符性；结合水资源条件及水资源承载状况；节水指标选取的先进性，客观科学地作出节水评价。水资源超载地区或缺水地区选用指标应对照国内（外）同类地区先进水平，其他地区选用指标应优于国内同类地区平均水平。

节水评价指标选用一览表　　　　　　　　　　　　表5

类型	节水指标	总体规划	农林牧业	市政专规	旅游规划	重大产业	城市更新
综合节水	万元国内生产总值用水量	○			○	○	
	公共供水管网漏损率	○	○	○	○	○	○
	取水用水计量率	○		○			
	节水型小区覆盖率	○					○
	节水型单位覆盖率	○					
	节水型企业覆盖率	○				○	
生活节水	城镇居民生活用水定额	○	○	○	○	○	○
	农村居民生活用水定额	○	○	○	○	○	
	节水器具普及率	○	○	○	○	○	○
农业节水	实际灌溉亩均用水量	○	○				
	节水灌溉工程面积占比	○	○				
	高效节水灌溉面积占比	○	○				
工业节水	万元工业增加值用水量	○				○	
	主要工业行业单位产品用水量	○				○	
	工业用水重复利用率	○				○	
非常规水资源节水	非常规水源利用水平	○		○	○	○	○
	再生水利用率	○		○		○	○
	非常规水源替代自来水的比例	○		○		○	○
节水管理	节水意识	○				○	
	智慧节水	○	○	○	○	○	○

注：○为建议选用指标。

4　城市更新项目规划水资源论证创新实践——以后海村为例

深圳市后海村城市更新单元规划位于深圳市南山区粤海街道，项目预测日均用水量为3849m³/d，本不必开展规划水资源论证工作，但因区位暂无可执行水资源论证区域评估结果，同时项目为城市更新项目，位于深圳市城市更新重点片区，属于深圳市有条件的地区可逐步扩大水资源论证工作范围的规划项目，故需要进行规划水资源论证。由于该项目规模较小，上位资料指导性较低，在规划水资源论证工程中遇到了一些典型问题，并探索出一些经验创新。

4.1 水资源管控指标相符性

根据《深圳市2021～2030年用水总量控制指标分配方案》，2021～2030年间，全深圳市用水总量采用广东省下达给深圳市的21.13亿m³/a的控制指标，分配给南山区年用水定额为2.30亿m³，另根据《2020年深圳市水资源公报》，2020年南山区用水量合计2.19亿m³（扣除农业及生态用水），显然该指标无法直接应用于本项目的水资源管控指标符合性分析。

鉴于此，笔者认为有必要将该指标分配到更小的面积以及逐年时间尺度上。笔者通过收集资料，发现《南山区市政设施及管网升级改造规划》中已经为了细化市政工程规划，将南山区全区共分为11个分区，将市政业务（负荷）、设施均从分区层面来落实，并通过法定图则基础水量、城市重点片区水量、城市更新水量三个方面确定了各分区远期自来水和再生水使用占比情况，部分分区计算过程如表6所示，本规划项目属于的NS4分区已加粗表示。

允许新增用水量定额计算表 表6

市政分区	NS1	NS2	NS3	**NS4**	NS5	NS6
规划用水量占全区百分比	16.39	5.53	10.67	**12.86**	9.68	6.15
规划再生水量占全区百分比	36.23	4.02	8.74	**10.21**	6.38	6.00
现状用水量（m³/d）	98351.46	33157.58	64032.57	**77167.46**	58105.85	36921.84
规划再生水用水量（m³/d）	67031.73	7432.01	16165.10	**18888.70**	11804.95	11103.82
自来水用水量定额（m³/d）	103291.49	34823.03	67248.82	**81043.45**	61024.41	38776.37
含再生水可用水定额（m³/d）	170323.23	42255.04	83413.92	**99932.15**	72829.36	49880.19
允许新增用水量（m³/d）	71971.76	9097.46	19381.35	**22764.69**	14723.51	12958.34

为了满足用水总量控制线要求，南山区大力推广再生水使用，全区规划远期再生水使用量18.5万m³/d。通过将现状用水量、远期用水量定额、远期再生水使用量根据各分区使用占比进行分配，可以得到各区规划年限内新增用水定额。并将此新增用水定额总量按照逐年减少的原则进行年时程上的分配，可得该分区中每年新增用水定额，该值可以辅助管理部门进行计划用水决策，如图1所示。

笔者收集了项目所在分区内近期其余3处需新增用水项目的情况，得出结论该片区内项目新增用水为8953.16m³/d，小于2025年前该片区可分配新增用水量15479.99m³/d的限额，因此，符合区域水资源管控指标。

该论证方法避免了因管控指标和项目规模不匹配导致的规划水资源论证深度不够的问题，真正做到了"以水定城、以水定地、以水定人、以水定产"，有助于推动计划用水与定额管理结合向定额管理转变，强化用水定额在水资源管理中的约束作用，加快水平衡测试推广工作。

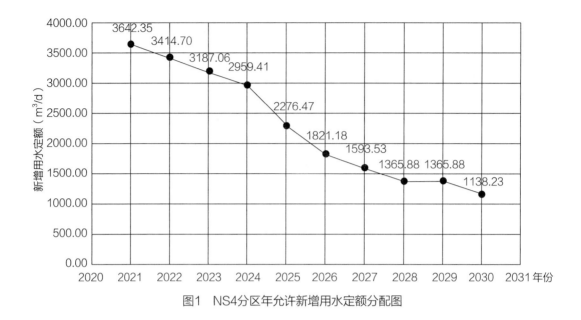

图1　NS4分区年允许新增用水定额分配图

4.2　节水评价

本项目为城市更新项目，为了使节水评价结论较为综合全面。笔者选用了针对该类项目具有代表性的再生水代替自来水比例、节水器具普及率、城市居民生活用水量、供水管网漏损率四个方面进行综合评价。

非常规水资源方面，由于本项目位于再生水管网布置区域内，要求绿化用水、道路清扫、洗车用水使用再生水，集中商业、办公楼宇冲厕用水建议使用再生水。绿化浇洒用水根据《建筑给水排水设计标准》GB 50015—2019中绿化用水按1～3L/（m²·d）范围结合深圳实际取2L/（m²·d）；洗车用水根据《用水定额　第3部分：生活》DB44/T 1461.3—2021中小型车（自动洗车）27L/cap标准，洗车频率按一月计；商业楼宇冲厕用水比例按照《建筑中水设计标准》GB 50336—2018中60%～66%范围取下限60%，如表7所示。可得项目内再生水使用量为779.88m³/d，再生水替代自来水比例为20.26%，可满足广东省建设节水型社会15%的评价标准和国家节水型城市考核指标20%的要求。

再生水用量计算表　　表7

用水类型	计算基数	用水量标准	再生水使用量
绿化浇洒	18764.00m²	2L/（m²·d）	37.53m³/d
洗车	94.30cap/d	27L/cap	2.55m³/d
冲厕	1233.00m³/d	60%（替代率）	739.80m³/d

本项目现状为城中村，节水水平较差，卫生器具未广泛使用节水器具。通过整体拆除重建，本项目规划新建筑的卫生器具全部采用节水型卫生器具，则节水器具普及率为100%，符合《广东省规划和建设项目节水评价技术指南（试行）》中节水型社会评价标准中节水型社会评价标准为100%的要求。

规划范围生活用水量2310m³/d，未预见水量为10%，居住人口为9671人，人均用水量约为217L/d。符合《广东省规划和建设项目节水评价技术指南（试行）》中国家节水型城市考核指标对城市居民生活人均用水量在150～220L/d的要求。

现状规划范围内部分供水管网漏损情况严重，高于深圳市平均水平。通过拆除重建、统一重新敷设供水管网，可以控制供水管网漏损率低于7%，符合深圳市节约用水规划指标体系中供水管网漏损率目标。

4.3　实施影响分析

本规划水资源论证为科学评价规划实施影响分析，通过取、供、用、耗、排平衡分析，从如下几方面进行综合影响评价并提出相应策略建议，使得论证整体逻辑清晰，确保了规划水资源论证落到实处：

①通过分析规划布局与项目水资源空间分布、供水水源布局规划、供水实施规划、水资源配置成果的适应性，论证项目对水源环境造成的影响。

②根据本规划区给水量预测，论证对区域现状和规划供水设施的负荷影响。

③通过承载力分析，论证规划对区域供水干管系统和对第三方取用水的影响。

④通过退水分析，论证规划对排水系统承载力和污水处理设施的影响。

⑤通过海绵城市分析，论证低影响开发下区域雨洪韧性。

5　总结

规划水资源论证作为我国水资源论证制度体系中重要的一环，是促进经济发展方式转变、建设节水社会的重要制度支撑，其在实践过程中发现了各类的问题。如何将规划水资源论证做到实处，真正做到"以水定城、以水定地、以水定人、以水定产"，实现人与自然的和谐共生，还有赖于技术同侪和管理部门积极合作，探索新机制新模式。

参考文献

[1]　黄永基，郭孟卓. 实施建设项目的水资源论证制度 [C] //中国水利学会2001学术年会论文集. [出版者不详]，2001：392-393.

［2］　刘卓，陈献. 关于建立规划水资源论证制度的思考［J］. 水利发展研究，2009，9（1）：16-19.

［3］　中华人民共和国国家质量监督检验检疫总局，中国国家标准化管理委员会. 建设项目水资源论证导则GB/T 35580—2017［S］. 北京：中国标准出版社，2017.

［4］　中华人民共和国水利部. 规划水资源论证技术导则SL/T 813—2021［S］. 北京：中国水利水电出版社，2021.

第三篇
跨领域协调发展

本篇章选取了10篇论文，主要对水务设施空间、无废城市、竖向规划、水务生态治理、环卫设施规划等内容和主题进行研究。本部分内容重点关注市政基础设施优化与协调配置，实现基础设施的共建共享、空间的集约节约，提升城市基础设施安全韧性水平，并打造安全可靠的市政基础设施体系。

跨领域协调发展是指通过处理各类市政基础设施之间的替代、制约、互补关系，优化资源配置，提高协同发展水平，其关键在于把握基础设施的协同发展。统筹交通、能源、水务、城市安全等传统基础设施空间布局，推进基础设施资源共享、设施共建、空间共用。

多维视角下不同地区蓝线规划方法探索与实践

陈锦全（城市规划市政协同研究中心）

[摘　要]　城市蓝线是城市地表水体保护和控制的地域界线，是城市水体及其周边空间规划保护与控制的重要手段。《城市蓝线管理办法》颁布实施已有10余年，国内大部分城市通过编制专项规划或在法定规划中以"四线"划定等方式确定城市蓝线方案及其控制要求。基于对不同发展阶段的城市和地区以及不同视角下蓝线规划的编制经验，提出城市蓝线规划编制的侧重点和编制方法，在保证城市水系生态空间的前提下，以适应及满足城市发展与建设的要求。从城市防灾空间安全韧性、规划管控可操作性和近远期实施可衔接性等视角出发，对高度城市化地区、新建区域等不同地区蓝线规划编制方法进行探索与思考，提出各自不同的管控要点，以期为国内类似城市蓝线规划编制提供参考。

[关键词]　城市蓝线；城市韧性；规划管控

1　引言

　　蓝线是城市水系空间保护和管理的重要手段。当前蓝线规划编制中，普遍存在对城市安全韧性空间考虑不足，定位不准确，控制标准偏小，预留发展空间不足，管理要求制定中未充分考虑与用地现状及已有规划的衔接，管控措施不明确，调整程序过于复杂等问题，蓝线划定与管理要求不能适应不同城市、不同区域的差异，对城市规划和水务建设的发展造成了影响或限制。为此，本文就蓝线规划编制中存在的问题及成因，以及规划侧重点、编制方法和管控要点等内容进行系统分析。

2　蓝线规划及管理的误区和不足

　　《城市蓝线管理办法》自发布实施已有10余年，国内各城市在其规划体系中通过不同层次的法定规划或专项规划落实蓝线控制范围，以此作为城市地表水体保护和规划管理的依据。但由于《城市蓝线管理办法》未对蓝线的具体划定方法、划定标准以及其保护和管理要求提出详细的要求和说明，所以在制定各城市蓝线方案时，编制人员一般结合国家或当地的法律法规、规划管理、水务建设的要求以及水体自身条件和特点等进行综合确定[1]。经梳理和总结，目前蓝线规划及管理仍存在误区和不足，下文进行详细介绍。

2.1　城市安全韧性空间考虑和预留不足

充足的城市安全空间对于保护城市及人民的财产安全发挥着至关重要的作用。2022年肆虐我国长江流域中下游地区的强降雨及特大洪水就是一个典型的例证。通过长期建设形成的流域防洪体系、精细调度以及充足的洪水蓄滞空间，才能在保证人民安全的同时，使损失降至最低。但目前部分城市在水系空间规划时仍缺乏系统的考虑，主要存在以下问题：

（1）水系布局未经系统研究，理论研究与支撑不足

部分区域在规划编制过程中未对区域内水系及其上下游的水文情况进行系统研究，规划预留的水体空间不能满足其设防标准的要求，严重影响城市的防洪、排涝安全。

（2）水域控制线线位确定不准确

在规划编制过程中由于资料缺失或收集的资料不准确，会造成规划确定的水体水域控制线线位不准确，在此基础上划定的蓝线范围将不能真正地起到水体保护和管理的作用。与规划用地重叠的，甚至会造成已批规划的用地无法按正常程序和落实相关指标完成建设；偏离现状水体的，会使现状水体无法得到应有的保护，致使局部区域的防洪、内涝行泄通道存在被填埋的风险，城市和人民的安全将受到威胁。

（3）蓝线控制标准偏小，未预留未来升级提标的发展空间

据了解，国内某些城市蓝线控制标准中陆域控制区域较小，甚至有些城市仅以水体的水域控制线作为其蓝线控制范围，陆域控制区域宽度为零。这样将无法满足水体后期升级提标、综合整治、海绵建设、生态修复等工程建设的空间需求，也将限制城市滨水空间开发及建设的可能性[2]。

2.2　蓝线方案无法有效衔接和指导城市规划与建设

蓝线方案及其管理要求要结合城市的不同发展阶段以及不同区域的发展诉求制定，要尊重已有规划及建设现状，提高方案的可操作性，适应及满足城市的发展与建设要求。

（1）蓝线管理过于刚性，调整程序过于复杂

《城市蓝线管理办法》颁布之初，基于对城市水体的保护，有些城市制定的蓝线管理要求或规定过于刚性，规定蓝线范围内仅能安排与水资源开发利用、水体保护、生态涵养、供水排水和防洪安全等相关的项目，对已批的用地规划实施和已建建筑管理造成极大的困难。个别的主管部门由于缺乏对蓝线的正确理解，以蓝线作为水体保护的红线，实行刚性管理，甚至对蓝线范围内的现状建筑进行强制拆除。

根据《城市蓝线管理办法》第九条，城市蓝线一经批准，不得擅自调整。大多城市蓝线的调整程序过于复杂，调整周期长，不符合目前"放管服"改革的要求，也不利于城市的

发展。

因此，在蓝线规划及其管理要求制定时，需协调蓝线控制范围内已批用地和已建建筑的用地空间，在保证城市水体空间整体、连续、安全的前提下，实行蓝线动态管控机制。

（2）蓝线方案未尊重城市发展现状进行合理的避让

《城市蓝线管理办法》于2006年3月施行，很多城市在2006年前已全部或局部完成控制性详细规划的编制，即很多城市出现规划在前蓝线方案在后的情况。例如深圳市在1999年就已完成中心区等11个地区的法定图则编制。蓝线作为城市规划编制体系的重要组成部分，其规划及修编应充分尊重已有的用地规划及使用现状，保护合法合规建设用地的权益，对蓝线方案进行必要的避让处理，以提高蓝线规划管控的可操作性，成为规划、水务主管部门行使规划管控、日常管理的重要手段。

（3）水系布局及蓝线管控脱离水务建设，实施难度较大

由于个别地区蓝线规划编制仓促、缺乏现状资料或规划考虑不足，或水系布局规划中未系统考虑水体的整体性、协调性、安全性和功能性等原因，造成大量水体尤其是小型水体，出现未划定蓝线方案或划定不准确等情况，脱离水务建设的需求，使城市滨水空间开发、水体治理、滨水景观营造等实施难度较大[3]。

2.3 蓝线方案无法衔接城市近远期实施计划

城市水体流域面积一般较大，其所在片区的城市规划从发布到用地建设需要经历几年甚至十几年的时间才能完成，尤其对于规划中局部或新建水体的地区，难以真正保护城市水体以及落实城市安全水空间。因此，蓝线方案及其管控要求的制定应考虑城市近远期的建设计划，做好城市道路、地块以及水系等的建设计划和安排，保证城市建设有序、高效、安全。

（1）河道局部改线和调整

城市规划过程中，由于现状水体及现有市政道路走向不规则，影响其周边建设用地安排时，为了提高个别地块的使用率，利于用地后期建设，在保证河道通过能力并取得水务部门同意的情况下，会对水体进行局部改线或调整（图1）。因此，蓝线方案编制时一般会按规划调整后的走向进行蓝线管控，其保护的是规划调整且未实施的用地空间，而往往忽略从规划到实施的期间内对现状河道的空间保护，若在这期间内现状河道由于未受保护和管控被填埋，将给城市带来很大的安全风险。

（2）河道暗渠明化

过去由于城市快速发展，很多城市将河道"暗渠化"。为了提升城市环境整体及功能定位，满足区域发展对人居和开发环境的要求，城市管理者提出对河道进行暗渠复明工程，复明方案多有对暗渠进行升级提标或进行改道的，同样涉及近远期实施的相关问题。

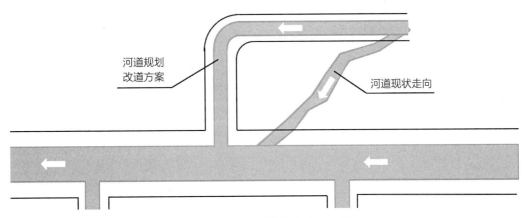

河道规划改道方案

河道现状走向

图1　河道改道蓝线方案示意图

3　不同视角的蓝线规划侧重点

为了避免在后续的蓝线规划编制过程中出现以上问题，应在城市蓝线方案编制过程中同时兼顾城市防灾空间、规划管控落实，以及近远期发展实施等因素，提高城市防灾空间韧性、管控可操作性和近远期建设可衔接性。以下分别从防灾空间安全韧性，规划管控可操作性，以及近远期实施可衔接性三个角度出发，提出蓝线规划编制的侧重点。

3.1　防灾空间安全韧性

城市防灾空间规划是建设韧性城市的重要组成部分。韧性城市建设旨在提高城市应对及承受各种灾害及冲击的能力，使城市功能正常运行。

蓝线规划应统筹考虑城市水系的整体性、协调性、安全性和功能性，保障城市水安全。涉水方面应从提高城市防洪、蓄涝滞涝空间方面入手，主要体现在以下几个方面：

①城市应系统编制水系、水系统、防洪（潮）、排涝等涉水工程规划，通过规划明确城市防洪（潮）、排涝标准，以及落实其用地空间布局，明确水体的水域控制线边界，为蓝线规划提供基础，并在蓝线方案划定过程中，把规划确定的分洪、蓄水、滞蓄空间一并纳入蓝线管控范围，实施规划、水务协同管理。

②对于未纳入上述规划编制范畴的城市水体，应按城市规划规模对应的防洪、排涝等设计标准，通过水文水力计算、系统设计等确定其所需的用地空间，并以此为基础划定蓝线管控范围。例如，深圳市蓝线规划编制中，对于市内未开展整治规划及未实施整治工程的小河道进行水文水力计算，通过拟定水域控制线并预留蓝线管控范围的方式，实施对现状河道的保护和规划管控。

③对于防灾空间规划方面，笔者认为应为城市水体预留一定的陆域管控区域作为城市未来规模扩大、水体防灾标准提升、生态景观建设等的应急及发展备用空间。

3.2　规划管控可操作性

蓝线划定的目的是加强对城市水体的规划与控制，保护与管理。通过在城市规划设计过程中预留并控制水体空间，以实施对其用地空间的保护和管理，实现城市人居生态环境改善，城市功能提升等的空间诉求，促进城市健康、协调和可持续发展[4]。因此，蓝线方案不仅要做到"定量、定位"，还必须具有很强的操作性，在实施水体保护的同时，也便于规划、水务的后期管理。

现阶段蓝线方案编制一般分为新编或修编。在蓝线方案编制前，各城市的规划体系已较完善，相关法定规划、专项规划等均已处于批复生效中，因此，蓝线方案编制时，需统筹考虑其对已批用地规划的影响，主要侧重以下几个方面的内容：

（1）已批用地规划未考虑部分小型（微）水体的现状空间

过去的10余年，是国内城市高速发展的时期，也是国内城市规划体系完善的重要过程。在此过程中，由于现状地形资料缺失或水务数据不齐全，在蓝线划定对象界定时，由于出现疏漏小型（微）水体（实际宽度很小）或存在暗渠等原因，导致法定规划用地方案并未考虑或体现现状小河道的用地空间，并作出相应的土地利用安排。目前，有些用地已经建成，但仍有部分用地存在已批未建和未批未建的情况。已批规划已对用地地块出具规划设计条件，用地建设势在必行，但其建设将影响河道的存亡，如何处理好地块建设和河道用地的关系，是规划主管部门及蓝线规划编制探索和研究的重点。

规划未落实河道的案例如图2所示。

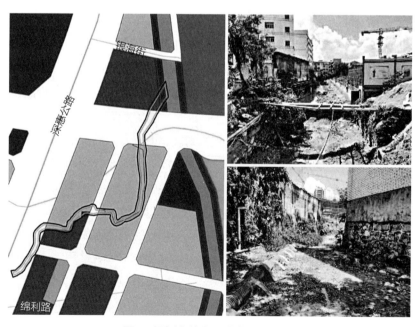

图2　规划未落实河道案例示意图

（2）水体部分水域空间或走向调整不合理

规划编制和修编过程中，为了使局部地块用地规整，提高土地利用率和便于地块后期建设，常会对现状水体空间进行裁弯取直或改道等，由于规划调整研究不充分、调整方案不合理、实施难度较大或由于沟通不足等原因，给后期的规划、建设和管理带来了很大的难度和阻力。因此，滨水地区的用地规划方案编制时，应做好充分的现状调研，收集河道、水库、湿地等水体的规划、整治方案及工程设计资料，无相关资料时应做好相关的专业专项研究，保证水体的规划用地空间，以及做好与相关行业主管部门的沟通，提高规划、水务建设与管理的可操作性。

河道走向与规划不符的案例如图3所示。

图3　河道走向与规划不符案例示意图

（3）新建区域新建水体用地空间不确定

对于新建区域的新建水体，原则上基于对区域的系统研究，开展地形及水文分析、用地布局、用地竖向以及协调周边洪水、防涝等专项研究，统筹提出新建区域内的水系布局规划，明确区域内设计防洪、内涝标准下对应的水系控制宽度，并协调周边用地预留一定的陆域管控空间。值得注意的是，区域内水体为新建水体，区别于建成区内现状已整治或未整治的河道，其规划用地空间是不确定的，只是作为水域控制的边界进行规划控制与管理，蓝线线位存在一定的不确定性。因此，在新建区域新建水体蓝线方案编制及管理要求制定时，应重点考虑在水体后续建设中出现调整时的应对措施，纳入其蓝线保护和管理要求中，提高蓝线方案的规划可操作性，便于规划后续管理。

3.3 近远期实施可衔接性

从城市规划批复至片区用地建设和建成往往需要很多的时间，对于存在水体空间调整的区域来说，在这段时间内若出现沟通协调不足、建设计划制定不周详等管理问题时，容易出现调整的水体未实施而现状水体已被填埋的情况，将对片区城市安全造成极大的威胁。

为了避免这种情况的出现，蓝线规划时应侧重考虑水体调整（整治工程）水务建设与周边用地建设的衔接与匹配，对于无法明确其具体实施时序的，可考虑按现状与规划建设用地同时控制并取其外包线进行蓝线划定，制定相应的管控要求，近期保证水体的现状用地空间不被侵占，待水体调整实施完成后，根据管控要求通过蓝线动态维护，调整现状线位的控制范围，做到规划的高效管理与无缝对接，大大提高城市安全保障度。

4 不同地区的蓝线规划编制方法

基于以上三个不同角度，蓝线规划应根据具体情况有所侧重与考虑，以下以高度城市化地区、新建地区两种情况进行蓝线规划编制方法的说明。

4.1 高度城市化地区

高度城市化地区的特点是水体基本完成综合整治，城市规划及水体空间比较稳定。在编制高度城市化地区的蓝线方案时，应侧重对水体现状和规划的水域控制线边界的界定，体现不同级别不同区域的蓝线（陆域控制宽度）标准，以及针对已批已建合法用地的统筹考虑和应对，系统开展土地利用规划、地形图以及卫片等要素的核查，在保证防洪、内涝安全的情况下进行蓝线方案合理避让。

以深圳市为例，根据2018年的统计数据，深圳市1997km² 的总面积里建成区已达927.96km²，除去基本生态控制线面积974.5km²，土地使用率已超90%，是典型的高度城市化地区。

在安全韧性空间方面，目前深圳市城市规划体系完善，城市、水系、防洪（潮）、排水、防涝等规划齐备，大部分河道已经完成或正在进行综合整治，其水体用地空间比较稳定，基于此界定的水域控制线可保障城市防灾安全韧性空间需求。另外，对于仍未开展河道综合整治的小河道，应按新的城市防洪、排涝标准沿河道现状走向拟定水域控制线，作为后续蓝线划定的基础。

在规划管控可操作性方面，为了提高蓝线的管控的可操作性，项目编制中考虑现有规划及用地权属等的实际情况，有针对性地开展划定标准、空间核查以及管理要求方面的研究，进行合理的避让处理，精简管控程序，提高蓝线用地空间管控的可操作性和可实施性，在实施有效规划管控的同时适应城市现状及规划发展。

在近远期实施可衔接性方面，深圳市蓝线方案编制时，主要从暗渠明化处理、未实施小河道水域控制线、规划原水管渠和湿地蓝线预控、动态维护机制等方面考虑，统筹河道调整、整治工程、新建原水工程和湿地等项目未来建设的空间，保障工程近远期实施的无缝衔接。

对于水系局部调整的区域，编制蓝线规划时，可按现状与规划建设用地同时控制或取其外包线进行蓝线划定或采取虚实蓝线进行划定。规划暂未实施的水体，其蓝线用虚线表达，现状的水体用实线表达（图4），并制定相应的管理要求配合规划管理。原则上近期以保护现状水体为主，保证地区水安全，保护现状水体的同时，对规划的水体空间进行空间预管控，待水体调整走向实施后，根据竣工资料进行水域控制线的重新勘定，编制蓝线调整方案通过动态维护机制和程序进行调整。

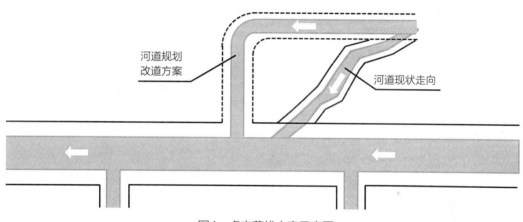

河道规划
改道方案

河道现状走向

图4　虚实蓝线方案示意图

4.2　新建地区

新建地区主要指卫星新城、新建开发区、新建城镇等区域，一般具有较低或无现状建设开发、地形平坦、无大型水系通过等特点，区域内结合其用地功能及空间布局的要求，对水系进行重新规划布局或对原水系进行较大调整。此类地区的蓝线规划应结合用地和水系规划布局方案，依据水体防洪、内涝设计水位进行确定。

以某新区蓝线规划为例。某新区为国家重点发展建设区域，区内将进行高标准、高质量的开发建设，为典型的新建地区。由于是新建区域，且内部现状无大型水体和过境水系，城市涉水安全方面，防洪由防洪堤包围圈进行保护，防涝由内部水系、湿地等滞蓄空间和抽排设施组成防涝体系，保证城市的内涝安全；另外，其水系也均为新建水体，区域内根据用地功能布局、水资源条件和规划水面率要求等条件，开展水系规划，确定水系功能、河道口宽度、河道底宽度、边坡及河底高程等规划设计内容，并经水量、水质和水位等水力模拟验证，保证城市安全韧性空间。值得注意的是，按规划编制要求，规划成果需明确水体的线位走向，但对于新建区域，水体线位未实施也无现状走向可依，其水体的边界界线为相应防洪或内涝标准下的设计水位线，该线位是相对不确定或不准确的，是规划对水体用地的控制，预留后续建设所需的空间，其在后期实施时，可能会结合现场条件进行调整。因此，为了便于近远期实施及规划管理，新建区域蓝线规划时，可考虑将蓝线设定为可变线，采用虚线控制（图5）。蓝线虚线划定的水域控制区在保证水域贯通、排水防涝、城市设计及水景水面率等的前提下，可根据实施方案对线位进行适度调整，实施完成后通过蓝线动态维护机制调整为实线管控。

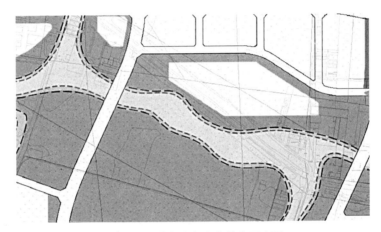

图5　蓝线（虚线）方案节点示意图

5　蓝线保护和管理要求制定要点

依据《城市蓝线管理办法》的要求，深化落实"放管服"改革措施，结合不同地区的不同发展阶段，基于规划面向实施的原则，制定有针对性、适应地区发展的蓝线保护和管理要求，同时明确规划编制（修编）、建设行为、动态调整等管控要求，进一步提高蓝线管理的可操作性与可实施性。结合不同地区发展的特点，可综合考虑以下几个方面：

（1）虚实结合，实施动态维护机制

虚实结合，为城市水体整治、碧道建设、景观营造、生态修复等工程建设预留弹性空间。蓝线线型表达为实线和虚线，通过不同线型的表达，体现水体工程建设情况的差异，实现其规划管控及保护的目的。

例如，实线型蓝线，适用于现状已实施综合整治或已批准建设的城市水体的蓝线划定；虚线型蓝线，适用于暗渠化河道、未开展综合整治的河道和新建水体的蓝线划定。虚线型蓝线可结合后续暗渠复明方案、河道整治规划和设计以及新建水体竣工等情况进行调整，相应地调整为实线型蓝线，并在蓝线动态维护管理中进行数据更新。

（2）分区分级管控，简化管理程序

应结合各城市、各地区行政分区、事权划分等情况开展蓝线的分区分级编制和管理工作。

例如，原《深圳市蓝线规划》（于2007年编制），划定范围为全市内流域面积大于$10km^2$的河道以及大中型、小（一）型水源水库等，其定位为全市层面专项规划，宝安区、大鹏新区、坪山区等陆续开展区内小河道以及全市小型水库的蓝线补充划定，形成市、区两级蓝线管控体系，并实施"谁批准谁调整"的蓝线管理机制。

另外，各地区还可以根据蓝线管控区域内的重要程度进行分区管控。

例如，对于地区城市安全特别重要的水体，可以在其蓝线范围内划定水域严管区，进行建设行为严格管控，可以水体的水域控制线边界范围界定为严管区，保证城市防洪、排涝等城市水安全所需要的刚性空间需求，其范围内仅可安排与防洪、排涝安全、生态修复、水体保护、水土保持等相关的项目；对于其陆域控制区，应结合现状建设及已批规划情况，控制其规划协调及建设行为，可以论证其对城市供水、防洪防涝、通航安全等不构成影响的情况下安排规划建设用地和开展建设行为。

（3）多部门协同管理

城市蓝线应由地方规划主管部门会同蓝线保护对象的行业主管部门依职能实施共同管理。地方规划主管部门负责各层级规划与蓝线规划的统筹协调以及蓝线范围内的用地空间管控。蓝线保护对象的行业主管部门依自身职能负责蓝线范围的日常维护与管理，林业、生态环境及其他职能部门等依职能对城市蓝线进行共同管理。发展改革、城市管理、住房和城乡建设等主管部门，按照相关法律、法规和规定，应在各自职责范围内协助蓝线划定，并做好蓝线监督管理工作。

6 结语

基于对不同发展阶段城市、不同地区以及不同视角下蓝线规划的编制经验，通过防灾空间安全韧性、规划管控可操作性和近远期实施可衔接性等多个视角，以及在高度城市化地区、新建区域等不同地区蓝线规划方法的探索与思考，提出城市蓝线规划编制的侧重点和编制方法，以及各自不同的管控要点，以期为其他城市编制蓝线规划时提供参考。

其他城市编制蓝线规划时，应结合其区域的现状建设、规划布局、城市安全、水文条件、水系格局以及实施管理等要素进行综合统筹，在保证城市水系安全、生态空间的前提下，制定有利于城市规划、水务建设的保护和管理要求，以适应及满足城市的建设与发展需求。

参考文献

[1] 司马文卉，龚道孝. 城市蓝线规划的协调性分析 [J]. 给水排水，2015，51（7）：30-34.

[2] 俞露，丁年. 城市蓝线规划编制方法概析——以《深圳市蓝线规划》为例 [J]. 城市规划学刊，2010（S1）：88-92.

[3] 陈烨暐. 关于城市蓝线规划方法的思考与实践——以上海市中心城河道蓝线专项规划为例 [J]. 上海城市规划，2018（3）：123-127.

[4] 宋轩，赵一晗. 城市蓝线规划编制方法与技术要求 [J]. 水利规划与设计，2018（1）：28-30，49.

面向实施的新时代竖向规划探索与实践
——以深圳市为例

曹艳涛（城市安全与韧性规划研究中心）

[摘　要]　目前我国的城市建设已经进入精细化管理的新时代，竖向规划作为一项重要的专项规划，对城市发展有着重要意义。传统竖向规划往往在各类空间规划基本完成后才开始介入，规划方法相对单一，管理方式粗放。新时代城市发展面临着新的问题，对竖向规划也提出了新的要求。本文通过总结了深圳市近年来在竖向规划方面的相关探索，提出新时代竖向规划应以面向实施为导向，以问题为抓手，将各类相关问题统筹纳入竖向规划当中，进行系统性解决，并以深圳市三个片区为例，提出了具体的竖向应对对策，以期为其他类似地区解决城市问题提供新的思路。

[关键词]　面向实施；问题导向；新时代竖向规划；探索实践

1　引言

在快速城市化的早期发展阶段，城市发展在竖向规划和管理方面相对滞后，城市建设大多依托现状地形进行建设，竖向管理也相对简单，同时由于土地成本较低，对于土方处置也相对粗放，一般是就近堆放，无统一规划。传统的竖向规划重点是应对快速城市化，大规模城市场地平整的要求，综合考虑因素较少，规划内容单一，场地平整方式简单粗放，主要目的是尽可能方便快捷地实现对自然地形进行利用、改造。

随着城市化的快速推进，我国城市发展已经从增量规划转向存量规划。在新的发展阶段，城市发展面临的问题日益复杂，特别是近年来，我国极端天气频发，引发了严重的自然灾害，给人民的生命财产也造成了严重损害。2021年4月，国务院办公厅发布《国务院办公厅关于加强城市内涝治理的实施意见》（国办发〔2021〕11号），其中在统筹推进城市内涝治理工作中明确提出，要优化城市布局加强竖向管控，加强城市竖向设计，合理确定地块高程，这标志着从国家层面对竖向规划提出了更高、更精细的要求。

在上述背景下，本文通过梳理深圳市近年来在城市竖向规划方面的工作经验，总结了新时代发展背景下竖向规划的基本要求，以及新时代开展竖向规划的对策与方法，以期为其他城市竖向规划的开展提供一定参考与借鉴。

2　传统竖向规划及存在问题

2.1　基本特征

在城市发展早期阶段，城市化速度较快，为满足大规模土地开发的需要，城市规划的重点在于为城市发展提供大规模的用地供应，规划内容重点在二维空间层面，对三维竖向层面要求相对较少。在此背景下，竖向规划的开展也是为了满足城市大规模开发建设的需要，在场地标高控制方面主要以场地快速平整为原则，以优先满足大规模开发建设的要求为导向。在上述背景下，传统竖向规划在满足城市大规模开发建设起到了积极的推动作用，这一时期编制的竖向规划有以下三方面特征：

（1）规划内容简单粗放，能够适应大规模城市开展需要

由于快速城市化的要求，城市规划的基本要求就是要满足城市快速建设需要，在规划内容方面集中在对自然地形的快速改造，以满足项目建设需要，如20世纪80年代深圳蛇口工业区的"开山第一炮"，就是将原本的山地通过粗放的手段，快速进行了平整，以满足工业区开发建设的要求。

（2）受技术条件限制，城市管理包括竖向相对粗放

早期城市规划的核心内容是保障用地供给，在规划编制方面重点集中在对用地性质、容积率等指标的研究，对其他指标的管控相对薄弱。同时由于竖向规划一般需要复杂的计算，在当时还未大规模推广计算机绘图的背景下，在较大尺度范围内编制的竖向规划相对较少或内容相对粗放，对协调城市发展和管控城市地形效果不明显，以致在实践当中也没有得到足够的重视，后续的相关规划管理工作也相对粗放，这就导致早期城市规划和建设缺乏统一的竖向规划指导。

（3）用地供应充足，土方处置成本较低

在大规模城市开发阶段，由于城市建设用地相对充足，土地开发利用成本较低，这也导致在项目场地平整过程中基本没有土方处置的压力，因此，在竖向规划编制过程中基本不用考虑土方处置的问题，规划方案优先考虑方便快捷地进行场地平整，以满足城市快速开发建设。

2.2　存在问题

虽然传统竖向规划满足了早期城市快速发展的要求，但随着城市化进程的加快，在发展过程也遇到了一定的问题，主要表现在以下三个方面：

（1）竖向规划尺度较小，内容单一，实施系统性不强

传统竖向规划一般集中在某个地块或小园区，规划目的是满足小片区地块的开发需要，规划主要内容包括确定城市用地坡度、控制点高程、规划地面形式及场地高程，合理组织城市用地的土石方工程和防护工程等。但由于规划尺度较小，无法将片区面临的如低洼区内涝、土方消纳等问题统一纳入片区整体竖向规划当中予以解决。随着开发规模的扩大，容易

出现与周边的其他区域不协调的情况，同时由于管理部门对地块的竖向实施刚性管控力度不足，导致相邻地块，甚至同一道路的两段由于在不同的规划片区，导致在后续实施过程中出现无法衔接的现象。究其原因，就是竖向规划内容单一，缺少系统性指引，导致后续实施性不强[1]。

（2）传统竖向规划研究深度不足，无法有效指导工程建设项目

目前传统规划中对竖向规划重视不够，导致竖向规划在各层级的规划中研究内容相对较小，深度相对较浅，在详细规划中了也仅是重点提出道路交叉点控制标高，对后续项目的指导性不足。但由于竖向规划同时涉及防洪排涝、市政工程管线敷设、场地土方平整、近期开发项目实施等众多方面，这就导致在具体实施过程中出现与其他规划的协调性较差，无法满足后续实际项目开发需要的情况。

（3）传统竖向规划方法无法满足新时期城市开发土方平衡的需求

在早期的竖向规划中，由于用地供应充足，土方处置压力较小，土方处置成本较低，竖向规划方案中对土方平衡内容考虑相对较少。但在新的发展阶段，在城市开发中，特别在特大城市中，传统自然地形已开发殆尽，新的城市开发已集中在城市更新、旧城改造当中，这已不是简单的对自然地形的改造，而是对已改造过的地形重新进行竖向规划设计，同时由于用地供应紧张，城市发展面临较大的土方处置压力，传统的竖向规划方法和内容已无法满足新时代城市发展的需求，亟需进行规划方法的创新。

3 新时代背景下的竖向规划

3.1 基本要求

《中华人民共和国国民经济和社会发展第十四个五年规划和2035年远景目标纲要》从国家层面首次提出"实施城市更新行动"，为创新城市建设运营模式、推进新型城镇化建设指明了前进方向。这表明中国城市发展已经进入了一个新的阶段。"十四五"规划中城市更新模式的提出表明，中国已由简单粗放的数量型发展向质量型发展转变，高质量发展成为共识。在城市规划方面，加快转变城市发展方式，统筹城市规划建设管理，实施城市更新行动，推动城市空间结构优化和品质提升已成为必然趋势。上述背景对竖向规划在新时代也提出了新的要求：

（1）城市规划进入精细化管理阶段，要求竖向规划更加注重实施性

随着城市发展方式的转变，城市建设、管理、运营等各方面都发生了重大变化，目前在空间规划层面已逐渐展开，如编制国土空间规划，将其他各种空间规划均纳入其中，统一管理，减少各类规划之间的冲突。在竖向规划方面，也有必要建立统一竖向管控体系，将各类项目中的竖向内容统一纳入规划管理平台，实现系统化管理，统筹各方建设，避免出现竖向冲突的现象。

（2）针对土方处置难度大问题，要求从竖向规划方面提出减少土方产生的措施

在国务院"无废城市"建设试点工作方案中已经明确提出，要大力推进建筑垃圾源头减量。2019年5月深圳市入选全国"无废城市"建设试点，在实施方案中明确提出加强竖向规划设计，促进施工图源头减排，建立建筑废弃物限额排放制度。这就要求在编制各层级竖向规划中，均应尽可能优化竖向设计方案，考虑从源头上减少土方排放的措施与方法。

（3）针对近、远期项目衔接问题，要求实现竖向设计精细化

由于传统空间规划影响，传统竖向规划往往片面追求道路或场地的整齐与平整，导致出现规划与现状相差较远的现象，无法有效指导项目的开发建设。针对此问题，要求竖向规划在编制过程中应特别注意规划方案的近、远衔接问题，对竖向方案进行精细化设计，满足不同类型项目的开发建设需求。

3.2 应对措施

（1）采用多元化的竖向规划策略，增强竖向规划的综合性

竖向规划在实施过程中往往涉及防洪排涝、市政工程、土方平衡等多个方面，其核心问题是场地在竖向上的不协调，单一注重某一方面的内容，无法实现对该问题的系统解决。因此，有必要扩大竖向规划的研究内容，采用多元化的竖向规划策略，将不同项目中遇到的竖向问题都统一纳入竖向专项规划中予以统筹考虑，系统解决，这样既可以避免出现其他规划项目在实施过程中的竖向冲突问题，又有利于从系统性和全局性角度解决竖向问题，增加竖向规划的综合性[2]。

（2）强化城市更新项目竖向研究，从源头上减少土方产生量

目前，城市更新已成为城市开发建设的重要手段，但在城市更新项目往往会产生大量的土方无法消纳，在更大范围内也难以实现土方的就近平衡。因此，建议加强城市更新项目中对场地竖向的研究，如适当抬升场地标高、进行错台开发等，多源头减少土方产生量，从而降低城市消纳土方的压力。

（3）增强竖向规划的研究深度，灵活设计竖向衔接方案

为保证竖向规划的有效实施，一方面应深化对竖向规划的研究内容，加强对现状场地、周边环境、规划要求的分析，提高规划的科学性，另一方面要结合实际的需求，灵活设计竖向规划方案，还应加强与近期项目的对接，充分研究近期开展项目的需求，提出对近期开发项目的竖向控制要求，保证竖向规划能够有效指导项目开发建设[3]。

4 实践案例

4.1 系统化设计的竖向规划——大空港片区竖向专项规划项目

（1）研究对象

大空港片区位于宝安区西部的珠江口东岸，规划面积约为91.5km²，规划区地处珠三角

核心，地理位置十分优越，总体定位为广深港澳科技创新走廊建设的重要节点、粤港澳大湾区融合发展的核心引擎，发展潜力明显。同时，大空港片区也是宝安区的老城区，规划范围内同时面临地势低洼区城市内涝、城市更新产生大量的土方无法消纳、填海工程的土方需求三大问题亟待解决。

（2）竖向对策

针对城市发展面临的问题，结合用地现状、内涝治理、用地规划、城市更新等情况，将从不同角度提出的竖向问题统一纳入竖向规划当中予以解决，提出了竖向统筹的总体策略，同时结合不同类型用地的特点，从竖向角度将城市用地分为保护型、管控型、引导型三大类，并系统性地提出了针对性的规划策略，以统筹解决片区面临的竖向问题（图1）。

①保护型用地规划策略：结合现状地貌进行特征识别和整体保护，辅以适当的修复提升和局部改善。竖向优化的方式：区内绿地、广场可建设下沉式花园；利用山体塑造地形，用以消纳土方；滞洪区等水体可适当降低标高，增加蓄滞洪能力。

②管控型用地规划策略：对现状较为成熟的场地竖向系统进行整体研究，分析其竖向控制框架和薄弱环节，并加以优化和完善。竖向优化的方式：增加排水管道，疏通管道；增设泵站，增强排水能力；疏通拓宽排涝河道。

图例
保护型用地
管控型用地
引导型用地
规划范围

图1　大空港片区竖向实施指引示意图

③引导型用地规划策略：梳理现状地形优劣条件，结合用地开发和建设需求，从保证安全的角度出发，重新设计竖向方案，确定竖向规划控制方案和措施，引导后续工作的开展。竖向优化方式：进行竖向整体设计，适当抬升场地标高，在规划中通过减少地下室开挖、优化竖向方案，引导城市用地竖向布局[4]。

4.2 精细化设计的竖向规划——保税区围网片区竖向专项规划

（1）研究对象

盐田综合保税区二期围网位于盐田港后方陆域地区，面积约49.4hm^2，现状用地以物流拖车场、城中村用地为主，地势整体呈北高南低、西高东低态势，整体坡度平缓，但内部台地地形明显，高差较大，现状地形十分复杂。同时片区还面临近期海关基地建设需求，迫切需要明确场地的近期竖向控制要求（图2）。

（2）竖向对策

1）近远结合，灵活设计竖向方案

根据片区面临的需求，设计了近远期结合的竖向方案，近期以优先满足一期开发项目如海关查验基地、巡查道路的建设要求，同时也预留了远期调整衔接的可能，保证近远期项目

图2 盐田综合保税区二期竖向规划一张图

能够顺利衔接。

2）加强设计，实现竖向设计精细化

根据正在开展的海关查验基地的建设要求，强化现场踏勘与评估分析，针对场地条件复杂的情况，提出竖向规划提前介入项目可行性研究当中，对海关查验基地内部的建筑、场地、道路等提出了系统性的竖向控制要求，实现精细管控与设计，为下一步项目可行性研究提供了竖向指导。目前，该项目已经顺利报批，并开工建设[5]。

4.3 土方平衡导向的竖向规划——坪山老城片区竖向专项规划

（1）研究对象

坪山老城片区位于坪山区中心区中部，规划面积1.5km²，是坪山区的重点发展片区。片区属于高度建成区，现状以城中村为主，建设用地比例高达90%，西侧有坪山河穿过，有防洪安全要求；整体地形平缓，内部存在积水点，城中村内部存在排水不畅问题；内部有10个不同开发主体的城市更新单元，同时面临着竖向近远期协调困难及大规模城市地下空间开发产生的土方无法就近平衡消纳的难题（图3）。

（2）竖向对策

1）优化竖向开发模式，实现土方源头减量

竖向设计方案从保障场地防洪安全，不出现内涝点为基本原则，同时考虑到未来场地二次开发后带来的场地开挖基坑土无法消纳问题，提出新的竖向开发模式，即将场地整体进行

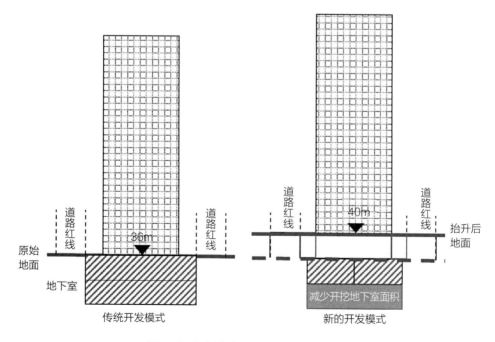

图3 坪山老城片区竖向开发模式示意图

适当抬升，一方面以减少地下室开发带来的土方消纳问题，另一方面多余土方可就近填于内部低洼区域，以降低内涝风险。根据新的开发模式，经估算，预测可较传统竖向开发方式减少土方产生量约250万m³。

2）综合协调，统筹设计整体竖向规划方案

规划区内近期有4项城市更新项目，远期有6项城市更新项目，近远期更新项目范围错落交叉，各地块开发时序与周期各不相同，开发条件十分复杂。针对此情况，竖向规划从系统性和整体性视角出发，综合协调各项目的竖向需求，统筹设计了片区竖向整体竖向方案，结合近期保留区域设计了近远衔接的竖向方案，保证竖向规划在近期实施项目中有效落实，同时也为远期调整指明了方向。目前，该规划已正式通过市政府批复，近期更新单元项目已开工建设[6]。

5 小结

在不同的城市发展阶段对竖向规划会提出不同的要求，本文结合新时代的发展特征，提出对竖向规划的基本要求，并对新时代开展竖向规划进行了一定探索。但关于竖向规划的方法和技术手段还有待进一步完善，不同地区面临的竖向问题也不尽相同，因此，各地在开展竖向规划时，应结合地区的实际情况，因地制宜地提出适合本地区的应对措施。

参考文献

[1] 王强，刘子龙，曾玉蛟. 基于内涝防治的城市竖向规划技术方法研究 [J]. 给水排水，2018，54（4）：36-40.

[2] 林渊. 问题、目标导向下滨海地区竖向规划方法探索——以福州滨海新城为例 [J]. 城市道桥与防洪，2018（11）：180-185，24.

[3] 江腾. 新型背景下，城市竖向规划的方法探讨——以深圳市前海合作区为例 [C] // 城乡治理与规划改革——2014中国城市规划年会论文集. 北京：中国建筑工业出版社，2014：194-203.

[4] 深圳市城市规划设计研究院. 宝安区大空港及周边片区竖向详细规划规划 [R]. 深圳：深圳市城市规划设计研究院，2020.

[5] 深圳市城市规划设计研究院. 盐田综合保税区（二期）围网及相关基础设施建设项目竖向规划 [R]. 深圳：深圳市城市规划设计研究院，2019.

[6] 深圳市城市规划设计研究院. 坪山老城片区规划统筹市政专题研究及竖向规划 [R]. 深圳：深圳市城市规划设计研究院，2019.

城市余泥渣土受纳场生态修复与空间演进策略

吴丹　祝新源（生态低碳规划研究中心）

[摘　要] 随着深圳市城市建设加快，面临余泥渣土围城的老问题，且余泥渣土受纳场处理方式单一，处理设施不仅滞后于社会经济绿色发展的实际需求，还占用大量土地资源，造成生态环境破坏和社会经济效益损失。为深入贯彻落实生态文明建设和推动绿色发展，本文以深圳部九窝余泥渣土受纳场为例，基于其现状生态环境土壤贫瘠又处于山海连城生态廊道重要连接点的特点，提出以建设美好家园为导向的环境改善方法，通过水生植物多级净化与浅表流系统建设、全域可持续土壤生态修复与局部改善、千年林打造与植被群落分区改善重构、鸟类栖息地生境营造与入侵物种防治等措施，促进形成稳定的生态群落，改善为具有高恢复力、抵抗力、稳定性的生态韧性空间，实现将余泥渣土受纳场改造为顶极自然群落的目标。同时，为深圳市率先打造美丽中国典范，建成国家绿色建造示范城市，建设健康美好家园作出贡献。

[关键词] 余泥渣土；贫瘠土地；生态修复；深圳部九窝

1　引言

深圳市是贯彻落实我国推动绿色发展，促进人与自然和谐共生的创新示范区。深圳市一直坚持把改善人居环境和建设美好家园摆在与经济发展同样的位置，深入贯彻落实习近平总书记关于生态文明建设和绿色发展的重要讲话精神，持续全面提升生态环境质量。随着深圳市城市建设加快，余泥渣土产生量不断增加，并且多处余泥渣土受纳场基本填满，面临余泥渣土围城的老问题，且余泥渣土受纳场处理方式单一，处理设施不但滞后于社会经济发展的实际需求，还占用大量土地资源，造成生态环境破坏和社会综合效益损失。因此，研究深圳市余泥渣土受纳场环境改善方法面临着迫切需要，其也将为深圳市建设以人民幸福为核心的美好家园和建设健康中国作出贡献。

2 背景与问题研究

2.1 固体废弃物处置需求与生态环境保护之间的矛盾引发社会关注

深圳市土地资源稀缺，城市建设与发展高度依赖城市更新策略，相应地会产生数量更为庞大的建筑废弃物[1]。随着深圳市的城市发展，城市余泥渣土的问题越来越引发社会的共同关注。据统计，深圳市2017～2020年每年产生余泥渣土9150万m³，余泥渣土的平均密度为1.6t/m³，折合约为5780万t。城市余泥渣土已经成为深圳市最主要的固体废弃物，有明显的固体废弃物处置需求。由于2015年深圳市光明新区红坳余泥渣土受纳场发生特别重大滑坡事故，百米高的渣土倾泻而下，3个工业园区的33栋建筑损毁或被掩埋。发生滑坡的余泥渣土受纳场，主要堆放渣土和建筑垃圾。面对余泥渣土的堆填现状及灾害易发的恶劣影响，亟需提出有效处理渣土的技术措施，防止类似的安全隐患和水土流失问题。

2.2 余泥渣土资源化利用与土地资源再释放是建设美好家园的重要需求

深圳市目前建设开发产生的余泥渣土除用于项目土地平整之外，主要采用填埋方式处理，这不仅占用了宝贵的土地资源，而且未能将余泥渣土有效资源化利用，造成资源的浪费、生态环境的破坏和社会综合效益的损失。当前余泥渣土受纳场皆为闲置地，也违背了土地节约利用的需求。当前纯土与建筑垃圾为主的拆建物料混杂不分，在末端开展回收再用存在较大困难，亟需发掘余泥渣土受纳场所具有的资源价值。深圳市在生态治理与管理方面一直耗资巨大，"12·20"光明滑坡事件出现后，对于余泥渣土受纳场的安全风险防范工作也耗资巨大，探索余泥渣土环境改善对策，是建设美好家园的重要需求。

2.3 余泥渣土受纳场生态环境问题是行业发展及科技研究的关注重点

在科技发展方面，面对大量的余泥渣土，仅靠渣土受纳场和填海工程难以解决实际问题，需采用科技创新性技术，将余泥渣土自产自销，综合利用，就地解决。关于余泥渣土受纳场的生态修复研究需要与自然环境、气象环境、水文条件等有效结合，并应用新技术解决传统处理方法产生的高能耗、高污染、高成本的问题，促进余泥渣土的循环再利用，缓解环境问题。同时对于余泥渣土受纳场的生态修复进程可采用实时动态监测、AI智能分析、动态管理运维，新兴技术也在逐步应用于生态环保行业中。

3 国内外研究现状和发展趋势

3.1 国际研究进展和发展趋势

国际上对余泥渣土处置的研究起步较早，方法技术相对成熟。但基本围绕余泥渣土的源头减量化、资源化、无害化及产业化展开，并配套出台了一系列政策和管理办法，已形成一定市场规模。德国是世界上首个提出余泥渣土回收再利用的国家，每个地区均有大型的建筑废弃物再加工综合工厂，其中与余泥渣土资源化相关的法规有数十个，注重源头控制，其次是考虑对其进行再利用和再循环。美国相当重视对余泥渣土的利用与管理，并进行了长达一个多世纪的余泥渣土法律规范建设，主要做法是分层次综合利用，"减量化""无害化""资源化"与综合利用"产业化"。荷兰对余泥渣土明确规定了三级政府管理职责制，并制定了一系列法律法规，创建了限制废弃物倾卸处理和强制再循环运转的质量控制制度，如余泥渣土分拣公司负责按照其污染程度进行分类，并贮存干净的砂，同时清理受到污染的砂。法国、新加坡主要推行垃圾处理"减量化、资源化及再循环利用"的原则，对余泥渣土进行分类管理及综合循环利用。日本将余泥渣土称为"建设副产物"，要求经过"再生资源化设施"进行处理，详细规定了各类废弃土的性质与用途去向，形成了整套建设废弃土及泥土改良处理工法，实现对余泥渣土收运的灵活高效运作及管理。

3.2　国内研究现状和水平

目前我国对建设施工产生的余泥渣土的处置，主要采取填埋的方式。随着《中华人民共和国循环经济促进法》《"无废城市"建设试点工作方案》《绿色施工导则》等法规文件的颁布实施，对余泥渣土的处置逐渐规范展开。遵循绿色建筑理念，推广绿色施工技术，并改变粗放式施工与浪费现象，要求政府通过收费杠杆对减量化进行管控。减量化体现在源头的分类回用等方面，一部分用于自身工程的回填与场地平整，另一部分可通过渣土回收利用系统对废弃泥浆分类收集后进入盾构环流系统重复利用等；无害化主要是对一般无危害余泥渣土通过脱水减量化后可直接填埋，对存在污染的余泥渣土还要通过固化/稳定化处理后方可填埋；资源化利用包括全量利用和部分利用，全量利用主要以填海造地、堆山造景、场地回填等为主，其中填海造地目前已基本完成，堆山造景主要在北方平原地区应用较多，部分利用主要通过再生建材的方式进行。水土保持生态工程主要是通过城市建设项目土石方的合理处置，控制城市水土流失[2]。

3.3　研究突破的可能性

综上所述，国际上和国内相关领域研究更多关注余泥渣土的减量、处置、物理性质的再利用等方面，对余泥渣土受纳场贫瘠土壤生态环境的改善探索尚处于空白，同时在生态修复技术及评价引导下，使余泥渣土受纳场具备可持续性、可恢复性的空间功能尺度研究也处于空白阶段。本研究拟解决城市余泥渣土受纳场如何通过人工的环境改善与生态修复方法，形成稳定的生态群落并能够在未来逐渐进行空间韧性的演变，实现建设美好家园的愿景，对于改善深圳市余泥渣土围城的现实问题具有重要的理论价值和现实意义。

4　部九窝余泥渣土受纳场环境条件

4.1　山海连城生态廊道的重要连接点

部九窝以北为阳台山，以南为塘朗山，是深圳山海连城生态廊道的重要连接点（图1），即阳台山—塘朗山—园博园—香蜜公园—深圳湾的生态廊道的重要组成部分，同时涉及长岭皮水库水源保护区，在《深圳市基本生态控制线范围图》中属于深圳市基本生态控制线保护的重要区域。羊台山森林公园是深圳重要的自然保护地，有着丰富的野生植物资源与野生动物资源。长岭皮水库位于大沙河支流长岭皮河上游段，是一座具有城市防洪和供水功能的中型水库。

阳台山植物群落
主要乔木有荔枝（Litchi Chinensis）、山乌桕（Sapium Discolor）、山油柑（Acronychia Pedunculata）、鸭脚木（Schefflera Octophylla）、土蜜树（Bridelia Monoica）、簕欓花椒（Zanthoxylum Avicennae）、马尾松（Pinus Massoniana）、银柴（Aporosa Dioica）等

塘朗山植物群落
主要建群树种有鲇莓（Castanopsis Fissi）、马占相思（Acacia Auriculaeformis）、枫香（Liquidambar Formosana）、鸭脚木（Schefflera Octophylla）、山乌桕（Sapium Discolor）、土沉香（Aquilaria Sinensi）、潺槁树（Litsea Glutinosa）等

银湖山植物群落
鲇莓锥（Castanopsis Fissa）、木荷（Schima Superba）、山乌桕（Sapium Discolor）、润楠（Machilus Chekiangensis）、野漆树（Toxicodendron Succedaneum）、枫香（Liquidambar Formosana）

阳台山　西丽湖　银湖山　塘朗山　园博园　香蜜公园　深圳湾公园

图1　部九窝所在生态区位图

4.2　次生林与人工植被为主，物种单一

部九窝现状植被有7个植被型11个植被群系（表1、图2），分别是常绿阔叶林，常绿、落叶阔叶混交林，常绿阔叶灌丛，灌草丛，用材林，经济林，果园。植被群落总体质量一般，以次生林与人工植被为主，物种多样性较低，植被群落层次单一，群落优势种多为豆科植物。有大面积分布常绿阔叶灌丛，以银合欢为绝对优势种，罕见其他伴生种，林下植被也

较为单一，主要有海芋和芒草，群落生长状况一般，观赏性较差。部九窝中林相相对较好的植被群落为分布于山脊线两侧的常绿阔叶林，优势树种有大叶相思、鸭脚木等，还伴生有秋枫、豺皮樟等，林下植被也较为丰富，植被郁闭度较高。

部九窝植被类型组成表　　　　　　　　　　　表1

植被型	植被型	植被群落（群系）
阔叶林	常绿阔叶林	木荷林
		大叶相思+鸭脚木群落
	常绿、落叶阔叶混交林	大叶相思+白花泡桐群落
		枫香+白花泡桐+糖胶树群落
灌丛与灌草丛	常绿阔叶灌丛	银合欢+海芋群落
		银合欢+芒草群落
		银合欢+大叶相思—芒草群落
	灌草丛	芒群落
人工植被	用材林	桉树林
	经济林	小叶榕、月季、簕杜鹃等苗圃
	果园	荔枝园

大叶相思+白花泡桐—银合欢
（部九窝南面水域附近）

枫香+白花泡桐+糖胶树
（部九窝变电站附近）

木荷+鸭脚木+豺皮樟
（位于部九窝北面区域）

大叶相思+鸭脚木+秋枫
（位于部九窝南面水域附近区域）

银合欢—芒草群落
（位于部九窝东面、北面与中部区域）

银合欢—海芋群落
（位于部九窝中部区域，苗圃附近）

银合欢+大叶相思—芒草群落
（位于部九窝南面水库附近）

芒草群落
（位于部九窝北面与南面区域）

桉树林
（位于部九窝东北面区域）

荔枝园
（位于部九窝西面、南面及北面区域）

图2　部九窝现状植被群落图

4.3　鸟类觅食的中转站和物种交流地

受长岭皮水源保护区和羊台山森林公园影响，部九窝鸟类资源较同类型的项目地丰富，是众多鸟类觅食的栖息地和"中转站"，地处羊台山森林公园和长岭皮水源保护区的交汇过渡区，是重要的"物种交流地"。该地区兽类资源较为贫乏，除野猪外，其他大中型兽类较为少见。珍稀濒危兽类资源较少，这与该区域生境质量不高、人为干扰较大、林地面积较小有关。

两栖类遇见率较高的物种为黑眶蟾蜍、沼蛙、泽陆蛙，其种群数量相对较高，且分布广泛。爬行类遇见率较高的物种为中国壁虎、变色树蜥，其种群数量相对较高，而其他物种数量稀少。

鸟类资源丰富，在部九窝范围内共调查到鸟类10目30科51种，约占广东省已记录153种的33.33%。其中珍稀濒危重点保护鸟类8种，国家二级重点保护鸟类5种，广东省重点保护鸟类3种。被列入《濒危野生动植物种国际贸易公约》附录Ⅱ的4种，被列入《中国脊椎动物红色名录》（2016年）近危等级的1种，三有保护动物36种。

区域包括"库塘—森林"复合型生态系统结构，包含了环库山林、水面、溪流等多个地形地貌，使栖息生境多样化。以红耳鹎、暗绿绣眼鸟、白头鹎等为优势鸟种，这些鸟多数为当地留鸟，遇见率较高，而很多物种偶见的可能性较大，记录次数仅为1~2次，个体遇见率普遍较低，这可能受调查次数的影响，或鸟类本身只是途经此地。

此外，部九窝范围内有多个小水坝以及盾构坑，四面环山，水坝与盾构坑周边受干扰相对较少。调查发现，白鹭、牛背鹭以及斑鱼狗和小鹏鹏等在此处栖息，这些鸟类的出现，在一定程度上反映了该区域具备一定的水鸟栖息的生境基础（图3）。但就目前调查数据来看，这部分鸟类种群数量较少，占比不高，部九窝在生境营造和鸟类保护上任重道远。

图3　濒危重点保护动物分布图

4.4　原生汇流路径与人工构造坝叠加

场地北高南低，原生汇流路径总体从北向南，以汇入长岭皮水库为主流向，但根据现状勘测地形分析，场地具有13座构造坝，加之堆置工艺要求形成的复杂地形，原生汇流路径与人工干扰后的地形叠加，形成了多个汇水分区，场地北区由西北向东南汇流，中区由东南向西北汇流后向南汇流，南区由西向东汇流。生态环境改善的同时应当遵循自然水文汇流路径，不改变开发前的汇流方向，组织场地排水（图4、图5）。

图4　部九窝现状地表排水设施图

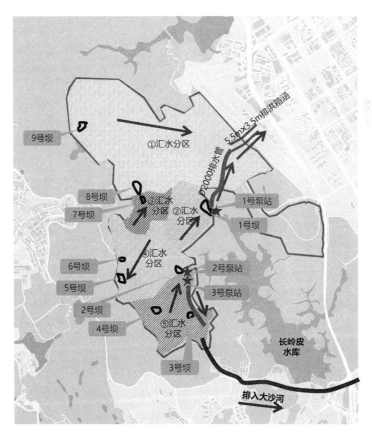

图5　部九窝现状汇水分区图

4.5 土壤环境紧实贫瘠植物成活率低

部九窝场地浅表层的构成为素填土以及含有机质黏土，其稳定性差、土质和密实程度不均、压缩性高、承载力低。由于填土场的素填土深度达到了30～70m，且浅表层的素填土堆填时间小于5年，故无法完成自重固结。根据2019年2月15日土壤取样分析报告，现状表层土壤为建筑渣土、建筑杂质，且土质紧实问题突出，对于植物的栽培特别是高大乔木的栽培会有一定的问题，需要进行土壤改良；土壤酸碱度较适宜、盐分问题对于种植植物不明显。总体而言，现有表土资源需经过改良处理才可进行植被种植。

4.6 外来物种入侵现象突出但尚可控

部九窝中的入侵植物分布较多，常见入侵种有三裂叶蟛蜞菊、白花鬼针草、薇甘菊等，几乎全区分布。其中以薇甘菊分布最广，区域内随处可见，薇甘菊主要攀援缠绕于乔灌木植物重压于其冠层顶部，阻碍附主植物的光合作用继而导致附主死亡，对调查区域的6～8m以下的乔灌木树种的林分危害较大。其他入侵植物分布面积较少，生长繁殖尚未达到不可控的地步。

红火蚁入侵现象较严重，研究区记录到蚂蚁3种，包括黄蚁（Monamorium Pharaonis）、红火蚁（Solenopsis Invicta）和日本弓背蚁（Camponotus Japonicus），在每个样方均发现了红火蚁巢穴。

5 部九窝余泥渣土受纳场环境改善方法

5.1 建设美好家园导向下的环境改善思路

立足于余泥渣土受纳场面临的实际问题，以"科学改善、健康修复、自然恢复、优质修复"为目标，针对部九窝余泥渣土受纳场松散堆积物的理化性质差，植物种类单一和群落结构不合理等问题，依据现代植物—动物—微生物生态修复技术，从土壤、水文、动植物三个方面进行系统性环境改善。加强建筑废弃物资源化、土壤质量安全健康、场地降雨径流海绵功能等植物的生态化改善措施，并注重三者的统筹协调，系统化集成绿地生态技术[3]。通过废弃地复垦与生态修复，合理调整建设用地布局，促进土地资源节约、合理和高效利用，改善生态环境，提升土地资源的综合承载能力，是实现生态文明建设宏伟目标的基础和重要保障[4]。

场地整体生态修复规划围绕水、土壤、生境栖息地三大要素主体，结合场地现状自然要素，以低干预近自然的形式开展生态修复工作。规划策略分为三大方面，一是复苏中心水脉，二是全域土壤修复，三是营造多样生境，以自然修复手段为主、人工介入为辅，创造万物生息的余泥渣土受纳场生态修复典范（图6）。

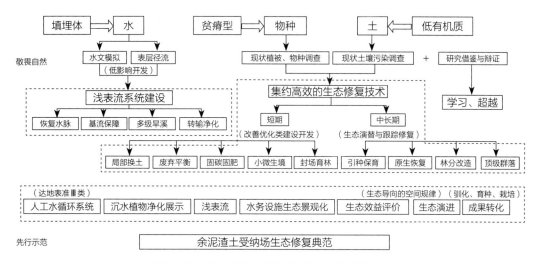

图6 部九窝余泥渣土受纳场环境改善思路图

5.2 水生植物多级净化与浅表流系统建设

浅表流系统建设方面，恢复延续自然水脉，建设多级旱溪生物滞留设施，通过旱溪中的生态构造层和植被，对地表水进行转输净化；建设生物滞留设施，设置于汇流路径终端节点收集地表汇流雨水；通过水生植物净化后的雨水进行资源循环利用，进行沉水植物区补水，进一步净化后可作为景观界面用水。打造多级净化型水生植物改善水质，大多数水生植物水净化功能良好，并且可以通过吸收水中的有害物质，从而改善富营养化水质；水生植物的净化机制是通过其生命活动，分解、转化和吸收水中的有机污染物和重金属物质并将其富集、固定在体内或土壤中，减少水体中污染物量；除此之外，水生植物还具有较高的观赏价值，广泛应用于城市水体景观中。

根据现有相关资料显示，部九窝局部地表水存在污染问题，受长岭皮水库二级水源保护区要求限制，为避免污水下渗扩大污染范围，不宜使用传统具有下渗滞蓄功能的海绵设施。建议通过多层级净化水系的浅表流系统建设，组织雨水地表排放，提升排水系统的生态效益，恢复延续自然水脉，建设多级旱溪生物滞留设施，通过旱溪中的生态构造层和植被，对地表水进行转输净化（图7）。生物滞留设施均位于汇流路径终端节点收集地表汇流雨水，雨水回用，进行沉水植物区补水，进一步净化后可作为景观界面用水。

5.3 全域可持续土壤生态修复与局部改善

对全域进行利用适种植物可持续改善土壤土质，固氮固肥，结合土壤微生物与动物协同改良土壤质量。利用植物修复和消除由有机毒物和无机废弃物造成的土壤环境污染，其通过植物系统及根际微生物群落来移去、挥发或稳定土壤环境污染物。固氮植物种植改良土壤基质，先锋植物抗逆性强，能改善土壤质量，分阶段重建植物生态群落。

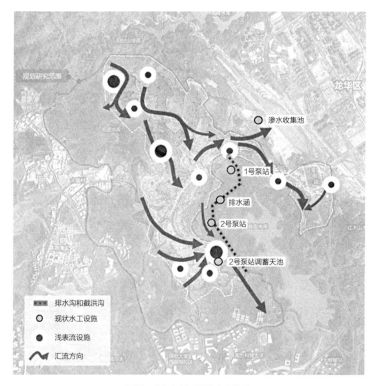

图7　浅表流系统布局图

在需进行花卉种植景观打造的区域进行表层种植土补充及局部换土改良土壤基质。表层种植土补充及局部换土改良土壤基质，客土覆盖废弃地土层较薄时或是缺少种植土壤时，可直采用异地熟土覆盖，直接固定地表土层，并对土壤理化特性进行改，特别是引进氮素、微生物和植物种子，为重建植被创造有利条件。添加结构性改良基质和有机肥料改良底土结构，提供养分全面，添加堆肥、沤肥、有机质等增加土壤肥力，形成微团聚体，改善土壤结构，形成腐殖质。土壤改善系统布局如图8所示。

5.4　千年林打造与植被群落分区改善重构

千年林打造区，将常绿阔叶林、常绿落叶阔叶混交林进行重点保育；群落重构修复区，将现状芒草、桉树分布区进行群落重构修复，进行宫胁造林法指导下的植被群落修复；林分改造修复区，分两批适地适树原则下的林分改造（图9）；栖息地复合生境修复区，保护动物群落，修复多层植被群落支撑下的森林栖息地，生态位原则指导下的林鸟招引。

5.5　鸟类栖息地生境营造与入侵物种防治

多层植被群落支撑下的森林栖息地，兼顾小型动物、昆虫、鸟类在内的多种动物的生存需求、绿地景观需求，保证绿地功能的充分发挥（图10）。栽种植物应选择以乡土植物为

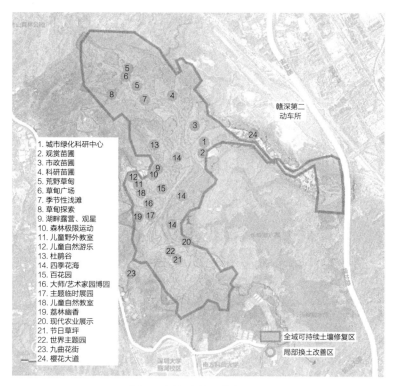

1. 城市绿化科研中心
2. 观赏苗圃
3. 市政苗圃
4. 科研苗圃
5. 荒野草甸
6. 草甸广场
7. 季节性浅滩
8. 草甸探索
9. 湖畔露营、观星
10. 森林极限运动
11. 儿童野外教室
12. 儿童自然游乐
13. 杜鹃谷
14. 四季花海
15. 百花园
16. 大师/艺术家园博园
17. 主题临时展园
18. 儿童自然教室
19. 荔林幽香
20. 现代农业展示
21. 节日草坪
22. 世界主题园
23. 九曲花街
24. 樱花大道

全域可持续土壤修复区
局部换土改善区

图8　土壤改善系统布局图

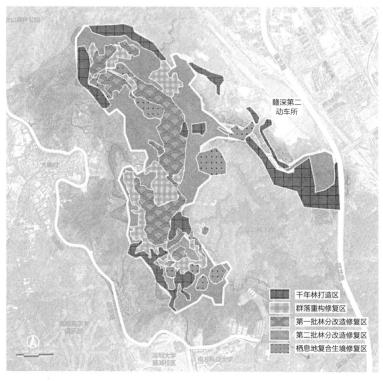

千年林打造区
群落重构修复区
第一批林分改造修复区
第二批林分改造修复区
栖息地复合生境修复区

图9　植被群落分区改善系统布局图

图10 动物栖息地营造系统布局图

主，并考虑植物组成的多样性和乔、灌、草的合理搭配。恢复区在栖息地营造完成后一年内应尽量限制和减少人为干扰。设置动物廊道考虑以安全、隐蔽为出发点，使用微弱照明。生态位原则指导下的林鸟招引，选择具有生态效应的常绿阔叶林作为主体林分，营造不同生态位的生境，提高对林鸟的吸引力。增加食源树种应用比例，增种冬季及早春着果的植物，如女贞、楝、枸骨、冬青等广东鸟类常见取食树种。冬季补饲和悬挂巢箱，补饲可以提高留鸟、食果实种子的鸟及杂食性鸟的越冬存活率，其基本方法是设置喂食台或自动喂鸟器，形式可多种多样，基本原则是地点要固定，可防风、防雨雪，鸟类有安全感。

在红火蚁阻截防控方面，通过饵剂诱灭技术、粉剂灭巢技术、药剂灌巢技术等措施达到控制效果。入侵植物防除通过人工清除入侵植物要点，清除时间应在每年的4~10月，由于薇甘菊、五爪金龙等种的根、茎被折断后极易复生为新个体，必须连续清除并挂起晾晒，每年清除4次以上，切忌偶尔清除一次，又任其再生、扩展。

5.6　余泥渣土受纳场环境改善时序与演进

水脉复苏，根据场地现状地势走向及汇水方向，从北到南，以水为脉，构建生态修复的核心生态脉络骨架，同时建设浅表流系统，多级旱溪净化水质，串联从森林到草甸到湿地的多样栖息地，也为后续为园林景观用水建立基础保障。

土壤先行，根据场地土壤状况调查结果，按照土质情况、土壤污染情况及不同区域土质要求等因素，全域修复土壤，并围绕水系和核心生态受损区进行土壤的可持续改良。

生境营造，以阳台山生态系统为参照，通过植被群落恢复、林分改造、珍稀濒危物种栖息地恢复等手段，增加更多样化的生物栖息地。

通过3~10年的实践对环境进行改善，形成一定的时序和空间演变状态，多维引导不同功能需求下的空间尺度平衡，探索具有高恢复力、抵抗力稳定性的生态景观空间演进规律，研究基于生态效益评估对城市功能的平衡影响，对规划设计提出科学和量化约束与要求，为实现林带展示与顶极自然群落目标的实现打下基础，提出一套适用于余泥渣土受纳场功能规划设计下的环境改善技术方法。在设计时应注重对场地的地形、土壤、水等自然因素的处理，创造新的景观设计形式，要因地制宜地合理使用身边资源建设节约型景观[5]。

6　结论与建议

城市余泥渣土受纳场的存在具有一定特殊性，在空间上通常具有基础设施建设不完善、绿地系统碎片化、生态环境价值低下等方面的问题。因此，对城市余泥渣土受纳场环境的改善也不同于其他一般废弃地的生态修复，要在客观认识场地内基础条件的基础上，依据景观生态学的相关理论来进行环境改善方案的制定，还应综合考虑城市余泥渣土受纳场周边地区的土地开发类型、市政基础设施、生态区位格局等因素，提出统筹周边地区发展的改善建议，在实施当中加强景观生态管理，综合协调生物群落分区与人的活动关系，重构回归自然的集社会、经济、生态、教育、艺术价值于一身的美好家园。不仅如此，余泥渣土受纳场生态服务功能的有效提升，也能提供一定的生态补偿作用，低效碳排放，加强碳固存，有助于缓解社会发展和生态环境之间的矛盾。

参考文献

[1]　柏静，张宇，刘恒，等. 深圳市工程渣土产生特性及其优化管理特征研究[J]. 环境卫生工程，2021，29（2）：16-21.

[2]　张晓远，舒若杰，段东亮，等. 珠三角城市群水土保持生态建设体系探讨[J]. 亚

热带水土保持，2021，3（2）：40-43.

[3] 姜晓卿. 城市困难立地绿化生态改良研究 [J]. 园林空间，2020，5（64）：64-69.

[4] 赵文廷，周亚鹏，许皡. 废弃地复垦与生态修复类型划分体系研究 [J]. 林业与生态科学，2018，33（1）：11-22.

[5] 李哲锋，张艳春，韩磊，等. 风沙地区建筑渣土堆景观化改造中地形及覆土层研究 [J]. 环境科学与管理，2020，45（2）：160-164.

面向高品质空间的"无废城市细胞"规划方法 ——以福田保税区为例

关键　唐圣钧（可持续发展规划研究中心）

[摘　要]　公众对清洁优美的生活环境的追求日益凸显，同时随着生活垃圾分类制度在全国各地逐步建立、"无废城市"建设的试点推进，以及新冠疫情倒逼下的新形势，高品质的环卫设施受到越来越多地方的青睐。本文提出以"无废城市"建设为契机，通过构建"无废细胞"，提升固废收集和处理设施的品质，满足城市发展的需求，从而提升空间品质。同时，以深港科技创新合作区福田保税区的"无废园区"规划实践为案例，介绍了面向高品质空间塑造的"无废城市细胞"规划方法与创新路径。

[关键词]　无废城市细胞；高品质空间；垃圾分类

1　引言

近年来，我国提出由过去的高速增长转向高质量发展，要满足人民日益增长的美好生活需要。在规划领域，高质量发展更多是从城市高品质空间、高颜值城市、低碳绿色生态等方面落实，并有从宏大叙事转向与人民日常生活和精神享受逐步夯实的趋势，回归到人民城市的实践中。在城市固体废物治理方面，也由以往注重末端处理转向全过程的高质量治理，更注重前端的源头减量、原位处理和精细化管控。2019年，国务院办公厅发布《国务院办公厅关于印发"无废城市"建设试点工作方案的通知》（国办发〔2018〕128号），随后国家生态环境部牵头、联合多部委共同推进"无废城市"建设工作，正式拉开城市固废全流程统筹协同资源化处理的帷幕。"无废细胞"作为"无废城市"建设的最基本单元，在承担城市固废减量化和资源化水平、促进城市可持续发展、提高城市空间品质方面，起着举足轻重的作用。

2　"无废城市"与高品质空间的关系

2.1　何为"无废城市"

"无废城市"并非不产生固废，而是以创新、协调、绿色、开放、共享的新发展理念为引领，通过推动形成绿色发展方式和生活方式，持续推进固体废物源头减量和资源化利用，最大限度减少填埋量，将固体废物环境影响降至最低的城市发展模式。"无废城市"并不是没有固体废物产生，也不意味着固体废物能完全资源化利用，而是一种先进的城市管理理念，旨在最终实现整个城市固体废物产生量最小、资源化利用充分、处置安全的目标，需要长期探索与实践[1]。

"无废城市"建设的主要治理对象为生活垃圾、危险废物、建筑废物、市政污泥、农业废物、一般工业固废六大种类，涵盖全社会生产、生活和生态范畴。每一类固废的治理策略根据其自身特征和空间特点而制定，如生活垃圾采用"践行绿色生活，构建生活垃圾源头减量、分类收运处置体系"的总体思路。

开展"无废城市"建设试点是深入落实党中央、国务院决策部署的具体行动，是从城市整体层面深化固体废物综合管理改革和推动"无废社会"建设的有力抓手，是提升生态文明、建设美丽中国的重要举措。

2.2 何为"无废细胞"

"无废细胞"是指社会生活的各个组成单元，包括机关、企事业单位、饭店、商场、集贸市场、社区、村镇、家庭等，是"无废城市"最小空间形态和最基本功能单元，其更强调从以往的重末端管控转型为前溯至源头端的全过程固废治理链条、从政府管控为主转变为全社会参与的模式[2]。

"无废细胞"不仅承担着城市资源循环的最基础功能，其涉及的建筑、设施、举措还有城市内涵表达、价值取向、景观传达媒介的作用。以"无废细胞"的环卫基础设施为例，在空间品质塑造中可以发挥以下价值：

①公共建筑价值。作为公共建筑，在建筑功能需求、风貌审美、设计理念、建造手法方面都可兼容并蓄地体现城市多元包容、传承文化、面向未来的创新特色与时代气息，形成融洽的建筑风格。

②环境质量价值。通过密闭化、自动化、智能化的高科技"无废细胞"设施，杜绝固废臭气的外溢，规避了垃圾视觉外露，提升空间的环境卫生质量。

③常态防疫价值。常态化消毒工作已成为必要事项，生活垃圾、医疗废物等城市固废具有成为病毒和传播媒介的风险，因此，通过在前端快速密闭化收集、消杀存储，以及中端高效安全转运，提升疫情防范能力。

2.3 与高品质空间关系

由上可知，"无废城市"已将城市固废从行业管理层面的工作提升到城市安全与资源循环统筹考量的宏观层面的工作，并将空间单元以"无废细胞"的形式落地和生长，最终形成"无废城市"。在这个过程中，固废收集、转运与处理的需求得到满足，且赋予了设施一定程度韧性，以应对负荷冲击造成的溢出问题，这是"无废细胞"对空间品质提升的第一层贡献。

其次，"无废细胞"建设不仅可以提高城市固废减量化和循环利用水平，同时可以推动城市基础设施高质量发展。例如采用密闭化隐蔽化建设，提升设施景观美感度，使之更好融入城市景观中与风貌中，这是对空间品质提升的第二层贡献[3]。

此外，通过营造高品质的"无废细胞"，让社会各界广泛参与。如增加社区花园营造、公益活动、科普宣教设施，皆在向公众传达绿色生活方式，赋予物理空间可持续发展的文化氛围，这是"无废细胞"对空间品质提升的第三层贡献。

3　"无废细胞"规划策略

3.1　厘清规划层次

首先，在国土空间规划（包括全市和分区两级）层面上，可提出"无废城市"建设的总体目标、原则性的方向和要求，并提出"无废细胞"建设形式和试点范围。

在专项规划层面中，可在《"无废城市"建设专项规划》《环境卫生设施专项规划》《市政大固废治理专项规划》《生态环境保护专项规划》等行业专规中提出"无废城市"构建策略，包括固废分类体系、目标指标体系、设施类型、空间布局、能力规模、用地指标要求等规划信息。

在详细规划层面，如控制性详细规划、修建性详细规划、城市更新单元规划等，需按该层面规划范式及深度要求，提供设施的类别、能力规模、空间位置、用地需求、建设形态、建筑控制指标等内容，并纳入法定图则或控制性详细规划中，为土地出让和开发建设提供用地依据和配套导控[4]。

对于前端收集设施，如生活垃圾分类收集点、危险废物收集暂存点等"无废细胞"小型设施，可在地块内的总平面布局设计中落实，确定建筑面积、建筑尺寸、竖向关系、建设形式等，用于指导工程实施。

"无废细胞"规划体系框架如图1所示。

3.2　特征要素识别

高品质"无废细胞"规划的核心过程是识别规划范围内的关键要素，主要概括为三大类：第一类为空间要素，包括人口数量、空间尺度、建筑密度、主要用地性质类型；第二类为产废特征要素，包括产废种类、源头特点、产废规模、现状设施情况等；第三类为景观风貌要素，如绿化率、绿化空间分布、景观特征、设施与景观风貌融合度等。

将三大类要素识别和梳理后，对规划范围内的对象进行现状评估，主要从设施能力负荷、潜在原位资源化程度、空间环境品质度、外观设计美感等方面进行客观分析，评估与规划目标的差距。

3.3　分类协同定策

在识别规划范围内产废特征要素后，即可明确涉及的固废种类，按行业特性和管辖部门

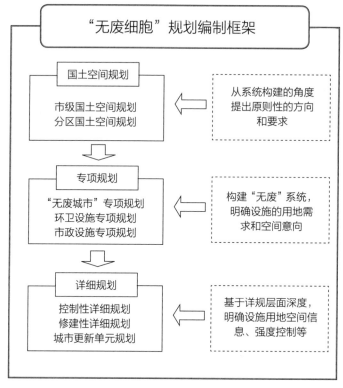

图1　"无废细胞"规划体系框架图

进行划分和整合，如生活垃圾类固废可根据地区分类条例，细分为厨余垃圾、可回收物、其他垃圾和有害垃圾，每类生活垃圾可通过分类收集暂存后，由各自行业转运方式进行清运，或根据物理化学特性，进行原位协同资源化预处理等，进而减少对外排放量[5]。同时，根据处理工艺特点，部分固废种类间可实现协同增效处理的，需在顶层设计时统筹其协同处理模式。

4 "无废细胞"规划案例

国内"无废细胞"规划及实践逐步从源头小范围扩大到片区尺度，本文以深圳市深港创新合作区福田保税区为例，提供"无废园区"这类"无废城市细胞"的规划方法经验借鉴。

4.1 区位概况分析

福田保税区位于福田区最南端，是深港科技创新合作区的西翼，也是深方园区的最核心部分，北距福田中心区仅3km，东临皇岗口岸，南靠深圳河，紧靠中国香港米埔红树林自然保护区，西邻深圳红树林自然保护区，是深圳市七个保税区中区位条件最好的区域。深港科技创新合作区作为福田区构建"一轴两翼"的南轴中央创新区，以科技创新为主轴、以制度创新为核心、以国际合作为特色、以深港协同为抓手，打造深港科技创新开放合作先导区、国际先进创新规则试验区、粤港澳大湾区中试转化集聚区。

4.2　园区要素识别

（1）园区空间要素

福田保税区围网范围为1.35km²，大部分为工业用地和仓储用地，配有少量的商业服务业设施用地和绿地，用地性质较为单一，主要产业是电子信息制造和物流仓储业；此外，福田保税区设有管委会（园区办），并接受福田区福保街道管辖，管理较为独特，但有明确责任主体。因此，判定福田保税区适宜开展"无废园区"的试点建设。

根据百度慧眼大数据分析（图2），园区内工作人口约4.8万人，即人口密度约3.5万人/km²，在深圳市属于中度人口密度区域。园内目前约有200栋建筑，总建筑面积约240万m²，总体容积率约为1.8，属于中低建筑密度区域。

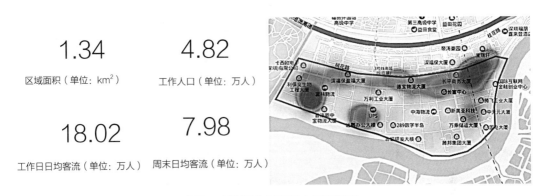

1.34
区域面积（单位：km²）

4.82
工作人口（单位：万人）

18.02
工作日日均客流（单位：万人）

7.98
周末日均客流（单位：万人）

图2　大数据分析福保人口印象图

（2）产废特征要素

通过调研走访、现场实测与物质流分析方法，收集分析规划范围内固体废物的产生类别、数量规模、现状设施等信息，并挖掘资源化潜力。经调研分析，福保园区内主要产生的固废种类为生活垃圾，约45t/d，同时存在少量的危险废物。与此同时，园区内仅有前端收集和中端转运站设施，无资源化处理设施。

（3）景观风貌要素

园区西、南两面紧靠已被列为拉姆萨尔国际重要湿地[6]的中国香港米埔自然保护区，园区绿化环绕，街头口袋公园点缀其中，满眼苍翠欲滴，建筑高度较低，建筑物总体与景观和谐结合，区域城市风貌生态宜人。与之形成强烈对比的是现状环卫设施风貌，存在垃圾外溢、臭味较重的现象（图3）。因此，在现状生态景观和建筑风貌具有突出优势的条件下，更需注重在减量化、资源化过程中保护本底生态环境，提升"无废"基础设施品质，将其有机融入景观环境中。

图3　园区环卫设施外观与其他建筑风貌的对比图

4.3　"无废细胞"规划体系

（1）分类体系构建

根据《深圳市生活垃圾分类管理条例》，并结合园区固废情况，形成"1+4"垃圾分类体系。"1"为建筑垃圾，主要指园区个体户日常小规模装修产生的垃圾；"4"为生活垃圾四个类别，根据组分特性和后端资源化处理工艺可行性，梳理园内固废的一次物流、二次物流，并设计不同固废类别协同增效资源化处理的方式，具体如图4所示。

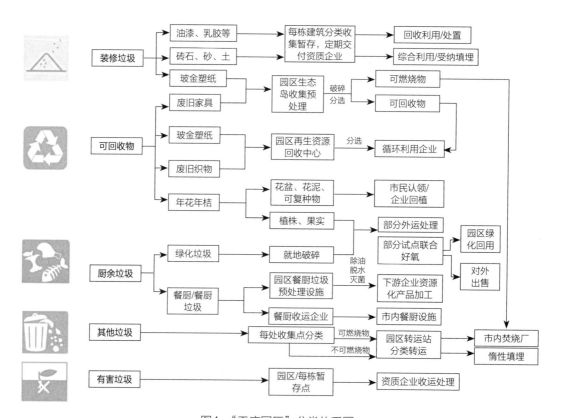

图4　"无废园区"分类体系图

根据现状要素评估的结论，结合区域综合规划、产业发展规划、福田区及深圳市环卫专项规划等相关规划数据，采用线性回归和人均指标法，预测2035年园区的固废产生规模，并形成各类别的细分产生规模。

（2）设施体系规划

从各空间单元出发，识别园区主要产废源和空间类别，构建"建筑单元+员工食堂+生态岛+废品回收站+主干道路"的设施布局空间等级。

①在各地块单元的室外空间，采用景观地埋分类收集点替代传统垃圾桶收集点（图5）。景观地埋垃圾分类收集点，通过电动升降式设备，在非清运状态下，将收集容器置于地面以下，投放口露出地面，在清运工作状态下，通过控制开关将地下的容器抬升，完成收集清运工作。该设施的优势是密闭化智能化程度高，能有效防止蚊虫进入垃圾桶，地面平整美观，无视觉、臭气污染，配合周边的景观美化设计，改变传统环卫收集作业脏、乱、臭的现象。

图5 地块单元景观地埋分类收集点图

②在各地块单元的室内空间，应根据楼宇里产废数量和时序规律，设置有害垃圾、建筑垃圾和危险废物的暂存场所（图6），设置空间不低于30m²。

③选取园区内的较大规模食堂内，试点采用小型机，就地将餐厅、食堂所产生的餐厨垃圾资源化处理，可减量70%；得到的副产物可做成土壤改良剂，用于园林绿化回育。具体形态和工艺如图7所示。

④以"地埋式垃圾转运+原位资源循环"为核心，在园区南部设立保税区生态岛，为园区固废中转和园林绿化处理提供场所，并为公众提供环境优美的休闲和科普展示区（图8）。生态岛的转运作业区总面积约500m²，最大转运能力达48t/d，采用地埋式分类转运站设置双工位，该设施相较传统转运站用地更集约，且常态下密闭存放在地面以下，防止了臭气逸散；转运区西侧为资源循环作业区，占地100m²，近期为园区大件垃圾收集点，远期预留为大件垃圾破碎分选预处理场所。资源循环作业区西侧为生态岛环保宣教角，为游客和提供休憩空间、湿地观鸟台和"无废园区"科普宣传展示栏。同时，对生态岛东侧的现状兴旺废品

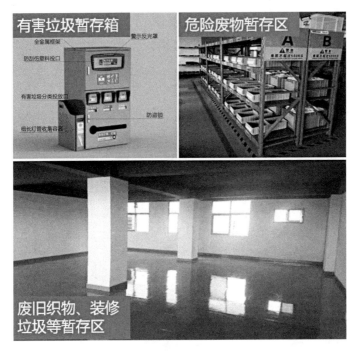

图6 地块室内暂存点图

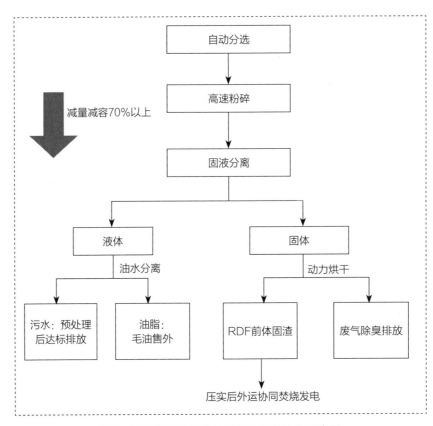

图7 园区餐厨垃圾预处理设施工艺流程示意图

图8 "无废园区"生态岛规划示意图

收购站进行联合整体改造，增加垂直绿化，改善景观性，扩大可回收物和再生资源收集规模，升级为园区再生资源回收中心。

⑤在园区主干道上，用智能果皮箱替代传统果皮箱，实现智能密闭收集，增加街头科技感（图9）。规划选取12处人流量较大的道路交叉节点，设置智能果皮箱。

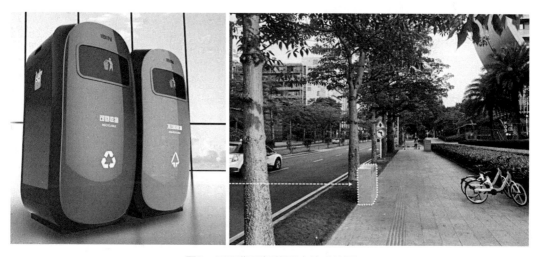

图9 园区街区智能果皮箱实拍图

最终形成15座景观地埋分类收集点，2处餐厨垃圾原位资源化站点，1处生态岛，12座智能果皮箱的"无废园区"设施体系（图10）。

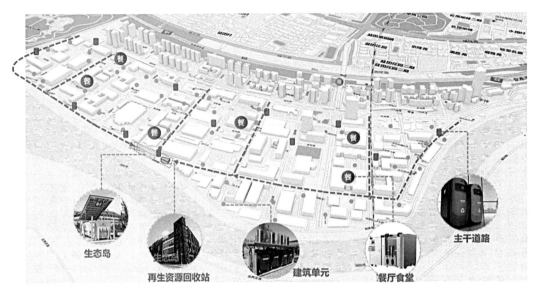

图10　"无废园区"设施规划布局图

（3）智慧管理模式

①由园区管委会作为管理主体，制定园区固废分类治理实施细则，明确不同层级主体、不同园区伙伴的责任职责，并定期提供员工培训和抽查监督；设立设施提升专项资金和奖励制度，可采用租金、物管费优惠等经济形式作为激励政策（图11）。

②打造保税区固废智慧化监管平台（图12），一个中枢，两大场站，多个点位，在线监管，将数据实时纳入园区智慧管理大数据平台，再上传至市固废智慧监管平台，实现在线监

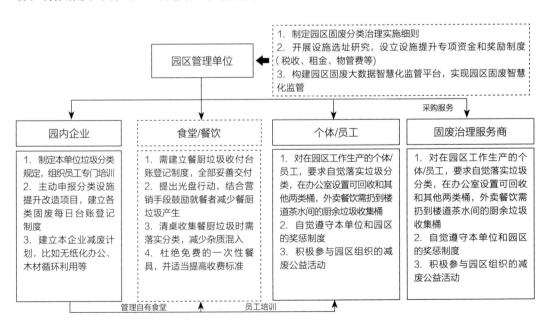

图11　"无废园区"管理职权示意图

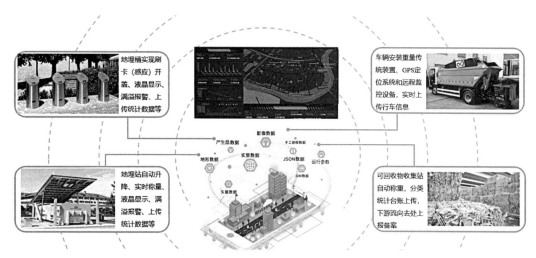

图12　"无废园区"智慧监管示意图

管、预警和应急。

③建立长期技术服务机制。由于保税区内仍存在较多难以统计的细分数据，需要定期通过人力进行动态调研追踪，并录入到园区智慧管理平台，优化修正"无废园区"体系，因此需要通过长期的技术追踪不断完善数据库，设置专项资金，联合机构长期研究。

（4）社区共享共治

其示意图如图13所示。

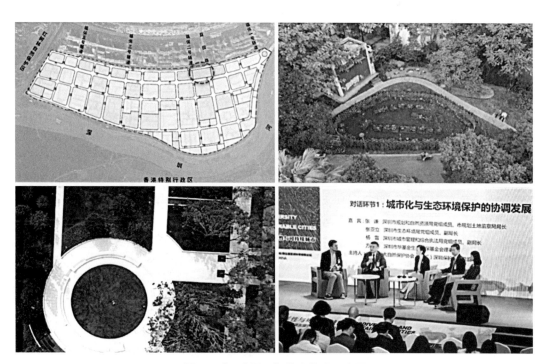

图13　"无废园区"共享共治示意图

①在园区引入"社区花园"制度，将"无废园区"的资源循环理念与社区营造共融。厨余垃圾（餐厨和园林绿化）原位资源化处理后，产生土壤改良剂和炭基肥，可回用于绿化养护和植物栽培。通过腾出园区部分公共绿地，让前来的市民共同打造社区花园，实现循环利用。此外，部分土壤改良剂和炭基肥可用于园区绿化培育，也可定期免费馈赠有需要居民，用于家庭植物栽培。

②开展普及低碳可持续生活方式的公益活动。利用园区的公园、广场、草坪、展厅，不定期举办物—物交换和图书漂流、露天环保工作坊等公益活动，吸引市民周末参与低碳可持续生活方式的体验，提倡和普及"无废文化"。

5 结束语

依托明确的空间布局和推陈出新的科技进步，福田保税区的优势将会与"无废城市"建设目标相结合，打造出一系列标杆项目，塑造成环卫创新平台，成为福田区和深圳市"无废园区"的创新示范案例，并形成可复制可推广的"无废园区"经验模式。

参考文献 _____

[1] 国务院办公厅关于印发"无废城市"建设试点工作方案的通知 [J]. 中华人民共和国国务院公报，2019（4）：5-11.

[2] 刘晓龙，姜玲玲，葛琴，等. "十四五"时期"无废城市"试点建设宏观研究 [J]. 环境保护，2021，49（1）：37-41.

[3] 关键，唐圣钧，丁年. 高品质生活垃圾收集设施规划探析 [C] //面向高质量发展的空间治理——2020中国城市规划年会论文集. 北京：中国建筑工业出版社，2021：313-328.

[4] 深圳市城市规划设计研究院有限公司. 城乡规划编制技术手册 [M]. 北京：中国建筑工业出版社，2015：57-59.

[5] 深圳市城市规划设计研究院有限公司. 城市综合环卫设施规划方法创新与实践 [M]. 北京：中国建筑工业出版社，2020：74-78.

[6] 陈克林.《拉姆萨尔公约》—《湿地公约》介绍 [J]. 生物多样性，1995（2）：119.

高质量发展背景下市政详细规划编制方法探索
——以深圳市小梅沙片区为例

刘瑶　刘应明（水务规划设计研究中心）

[摘　要] 随着城市经济社会不断发展，城市整体更新改造片区越来越多，高强度开发、高质量发展对市政系统规划提出更高要求。本文以深圳市小梅沙片区为例，打破传统市政系统规划的固有思维，在市政系统的先进性、落地性等方面进行创新探索，保障更新改造片区顺利蝶变新生，作出创新探索。

[关键词] 高质量；城市更新；智慧城市；绿色市政；模型应用

1　引言

小梅沙片区未来定位为世界级滨海旅游度假区，为深圳市东部海滨旅游的名片。小面积、高品质、高定位的开发要求势必造成地上地下空间紧缺，复杂的地下空间开发条件和紧迫的建设时序都对市政场站和管网的布局造成很大的困难。市政详细规划在整个规划设计周期中处于承上启下、把蓝图变为现实的结合点，既需要有规划的前瞻性，又要求有指导下一步设计的可操作性[1]。如何在保障片区高品质、高效率的建设要求的同时合理布局市政系统，构建先进、示范、智慧、绿色的市政系统，为整体改造片区做好先行示范，是小梅沙片区市政详细规划需要面对的重要挑战。

2　规划背景与挑战

2.1　新的城市规划理念对市政工程提出新的要求

传统市政工程主要包括给水排水、电力、通信和燃气专业。随着城市化进程不断发展，市政系统出现越来越多的新理念，创新规划理念与传统的工程建设模式存在差异，特别是在作为城市支撑系统的市政工程方面。小梅沙片区的定位客观要求该区域科学应用新技术、新理念，形成标准高、保障性好、先进性强的市政系统；同时作为世界级休闲度假区，其建设客观要求拓宽视野，应用综合管廊、智慧城市、电动汽车、海绵城市等市政先进技术，节约能源、节约用地、节约投资、保障供应，走生态和谐发展之路。完善的市政系统是实现"世界级滨海旅游度假区"的前提和基础。

2.2 大规模地下空间开发之下市政工程建设亟需统筹规划

小梅沙片区正处于整体开发建设阶段，多项工程同时开展，在"地铁、地下商业、地下交通"等方面均有较大开发规模及强度。大范围、高强度的地下空间开发利用对地下管线布置和接入提出了严格的要求，如果没有详细的市政管线规划，精确划分地下市政管线空间，后期建设很可能出现大量工程建设冲突，以及项目无法落地的情况。因此，市政规划项目提前介入开展协调工作，提出管线预控需求，保障其落地性，同时也为规划审批和工程设计提供规划依据。

2.3 城市更新高效率、高质量对市政系统带来挑战

市政基础设施是城市发展的基础，而市政设施及管网种类繁多，包括常规的给水、污水、雨水、电力、通信、燃气、环卫等市政设施外，还有消防、综合管廊等非常规市政设施，在"窄路密网"城市发展模式下，传统"被动设计、简单排列"的管线综合规划策略所引起的市政支撑系统多矛盾、低效能问题将进一步显现[2]，无法满足城市高效高质建设需求。为避免"三边工程——边规划、边设计、边施工"，并适应近期小梅沙快速发展的需求，亟需从顶层设计的角度进行管理和统筹。

3 规划内容及目标

3.1 规划内容

结合小梅沙片区未来的实际需要，对片区给水工程、排水工程（包括雨水、污水）、防洪排涝工程、电力工程、通信工程、燃气工程、管线综合等各专项管线进行规划研究，同时开展竖向工程、环卫工程、消防工程等规划研究，并做好与周边区域市政系统的衔接工作。此外，在该区域内开展智慧社区、智慧能源、电动汽车充电设施、应急避难场所、非常规水资源的技术可行性研究及详细规划布局。最后提出绿色市政要求及近期建设规划，并提出相关的配套政策和保障措施，为市政设施项目的设计和改造提供直接可靠的依据，达到强化城市市政工程系统性、综合性、独立性及可实施性的目的。

3.2 规划目标

高标准、高质量规划建设"长期稳定、安全可靠、智慧先进、绿色生态、优质高效"的城市市政系统；统筹地上、地下工程建设，实现市政基础设施与城市地上、地下空间的高度协调，确保方案落地实施，全面提升小梅沙片区市政基础设施的综合服务能力，打造整体更新改造片区的典范。

4　规划创新挑战

4.1　由"刚性型规划"向"韧性型规划"转变

面对旅游高峰期需求，常规市政规划易形成大设施、大管网的布局，造成市政系统刚性过大，建设不经济等问题。本次规划通过提高系统冗余性、多样性、稳健性等落实韧性城市建设理念。首先，通过分质供水提高系统多样性、供应系统双路由布置（图1）、建设污水调蓄池等多种手段，缓解旅游高峰期市政系统压力，提高片区市政系统安全。同时，通过建设综合管廊提升管线安全韧性，减少事故发生概率。重点优化消防、应急避难场所等防灾设施布局，提高城市抵御风险能力。

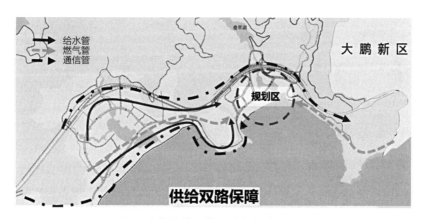

图1　小梅沙片区外双路由保障示意图

4.2　由"粗放型规划"向"精细型规划"转变

给水、防洪排涝、燃气、竖向、消防五大专业均使用模型评估来提高规划精准性和可行性。以防洪排涝专业为例，在原有城市规划设计条件下，片区内部存在内涝风险。采用常规技术手段难免出现大管径、高投资、难实施等问题。本项目采用模型手段，统筹多专业设计方案，明确竖向5.5m的最低安全标高、河道3.8m的控制水位及地下空间出入口适当抬高等设计要求，综合考虑地面径流，用最小工程代价消除片区内涝风险。另外，传统管线综合规划多为简单的汇总整合，缺乏空间层面的布局统筹。本次借助Sketchup软件，建立地下三维模型，有效解决高强度地下空间开发与高密度市政管线布置的矛盾（图2）。

4.3　由"灰色型规划"向"绿色型规划"转变

首先，通过蓝线管控严控城市开发建设行为，坚守生态保护底线。其次，通过海绵城市建设实现绿色生态可持续发展。最后，通过建设集中供冷中心，降低供冷耗电量。同时，全区域配建新能源汽车充电装置，助推低碳城市建设。

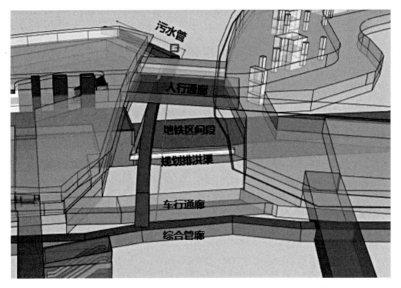

图2　小梅沙片区02地块与03地块区间地下空间示意图

4.4　由"汇总型规划"向"统筹型规划"转变

在设施布局方面，重点考虑集约化和生态化。首先，协调水务、城管、消防等多部门需求，创新提出市政综合体理念，将污水泵站、垃圾转运站、消防站等厌恶性市政设施集中布局。其次，污水泵站采用地下式上盖花园的建设模式，减少邻避效应（图3）。

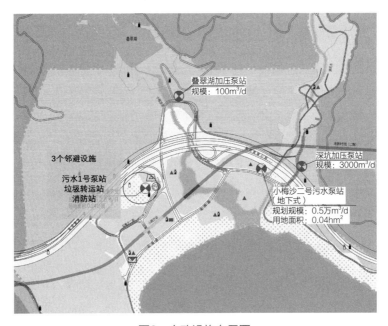

图3　市政设施布局图

4.5　由"静态型规划"向"动态型规划"转变

本项目通过建立市政设施一张图，对接政府信息系统及小梅沙智慧园区管理系统，通过智慧中心机房控制，智能感知系统预警，实现市政设施动态管控（图4）。同时，对建筑设计、地块竖向、道路管线及河道水位等方面提出设计要点，从规划、设计、建设、管理方面做到全流程跟踪服务，做到动态管控，落实市政先行理念。

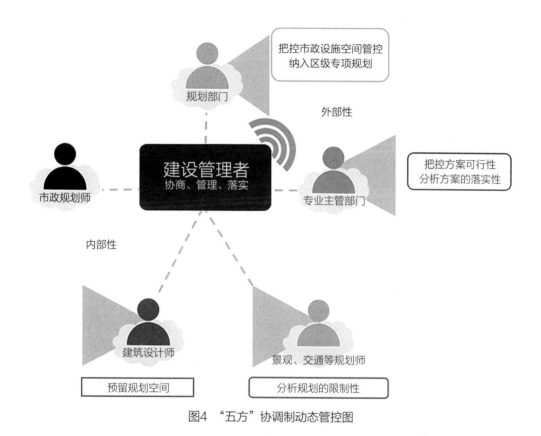

图4　"五方"协调制动态管控图

5　主要结论

①新时代伴随新城市规划理念，市政详细规划应在传统市政的基础上，注重安全、绿色、智慧、高效等要求，统筹考虑多专业整合，做到一次性规划、一次性建设。

②本次规划在给水、燃气、防洪排涝、竖向、消防等专业应用模型上进行评估，提高规划的合理性。广泛应用模型为未来市政系统规划的趋势。

③市政规划的可实施性要求统筹考虑各专业的设施及管线，应结合地块设计方案进行调整，可采用软件构建三维空间对复杂地下空间进行模拟，并根据项目实施情况进行规划调整，做到真正的精细化规划以指导后续建设，保障市政规划的可实施性。

参考文献

［1］ 欧阳丽. 浅谈工业区市政工程详规的编制［J］. 上海城市规划，2008（6）：35-37.

［2］ 白涛. 基于"窄路密网"城市发展模式的管线综合规划优化策略研究［J］. 中国市政工程，2021（2）：46-49，124-125.

核心韧性环卫设施的辨识与保障系数的探讨

尹丽丹　唐圣钧（可持续发展规划研究中心）

[摘　要] 2018年台风"山竹"过境，产生大量垃圾，由于灾后交通受阻及当时设施不具备应急处理能力，造成深圳约3万t垃圾堆积。科学合理地开展环卫设施的规划，确保规划设施既不过度闲置和浪费，又能满足使用需求，具备一定应对冲击的能力，是韧性城市建设的关键一环。本文结合最新政策要求，甄别核心韧性环卫设施，同时以北京、上海、深圳等城市为主要研究对象，结合季节性波动、台风等短期突发性事件对垃圾产生量的影响以及垃圾分类、设施检修等对生活垃圾焚烧厂处理能力的影响，并结合东京案例来探讨在"原生垃圾零填埋"背景下，环卫设施规划中生活垃圾焚烧厂保障系数的取值范围。通过研究，笔者认为生活垃圾焚烧厂规划中，内地城市保障系数宜大于1.1，沿海城市保障系数宜为1.2～1.3，以保障生活垃圾得到妥善及时的处理。

[关键词] 核心韧性环卫设施；生活垃圾焚烧厂；保障系数；原生垃圾零填埋；韧性城市

在人类诞生的450万年的大部分时间中，由于人口密度低和有限的自然资源的开发，人类产生的固体废物量微不足道，产生的常见废物主要是灰烬和可生物降解的废物，这些固体废物大多就地处理，回归自然，对环境的影响几乎可以忽略不计。然而，随着社会经济的不断发展，为了提高生活的便利性，新的材料被不断发明并大量生产，不仅造成固体废物产生量的增加，同时也增加固体废物处理的难度以及对环境的危害[1]。改革开放以来，我国城镇化经历了一个起点低、速度快的发展过程。我国城镇常住人口由1978年的1.7亿人增长至2019年的8.5亿人。城镇人口的爆发式增长，意味着更多废弃物的产生。

在基础设施高质量发展大命题下，对各类设施的质与量都提出了新要求。以往对于韧性城市建设的探讨通常围绕道路交通、给水排水、通信、燃气等展开，关注点主要在"供给"，环卫设施并未引起各界的关注。环卫设施作为城市"代谢"的主体之一，为避免类似意大利那不勒斯垃圾围城的情况出现，其韧性建设不容忽视。

1 研究背景

1.1 环卫韧性核心设施识别

随着"无废城市"建设试点工作的开展以及《固体废物污染环境防治法》的修订，环卫工作越来越受到大家的重视。常见的环卫设施主要有填埋设施、焚烧设施以及生物处理设施，填埋设施由于占用大量土地资源，对地下水的污染等，其规划建设越来越受到限制，生物处理设施由于依赖微生物作用，其稳定性略显薄弱。而焚烧作为一种能将生活垃圾减重至1/5，减容至1/20的处理处置方式，能够有效规避填埋带来的对土地资源的过度占用，同时，高温机械化的处理方式，能规避生物处理稳定性差的问题。因此，焚烧将是未来城市处理生活垃圾的主要方式。

2021年5月，国家发展改革委、住房和城乡建设部联合印发《"十四五"城镇生活垃圾分类和处理设施发展规划》，其中明确提出，各地推行生活垃圾分类，加快垃圾焚烧厂建设，城市生活垃圾日清运量超过300t的地区实现原生垃圾零填埋。该规划发布实施后将对城市的垃圾处理格局产生很大影响，各地焚烧厂的规划建设将很快提上日程。

"原生垃圾零填埋"愿景的提出，对现有的垃圾处理体系带来了极大的挑战。垃圾焚烧厂不同于卫生填埋场，卫生填埋场本身具有很大的抗冲击能力，超负荷运行带来的问题主要是缩短其服役年限，而对垃圾焚烧厂来说，超负荷运行不仅影响系统寿命，还会影响烟气处理效果。中央环保督查以来，对各地生活垃圾焚烧厂超负荷运行的现象都提出了整改意见。从垃圾处理效果来看，垃圾焚烧厂的环境效益更好，但由于系统本身的特性，焚烧厂也更脆弱，抗冲击能力相对更差。换言之，生活垃圾焚烧厂仅能支持临时的小规模的超负荷运行，其实际处理规模与设计能力相当。

由于生活垃圾产生量不同月份之间存在一定波动，焚烧处理设施普遍存在设施检修等情况，为实现生活垃圾的全量无害化处置，在进行生活垃圾焚烧厂规划设计时，需要预留一定的保障系数。

1.2 保障系数的体现

保障系数是指设施设计处理能力与实际处理规模的比值，在规划中表现为设施规划规模与预测处理量的比值。保障系数这一概念并不常见，但在实际工作中已有体现，如在餐厨垃圾处理设施、生活垃圾转运站等环卫设施规划设计时，已经考虑了保障系数。其在表现形式上有所差异，表现为修正系数或波动系数等。具体如下：

（1）餐厨垃圾处理设施保障系数

《餐厨垃圾处理技术规范》CJJ 184—2012提出餐厨垃圾日产生量宜按照人均餐厨垃圾日产生量基数进行估算：

$$M_c = Rmk$$

其中，M_c为城市或区域餐厨垃圾日产生量，单位：kg/d；R为城市或区域的常住人口；m为人均餐厨垃圾日产生量基数，单位：kg/（人·d），其取值宜为0.1kg/（人·d）；k为餐厨垃圾日产生量修正系数。关于k的取值：经济发达城市、旅游业发达城市或高校多的城区可取1.05～1.15；经济发达旅游城市、经济发达沿海城市可取1.15～1.30；普通城市可取1.00。

（2）转运站保障系数

根据《生活垃圾转运站技术规范》CJJ/T 47—2016，转运站设计规模应按照下式进行计算：

$$Q_d = K_s \cdot Q_c$$

其中，K_s表示垃圾排放季节性波动系数，指年度最大月产生量与平均月产生量的比值，应按当地实测值选用；无实测值时，K_s可取1.3～1.5。特殊情况下（如台风地区）可进一步加大波动系数。Q_d表示转运站设计规模（转运量），单位：t/d；Q_c表示服务区垃圾清运量（年平均值），单位：t/d。

（3）其他市政设施保障系数

给水工程在计算用水量时，一般考虑8%～12%的未预见用水量；给水管网在规划时一般按最高日最高是用水量乘以1.2～1.4的弹性系数；排水管网在规划时也按照平均日污水量乘以1.2～1.4的弹性系数计算[2]。

2　保障系数取值研究

保障系数的取值范畴直接影响垃圾焚烧厂的规划及建设规模，因此，明确不同类型城市的垃圾焚烧厂的保障系数取值至关重要。主要影响的因素包括季节性波动（k）、短期突发性事件影响（a）、垃圾分类影响（f）、设施检修影响（x）等。

2.1　季节性波动（k）

生活垃圾焚烧厂通常设计有垃圾池，垃圾池有效容积一般为5～7d额定焚烧量。因此，焚烧厂本身具备一定的应对冲击负荷的能力；但是对于季节性的长期的垃圾产生量的增高，仍缺乏应对能力，因此，需要针对垃圾产生量的季节性波动预留对应的保障系数。

以深圳市为例，深圳市2018年及2019年生活垃圾清运量情况具体如图1、图2所示。从图中可以看出，深圳市生活垃圾清运量存在明显季节性波动，2月份最低，7月份最高。2月份由于春节原因，人口大规模离深返乡，造成生活垃圾清运量急剧下降，年后随着离深人员返深，垃圾清运量迅速恢复平均水平，7月份生活垃圾清运量达到峰值。

据图分析，深圳市2018年生活垃圾清运量最高的月份为7月，该月的生活垃圾清运量为20003.2t/d，2018年的平均值为18041.9t/d；2019年生活垃圾清运量最高的月份也为7月，该月的生活垃圾清运量为21514.4t/d，2019年的平均值为19450.2t/d。由此可以看出，2019年，深

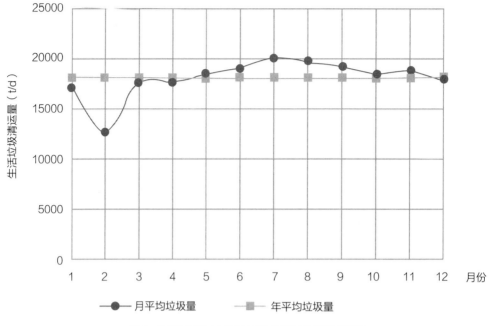

图1 深圳市2018年各月份生活垃圾清运量图

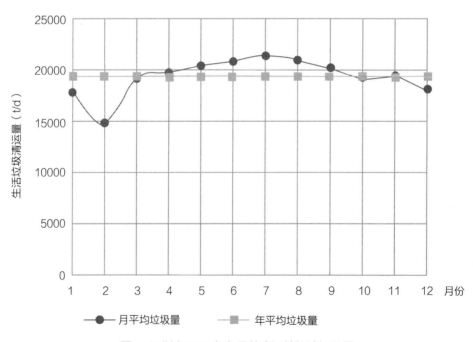

图2 深圳市2019年各月份生活垃圾清运量图

圳市生活垃圾清运量最高月份对应的数值已经达到该年平均值的1.11倍。

在源头生活垃圾产生量方面，北京市城市管理研究院在2017年6月到2018年5月间开展的生活垃圾源头跟踪调查结果表明，居民家庭生活垃圾产生量不同月份差异显著，人均日产生量最高的月份是最低月份的1.5倍，最高月份是年平均值的1.08倍。

综上，结合源头产生量的波动以及初步建议k值取值为1.1，具体可结合具体城市历年的生活垃圾产生量月波动情况来进行测算调整。

2.2　短期突发性事件影响（a）

强台风过境，造成交通道路浸水严重，大树被连根拔起，路面积水严重，车辆、行人寸步难行。此类事件发生时，一方面会产生大量额外的垃圾，另一方面，由于交通受阻，垃圾大量堆积，垃圾的积压会增加后续处理的负荷。考虑到此情况，应适当放大垃圾焚烧处理设施的保障系数[3]。以深圳市为例，台风"山竹"过境后，造成约3万t垃圾堆积，全市焚烧处理能力为1.8万t/d，按照15天内完成处理计算，则焚烧厂的保障系数应为1.11。因此，初步建议a值取1.1，不同城市可根据台风等突发性事件发生的频率、受影响的情况等来合理调整a的取值范围[4]。

2.3　垃圾分类影响（f）

自2019年住房和城乡建设部、国家发展改革委、生态环境部等九部委联合印发《住房和城乡建设部等部门关于在全国地级及以上城市全面开展生活垃圾分类工作的通知》（建城〔2019〕56号）以来，各地垃圾分类工作取得了较大进展，生活垃圾回收利用率不断提高。结合各地在编的"十四五"规划，各大城市规划持续推进垃圾分类，同时推进建设一批分流分类垃圾的回收利用设施，进一步提升城市的生活垃圾回收利用率。

徐振威[5]等研究了2018年1月至2019年12月上海某生活垃圾焚烧厂的垃圾成分、热值等的变化，研究发现，实行垃圾分类之后，进入焚烧厂的生活垃圾的热值由6634kJ/kg提高至7749kJ/kg，升高16.80%。由于焚烧厂的热力负荷是恒定的，在不改变焚烧厂热力负荷的前提下，分类之后需要降低焚烧厂的处理负荷，根据热值的变化，预计垃圾分类后入炉垃圾需减少20%。

规划中一方面需要考虑分类之后，需要焚烧处理的垃圾量相应降低，另一方面，需注意，在"原生垃圾零填埋"要求的背景之下，焚烧处理设施即为生活垃圾处理处置的最后防线，一旦最后防线崩塌，将引发垃圾围城、环境污染等问题。因此，在进行设施规划时，需要预留好焚烧处理设施的处理能力，保障分类后各类别垃圾利用处理设施出现故障或建设不及时时的生活垃圾的全量无害化处置。

综上，初步建议f取1.2~1.3。可结合不同地区分类推进进度以及分类设施建设计划等合理调整f的取值范围。

2.4　设施检修影响（x）

根据《生活垃圾焚烧厂检修规程》CJJ 231—2015，焚烧厂应根据设备的运行状态，合理安排各分级检修时间，并应保障垃圾焚烧炉及余热锅炉年运行时间不少于8000h，按天计为333天。由于焚烧厂实际运行时间不足365天，因此，由于设施检修而应考虑的保障系数应为1.1。

2.5　小结

综合上述研究，应对垃圾产生量存在季节性波动、特殊事件、垃圾分类效果、设施检修影响的对保障系数的影响应分别取1.1、1.1、1.2~1.3、1.1，对于内地不受台风等极端天气影响的地区，保障系数应取1.4~1.6，对于沿海城市尤其是受台风影响较大的城市，保障系数应取1.6~1.7[6]。

实践中建议通过以下方式提高焚烧及其他环卫设施的韧性：①为保障焚烧处理设施的平稳运营，设施大修尽量避开生活垃圾产生量较高的7、8月份。②在规划中应根据设施布局、处理能力等规划应急调度方案，明确各焚烧厂的责任及分工。③对各类处理设施来说，处理线越多，由于设施检修造成的影响就越小，其应对冲击的能力即韧性就越强，因此，在垃圾产生量相对较小的城市，建议选取设计处理能力较小的处理线[7]。

3　应用案例

3.1　东京保障系数

本规划研究东京二十三区在运行的19座生活垃圾焚烧厂的实际处理能力与设计处理能力之间的差距，具体如表1所示。结果表明，东京二十三区19座清扫工厂保障系数高达1.53，部分清扫工厂甚至高达1.94，即实际处理规模仅为设计处理量的一半。

东京二十三区各清扫工厂保障系数分析表　　　　　　表1

序号	名称	设计处理规模（t/d）	实际处理量（万t）	保障系数
1	中央清扫工厂	600	16.10	1.36
2	港清扫工厂	900	24.55	1.34
3	北清扫工厂	600	11.26	1.94
4	品川清扫工厂	600	15.45	1.42
5	大田清扫工厂	600	15.73	1.39
6	多摩川清扫工厂	300	7.42	1.48
7	世田谷清扫工厂	300	6.90	1.59
8	千岁清扫工厂	600	13.37	1.64
9	涩谷清扫工厂	200	4.61	1.58

序号	名称	设计处理规模（t/d）	实际处理量（万t）	保障系数
10	杉并清扫工厂	600	11.65	1.88
11	丰岛清扫工厂	400	10.58	1.38
12	板桥清扫工厂	600	12.26	1.79
13	练马清扫工厂	500	14.49	1.26
14	墨田清扫工厂	600	12.83	1.71
15	新江东清扫工厂	1800	39.46	1.66
16	有明清扫工厂	400	11.30	1.29
17	足立清扫工厂	700	18.32	1.39
18	葛饰清扫工厂	500	12.16	1.50
19	江户川清扫工厂	600	12.99	1.69

3.2 保障系数的作用

2019年10月，第19号台风登陆日本，台风过境后，残留大量的废弃物。大崎市产生约1.22万t废弃物，灾后设置临时堆放场贮存，后续协调东京都进行处理。受环境省的委托，东京都于2019年11月末对东京都内的区市町村及部分事务组合进行了关于接收可能性的调查。在调查结果的基础上，能够接收灾害废弃物的团体负责人前往现场对灾害废弃物的性状等进行调查，进一步明确了东京都内清扫工厂可以接收。随后，在特别区长会、东京都市长会、东京都町村会上达成共识，相关人员签订协议书，推进灾害废弃物的接收工作。

综合各清扫工厂的设施能力，能够接受的时段等因素调整具体的接收处理设施。从2020年2月份开始，东京都各清扫工厂开始接收大崎市最终难以处理的灾害废弃物。各个清扫工厂接收灾害废弃物的情况如表2所示。

东京都各清扫工厂接收灾害废弃物的情况（单位：t） 表2

名称	2月	3月	4月	5月	6月	7月	8月	9月	10月	小计
新江东	276.5	0	125.3	0	0	0	0	0	0	401.8
江户川	0	113.6	0	0	0	0	0	0	0	113.6
品川	0	93.3	0	0	0	0	0	0	0	93.3
千岁	0	0	288.5	0	0	0	0	0	0	288.5
墨田	0	0	36.8	72.8	0	0	0	0	0	109.6

名称	2月	3月	4月	5月	6月	7月	8月	9月	10月	小计
港	0	0	0	283.7	0	0	0	0	0	283.7
北	0	0	0	152.7	164.6	0	0	0	0	317.3
足立	0	0	0	0	258.0	53.0	0	0	0	311.0
练马	0	0	0	0	0	0	299.6	66.9	0	366.5
葛饰	0	0	0	0	0	0	0	354.3	270.1	624.4
大田	0	0	0	0	0	0	0	0	71.4	71.4
小计	276.5	206.9	450.6	509.2	422.6	53.0	299.6	421.2	341.5	2981.2

正是由于东京都各个清扫工厂都预留一定处理能力，才能在灾害发生后，造就如此"一方有难，八方支援"之景象，保障灾害废弃物全部得到妥善处理处置。

4 结论与展望

目前全国各地生活垃圾焚烧厂的规划建设工作，出于经济性的考虑，焚烧厂都是满负荷甚至超负荷运行。在"十四五"城市生活垃圾日清运量超过300t地区实现"原生垃圾零填埋"的要求下，生活垃圾焚烧处理设施的韧性建设不容忽视。经本文研究，建议对于内地不受台风等极端天气影响的地区，生活垃圾焚烧厂保障系数应取1.4~1.6，对于沿海城市尤其是受台风影响较大的城市，保障系数应取1.6~1.7。可结合城市的具体情况取合适的k、a、f、x值来核算焚烧设施的保障系数。考虑到部分影响因素可以从时间安排上错开，例如，设施检修避开垃圾产生量峰值的月份，新建焚烧厂充分考虑垃圾分类后垃圾热值情况等等，因此，建议在规划垃圾焚烧厂时，内地城市保障系数宜大于1.1，沿海城市保障系数宜为1.2~1.3，以保障生活垃圾得到全量妥善及时的处理。

生活垃圾焚烧厂作为城市固体废物治理的最终保障之一，不仅承担日常生活垃圾的处理，还承担部分市政污泥以及在疫情等特殊情况下的部分医疗废物的应急处理，未来还有可能承担海洋固体废物的处理处置，因此，生活垃圾焚烧厂对于保障城市的安全至关重要，如何守好城市固体废物处理的重要防线，助力韧性城市建设，值得我们深思。

参考文献

[1] 唐圣钧，李峰，丁年，等. 城市综合环卫设施规划方法创新与实践 [M]. 北京：中

国建筑工业出版社，2020.

［2］　刘应明，朱安邦，等. 市政工程详细规划方法创新与实践［M］. 北京：中国建筑工业出版社，2019.

［3］　孙阳，张落成，姚士谋. 基于社会生态系统视角的长三角地级城市韧性度评价［J］. 中国人口·资源与环境，2017，27（8）：151-158.

［4］　王桂琴，张红玉，贾明雁，等. 居民家庭生活垃圾产生量相关因素调查与分析［J］. 城市管理与科技，2021，22（1）：30-34.

［5］　徐振威，吴晓晖. 生活垃圾分类对垃圾主要参数的影响分析［J］. 环境卫生工，2021，29（1）：26-31.

［6］　熊彩虹，李文彬，陈娟，等. 垃圾分类对焚烧厂的影响——以沿海某地生活垃圾焚烧厂为例［J］. 广东化工，2020，47（12）：145-146.

［7］　温冬，郑凤才，王明飞. 垃圾分类政策实施后对北京市现有焚烧设施的影响及对策［J］. 环境卫生工程，2020，28（5）：88-92.

关于新时期排水系统高质量运行
与建设管理的几点漫谈

李亚坤（生态低碳规划研究中心）

[摘　要]　在国家顶层政策引领下，全方位提升城市雨洪韧性已成为高质量发展的共识。本文通过整理思考基于智慧应急的城市韧性提升策略，将信息化技术向传统市政渗透之时存在的误区、模型轻量化设计等进行讨论；同时基于"厂网河城"的全天候河湖水质达标要求，分析排水管网改造与管理、污水零直排系统建设思路、总量控制达标策略，提出排水行业在新时代排水系统高质量运行时需要面对的难点和痛点，为应对气候变化、创建美好生活贡献力量。

[关键词]　雨洪韧性；智慧水务；排水管理；污水零直排；厂网河城

1　前言

2022年10月16日，党的二十大正式开幕，习近平总书记在大会上作了报告，将"推动绿色发展，促进人与自然和谐共生成"作为报告的重要章节，提出要深入推进环境污染防治，持续深入打好碧水保卫战，基本消除城市黑臭水体，提升环境基础设施建设水平，推进城乡人居环境整治。现阶段，我国治水工作已取得阶段性进展，但面对不断变化的城市气候及人民日益增长的美好生活需要，仍需在相互衔接、相互促进中不断升级城市水系统格局，切实保障城市水资源、水安全、水环境、水生态、水管理等，实现城市排水系统的高质量发展（图1）。

厂、网、河、城作为连接城市排水系统的核心要素，应在全面建设完善的基础上，不断整合水务资产，提高城市管理水平，集约、高效、灵活地开展运营管理调度工作，以解决日益复杂多端的城市水问题[1]，故站在新时代、新起点，思考如何建立精细化模型、智慧化管理案例及排水系统高质量运行评价体系，将为我国排水系统建设从"单一化"走向"系统化"、排水管理从"粗放式"转向"精细化"提供技术支撑，对于新时代排水行业的可持续发展是有意义的。城市水系统格局如图2所示。

图1　多水共治示意图

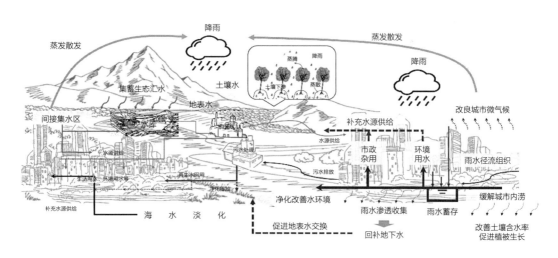

图2　城市水系统格局示意图

2　基于智慧应急的城市雨洪韧性提升思考

2021年7月，郑州的特大暴雨让这座中原城市几乎在一夜之间成为"泽国"，历史罕见的极端降雨形成涝水，肆虐全城，如何应对极端天气下的城市内涝问题再次成为焦点话题。其实，在2021年4月，国务院办公厅便已发布《国务院办公厅关于加强城市内涝治理的实施意见》（国办发〔2021〕11号），要求各地在2025年基本形成"源头减排、管网排放、蓄排并举、超标应急"的城市排水防涝工程体系，有效应对城市内涝防治标准内的降雨，老城区雨停后能够及时排干积水，低洼地区防洪排涝能力大幅提升，历史上严重影响生产生活秩序的易涝积水点全面消除，新城区不再出现"城市看海"现象，而在超出城市内涝防治标准的降雨条件下，则要确保城市生命线工程等重要市政基础设施功能不丧失，基本保障城市安全运行。

全方位提升城市雨洪韧性，是给水排水工程与水利工程交叉碰撞的产物，是蓝绿、灰绿相互交织的系统工程，而在确保城的海绵生态、网的内涝标准、河的洪涝标准、湖的调蓄功能后，面对超越前述标准的降雨之时，系统统筹的重要性则愈加凸显出来[2]。如何做好"系统"的工作，一半是竖向规划、径流组织、实时调度这样的"细功夫"，另一半则要具备事前预警、模拟分析、快速应急这样的"新功夫"，这两种技能的核心秘籍，便是目前业内喧嚣尘上的智慧水务系统，而在内涝防治中的关键内核，就是建立城市雨洪模型。

基于城市内涝防治的城市竖向优化技术路线如图3所示。

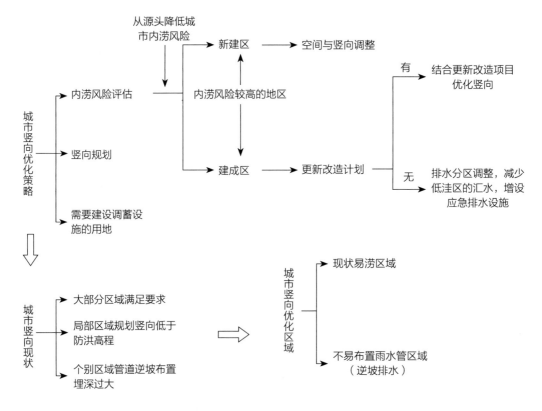

图3　基于城市内涝防治的城市竖向优化技术路线

2.1　基于城市雨洪模型的几点思考

近年来，虽然城市CIM系统在不断轻量化发展，但很多城市在开展雨洪模型搭建工作时，反而会呈现"越细越清越好"的怪现象，目之所及，未来这样的模型也会让服务系统"不堪重负"，而面对城市不断更新变化的"面子"和应急管理水平的"里子"该如何模拟，则显得束手无策。笔者认为，越是在信息化技术向传统市政渗透之时，越要保持专业的认知和现实的清醒，不应盲目地陷入"精细化"的内卷[3]。

智慧水务系统技术架构如图4所示。

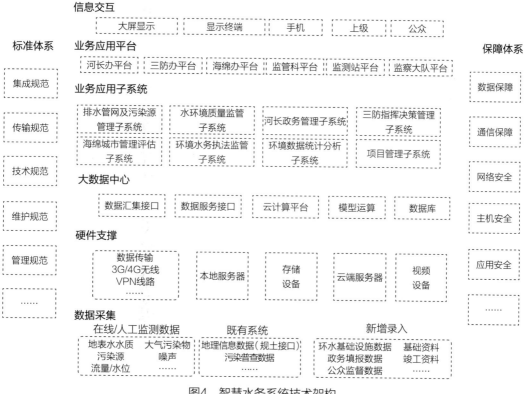

图4　智慧水务系统技术架构

就模型搭建而言，模型是动态更新的，所涉及的基础数据更新机制应随之建立；符合当地实情的水利参数才是能用的，则建立迭代更新的参数率定体系也是需要的；而在如何实现城市雨洪模型的轻量化方面，则仍需基于我国城市肌理及下垫面分布的实情，展开模型概化的标准化研究工作。

某城市雨洪模型搭建基础数据如图5所示。

就模拟结果而言，众所周知其对于规划建设是有效的，而对于应对真实降雨事件时如何及时准确地发挥作用，则仍是一个值得深思的问题。在"黑天鹅"事件愈演愈烈的今天，几

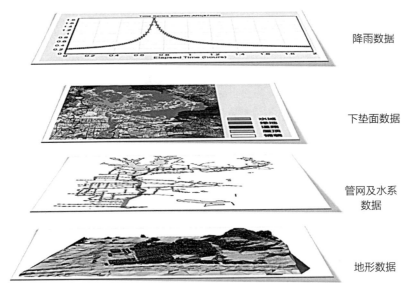

图5 某城市雨洪模型搭建基础数据

右侧标注：降雨数据、下垫面数据、管网及水系数据、地形数据

个沙袋可以解决的事情，是不需要模拟出来再去安放的；但几个沙袋的错误摆放所引发的雨水漫灌之祸，带来的危害有时甚至无法估量。如何快速解析并与管理部门协同到位，最大化减小响应时间，提高应急响应能力，可能才是雨洪智慧系统需要面临的最大难题。

2.2 全要素提升雨洪韧性的深圳"智慧水务"案例

深圳市针对城市防洪潮、排涝紧密联系的特点，开创性地将防洪潮、排涝统筹到一个规划中。按照"流域防洪，区域排涝，片区排水"的总体原则和冗余防治的理念，按层级划分为10个流域水系、100个排涝分区、2931个排水片区，层层递进构建表层（海绵蓄滞设施）、浅层（河流、管网等）、深层（深层排水隧道、地下调蓄池等）相结合的立体防洪（潮）排涝体系，大大提升了城市抗台风、防内涝的雨洪韧性。

在《深圳市防洪排涝整治近期计划》《深圳市治水提质工作计划（2015—2020年）》《深圳市防洪潮排涝新增项目建设计划（2019—2020年）》等一系列工作计划的指导下，深圳市以流域为单元，通过实施"源头减排系统""排水管渠系统""排涝除险系统""防洪系统""防潮系统"五大系统工程，构建与城市定位相适应的防洪潮排涝治理体系，并开发出一套适宜于深圳水情的"智慧水务"系统。

通过构建"厂、网、河、泵、闸、站、池、泥、库"全要素治理总图及联合调度系统，深圳智慧水务不断助力上下游联动、左右岸兼顾、水里岸上协同治理，推动实现全流域防洪排涝"一张图"作战，厂、网、河、库"一站式"调度和设备设施"一体化"管控，充分将工程建设与智慧化管理充分融合在一起，大大降低了城市的内涝风险。但当暴雨降至，也总会还有一群全力以赴的治水人和一群敢于冒险的打工人，在瓢泼大雨中上演着双向奔赴的"爱情"。

伴随着全球气候变暖的大趋势，极端天气不可避免地会在某时某刻某地上演，郑州的"7·20"暴雨总会让南方人想到一年一度的"龙舟水"大赛，极端的干旱让成都人挠破了头皮，远在湛江的商铺老板们却在为自家窗户贴着"米"字，预防台风的再次侵袭。每一年都会有一两个让人忐忑不安的红色预警，每一年都会有城市的新故事，新时代背景下，如何评价一个城市的雨洪韧性，或许不仅是职能部门的管理问题、工程建设的质量问题、信息技术的应用问题，增强全社会对城市雨洪管理的认知，可能也是个重要因素。

3　基于"厂网河城"的全天候河湖水质达标思考

"问渠那得清如许，为有源头活水来。"浪漫的诗句变成排水行业的"话"，就是"看这个城市水体是否能达到可游泳的Ⅲ类水质，看看其排水系统是否健康、其'正本清源'是否彻底就知道了"。因为污水处理厂的加入，"厂网河城"的说法用以保水质为核心的城市水环境保障体系中更为合理，而随着系统化治理思路逐渐深入人心，该体系的关键难题也凸显出来，需要究其痛点，又要相互衔接[4]。"厂网河城"系统现状如图6所示。

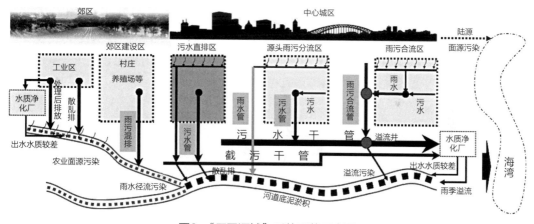

图6　"厂网河城"系统现状示意图

3.1　排水管网改造与管理的几点思考

为了谋求水环境质量的全天候达标，"厂—网"的完善是必须的，消除污水收集的"空白区"是提高城市污水效能的必需品；"城—网"的问题则相对突出，虽然雨污分流的排水体制现已成为我国排水系统建设的主旋律（至少在市政管网方面，雨污各一套管网的设计已是规范），但市政管网所服务的城市地块内排水则是花样百出，从小区排口的雨污错接到小区内部、建筑排水的雨污乱接，各种问题层出不穷（图7）。

图7　雨水混流口掩于丛林直排入河实拍图

现阶段，我国各大城市均进入雨污分流改造的"内卷"大赛当中，慢一点的城市重点进行老旧小区改造，快一点的城市实现了地块内"正本清源"改造，再快一点的城市则已进入到了"正本清源"的"返潮"整改工作……目前来看，能够防止雨污分流改造深陷内卷的"良药"是将排水管理的工作从"围墙外"拓至"围墙内"，即深圳市首创的"排水管理进小区"，通过将专业化的排水运营单位代替传统物业，一揽子解决了小区内排水系统运营维护的难题，而更多的探索，仍需各个城市基于自身实情予以实践（图8）。

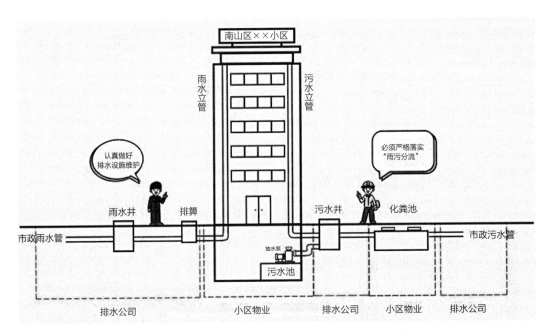

图8　排水公司与物业单位管理范围图（创新南山）

3.2　基于深圳市"污水零直排区"创建的排水系统高质量运行体系探索

2020年，深圳市正式进入治水提质成效巩固管理提升阶段，为实现城市水体的全天候达标，深圳市汲取了浙江省"污水零直排区"创建经验，提出开展排水系统网格化、精细化、常态化管理，全面统筹已开展的小区正本清源、管网排查改造、涉水污染源治理、"一厂一策"等，因地制宜开展精细化排水管理工作（图9）。

图9　深圳首个污水零直排区——荔枝湖片区图

同期，深圳市颁布《污水零直排区创建工作方案》，将"具备完善雨污分流排水管网系统、实现雨污水分流收集、无污水直排或溢流进入水体，并已实施专业化排水管理和建立长效管控机制的区域"定义为深圳污水零直排区创建总体要求，构建"属地负责—网格管理"全链条创建评估机制，强调"污水零直排小区—污水零直排区—行政区"系统全覆盖（图10），旨在以完善分流制排水系统为基础、以专业化排水管理进小区为依托、以改造排水管网雨污混接和纠正违法排水（污）行为抓手、以涉水污染源长效治理为重点，创新打造具有深圳特色的污水零直排区发展理念。

截至2022年第三季度，深圳市24031个小区已累积创建完成9049个；940km²的建成区被划分为528个网格，已累积创建完成56.28km²。在传承"深圳速度"的多轮治水行动之后，污水零直排区的创建工作更像是对以前工作的一轮"大考"，答卷需要认真负责，评卷需要一丝不苟，治水攻坚之后，深圳市已迈入巩固提升的重大治水阶段，拉网式的大排查正在徐徐拉开帷幕，排水系统的高质量运行评价工作也在有条不紊地展开，在新时代"厂网河城"的语境下，城市的排水系统高质量运行与建设管理必将朝着山海连城的明天而蓬勃发展。

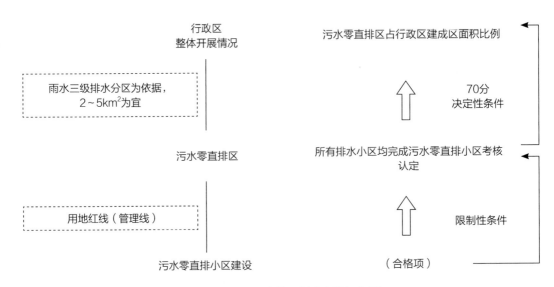

图10　深圳市零直排区创建考核架构图

3.3　基于总量控制的水环境达标策略思考

随着我国在水污染防治工作中作出的极大努力，污水直排等点源污染问题已基本得到遏制，"晴天不排污"的目标指日可待。其实就城市污染而言，大部分工业污染已被明令禁止，在雨污分流改造全覆盖的口号下，向市政雨水管网内偷漏排、错乱接造成的隐性问题往往更加难以溯源，很多地区由于缺乏基础调查，便简单地将地表径流冲刷形成的污染作为城市污染的核心问题，笔者认为是缺乏依据的。目前针对非点源污染的说法有面源污染、径流污染、污染雨水……这也暴露出在认识过程中存在的歧义。结合笔者的相关研究，一个片区非点源污染的严重程度，往往与这个片区的"人"关联最大，忙碌了一早的早餐摊阿姨将一桶泔水倒入雨水箅，得空去河边走走，还真的有可能和自己产生的污水相遇，但她一定不会知道这段说奇不奇的"奇缘"（图11）。

总之，非点源污染的集中爆发均是在不断累积后，随降雨地面冲刷、管道冲刷、厂站溢流而持续产生的，故城市水体雨季达标问题也将成为下一阶段水环境治理的关键，而如何解决并非工程建设就能够完全应对，它是对一座城市综合实力的考验。

整体看来，"厂网河城"的合而治之，面临一个核心问题，即"厂网河城"的工程建设质量和排水管理水平，如何与"河"的水质达标建立关系。笔者认为，对于入河污染物的组分分析与定量评估，是实现河道污染总量控制的基础性工作。美国人提出的TMDL（Total Maximum Daily Loads）计划经过近50年的改进和发展（图12），已成为美国以目标为导向治理地表水体的关键手段之一，其通过分单元分配污染物总量控制指标，直观反映出城市污染负荷与受纳水体容量的关系，但付出的代价是无数监测设备的应用、海量数据的支撑。

图11　街边小贩将餐厨废水倒入雨水箅内

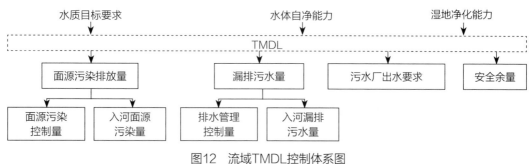

图12　流域TMDL控制体系图

现阶段，我国在城市排水系统中通过水质水量监测实现"厂网河城"一体化的探索仍有待推进，配套的相关国产化模型软件还未成熟，建构基于"厂网河城"的智慧水务新模式仍需进一步实践，在此基础上的精准截污与智慧调度，也将成为应对排水系统多工况条件的动态管控方法[5]（图13）。

图13 城市污染雨水精准截流控制技术研究与应用技术路线图

4 结语

随着我国水生态环境保护工作的不断深化、城市排水系统建设的不断完善，"大军团作战"的治水景象将逐渐尘埃落定，系统化、精细化、智慧化的建管结合思路正如春笋般在各座城市萌芽。新时代语境下的排水系统高质量运行与建设管理，势必在掌握系统全局的基础上，不断发现问题、补齐短板，在自上而下地开展排水管理的同时，自下而上地教育倡导也需不断提升，促使全社会对于城市水管理有更加深刻的认识，而在更大格局下，基于陆海统筹的近岸海域水环境保护工作、"双碳目标"下的城市可持续排水系统构建工作等也正逐渐提上日程。排水行业应充分认识到在新时代排水系统高质量运行需要面对的难点和痛点，站在新时代、新起点，扛起历史责任，实现自我革命、转型升级，为应对气候变化、创建美好生活贡献强大的力量！

参考文献

[1] 张亮，俞露，汤钟. 基于"厂—网—河—城"全要素的深圳河流域治理思路 [J]. 中国给水排水，2020（20）：81-85.

[2] 汤钟，张亮，俞露，等. 韧性城市理念下的区域雨洪控制系统构建探索及实践 [J]. 净水技术，2020（1）：136-143.

[3] 夏军，张印，梁昌梅，等. 城市雨洪模型研究综述 [J]. 武汉大学学报（工学版），2018（2）：95-105.

[4] 张亮. 基于"厂网河城"要素评估的黑臭水体治理水质稳定达标措施初探 [C] //中国环境科学学会2021年科学技术年会——环境工程技术创新与应用分会场论文集. 工业建筑杂志社有限公司，2021：77-81.

[5] 颜愉愉，金东君. 浅析智慧一张图在智慧排水中的应用 [J]. 净水技术，2019（S1）：378-380.

高品质生活垃圾收集设施规划探析

关键（可持续发展规划研究中心）

[摘　要] 公众对清洁优美的生活环境的追求日益凸显，同时随着生活垃圾分类制度在全国各地逐步建立、"无废城市"建设的试点推进以及新冠疫情倒逼下的新形势，高效清洁和具有优良品质的垃圾收集设施受到越来越多地方的青睐。本文从高品质收集设施评价选取入手，分析了典型高品质收集设施的类型与基本特征，并对设施规划方法和策略展开阐述，探索适应新形势下城市生活垃圾分类收集的规划路径。

[关键词] 垃圾分类；高品质；生活垃圾收集设施规划

1　高品质收集设施必要性

1.1　紧随垃圾分类新时尚

近年来，中央多次对垃圾分类工作提出新要求和新部署，各地普遍推行垃圾分类制度。习近平总书记更是多次实地了解基层开展垃圾分类工作情况，并强调垃圾分类工作就是新时尚。在地方法规方面，《深圳经济特区生活垃圾分类管理条例》规定生活垃圾分类类别、相关部门职责、各环节分类要求、监督管理、宣传教育和法律责任等内容，其中在设施规划与建设上，将生活垃圾分类投放、收运及处理设施建设要求纳入建设项目公共服务设施配套建设指标[1]。《深圳市"无废城市"建设试点实施方案》要求深圳对标国际先进水平，构建"绿色、循环、安全、创新、共治"的"无废城市"模式，践行绿色生活方式，打造"无废细胞"，构建生活垃圾源头减量、分类收运处置体系，以及全程覆盖、精细高效的监管体系。

要将垃圾分类这一新时尚转化为公众持之以恒的文明习惯，并转化为提升城市治理水平的助推力量，需要与时俱进的前端收集设施作为保障。

1.2　适应疫情防控新要求

后疫情时代的常态化公共卫生要求，对城市环卫设施提出新要求。由于传统生活垃圾收集设施密闭性不足，大多露天摆放，若人工消杀不及时，则存在具有病菌扩散传染的潜在风险。同时，垃圾投放点往往距离公众居住和办公的场所较近，覆盖面较广，设施数量较多，因此，须满足安全、洁净、无毒的要求。为适应长期科学防疫的要求，垃圾收集设施须配备自动化消杀，提高密闭性能，杜绝病菌向外扩散，提高公共卫生水平，力促城市治理现代化。

1.3　契合空间品质新定位

城市空间随着土地资源的趋紧而愈发珍贵，公共空间作为城市的宝贵资源，需主动适应公众对高品质人居环境的追求。城市规划与发展应坚持以人民为中心的价值导向，推动经济社会的持续高质量发展，不断提升空间治理的精细化水平[2]，不断提升城乡建设和发展质量，营建高质量人居环境，为人民带来更多的获得感、幸福感和安全感。而生活垃圾收集设施作为城市中的一类小型公共设施，优则能为区域空间品质提升加分，劣则会产生较大环境影响，留给公众较差的感官体验，空间品质营造就会大打折扣。因此，需要从契合区域空间高品质营造的新定位出发，整体提升生活垃圾收集设施的空间品质，力求"以小见大，锦上添花"的效果。

2　高品质收集设施选取

2.1　品质度评价

（1）污染控制

设施品质评价的第一大要素是环境污染控制能力。由于生活垃圾收集设施在前端，与居民距离较近，其产生的臭气、污水、噪声和病菌等污染常常让居民感到厌恶。臭气控制核心在于密闭性能，密闭性强，则在垃圾收集暂存时有效隔绝臭气；污水产生量除了取决于垃圾含水率，也受雨水降淋的影响，因此，密闭性较好的收集设施能有效降低污水的产生量，同时配套雨污分流装置和小型化污水预处理设备，则能有效控制污水污染；噪声大小取决于设施设备的工艺环节，同时有效的密闭空间和绿化隔离带能一定程度降低噪声；生活垃圾往往挟带大量病菌，评价其病菌污染控制的有效指标是是否具备全天候多频次消杀的条件。各细项评价等级如表1所示。

（2）智能程度

智能化程度主要考察收集设施的机械自动化水平、数据感知收集和大数据监管功能。机械化程度高，同时自动化水平高的设施，能实现高效收集作业，同时避免人工操作造成的失误，并解放人力，保障安全生产；数据感知和收集功能重在实时化垃圾计量，精确记录垃圾量，为环卫大数据构建提供最前端数据；数据采集后传至中控平台，能由平台计算满溢情况，并发出指令决策清运计划，同时可与城市大数据管控平台联网，实现智慧监控。具体评价等级如表1所示。

（3）美观程度

美观程度决定公众对设施的视觉感受，是决定品质度的最后一环。传统收集设施多数散落摆放在敞开空间，往往是较为脏乱臭的一角，给人较大厌恶感。要扭转公众对垃圾收集设施的刻板印象，需要从外观设计、用材设计和小区域景观营造上下功夫，将高品质的垃圾收集设施建设成具有良好观感的街头小品，点缀在城市街道和小区中，提升空间的环境质量和品质度，为社区、城市增添色彩，化腐朽为神奇。具体评价等级如表1所示。

垃圾收集设施品质度评价表　　　　　　　　　　表1

一级要素（3项）	二级评价因子（10项）	评价等级
污染控制	臭气控制	★（较重异味） ★★（轻微异味） ★★★（无异味）
	污水控制	★（较重异味，出水不达标） ★★（轻微异味，出水达标） ★★★（无异味，出水达标）
	噪声控制	★（较大噪声，引起心理不适） ★★（中等噪声，不影响心理） ★★★（轻微噪声，觉察不到）
	消毒杀菌	★（无配置消杀功能，需人力外部消杀） ★★（配置局部消杀功能） ★★★（配置全过程消杀功能）
智能程度	自动化水平	★（全人力） ★★（半自动化，人力配合） ★★★（全过程机械自动化）
	数据感知	★（无数据感应和采集系统） ★★（有数据感应，但未实时上传） ★★★（在线数据感应上传）
	中控平台	★（无中控平台） ★★（有中控平台，但未与地区智慧城市对接） ★★★（与地区智慧城市对接）
美观程度	外观设计	★（外观设计丑陋，引起厌恶感） ★★（外观设计合理，不引起厌恶感） ★★★（外观设计优美，怡人的街头小品）
	外观材料	★（普通外表材料） ★★（材质与配色与周围环境相融） ★★★（材质与配色具有趣味性）
	景观程度	★（景观依存度低，容易产生疏离感） ★★（有一定景观性） ★★★（景观依存度较高，美观怡人）

2.2　典型高品质设施

（1）景观地埋垃圾分类收集桶

景观地埋垃圾分类收集桶，通过电动升降式设备，在非清运状态下，将收集容器置于地面以下，投放口露出地面；在清运工作状态下，通过控制开关将地下的容器抬升，完成收集清运工作。此类小型分类设施适宜在居民区、商业办公区、公共服务区等较为前端的场所，便于公众投放使用，如图1所示。

该设施较好地契合了污染控制、智能化程度、美观程度要求的新型设施，通过配备雨污导排、渗滤液收集、自动灭火、自动消杀、自动除臭、满溢报警等系统，采用高度密闭化设备，能有效防止蚊虫进入垃圾桶；同时地面平整美观，通过地埋放置消除了视觉污染，配合周边的景观美化设计，改变传统环卫收集作业脏、乱、臭的现象。

（2）景观地埋垃圾转运站

景观地埋垃圾转运站原理与景观地埋分类收集桶类似，通过升降设备将收集箱体置于地面以下，投放口露出地面，通过控制开关实现收集转运箱的升降，完成收集清运工作。此类设施一次收运能力为8～10t，并可以模块化组合，可起到替代传统小型转运站的作用，如图2所示。

图1　景观地理垃圾分类收集点外观实拍图　　图2　景观地埋垃圾转运站外观图

该类转运站同样配备较为齐全的配套设施设备，包括雨污导排系统、渗滤液收集系统、冲洗设备系统、除臭系统、灭火系统、满溢报警系统等，在密闭性、智能化和环境污染控制方面存在较大优势。地埋式转运站的另一大优势是用地较为集约，相较于传统转运站节约30%～40%的占地。设施可灵活布局于公园、广场、高架桥底、住宅小区、城中村等，能适应多种场景需求。

（3）真空管道收集系统

真空管道收集系统是采用重力原理和真空负压抽吸原理，将建筑楼宇产生的生活垃圾通过真空管道抽至中央收集站进行收集，其主要的设施有投放系统、管网系统和中央收集站三大部分[3]。该系统能通过全微机自动控制，也可选择自动和人手操作，实现定时和定量收集模式同时应用。全系统配置远程遥感监控系统，通过互联网反馈到中控室，实现异地监控系统运行。真空管道收集系统适宜住宅社区、城市综合体、超高层建筑、办公楼宇、医院等区域投用，对改善周边环境质量有较为显著的效果，如图3所示。

图3　真空管道收集系统透视图概念图

真空管道收集系统的主要应用价值与优势体现在以下几方面：

①实现全过程密闭式收集及运输，使垃圾完全"隐形"，杜绝二次污染，避免了垃圾车产生的噪声、异味、污水、废气对社区环境的影响，改善社区/建筑环境。

②免除垃圾在温湿环境中产生恶臭异味和蚊蝇鼠蚁的滋扰，极大地降低疾病传播的风险。

③有效地支持从源头上进行垃圾分类收集，可实现多类垃圾源头分类投放，并实现分类装箱装车和分类收运，杜绝分类后混装混收的现象。

④减少小范围区域内垃圾收集车的敞口污染运输，减少对交通和行人的影响。

3　规划方法与策略

3.1　规划策略分析

（1）规划落脚点

在开展此类高品质环卫设施规划时，有必要理清其在城乡规划体系中的落脚处，从而有效地为后续实施提供法定依据和导控。首先在国土空间规划（包括全市和分区两级）层面上，可在市政基础设施内容的环卫设施部分中，基于环卫系统构建提出原则性的方向和要求，并确立环卫设施的规划目标和定位。在专项规划层面中，如环卫设施专项规划、市政设施专项规划、地下空间专项规划等，应在传统专项规划范式基础上，增加此类收集与转运设施的规划类型、配套功能、指标要求等特有要素；对于地埋转运站、真空垃圾收集系统的规划布局，可在环卫设施总体规划布局图体现；对于地埋收集点，可提出规划数量、设置密度、服务人口的要求，可不落图面。在详细规划层面，如控制性详细规划、修建性详细规划、城市更新单元规划，需按该层面规划范式，提供设施的数量、空间位置、用地需求、建设形态等，并纳入法定图则中，为土地出让和开发建设提供用地依据和配套导控。

高品质生活垃圾收集设施规划体系如图4所示。

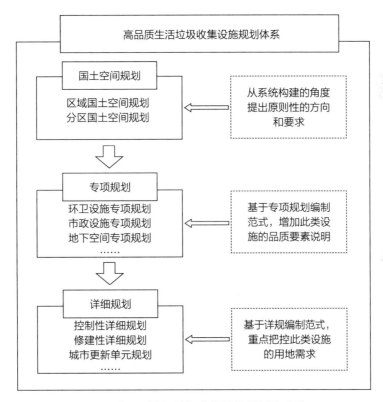

图4　高品质生活垃圾收集设施规划体系图

（2）环卫体系衔接

收集设施不仅要聚焦于前端收集运输，还要从区域环卫体系全流程上进行衔接，满足顶层设计和后端处理设施要求。如深圳市目前提出垃圾分类3.0做法，实行厨余、可回收、其他、有害四大类分类模式，且各类细项垃圾均有对应的处理设施以及合适的运输方式。因此，高品质垃圾收集设施在分类适应性、收集转运类别、前后端匹配等方面需与当地环卫体系相融，逐步建立严格的垃圾分类投放、密闭收集、清洁高效、智能便捷的收集运输系统。

（3）设施组合策略

高品质收集设施与现有设施间可通过横向和纵向组合，相互补充和配备，实现前端投放、收集、运输的高品质全覆盖。可有三种组合模式：地埋收集点+现有转运站、地埋收集点+地埋转运站以及垃圾真空管道收集系统，各组合流程如图5所示。具体组合策略可根据规划区域的发展定位、品质要求、人口与建筑密度、现有环卫设施情况等需求选取。

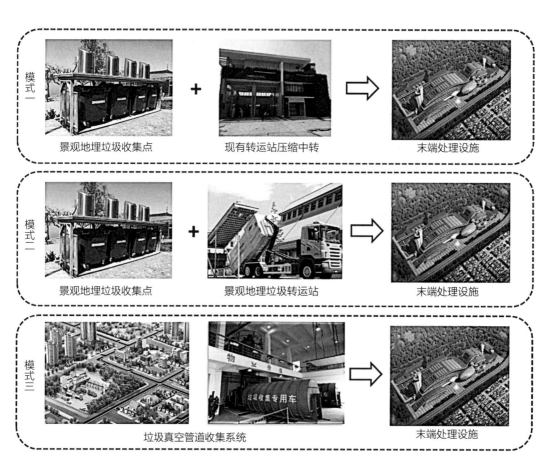

图5　高品质收集设施组合策略图

3.2　需求规模分析

（1）产生量预测

首先需对规划片区产生的生活垃圾产生量进行科学预测。结合国标和相关规范，可采用人均指标法进行预测，预测公式如下：

$$Q=10Rqe$$

其中，Q为片区生活垃圾日产生量，单位：t/d；R为规划区人口规模，单位：万人。需要说明的是，各地人口统计口径往往存在多个，若有实际管理人口统计数据，则优先以该口径作为预测基数；若无实际管理人口统计数据，则考虑常住人口统计数据。实际管理人口往往较难获取，可以通过大数据分析平台如百度地图慧眼等，分析该片区近3年的常住人口及人口增长率，辅助推断未来人口规模（图6）。

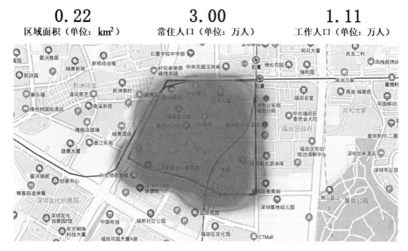

图6　深圳市某片区基于百度大数据的人口统计图

在上述预测公式中：

q 为日人均生活垃圾产生量，单位：kg/d。人均生活垃圾产生量与区域社会和经济水平有一定的相关关系，区域经济发展水平越高、消费水平越高，人均产生量越大。

e 为波动系数，由人口波动与垃圾产生量季节性波动两大因素组成。人口波动性可通过历史人口统计数据反映，垃圾量季节性波动可通过该地区各月垃圾量统计反映，若有台风影响的地区则适当取高，根据经验，e 的取值范围为0.8～1.5。

10为万与kg抵消后晋升为t的比值，通过获取万人单位的人口数值，可一步到位得到以t为单位的垃圾产生量。

（2）设施用地需求

设施用地取决于规模需求与设施单位规模用地需求。以下对三类高品质生活垃圾收集设施进行分别讨论。

1）景观地埋垃圾收集点

景观效果如图7所示，其占地大小主要由设置的收集垃圾类别与各类别收集桶的数量而定。各类别收集桶的数量由当地垃圾组分比例可大致判断，并考虑到当地垃圾分类推进程度，适当调整厨余垃圾、可回收物（玻金塑纸）和其他垃圾收集桶的数量；同时，为了保证在未充分实现垃圾分类情况下的兜底需要，其他垃圾收集桶可多设置。按照经验值，各类别收集桶设置比例约为厨余垃圾：可回收物（玻金塑纸）：其他垃圾=1：1：2，具体情况具体分析调整。

图7　景观地埋垃圾收集点效果图

目前常用的型号和参数有如下几类（表2、图8）。

景观地埋垃圾收集点常用型号参数表　　　　　　　　　　表2

型号	额定载重（t）	尺寸（长×宽×深，m）	占地面积（m²）
LU300	≤6	2.9×1.8×2.2	5.2
LU400	≤9	3.9×1.8×2.2	7.1
LU500	≤12	5.3×1.8×2.2	9.6
LU600	≤15	6.3×1.8×2.2	11.4

注：配置垃圾桶的尺寸为660L和1100L的标准桶。

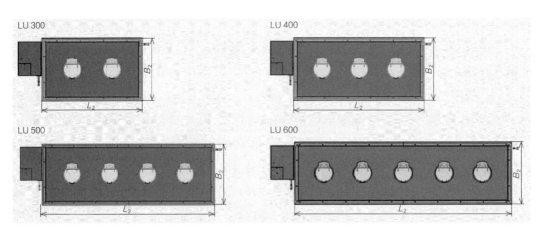

图8　景观地埋垃圾收集点常用型号图

景观地埋垃圾收集点需适应生活垃圾分类的需求，在收集点配备洗手池、挡雨棚等附属设施，因此，一组景观地埋垃圾收集点的综合占地规模为5~12m²。

2）景观地埋垃圾转运站

景观地埋垃圾转运站的用地空间由箱体工位和作业回车场组成，按常见型号有单工位和双工位的地埋转运站。单个工位型号一次压缩转运规模约8t，极限规模为15t；单个工位的景观地埋垃圾转运站用地面积为180m²，标准双工位的用地面积约300m²（模块化组合，单位用地面积更集约），此面积包含了环卫车辆完整的装卸与回车区域。

根据《深圳市城市规划标准与准则》[4]和《深圳市附设式垃圾转运站规划与建设指引》[5]，独立占地式、附设式和地埋式转运站的用地需求对比如表3所示。

独立占地式、附设式和地埋式转运站用地需求对比表 表3

	用地面积		与相邻建筑间距	绿化隔离带宽度
独立占地式	单箱体：500~640m²		50t/d以下的≥8m；其他规模的≥10m	≥3m
	双箱体：660~800m²			
附设式	单箱体：150~200m²		≥10m	无明确要求，站内周边宜布置密集的绿化带
	双箱体：250~300m²			
地埋式	单箱体：170~200m²		暂无明确要求，可暂取10m	无明确要求，建议取1m宽
	双箱体：280~300m²			

综合比较，地埋式转运站与附设式转运站占地需求接近，比独立占地式转运站节约较大场地空间。

3）真空管道收集系统

真空管道收集系统用地需求主要集中在中央收集站（图9）。目前国内尚缺乏对此类收集站的用地规范和标准。根据工程经验，一套真空管道分类收集系统的适宜负荷为20~25t/d，用地面积约500m²。同时考虑到中央收集站需配备收集管道、旋风分离器、压实机、除臭房等配套设施，局部空间需预留9m净高，便于利用场地竖向空间。中央收集站可采用独立占地式、附设式等设置，可置于地面层，也可建于地下，其设置总体与转运站相似，区别是净空高度有特殊要求。

3.3 布局与规划策略

（1）布局密度

根据《城市环境卫生设施规划标准》GB/T 50337—2018[6]，生活垃圾收集点的服务半径不宜超过70m；生活垃圾收集站服务半径宜为0.4~2km。地方标准上，如《深圳市城市规

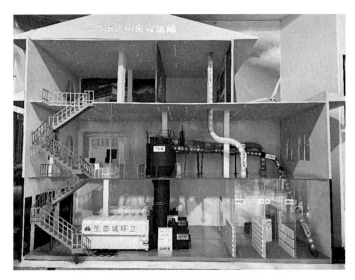

图9　中央收集站等比例微缩模型实景图

划标准与准则》，生活垃圾收集点的服务半径同样不宜超过70m；小型垃圾转运站服务半径宜为0.4～1.0km。收集点的可达性和步行时间会对公众分类回收行为产生直接影响，因此，需考虑设置密度与分类效果的关系。

景观地埋垃圾转运站设置在参照规划标准的服务半径的基础上，可结合转运需求缺口设置合适的密度。若作为原有转运站的补充，则以涵盖缺口部分的服务区域为主，服务半径可适当扩大；若是替代原有转运站，或规划范围无现状转运站，可围绕1000m的服务半径，根据实际需求进行调整。

真空管道收集系统宜在居住区和商业办公区规划，其设置密度取决于需求规模及服务半径，以中央收集站为圆心，真空管道一侧的最长服务半径不宜超过1.5km。容积率较高、人口密集的场所，生活垃圾产生规模较大，则可设置多套系统。

（2）规划方法

针对不同类型用地，有各自的布局策略。如在居民小区内，收集点应便于可视和投放，并应紧邻非强公共性的道路，但不应与住宅单元直接贴邻，且应满足卫生、消防、运输等要求，并采取防护措施，避免对周围环境造成影响。同时考虑居民投放便利度，结合小区内地块形状和居民楼的布局，使居民步行达到收集点的时间控制在1min内。

由于景观地埋收集点是无外部封闭式建筑物的小型设施，无须独立占地，可采用配建方式布局。因此，在法定图则上，可在相应有需求的地块上用图例标示大致点位，并在备注栏注明设施名称、数量及用地大小即可。

景观地埋转运站同样是无外部封闭式建筑物的敞开式设施，可采用配建方式布局。若为了更有保障地预留用地，且在规划阶段就有能力较为精准地落实用地，景观地埋转运站也可像传统转运站一样设置为独立用地，用地性质为环卫设施用地。

真空管道收集系统的中央收集站同样可采用附建式和独立占地式，若真空管道收集系统仅在地块内部，如规划的单独一个住宅小区或办公区，则采用附建式；若规划服务小范围片区，则采用附建式和独立占地式均可。收集系统的管网部分，主要考虑水平干管的路由，若规划沿市政道路敷设或穿越市政道路的，则需在市政管线综合规划的层面进行协同考虑。

4 结束语

高品质收集设施是高品质城市空间的必然产物，相较于传统收集设施，通过技术升级革新，在污染控制性、智能便利性、景观优美度上有质的提升，尤其是景观地埋垃圾收集点、景观地埋垃圾转运站和真空管道收集系统三类典型设施，其实践经验反馈，具有较强的适应性。通过设施参数、相关规范和标准的指引，可将此类设施与规划体系相衔接，从而通过法规形式指导后续实施，进而增强垃圾分类和密闭化收集的效果，同时能提高区域智慧化环卫作业水平，改善人居环境质量。未来将有更多元化、更多范式的高品质环卫设施将孵化和应用于高品质城市基础设施发展的浪潮中。

参考文献 _____

[1] 深圳市城市管理和综合执法局，深圳市城市规划设计研究院有限公司. 深圳市生活垃圾分类治理战略暨总体规划 [R]. 深圳：深圳市城市管理和综合执法局，深圳市城市规划设计研究院有限公司，2019.

[2] 赵燕菁. 提高空间治理精细化智能化水平 [N]. 中国自然资源报，2020-02-18（3）.

[3] 郑福居. 中新天津生态城生活垃圾气力输送系统收集站多元化建设模式探索 [J]. 环境卫生工程，2016，24（4）：89-90，93.

[4] 深圳市规划和自然资源局. 深圳市城市规划标准与准则 [S]. 2018.

[5] 深圳市规划和自然资源局. 深圳市附设式垃圾转运站规划与建设指引 [S]. 2012.

[6] 中华人民共和国住房和城乡建设部. 城市环境卫生设施规划标准GB/T 50337—2018 [S]. 北京：中国计划出版社，2018.

韧性城市理念下小型消防站布局创新与探索
——以深圳市为例

蒙泓延　刘瑶（水务规划设计研究中心）

［摘　要］　本文在深圳市"双区"建设的契机下结合韧性城市建设特征要求，分析目前深圳市消防发展存在的问题，研究国内外小型消防站建设案例，从提高城市防灾抗灾韧性角度出发，结合深圳市用地紧张、城市定位高、火灾多样等特点创新性地提出了建设补充型和加强型小型普通消防站，并对现状社区小型消防站的未来处置方向提出建议。

［关键词］　城市消防；韧性城市；小型消防站

1　引言

2020年11月，《中共中央关于制定国民经济和社会发展第十四个五年规划和二〇三五年远景目标的建议》中首次提出建设"韧性城市"。深圳市作为全国城市人口最密集的城市之一，城市防灾减灾任务十分艰巨，城市高速发展与自然灾害频发给消防体系带来了新的挑战。消防站是城市应急救灾系统的关键，如何确保城市在遭受突发城市灾害时能够快速分散风险并恢复稳定消防站的数量、位置和装备配备状况直接关系着事故期间的应急响应能力[1]。本文将从小型消防站着手，结合深圳市发展时代背景，分析深圳市消防站现状困境，提出依托小型消防站提高城市韧性的战略构想。

2　消防建设背景

2.1　"双区驱动"的重大战略为消防工作带来了新机遇

中共中央、国务院于2019年2月印发了《粤港澳大湾区发展规划纲要》，明确深圳市为粤港澳大湾区的"中心城市"，需发挥引领作用，加快建成现代化国际化城市，努力成为具有世界影响力的创新创意之都[2]。同年发布《关于支持深圳建设中国特色社会主义先行示范区的意见》，表明深圳市需抓住粤港澳大湾区建设重要机遇，增强核心引擎功能，建设社会主义现代化强国的城市范例[3]。深圳市进入了粤港澳大湾区、深圳先行示范区"双区"

创建，深圳经济特区、深圳先行示范区"双区"叠加的黄金发展期。

党中央、国务院支持深圳市建设中国特色社会主义先行示范区，提出加强粤港澳大湾区应急管理合作的理念，给消防救援的创新发展带来了重大历史变革。在深圳市高速、高质量发展的大背景下，城市的防灾、致灾、消灾、救援因子复杂多样，风险承载体高度密集，消防工作面临重大的挑战，需要全面推进消防基础设施的建设，系统性完善设施配套，扎实推进规划实施。

2.2 韧性城市建设对消防救援提出了更高要求

为建设一个更安全宜居的城市，深圳市应急管理局于2021年5月发布了《深圳先行示范打造防灾减灾救灾"韧性城市"》，其中强调了综合消防救援支队在救援中的重要地位。深圳作为改革开放的窗口，在建设中国特色社会主义先行示范区重要节点，未来城市将面临更多的机会与挑战。建设韧性城市对提高城市抵御风险能力的重要性不言而喻。

韧性城市理念自引入以来在学术界得到了广泛的讨论，主要分为工程韧性、生态韧性和演变韧性三个阶段[4]。Jha[5]等学者认为，韧性城市由基础设施、制度、经济和社会四个部分的韧性组成，通过综合分析分散城市风险，强化应灾能力。Ahern[6]等人提出了建设韧性城市的五点战略：①多功能性；②冗余度和模块化；③生态和社会的多样性；④多尺度的网络连接；⑤适应性规划和设计。结合韧性城市特征，新背景下的消防救援应具有丰富的救援功能，多途径、快速响应，更迅速到达现场。

3 深圳市消防发展现状困局

3.1 城市用地紧缺，消防站建设困难

随着城市的不断发展，高开发强度下深圳市用地紧缺问题凸显。受用地条件制约，深圳市消防力量部署与规划目标相距甚远，2020年规划目标全市建成140座消防站，至目前仅有63座得到落实，深圳市消防站历史欠账较多。为弥补消防站布局不合理，落地难，用地紧缺问题，深圳市开展社区小型消防站布点建设。

社区小型消防站存在占地少、成本低、建设周期短等优点，承担初期火灾扑救及相关任务，在全市范围内已建成385座。由于用地紧缺，目前所有站点通过租用场地，或者依托绿地临时搭建，设施配备条件较差，车辆出动不便，同时存在稳定性不足的情况。随着城市进一步发展，社区小型消防站有随时取消的风险，不能从根本上解决问题。

3.2 城市建设高密度，消防风险增大

深圳市作为内地发展密度最高的超大城市，高密度的发展模式必将对城市承载力带来更大的挑战。随着城市扩张，人口的密集带来了更多的风险因素，对城市防范各种自然和人

为灾害，提高应急救灾能力，抵御城市风险提出了更高的要求[7]。未来城市密度进一步加大，依靠普通消防站进行火灾救灾的同时，在火灾发生前端，发挥小型消防站的优势，最快时间到达救火现场，及时控制险情，达到"灭小、灭早、灭初"的消防目标。

3.3　火灾类型多样，消防隐患增加

作为特大城市，深圳市存在着城中村、超高层建筑、大型城市综合体、老旧高层建筑、危险化学品生产储存企业以及出租屋、"三小"场所等突出的传统火灾风险，同时亦面临着如锂电池、充电汽车等由新能源产业带来的新型火灾风险隐患（图1）。以城中村为例，深圳市城中村楼栋间防火间距严重不足，消防车道狭窄，消防设施建设不足，消防救援条件差。城中村建筑多为老旧建筑，电器火灾隐患突出，且人员流动性大、居民消防意识淡薄等等的因素都使得城中村火灾风险增加[8]。火灾高风险片区的消防安全保障问题亟需解决。

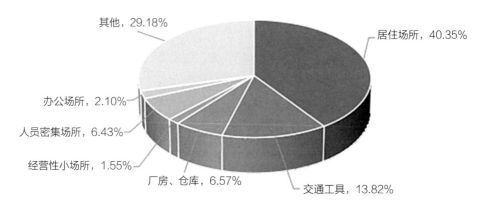

图1　深圳市2016~2020年各类场所火灾情况图

4　国内外案例介绍

4.1　国外案例介绍

纽约市曼哈顿区是全球超高层建筑最为集中、人口最为稠密的地区。为保证区域消防安全，曼哈顿区内分布有47座消防站，平均辖区面积为1.26km²。消防站的占地面积大多都在200m²左右，建筑规模不大。为应对曼哈顿区的灭火救援任务，平均每个消防站日出动执行各类灭火救援任务次数高达5次。"小而密"的消防站布局使得曼哈顿区的火灾救援响应时间即使在建筑密度高、交通拥挤的城区内能够控制在5min左右[9]。

英国大伦敦区包括伦敦市与32个伦敦自治市，区域常住人口896万。该区设立伦敦市消防局，负责大伦敦地区的抢险救援和消防安全工作。根据伦敦消防专员《2020—2021年会计

报表》，该区共有102座消防站和1座水上消防站，全区每座消防站平均服务面积为15.6km²，平均火灾响应时间为1min38s。伦敦市消防局部署有SAS分析系统，该系统能够更好地预测高位区域，针对性地进行资源调度，高效地进行火灾预测和监督工作[10]。英国还有着世界顶尖的消防培训系统，消防员需经过严格的实地培训才能上岗[11]。

4.2 国内案例介绍

重庆市于2020年共规划了8座小型消防站，主要分布于来福士广场、解放碑、观音桥等人流量较大的大型商业综合体。小型站面积为200～600m²，采用"新建、改建、配建、租赁"等方式灵活建站[12]。如来福士小型消防站采用了配建模式，位于朝天门广场，周边建筑体量大、人流物流密集，消防综合风险高。该站点承担了周边的灭火救援、抢险救灾、防火巡查检查、消防宣传教育、机动处置等多项任务。集防火监督检查队、火灾扑救专业队、应急救援突击队作用于一体。

北京市于2017年出台了《小型消防站建设规范》DB11/T 1483—2017，对小型消防站建设的一般要求、规划选址、建设要求、装备要求及人员配备要求进行了规定（表1）。根据北京市消防救援总队2020年数据，北京市消防救援总队下辖22个消防救援支队，现有执勤消防救援站169个、小型消防站81个。其中小型消防站主要承担应急救援处置和消防安全宣传等任务，为辖区经济社会发展和群众生命财产安全奠定了坚实基础。如2017年春节期间什刹海景区内一起突发火灾，什刹海小型站从接警到事故现场仅用时3min，如果由辖区内的消防中队到场，则至少需要15min[10]。

韧性城市理念对市政基础设施规划领域的影响表 　　表1

	《小型消防站建设规范》 （DB11/T 1483—2017）	《城市消防站建设标准》 （建标 152—2017）
人员配备	不少于20人	每班执勤人数15人
消防站辖区面积	不大于2km²	不大于2km²
建筑面积	不低于800m²	650～1000m²
消防车辆数	不少于2辆	2辆

5 深圳市小型消防站建设创新实践总结

5.1 小型消防站建设历史及存在问题

深圳市为保障城市消防安全，应对用地紧张的困局，出台了《深圳小型消防站建设工作方案》文件，以"六个定位"的要求推动小型站标准化建设。现状共建设的小型消防站385座均为社区小型消防站，目前属于专职消防队站体系，主要负责周边辖区灭火救援。考虑到目前专职消防队站站点临时化及不稳定化，大量小型消防站点只是为了解决目前城市消防站站点数量不足、城市消防站辖区覆盖不全面的问题，在临时用地到期后去留目前尚未明确。远期随着城市消防站建成后，部分站点的辖区范围有一定的重叠。

基于以上问题解析，同时也依据《城市消防站建设标准》（建标152—2017）的要求，小型普通消防站（图2）应作为国家消防救援队站体系的一部分。小型普通消防站可以精准辐射周边商圈、居民住宅小区等火灾高风险场所，同时填补商圈和交通集中区域消防站布点空白，加强现状消防站点辖区边缘区域的火灾防控。如遇周边区域突发火灾，出动小型普通消防救援站能够有效避免交通拥堵，缩短救援时间，快速到场控制火情，为抢险救援创造有利条件，对火灾及时扑救、人员顺利营救、降低经济损失有很大帮助，达到扑救火灾"灭小、灭早、灭初"的目标。

图2　集装箱式小型站（左）及附建式小型站（右）

5.2　小型消防站规划方案

在目前深圳市大量已建成社区小型消防站的基础上，进一步提出小型普通消防站的规划思路及理念。围绕韧性城市构建，全市形成预防为主、防消结合的方针，在现有陆上特勤、一级、二级普通消防站的基础上将小型普通消防站纳入国家综合消防救援队伍，达到模块化消防效果。考虑到小型普通消防站的特点，同时基于深圳市城市用地布局、消防站出警辖区的划定，将小型普通消防站进一步细化为两类，补充型小型普通消防站及加强型小型普通消防站。

（1）补充型小型普通消防站布置原则

补充型小型普通消防站有明确的辖区范围，辖区范围原则上不超过2km^2。主要作用为对城市消防站无法覆盖到的区域进行消防力量的补充。如现状深圳市大鹏区东、西涌片区无现状消防站进行保护，由于山体阻隔，距离最近的消防站行车距离大于14km（图3）。东、西涌作为旅游区，各设有一座社区小型消防站，人员与消防车辆配置较少且并未纳入支队统一调度。小型普通消防站建设将使片区消防保护得到补充，面对险情能更迅速响应。若未来社区小型消防站面临取消，亦可对消防力量进行合并实现配置升级。

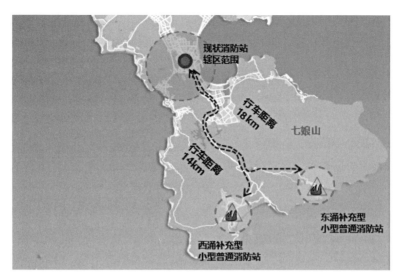

图3　补充型小型普通消防站布局图

（2）加强型小型普通消防站布置原则

加强型小型普通消防站无明确的辖区范围，主要围绕火灾高风险区域、城市重点发展片区、开发高密度区等重点火灾隐患区域布置，起到加强火灾防护、灭小灭初的作用。如空港新城作为深圳的13个重点发展片区之一，片区现状主要依托海上田园片区的消防中队进行保护。考虑到片区内的深圳国际会展中心将承接较多大型活动，人流量大，增设小型普通消防站可针对性地对深圳国际会展中心及周边片区进行保护，避免重大火灾事故的发生。

5.3　对比分析

与现状的社区小型消防站相比，国家级的小型普通消防站在多方面都有明显提升。在专业职能方面，灭火救援、抢险救灾、防火巡查、消防宣传、联勤联训、机动处置等都可纳入小型普通消防站的职能范围。在装备配置方面，在目前社区小型消防站需满足12名消防人员、一辆消防车与一辆摩托车的配置基础上，进一步提升为15名的消防人员、两辆消防车的配置标准设置。在站点设置方面，小型普通消防站的选址依据《城市消防站建设标准》（建标 152—2017），且选址均与各区国土空间规划进行对接，用地得到落实，或采用与城市公共空间或公共建筑融合的附建形式，相比起现状的临时用地或租赁用地站点更为稳定。在管理调度方面，小型普通消防站纳入国家救援体系，接受统一调度，出警执勤更为高效。

5.4　现状社区小型站处置建议

深圳市现有社区小型消防站共385座，建设模式多为临时用地、集装箱式搭建的模式，稳定性不足。在未来随着规划消防站逐步落实，片区消防力量得到补充，为方便统一调度管理，对现状社区小型消防站未来的去留提出以下建议。

（1）提档升级

部分社区小型站应作为城市消防站无法覆盖区域的重要补充，对其进行提档升级为小型普通消防站，使其具备更强的救援能力。

（2）转型利用

基于充分利用、节约高效的原则，对目前已建成的大量社区小型消防站，在不违反用地性质、土地使用规则等前提下，建议予以保留，规划作为初期火灾扑救的重要补充力量，同时也可转型开展火灾防控、消防监督管理、消防宣传等工作。

（3）适时取消

考虑到普通消防站建成后基本覆盖原现状社区小型站的责任辖区且职能更为全面，对于辖区与城市消防站重叠的这部分社区小型站，在用地、场所建设等无法保障的前提下可考虑适时取消。如罗湖区的某特勤站与规划新建的一级站可对现有的社区小型站辖区达成覆盖，现状某二级站5min覆盖圈内存在7座现状社区小型站。现状社区小型站由于用地不稳定，在未来考虑合并现有社区小型站消防力量到规划普通消防站，释放更多用地可能性。

6 结论

①小型普通消防站具有分担火灾救援压力、节约城市用地、快速到达救援现场等特点，在韧性城市的建设中发挥巨大作用。

②本文将小型普通消防站与城市风险特征相匹配，进一步划分为补充型小型站与加强型小型站，细化了小型普通消防站的布局思路，该方法同样适用于其他建设密度大、火灾风险多样、用地紧张的城市。

③由于其用地具有不稳定性，本文对现状社区小型消防站未来的去留创新性地提出提档升级、转型利用、适时取消三点建议，供目前已有小型站的城市参考。

参考文献 _____

[1] Uddin M S, Warnitchai P. Decision Support for Infrastructure Planning: A Comprehensive Location - Allocation Model for Fire Station in Complex Urban System [J]. Natural Hazards, 2020, 102（3）: 1475-1496.

[2] 中共中央国务院. 粤港澳大湾区发展规划纲要 [M]. 北京: 人民出版社, 2019.

[3] 中共中央国务院关于支持深圳建设中国特色社会主义先行示范区的意见 [M]. 北京: 人民出版社, 2019.

[4] 石婷婷. 从综合防灾到韧性城市: 新常态下上海城市安全的战略构想 [J]. 上海城

市规划，2016（1）：6.

［5］ Jha A K，Miner T W，Stanton-Geddes Z. Building Urban Resilience Principles，Tools，and Practice Environment and Sustainable Development[J]. 2017.

［6］ Ahern J.From Fail-Safe to Safe-to-Fail: Sustainability and Resilience in The New Urban World[J]. Landscape and Urban Planning，2011，100（4）：341-343.

［7］ 谭棠. 深圳先行示范区消防安全管理实践与探索［J］. 消防科学与技术，2020，39（7）：4.

［8］ 邹兵. 探索高密度超大城市的可持续发展路径——近10年深圳城市规划实践的逻辑主线［J］. 城市规划，2018，42（z1）：5-11.

［9］ 丹戈. 纽约曼哈顿的消防站［J］. 中国消防，2016（5）：3.

［10］ 王峰. 北京市西城区小型消防站规划研究［D］. 北京：北京建筑大学，2017.

［11］ 陈辉. 英国的消防体制［J］. 安全与健康，2010（12）：2.

［12］ 蒋孟道. 加强小型消防站建设提升重庆城市核心区灭火救援能力［C］//2020中国消防协会科学技术年会论文集.［出版者不详］，2020：838-841.

国土空间背景下都市型水库管理策略研究
——以清林径水库为例

曹艳涛（城市安全与韧性规划研究中心）

[摘　要] 通过对深圳市水库管理与利用现状进行研究，提出在国土空间背景下，深圳市"郊野型"水库已经基本转型为"都市型"水库，并分析了"都市型"水库的产生背景及其日常管理过程中面临的问题。以深圳市清林径水库为例，通过分析清林径水库在转型管理过程中面临的问题和提出的解决对策，总结了国土空间背景下"都市型"水库管理的应对策略，以期为其他同类水库的转型管理提供一定参考和借鉴。

[关键词] 国土空间规划；都市型水库；应对策略；清林径水库

1　引言

　　水库作为防洪的重要工程措施之一，在拦洪蓄水、调节水流以及供水、发电等方面均发挥了重要作用。随着我国城市化进程的加快，城市规模不断扩大，原建于城市郊区的水库逐渐被城市建成区包围，水库与城市的关系越来越紧密，但同时水库保护与城市发展之间的矛盾也越来越凸显，如何处理水库管理与城市发展之间的关系已经成为影响城市可持续发展的重要问题。

2　深圳市水库管理利用现状及存在问题

2.1　深圳市水库管理利用现状

　　截至2019年底，我国共建有各种类型的水库共计9.8万座，是世界上水库数量最多的国家，水库工程在我国的防洪排涝和供水发电等事业中发挥了重要作用[1]。目前水库利用方式包括防洪、供水、发电、灌溉和开发水利风景区等，前四类利用方式为传统的水库利用方式，也是水库的主要利用方式[2]。而随着社会经济的发展和城市化进程的加快，水库的功能定位随之发生了变化，这对水库的日常管理也提出了新的要求[3, 4]。

　　由于地理位置比较特殊，深圳市境内无大江大河、大湖大库，蓄滞洪能力差，本地水资源供给严重不足，库容超1000万m³的大、中型水库只有16座，人均水资源量仅为全国平均水平的1/17，是全国严重缺水城市之一。截至2020年底，深圳市共有蓄水工程177座，其中参与城市供水的水库35座，2020年全市境外引水量为17.83亿m³，约占全市总用水量的75%，供水水库在全市水资源配置中起着重要作用。

鉴于深圳市供水紧张的基本情况，深圳市自20世纪90年代以来已经出台了包括《深圳经济特区水资源管理条例》《深圳市小型水库管理暂行办法》等一系列关于水库管理的相关法规与政策，用于加强对水库的日常管理。

2.2　深圳市水库管理面临的问题

（1）部分水库管理水平无法适应新时代水库管理需求

由于历史原因，深圳市大部分小型水库由当时的街道办或村集体修建，至今部分管理权仍在街道层面，而街道对水库日常管理方面相对滞后。一方面，由于水库管理需要专门的技术人员，而街道内水利专业的技术人员相对缺乏；另一方面，由于水库建设年代较久，部分小型水库已无法满足新时期对水库水质、水文、大坝安全等方面的实时监测管理要求[5]。

（2）水资源利用方式单一，不利于水库多元化管理

深圳市水库利用方式以供水、防洪、发电、灌溉等为主，对水库水资源的开发方式相对单一。传统水务部门主要以治水为主，管理人员大多为工程技术人员出身，对水库资源的综合开发利用率较低，也不利于水库的多元化管理[6]。

（3）水库与城区已逐渐融为一体，水库管理日益复杂

随着城市规模的不断扩大，原位于郊区的水库离城市建成区越来越近，城市管理范围与水库管理范围逐渐重合，水库除了自身的日常维护管理外还面临着防范周边城区影响水库安全的管理工作。此外，由于水库被城市建成区包围，水库内配建的水利设施在用地管理上理应纳入城市规划管理范畴，原本水库内部自行建设的配建设施现在必须到规划管理部门办理相关用地手续，而水库管理范围内往往由于未编制详细规划，导致配建设施无法按城市建设用地管理流程办理用地。

3　国土空间规划对水库管理的影响

2019年5月，《中共中央　国务院关于建立国土空间规划体系并监督实施的若干意见》（中发〔2019〕18号）正式对外公布，标志着国土空间规划体系的整体框架已经正式建立，统一的国土空间规划体系的建构开创了新的历史，对我国的经济社会发展产生了重大的影响[7]。

建立国土空间规划体系，主体功能区规划、土地利用规划、城乡规划等空间规划将统一纳入新的国土空间规划，形成国土空间规划一张图。水库的建设管理作为国土开发的一项重要内容[8]，在新的国土空间规划背景下，必然会对其产生一定影响，主要表现在以下三个方面：

（1）水库的空间区位发生变化

在国土空间规划之前，受地理区位影响，水库管理区大部分位于城市建成区之外，属于城市的非建成区，在用地管理上相对简单，而城市建成区内的用地属于建设用地，在管理上相对规范和统一。而在全域城市化之后，城市内的全部区域包括水库管理区都纳入了城市规划区内，所有的管理对象都需要按照新的国土空间规划的规定进行统一管理，这就要求水库内的相关建设活动必须符合城市内部的相关建设活动的管理要求。

（2）水库的规划定位发生变化

水库的规划建设传统上是水务部门的专项规划内容，其规划建设主要依据水利或水务相关规划，一般由水利或水务管理部门牵头编制，水库规划目标为首先满足防洪和供水等水利功能需求。而编制新的国土空间规划后，水库的规划、建设将统一纳入国土空间规划当中，规划的目标以主要满足供水、防洪向供水、生态、景观等综合利用转变，相关规划定位发生了重要转变。

（3）水库管理范围内的管理主体发生变化

在国土空间规划出台之前，由于水库的功能主要以供水、防洪、灌溉为主，水库的日常管理包括对水库范围内配建设施的管理主体主要以水务部门为主。而在国土空间背景下，水库已成为城市的一部分，水库管理也将成为城市日常管理的一项重要内容，同时水库范围内的用地也将纳入国土空间规划进行统一管理，这就涉及自然资源、生态环境、城管等多个部门，水库范围内的用地管理由原来的单一水务部门负责转变为包括水务、城管、自然资源、生态环境等多部门共同管理。

4 水库转型——都市型水库的产生

受深圳全域城市化的影响，深圳市水库的空间定位和功能定位均发生了变化，这也导致了水库转型的出现。这种由于受城市化建设快速发展影响，原本位于城市边缘区域的水库，逐渐被城市建设包围，进而成为城市建设的一部分的水库称为"都市型"水库。截至2020年，深圳市内（不含深汕合作区）共有153座水库，随着城市社会经济的快速发展，深圳市水库基本上已全部由"郊野型"水库演变为"都市型"水库。通过研究发现，"都市型"水库一般有三个共同的特点：

（1）水库功能更加多元化

传统水库一般以单一的供水、防洪、发电等功能为主，而"都市型"水库由于与周边的城市发展联系更加紧密，水库功能除了传统的供水、防洪功能外，往往根据周边城市发展的需要衍变出了城市公园、生态湿地等功能，甚至部分都市型水库原有的防洪功能会逐渐消失，水库进一步融入城市，演变为城市内部重要的景观水体，这就使得"都市型"水库相较于传统水库而言，水库功能更加多元化。

（2）水库日常管理主体更加复杂

由于"都市型"水库功能的多样化，也导致了水库的日常管理需要面临的问题更加复杂。除了水库基本的工程维护管理外，还有许多如水库景观维护、水库日常参观管理、水库景区开发利用与保护管理等，新增的水库管理需求使得水库管理变得更加复杂，往往依靠单一的水务部门已经无法满足日常管理需要。

（3）水库与城市的关系更加紧密

由于功能需要，传统水库的选址建设一般位于河流上游，远离城市建成区。而随着城市规模的不断扩大，原来位于郊区的水库逐渐被城市建设包围，水库与城市的关系变得更加密切，如深圳水库，距离最近的居民住宅区不足100m。水库一方面为城市发展提供了水源供应，另一方面随着城市的扩张，水库也成为城市内生态资源、景观资源的重要组成部分。

5　"都市型"水库管理存在的问题

5.1　传统水库管理水平无法适应"都市型"水库管理要求

在国土空间背景下，"都市型"水库已经转型成为城市的一部分，对于"都市型"水库的管理不仅仅需要关注水库自身功能，更应该注重对水库生态效益、景观效果、亲水空间、日常维护等方面的管理，加强水库与城市的融合。而传统水库管理以满足水库供水、防洪安全功能为主，相关技术人员基本上均为水务出身，对水库的管理重点集中在水库设施本身，如对大坝安全管理、水文监测等方面，对水库本身的生态环境、景观效益管理相对薄弱，传统的管理手段已无法适应新时期"都市型"水库的管理要求[9]。

5.2　水库管理设施相对落后，无法适应新时代智慧管理要求

随着5G、大数据等新技术的应用与普及，城市管理已进入智慧管理时代，而"都市型"水库作为城市的重要组成部分，应当及时推广应用新技术，加强水库的智慧化管理。但传统水库往往由于资金有限，管理设施老化，再加上技术人员年龄偏大，导致水库管理仍是以传统方式为主，如水库日常管养仍以人工巡逻为主，"5G+智慧水库管养模式"尚未普及，传统的水库管理水平已无法满足新时代水库智慧化管理要求[10]。

5.3　水库设施用地标准与城市规划用地标准不一致

由于早期水库选址一般位于城市郊区偏远位置，用地供应充足，水库工程管理设施用地标准一般以满足水库日常管理要求为主，另外由于地理位置较偏，除一般的办公管理设施外，还需要配建相关生活配套设施，如宿舍、厨房等，使得传统水库设施用地规模往往较大。此外水库管理设施用地标准编写时间也较早，当时用地相对充足，相关用地标准也较宽松，如《水库工程管理设计规范》SL 106—1996编制时间为1996年，其中关于办公管理用房标

准为人均15m²，2017年进行修编时，仍维持沿用了原标准。而城市规划用地标准中，随着城市规模不断扩大，用地逐渐紧张，对于办公用房用地目前使用的标准为2014年由国家发展改革委、住房和城乡建设部印发的《党政机关办公用房建设标准》（建标 169—2014），其中普通人员办公用房标准为人均9m²。在"都市型"水库管理中如何选择用地标准，同时满足水务管理和城市用地管理的双重要求是目前"都市型"水库在具体管理当中面临的首要问题。

5.4　水库开发利用效率较低，水资源未得到充分开发利用

由于水源保护的需要，传统水库对水库内水资源的开发利用主要集中在防洪、供水、发电等方面，而丰富的水面及周边大面积的湿地资源基本处于未开发状态。已作为景观资源开发的水库也存在开发方式单一、利用效率较低的问题[11]。"都市型"水库除传统的供水、防洪、发电等功能外将承担生态功能和景观功能，生态功能表现在维持生物多样性、补充地下水、调节气候、维持水环境与自然系统稳定；景观功能主要表现在水库景观、水文化宣传、科普教育等方面。未来"都市型"水库在保证水库防洪、供水、发电等功能正常运转的前提下，提高生态功能与景观功能利用率，充分发挥"都市型"水库在城市日常管理中的作用。

5.5　小结

随着城市规模的快速扩张，"都市型"水库在转型管理过程中难免会遇到各类问题，这一方面是城市快速发展的必然结果，另一方面也对水库管理提出了更高的要求，需要水务部门、城管部门等多部门综合协调，提出具体有效的针对性措施。

6　案例分析

6.1　清林径水库概况

（1）水库区位

清林径水库位于深圳市龙岗区北部深、莞、惠三市交界处。规划选址位于深圳市与两大境外水源工程（东深供水工程、东部水源供水工程）没有建立联系的空白地带，建成后将是深圳市最大的水库，正常库容1.86亿m³，水库建设有利于全市供水水源网络的完善，可大大提升深圳市水资源战略储备能力，对保障全市供水安全具有重要的战略意义[12]。

（2）基本概况

清林径水库位于深圳市龙岗区龙城街道境内，在东江流域龙岗河左岸支流石溪河的中上游段，库区东北部与伯公坳水库连通，近主坝右岸附近通过现有的溢洪道与黄龙湖水库相通。石溪河集雨面积45.5km²，河流总长13.4km，平均比降4.4‰，流域内有三个水库：原清林径水库（中型）、黄龙湖水库［小（一）型］、伯公坳水库［小（二）型］，合计水库控

制集雨面积28.2km²，占总流域面积65.6%。扩建后的清林径水库为大（二）型水库，总库容1.86亿m³，正常水位79m，设计洪水标准500年一遇，校核标准5000年一遇。

6.2　水库管理面临的问题

（1）水库紧邻城市建成区，与城市建设管理存在冲突

清林径水库项目建议书批复时间为2005年，选址位置已经是城市边缘地区，是深、莞、惠三市的交界地带，当时是深圳市的郊区，但随着城市规模的不断扩大，如今水库的管理区距最近的现状城市工业区不足100m，库区距离最近的居住区也不足300m，水库管理区紧靠城市建成区，与城市联系紧密。随着城市规模的不断扩大，原本独立管理的水库与城市之间产生了密切关联，水库管理与城市建设管理之间的矛盾日益凸显，最显著的问题表现在原来在水库管理范围内由水务部门自行建设的水库配套设施现在必须按照城市建设用地办理"一书两证"手续后方可建设，否则将不允许建设或建设后也会被查处为违法建筑。

（2）水库配建设施用地面积较大，不符合城市规划用地标准

由于水库立项之初，城市用地供应充足，再加上水库工程管理设计规范中办公管理用房面积标准相对宽松，这就导致水库立项时部分水库配建设施用地标准大于城市规划用地标准。在新的国土空间背景下，由于水库已经成为城市管理的一部分，因此，其用地指标的审核由原来的水务部门转至城市规划管理部门。但随着城市规模的不断扩大，深圳市现状建设用地已经十分紧张，在各类用地批复中均严格遵守节约、集约用地的原则，这也导致原本立项通过的水库配建设施，在新时期由于用地标准不一致问题迟迟无法取得正式的用地批复，管理用房等配建设施一直无法如期建设，严重影响了水库的正常运转。

（3）水库综合开发利用水平较低，与城市关系相对割裂

目前清林径水库主体工程已基本建设完成，但水库的开发利用仍以供水、防洪等传统功能为主，水库内生态景观资源基本没有得到有效利用，甚至原有的生态公园也因水库的建设被纳入一级水源保护区内，无法对外开放。清林径水库一级水源保护区面积20.54km²，其中水域面积10km²，其他基本均为生态林地，水库的生态资源十分丰富。同时水库内还有一些人文景点，库区旅游资源潜力巨大，但由于目前水库的管理相对封闭，造成水库与周边城区处于割裂状态，一方面不利于水库的可持续发展与管理，另一方面水库内的生态资源无法得到有效开发，也不利于城市用地的高效管理。

6.3　解决对策

（1）水务部门主动作为，与规划部门共同建立用地协调管理机制

由于在水域管理范围线内各种城市开发建设管理活动涉及多个管理主体和部门，管理要求各不相同。结合清林径水库建设管理过程中面临的实际问题，深圳市水务局提出建立水务设施建设管理协调机制，由市水务局、市规划和自然资源局共同牵头，各涉及部门参与，综

合统筹协调各方意见，为水域管理范围内的各类建设活动与行为提出统一的要求，最终相关要求形成的规划成果需通过深圳市城市规划委员会的审查，也为其他类似建设活动的开展提供了参考。借助这一协调机制，经深圳市城市规划委员会发展策略委员会2021年第2次会议审议和表决，全票同意，原则通过了清林径水库办公管理用房、上寮泵站等设施的选址方案，为该项目选址明确了规划依据，目前相关建设活动正在有序开展当中。

（2）联合编制水务设施用地标准，规范用地管理手续

由于历史原因，水务部门与规划管理部门对于用地管理执行的是不同的用地标准，如水库范围内配建的办公管理用房，水务部门一般认为是水库配建设施，相关用地标准执行的是《水库工程管理设计规范》SL 106—2017，而规划管理部门则将建设用地范围内的所有办公用房均认定为党政机关办公用房，用地标准执行《党政机关办公用房建设标准》（建标 169—2014），这就导致了同一用地但审核标准不一致的问题。针对清林径水库在用地申报过程中出现的水库设施用地规模过大，不符合城市规划用地管理要求的问题，为规范水务工程管理设施的设置标准，统一水务设施用地规模，结合深圳市的实际情况，由市水务局、市规划和自然资源局共同牵头，组织编制了《深圳市水务工程管理设施设置标准（试行）》，对深圳市水务设施类别、设置要求、用地规模等提出了具体要求，如针对管理用房，该标准提出小型水库配建标准为建筑面积不大于200m²，中（二）型以上水库标准则根据水库定岗人数，按人均建筑面积不大于12m²标准配建，既考虑了水库管理需要，同时也兼顾了城市用地紧张的基本现状，这一标准的提出为今后水库配建设施的建设提供了参考依据。目前，《深圳市水务工程管理设施设置标准》已完成征求意见，计划报市标准委员会审查通过后正式对外发布。

（3）利用水库生态资源，打造新的城市景点

针对清林径水库现状开发利用效率较低的问题，在保证水库防洪、供水安全的前提下，充分依托水库独特的自然生态资源，积极开发水库生态功能与景观功能。通过重点打造特色水系景点，如利用水库大坝建设水库观景平台，利用溢洪道打造休闲亲水滑道，利用水库湿地资源划定合适的区域，开发各种娱乐休闲功能，进行划船、采集标本、摄影、运动、健身、自然观光等活动。水库作为普及水利科学知识的重要场所，可以利用水库管理区规划建设水务科普基地，提升水库知名度与影响力。目前，市水务局已经组织开展清林径森林公园、清林径水库碧道等建设项目，积极推进水库综合开发利用，打造龙岗区新的城市景点，主动融入龙岗区"一芯两核多支点"区域发展战略，实现水库与城市融合发展。

7　国土空间背景下水库管理应对策略

7.1　主动融入城市，实施水城融合发展策略

在新的国土空间规划背景下，所有的山水林田湖草全部纳入了规划当中进行统一管理[13]。因此，水库在规划建设和管理过程中，也应主动融入城市发展大局，加强与周边城区的联

系，积极利用自身优势资源，为城市发展提供包括供水、防洪、休闲、游憩等各类功能，实现水城融合发展。

7.2 建立协调机制，实施水城统筹管理策略

由于历史原因，水库管理范围内的规划、建设和管理一般由水务部门负责，而管理范围之外的城市用地由规划部门管理。在国土空间背景下，"都市型"水库管理范围已全部纳入城市管理范围之内，水库管理范围内的配套设施建设也纳入了城市规划管理当中，单一的水务部门已经无法满足水库管理需要。因此，有必要针对水库的规划、建设、管理建立水务与规划部门的协调管理机制，实现水库与城市的统筹管理、一体发展。

7.3 保护开发并重，实施水库景观化策略

传统水库主要以供水、防洪功能为主，为了保证供水安全，在水库管理范围内一般实行封闭管理。国土空间规划是对一定区域国土空间开发保护在空间和时间上作出的安排，是规划范围内各类开发保护建设活动的基本依据，在此背景下，水库的规划、建设管理也必然要纳入其中进行统一管理。而水库作为片区内重要的生态资源和景观资源，对于片区定位和发展有着重要的影响，因此，作为"都市型"水库，应将水源保护与水库资源开发利用有机统一，在不影响水库供水安全的前提下，对水库生态资源进行综合开发利用，打造水库景观节点，实现水库景观化。

8 结语

"都市型"水库的出现是城市化快速发展的必然结果，通过对深圳市清林径水库在转型管理过程中出现的问题和解决对策的分析，提出在国土空间背景下，"都市型"水库管理应主动融入城市，实施水城融合发展策略；建立协调机制，实施水城统筹管理策略；保护开发并重，实施水库景观化策略，推动"都市型"水库顺利转型，实现水库与城市有机融合，促进城市高质量发展。

参考文献

[1] 中华人民共和国水利部. 2020年全国水利发展统计公报 [M]. 北京：中国水利水电出版社，2020.

[2] 梁文章，韩永升，孙强. 石佛寺水库综合利用规划与生态水库建设初探 [J]. 水利建设与管理，2010，30（4）：79-80.

［3］　李福波. 当前水库工程管理中存在的问题及对策［J］. 低碳世界，2017（19）：122-123.

［4］　薛艳，陈晓江. 现代水库建设管理中存在的问题与对策分析［J］. 南方农业，2017，11（8）：115，117.

［5］　郑重. 深圳小型水库除险加固后安全管理的问题与对策［J］. 广东水利水电，2015（7）：71-74.

［6］　褚艳玲，吴锋，胡晓婉. 深圳市水源保护区环境与经济协调发展对策研究［J］. 安徽农业科学，2012，40（7）：4175-4177.

［7］　赵民. 国土空间规划体系建构的逻辑及运作策略探讨［J］. 城市规划学刊，2019（4）：8-15.

［8］　王婷，游进军，杨益. 浅析国土空间规划体系下水资源刚性合理需求［J］. 中国水利，2020（21）：23-25.

［9］　林叔忠. 对广东省大中型水库管理的思考［J］. 广东水利水电，2009（2）：5-10.

［10］　田英，袁勇，张越，等. 水利工程智慧化运行管理探析［J］. 人民长江，2021，52（3）：214-218.

［11］　刘志强，洪亘伟. 水库保护与综合利用的景观规划对策研究［J］. 四川建筑科学研究，2009，35（1）：234-237.

［12］　深圳市城市规划设计研究院. 深圳市清林径水库配建设施选址方案和规划设计条件研究［R］. 深圳：深圳市城市规划设计研究院，2018.

［13］　谭纵波，龚子路. 任务导向的国土空间规划思考——关于实现生态文明的理论与路径辨析［J］. 城市规划，2019，43（9）：61-68.

第四篇
跨前沿技术融合发展

本篇章选取了11篇论文，涉及数据中心、海绵智慧管理、创新型管廊、大数据应用、智慧水务、充电设施等新技术与传统设施融合应用的话题内容。重点探索在城市规划建设中，利用大数据、互联网、人工智能等先进技术，支撑传统基础设施转型升级，为基础设施智能绿色发展提供助力。

跨前沿技术融合发展通过新基建赋能传统基础设施，提升基础设施网络的辐射带动作用和溢出效应。基础设施与先进技术的融合化发展是基础设施高质量发展的重要途径，应加快传统基础设施智慧化升级，形成绿色智能的市政基础设施体系。

深圳市综合管廊建设发展经验总结

朱安邦　刘应明（水务规划设计研究中心）

[摘　要]　近年来，城市地下综合管廊作为一种先进的市政基础设施受到高度关注，我国已经进入综合管廊建设的发展期。综合管廊的建设可以有效解决城市蜘蛛网、马路拉链等问题，但是其投资成本昂贵，建设难度大，需要城市管理者审慎地对待。本文就深圳市综合管廊建设10余年的发展历程，总结了深圳市综合管廊取得的成就，从深圳市综合管廊建设现状、规划及工程技术、立法以及运营管理等方面进行梳理并进行反思。深圳市综合管廊的建设发展之路必定是曲折的，深圳市的综合管廊还未进入运营期，深圳市迫切需要为综合管廊的后期运营维护提前布局，才能更好地实现深圳市综合管廊的健康发展。

[关键词]　综合管廊；运营管理；深圳市；规划与建设

1　引言

近五年来，国家相关部门发布了23个综合管廊相关政策文件，为综合管廊制定了较为完善的"顶层制度"。完善的综合管廊政策及技术安排，为我国综合管廊的建设发展提供了支撑，可以预见，在未来我国将迎来综合管廊建设的高潮。地下空间的开发是深圳市未来城市发展的趋势，而市政设施、交通设施的地下化是地下空间利用的前沿和核心[1]。据统计，如果将深圳市内电力高压线进行入地敷设，可以空出约19.4km²的建设用地。以地下综合管廊建设为契机，实现市政管线的统筹管理，对集约利用土地资源具有重大意义。

早在2005年深圳市就建设了第一条盐田坳至大梅沙的综合管廊，长度仅为2.67km。而至2017年，深圳市已建（在建）综合管廊达60km，深圳市的综合管廊建设迎来发展期。深圳市建设发展综合管廊10余年来，是由"谨慎建设共同沟"到"积极布局综合管廊"的过程。深圳市综合管廊的建设之路、规划之路、立法之路及运营管理之路也是反映我国综合管廊建设发展历程的一个重要片段。

2　深圳市综合管廊建设之路

2.1　建设历程

自2005年起，深圳市建成第一条综合管廊——大梅沙—盐田坳综合管廊；2008年，在光明新区相继建成8.6km的综合管廊，是深圳市第一条具备完整监控设施的综合管廊。2012年，前海合作区建设深圳市第一条以高压线通道为主要功能的综合管廊；到2015年底统计数据，深圳市的综合管廊建设里程总长约13.6km。

以国务院办公厅于2015年发布的《国务院办公厅关于推进城市地下综合管廊建设的指导意见》（国办发〔2015〕61号）为节点，可以将深圳市的综合管廊建设历程分为2015年之前的"综合管廊徘徊期"，2015～2017年的"综合管廊试点期"及2017年之后的"综合管廊发展期"三个时期。在"综合管廊徘徊期"，由于国家层面缺乏相关政策和法律法规的支撑，深圳市仅建成少量的综合管廊；到"综合管廊试点期"，国家层面相继出台20余项国家相关政策、法律法规及技术标准，促进了深圳市综合管廊的建设发展，在该时期，深圳市在建综合管廊项目总里程达到51km。按照相关规划，至2020年，深圳市力争建成80km的综合管廊。

2.2　建设方式

深圳市在建综合管廊项目主要依托道路新建及市政管线（主要市政干管）和电缆隧道的建设同步实施综合管廊，与其他工程结合同步实施综合管廊可以最大程度上减少建设成本。

在建综合管廊以干线综合管廊为主，多数综合管廊舱室数量为3～4舱断面，采用"明挖法"或"盾构法"施工。纳入给水管线、电力缆线、通信缆线、燃气管线、再生水管线等。深圳市综合管廊建设过程中，目前拟纳入的最高电压等级为500kV，其前期研究工作正在进行，属于国内首条拟纳入500kV超高压电力电缆的综合管廊。

2.3　复合型缆线管廊建设

"复合型缆线管廊"可以理解为日本的"供给型共同沟"，即将传统的缆线管廊纳入小口径的给水、再生水管道等，其工作通道不要求通行，无照明、通风等附属设施的一类综合管廊（图1）。

深圳市在城中村改造及片区建设中，试点采用了"复合型缆线管廊"，其在维护及管理上较为简单，有希望成为低成本、系统化解决城中村管线敷设的途径之一。

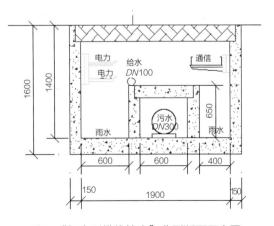

图1　"复合型缆线管廊"典型断面示意图

3 深圳市综合管廊规划之路

3.1 规划历程

深圳市在过去10年间，编制了多个综合管廊规划，包括2轮全市综合管廊总体规划，11个区域详细规划，13个重点片区详细规划以及多条道路的综合管廊详细规划。其中2008年编制的深圳市光明新区共同沟规划是深圳市第一个区域范围内的综合管廊规划；在2011年深圳市编制了全国第一个市域范围内的综合管廊规划，该规划在2017年完成第二轮修编工作。

深圳市综合管廊规划形成了分层次规划体系——总体专项规划+区域详细规划+小片区详细规划，是全国第一个按照该规划体系进行编制综合管廊规划的城市。其中，综合管廊专项总体规划对全市综合管廊规划进行总体把控，各个区域详规及小尺度片区详细规划对片区内综合管廊进行细节把控，并对总体规划进行局部调整反馈，是综合管廊设计的直接依据[2]。

从2008年到2018年，深圳市的综合管廊规划理念发生了由"谨慎布局"到"积极推广"的重要转变。2008年，深圳市规划国土委启动编制的深圳市共同沟布局规划中，总的规划指引为"全市层面不宜大规模推广建设共同沟，仅在城市新区示范试点建设，在老城区谨慎择机建设"。2016年，深圳市规划国土委联合深圳住房和建设局共同启动综合管廊规划修编，而总的规划指引转变为"积极鼓励全市范围内进行综合管廊建设，并在城市新区全面开展建设，在老城区结合电缆隧道、轨道交通及大面积城市更新等重大项目统筹建设综合管廊"。

3.2 第一轮全市综合管廊总体规划

第一轮深圳市全市综合管廊规划始于2008年，在规划中，建议"全市层面不宜大规模建设综合管廊"。按照规划，至2015年，全市规划布局综合管廊63km；至2020年，全市规划布局综合管廊154km。由于当时不存在综合管廊的技术标准及规范法规，综合管廊处于争议多、难点多、内容多的阶段。比如综合管廊内入廊管线的争议，综合管廊建设区域的争议，综合管廊管理模式的争议等。这些问题都是综合管廊这种新事物的推广应用过程中的障碍。作为全国第一个全市域范围的综合管廊专项规划，在入廊管线、建设区域、运营管理模式等方面做了有益的探索，为综合管廊在深圳的推广起到了奠基性作用。

3.3 第二轮全市综合管廊总体规划

第二轮全市综合管廊总体规划始于2016年，是对第一轮全市综合管廊规划的修编。距离第一轮综合管廊发布已有5年时间，期间，综合管廊的政策和标准相应的不断完善，为综合管廊修编工作提供了工作基础。鉴于修编政策环境的变化，本轮规划采取了"积极鼓励在全市域范围内进行综合管廊建设"的策略。同时，国家对于综合管廊入廊管线、综合管廊建设区域、综合管廊运维管理等方面有明确要求与指引，为本次规划修编提供了直接依据。

按照规划，全市至2020年，规划建设综合管廊300km；至2030年，规划建设综合管廊500km。确定了15个综合管廊"优先建设区"。综合管廊内纳入给水、再生水、电力、通信、污水、燃气等城市市政管线。

3.4　小尺度片区综合管廊规划详细规划

在全市综合管廊总体规划的基础上，各小尺度片区范围内编制了综合管廊详细规划。小尺度范围内的综合管廊详细规划主要对全市综合管廊规划中的路由进行进一步论证。对纳入管线、管廊断面设计、三维控制线、重要交叉节点等内容进行详细论证。此外，小尺度片区综合管廊详细规划还需要重点对与周边综合管廊系统的衔接进行核实，这是综合管廊设计的直接参考依据。

4　深圳市综合管廊立法之路

4.1　立法历程

为了规范地下综合管廊规划、建设和维护，统筹各类管线敷设，需要制定相应的管理办法及收费办法。对于综合管廊的管理，必须是具有地方特色，需要根据各地具体实际情况进行制定。国务院办公厅下发的《国务院办公厅关于推进城市地下综合管廊建设的指导意见》（国办发〔2015〕61号）中明确了各市人民政府要制定地下综合管廊具体管理办法，加强工作指导和监督。深圳市早在2012年，光明新区综合管廊建设完成后制定了《光明新区共同沟管理暂行办法》；在2015年，前海合作区也制定了《前海深港现代服务业合作区共同沟管理暂行办法》等。

在上述两个"管理办法"中，明确了光明新区和前海合作区内综合管廊的投资主体、建设主体、运营主体及主管单位等内容，为片区内的综合管廊下一阶段运营管理提供了基础。

真正意义上全市性的综合管廊立法目前发布了两个，一个是《深圳市地下综合管廊有偿使用收费参考标准》，该收费参考标准的制定解决了未来综合管廊运营过程中确定的市场化运作方针的收费问题；另一个是《深圳市地下综合管廊管理办法（试行）》（以下简称"管理办法"），深圳市的综合管廊立法格局基本形成。

4.2　《深圳市地下综合管廊管理办法（试行）》

管理办法是以深圳市市政府令形式发布实施的规范性文件（深圳市人民政府令第296号），总共42条条文，涵盖综合管廊规划与建设、运营与维护、法律责任等内容。

实施保障方面：为保障落实管理办法的相关内容，深圳市建立了"市地下综合管廊建设领导小组"统筹全市综合管廊的规划与建设。综合管廊管理办法从规划、建设、运营和维护等方面进行了细致的规定，明确了全市统一的顶层制度设计，解决了过去各个片区多头管理的缺陷。

规划建设方面：在管理办法中，确定了随道路新（改、扩）建，随市政管线建设，随电缆隧道建设以及结合地铁建设等同步实施综合管廊的实施主体和建设方式。

运营维护方面：由于综合管廊单位建设工程造价高，深圳市平均约1.5亿元/km（不含道路及交通疏解工程、现有管线改迁工程、智能巡检系统、水土保持工程、沿线建筑物监测保护、穿地铁区域监测保护等），资金投入巨大，除财政投资为主外，尚须建立社会资本进入的通道和基本管理模式。管理办法为综合管廊的投融资模式提供了建议。同时明确了后期运营维护的"市场化运作"方向，使用综合管廊需要各管线使用单位按照标准收取入廊费和日常维护费。

5 深圳市综合管廊运营管理之路

5.1 运营现状

深圳市已经建成约13.6km的综合管廊，主要为大梅沙—盐田坳综合管廊、光明新区综合管廊、前海综合管廊等。三个区域的管廊分别采用市场化运作，采用招标服务外包单位或下属国企对综合管廊进行运营管理。但是，由于过去很长一段时间，深圳市并未出台统一的管线收费标准，因此，均未对管线单位进行收费管理，现阶段的管廊使用费用全部由各区域财政支付（表1）。

深圳市现状综合管廊运营管理情况一览表　　　　　表1

序号	管廊名称	管廊管理部门	运营维护单位
1	大梅沙—盐田坳综合管廊	盐田区城管局	服务外包单位
2	光明新区综合管廊	新区管委会	下属国企
3	前海综合管廊	前海管理局	下属国企

5.2 运营管理特点

综合管廊的管理涉及"六大"核心内容，包括"建设内容""谁投资""谁建设""产权归属""谁使用""谁维护"。

深圳市综合管廊确定了主要采用政府投资模式，另外还建议采用PPP投资模式。依据"谁投资、谁拥有产权"的原则，确定了综合管廊的产权归属。而综合管廊的产权单位可以确定管廊的运营单位，并按照规定收取入廊费及日常维护费等。为确保综合管廊建成后的有效使用，深圳市立法确定了"已建综合管廊区域，该区域内新建、改建、扩建管线应当按照规划要求在综合管廊内敷设"，确保了综合管廊建成后的使用。

6　深圳市十年综合管廊经验与浅思

6.1　干线、支线与缆线综合管廊体系的经验与浅思

（1）干线、支线与缆线管廊布局层次未明确，使得建造的综合管廊成本昂贵

综合管廊按照容纳的管线可以分为干线综合管廊、支线综合管廊和缆线管廊三种。干线综合管廊用于容纳城市主干工程管线，支线综合管廊用于容纳配给工程管线，而缆线管廊采用浅埋沟方式建设，用于容纳电力和通信缆线的管廊[3]。

深圳市综合管廊详细规划中尽管按照综合管廊的分类进行系统布局，但主要考虑的是干线综合管廊，对于支线综合管廊和缆线管廊并未重点布局研究。或者一些定位为干线综合管廊的路由中纳入了为地块服务的配给管线。目前在建的综合管廊多为3～4舱断面（含高压电力舱、综合舱、燃气舱、电力舱），使得断面尺寸巨大。综合管廊断面尺寸较大，使得在施工过程中，其支护成本昂贵，甚至可以达到总预算的40%以上。

典型综合管廊断面如图2所示。

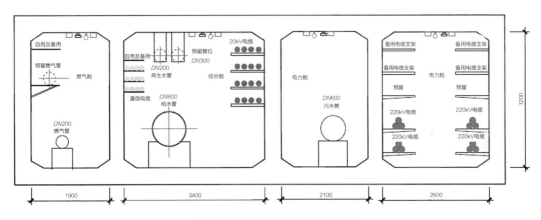

图2　典型综合管廊断面示意图

（2）在规划和建设阶段未将缆线管廊的作用明确，缆线管廊的应用存在障碍

缆线管廊具有低成本，敷设简单，空间集约等特点，但是由于其采用浅埋沟形式，使得缆线管廊的安全性受到质疑，包括消防安全和防盗安全等。缆线管廊在应用上具有一定的优势，但其在《城市综合管廊工程技术规范》GB 50838—2015中，缆线管廊的内容极少，不足以支撑后期的设计工作。缆线管廊的定位未在规划中明确，为后期建设和规划审批带来了一定障碍。

（3）"复合型缆线管廊"为构建低成本综合管廊，解决城中村管线敷设问题提供参考

"复合型缆线管廊"在我国规范中并未提及，类似于日本的"供给型共同沟"，采用浅埋沟的方式对管线进行敷设，主要纳入电力、通信、小口径给水管等市政管线，可以有效解

决道路重复开挖的问题。目前，在深圳市部分城中村已经进行试点建设。复合型缆线管廊为未来城中村道路改造的空间集约利用问题和反复开挖问题提供了参考。

6.2 入廊管线的经验与浅思

按照国家和省相关政策要求，凡是地下工程管线，包括天然气和污水管线必须全部入廊。重力流污水管线和天然气管线纳入综合管廊具有一定的争议性。目前，深圳市的综合管廊实践已经有10余年，关于综合管廊内重力流污水管线和天然气管线入廊建设经验已有一定积累。

（1）重力流污水管线纳入综合管廊在技术和经济上不具有优势

重力流污水管线纳入综合管廊限制了综合管廊纵断面坡度设置，为了迁就污水管线的流向，局部区域需要增加综合管廊的埋深和加大横断面尺寸。另外，还需要考虑污水重力流管线自身与邻近地区污水管线的衔接问题，增加了综合管廊的管线出入口，显著增加综合管廊的造价。以深圳市前海合作区听海大道综合管廊为例，在该管廊设计之初，未纳入污水管线时，综合管廊总体造价约为0.86亿元/km。后期，由于污水管线纳入综合管廊，使得综合管廊造价提升到约1.6亿元/km，造价增加约一倍。

（2）天然气管线单独纳入综合管廊舱室显著增加了综合管廊建设成本

天然气管线单独纳入综合管廊内，由于需要单独放置，独立占据一个舱室，使得综合管廊利用效率大大降低。燃气舱室内需要安装气体监控设备，且单独成舱，将显著增加综合管廊的断面尺寸，从而增加综合管廊的造价。

燃气支管纳入综合管廊，会造成管线需要频繁出舱，而且在新建区域，燃气支管的数量难以确定；在老建成区，燃气支管的数量和位置受到限制，为了燃气管线出舱连接地块，使得同一条路上既存在综合管廊又存在管道。深圳市目前的综合管廊实践证明，天然气主干管道可放置在综合管廊内，天然气支管不建议纳入综合管廊。

（3）天然气管线不能与其他管线同舱敷设在实际应用中值得商榷

国家规范条文明确规定"天然气管道应在独立舱室内敷设"。由于天然气管道管径普遍较小，通常为DN300~DN500的管道，独立舱室内敷设对综合管廊的空间利用率较小。如果与其他管线同舱敷设则可以加大舱室的利用率。深圳市第一条综合管廊大梅沙—盐田坳综合管廊内，天然气管线并未独立敷设，而是与给水管线同舱敷设，目前运行状况良好。

6.3 相关综合管廊标准和法规的经验与浅思

（1）深圳市急需加强综合管廊相关立法，并完善相关法规条例

深圳市在推进综合管廊建设的过程中，在相关标准和立法方面做了大量的工作，确立了综合管廊顶层设计标准。但在部分技术标准和法规方面存在不足之处，需要在短时间内进行完善和补充。比如，针对综合管廊内消防系统的设置问题，国家和地方的综合管廊设计规范

中都未进行详细说明，使得后期综合管廊消防验收缺乏依据。针对综合管廊后期施工验收，目前还未有相关规范和标准，后期大量的综合管廊验收将缺乏依据。

（2）深圳市需要尽快制定运营管理方案，完善相关管理标准和法律法规

现阶段，深圳市仅有光明新区的部分综合管廊，且未实现市场化收费运营，一方面，缺少综合管廊运营管理标准，另一方面，综合管廊收费机制还未建立。未来几年，深圳市综合管廊将大量建成并投入使用，为了更好地运营综合管廊，需要建立起综合管廊运营管理的标准和机制。

6.4　运营管理的经验与浅思

"市场化"一直是深圳市综合管廊运营管理的原则。深圳市未来综合管廊也将持续走市场化运作方向，综合管廊有偿使用既是国家的方针政策，也是深圳市综合管廊实现持续运营，收回投资成本的必要途径。

7　结语

深圳市综合管廊建设发展的10年就是综合管廊在我国发展的缩影。现阶段，深圳市综合管廊从规划建设、立法、运营管理、投融资等方面都进行了部分制度性的顶层设计。在未来的几年里，将有多条综合管廊建成并投入运营，随着综合管廊实践经验的增加，将为推动综合管廊的发展提供坚实基础。

参考文献

[1]　邵继中，王海峰. 中国地下空间规划现状与趋势 [J]. 现代城市研究，2013，01：87-93.

[2]　刘应明，黄俊杰，朱安邦. 深圳综合管廊专项规划编制体系与方法 [J]. 规划师，2017，33（4）：26-30.

[3]　中华人民共和国住房和城乡建设部. 城市综合管廊工程技术规范：GB 50838—2015 [S]. 北京：中国计划出版社，2015.

市政基础设施岩洞化利用的探索与实践

汤钟　张亮　吴丹（生态低碳规划研究中心）

[摘　要]　随着土地资源短缺和市政设施扩容需求不断增加之间的矛盾日益凸显，地下空间、岩洞利用、桥下空间等新型土地利用模式越来越受到关注，而市政基础设施与山体岩洞联合布局是未来解决矛盾的重要途径之一。但是对于市政设施岩洞利用这一模式，目前在国内还基本处于空白，并无配套的政策文件和开发模式可以借鉴。本文以岩洞市政化利用的案例分析为基础，初步建立了岩洞利用适宜性评价、市政设施岩洞利用分类等分析评价方法，以期能为市政设施土地集约利用提供新的思路，并为相关岩洞化利用项目提供参考。

[关键词]　岩洞利用；中国香港；开发适宜性；邻避效应

1　引言

天然岩洞曾是人类早期住所的选择，人工岩洞是现代地下空间资源开发利用的形式之一。近年来，新加坡、中国香港等国家和地区的高密度建成区开始进行岩洞利用的相关规划研究，用于解决污水处理设施、环卫设施等邻避设施的布局及用地冲突。山体岩洞逐渐成为众多土地资源紧缺城市市政基础设施地下空间开发利用的重要战略储备区。近期以保护性规划和可行性研究为主，待具备了成熟的开发条件后，可有计划地实施重点建设，作为增加城市土地供应、拓展城市空间的有效途径之一[1]。

深圳市作为国内土地资源最为紧缺的城市之一（图1），城市快速扩张限制基础设施发展用地空间，深圳市面临城市更新和重点片区建设带来的双重压力。随着深圳市建设用地转向存量用地为主，各类新增或者扩建的市政设施面临选址困难等问题，同时市中心的污水厂站等市政厌恶型设施也面临诸多冲突，因此，需要探索其他市政基础设施布局新途径。深圳市广阔的山岭地貌和坚硬的岩体为地下空间的开发利用提供优良的建设条件，市政设施的岩洞化不但可以为中心区域释放更多土地，而且能够降低市政厌恶型设施对居民的影响[2]。目前，除了我国香港地区以外，内地城市在市政基础设施和岩洞的结合方面还没有系统的研究，相关制度的实施基本处于空白的状况[3]。本文通过借鉴新加坡、中国香港等国家和地区的案例，并以深圳市为例，探索和实践切实有效的市政基础设施与岩洞的结合模式，以期能为市政设施的土地集约利用提供新的思路。

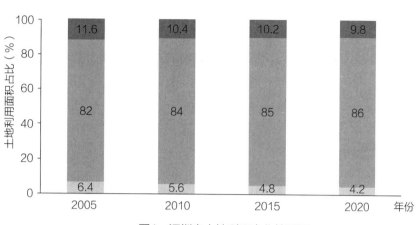

图1　深圳市土地利用变化情况图

2　岩洞利用案例分析

2.1　中国香港地区岩洞利用案例

中国香港是高密度开发的城市，山多且可供发展的土地有限。香港特区政府土地供应专责小组指出发展岩洞是增加长远土地供应的其中一个既创新又可行的方法，并将岩洞利用列为五大中长期土地供应选项之一。中国香港自20世纪80年代初就已经针对岩洞相关利用开展了一系列基础研究，如《地下空间发展潜力研究》《岩洞工程研究》《岩洞选址研究》《香港规划标准与准则》等。同时，中国香港出台了系列岩洞工程设计施工文件，包括《岩土工程指南4：地下洞室工程规程》《地下洞室防火安全设计指南》等用于指导岩洞的设计和施工[4]。在此基础上完成了赤柱污水处理厂、港岛西废物转运站、狗虱湾爆炸品仓库、香港大学海水配水库等一系列岩洞利用的实例并得到了较好的效果。中国香港地区《岩洞总纲图》初步划定了48个策略性岩洞区（香港岛11个，九龙5个，新界32个），面积为30～200hm²。中国香港地区计划迁入岩洞的市政设施情况如表1所示。

中国香港地区计划迁入岩洞的市政设施一览表　表1

政府设施	可置换出的土地面积（hm²）
沙田污水处理厂	28
西贡污水处理厂	2.2
深井污水处理厂	1
荃湾二号食水配水库	4
钻石山食水及海水配水库	4
油塘食水及海水配水库	6

其中，沙田污水处理厂迁入岩洞计划是最大的一个项目工程，沙田污水处理厂位于城门河河口，占地约28hm²。计划每日处理来自沙田及马鞍山地区的34万m³污水。该污水厂迁入岩洞后可以置换出28hm²的中心城区用地，污水厂主要设施隐藏于岩洞内部，岩洞作为坚固的天然屏障可以降低污水厂对周边环境及景观的影响。本项目预计施工期至2030年，预估投资约300亿港币。在选择岩洞位置时经过多因素比选及经济技术评价后最终确定，主要考虑的因素有：地质因素、对现有污水收集系统的影响、土地权属、对周围环境的影响、对附近交通网络的影响。沙田污水处理厂通过以上五大因素的综合分析，最终确定了位于阿公角的牛埔山区域是污水处理厂搬迁的最佳地点[5]。

岩洞选址的考虑因素如表2所示。

岩洞选址考虑因素表　　　　　　　　　　　　　　　　　表2

因素	说明	沙田污水处理厂选择区域
地质因素	尽可能选择稳定地质（例如花岗岩）区域，应该避开地质断裂和薄弱带	本区地质类型为坚硬花岗岩，无明显的软弱带和断层，最适合建造大型岩洞
对现有污水收集系统的影响	重建污水系统及附属设施的过程将会对周围环境造成影响。因此，选择尽可能靠近现有污水处理厂的地点，可尽量减少对整个区域的干扰	所选地点邻近现有的污水处理厂及污水隧道。因此，将污水处理厂迁往该区可尽量减少对上游污水收集系统及下游污水处理网络的影响，从而尽量减少对整个沙田区的干扰，减少建造及营运成本，并缩短建造期
土地权属	选择产权清晰的土地，减少拆迁成本	由于大部分地区属于政府土地，搬迁计划并不涉及大量私人征地
对周围环境的影响	评估岩洞污水处理厂对环境的影响，包括空气质量、噪声、生态、水质等	采取适当措施，可尽量减少迁址污水处理厂对周围环境的影响
对附近交通网络的影响	评估建设及运营后岩洞污水处理厂对附近交通网络的影响，尽可能减少新建道路	采取适当措施，可尽量减少因迁址污水处理厂而造成的交通影响

2.2 其他岩洞利用案例

腾讯贵安七星绿色数据中心：项目总占地面积约为51.33hm²，隧洞面积超过3万m²，是一个特高等级绿色高效灾备数据中心，具有"高隐蔽、高防护、高安全"的特点。结合山洞山体结构和岩层物理特性，其气流组织特点会将外部自然冷源送入洞内而不影响洞内设备稳定。同时该项目坚持边开发边修复的理念，尽最大可能保护数据中心周边的自然生态环境。

新加坡：新加坡同样面临用地紧缺问题，从20世纪90年代开始进行地下岩洞建设可行性的研究，目前已经开展地下弹药设施、油气储藏等设施迁入岩洞等项目的实施。《新加坡总体规划草案（2019年）》规划在滨海湾、裕廊创新区和榜鹅数码园区共列出650hm²的地下空间，以期满足数据中心、公交车停车场、仓库和储水池等用地需求。同时，新加坡还在研究岩洞内建设"地下科学城"等计划。

芬兰：芬兰Viikinmäki污水处理厂位于赫尔辛基市，1986年开始建设，1994年建成。污水厂服务80万人口，设计规模为33万m³/d，工程总造价为2.15亿美元，其中地下部分造价为1.98亿美元。该项目水处理设施大多建于地下10m以下的岩石层（花岗岩和片麻岩）中，地下开挖面积达15hm²，岩洞整体进行了全面加固和防水处理。

挪威：挪威奥斯陆的Oset水处理综合体是最大的岩洞水处理设施之一。最初建于1971年，由5个平行的洞穴组成。2008年对其进行了扩大和升级，制水规模39万m³/d，目前是欧洲最大的岩洞内水厂，为奥斯陆约90%的人口提供供水服务。

2.3　岩洞利用案例总结

①做好岩洞利用顶层设计：国外很早就开始进行岩洞空间利用的规划研究，并制定相应标准与准则、设计指南、长期战略等等。当前，内地城市岩洞空间发展暂时处于空白状态，也未能像发达城市那样事先制定相应标准与准则。这就需要根据未来城市发展规划，提早对城市岩洞空间进行功能用地划分，避免造成矛盾[6]。

②加强岩洞利用的复合功能：在进行城市总体规划过程中，应考虑将地下岩洞开发利用与市政、人防工程或其他工程功能等相结合，从而把公共系统与非公共系统、公共用地与非公共用地进行紧密衔接，争取为城市创造更大效益，以期实现城市岩洞空间利用的可持续发展。只有进行整体考虑与全面科学规划，才能使市政设施岩洞化后的资源的效益最大化。

③在岩洞利用中加强公众参与：在环境方面，控制和改善岩洞规划对城市地面的负面环境影响；在经济方面，要体现岩洞开发对城市的经济效益；在社会方面，突出岩洞规划过程中城市管理能力和决策能力，并强化公众在岩洞规划过程中的参与性等[7]。

部分国内外已建市政利用岩洞情况及岩洞开发整体优劣势对比如表3、表4所示。

部分国内外已建市政利用岩洞情况一览表　表3

国家及地区	类别	位置	规格	岩石类型	其他
中国香港	引水渠	水务署西区引水渠	29m（长）×10m（宽）×8m（高）	—	于1984年完成
中国香港	废物（废物转运站）	环境保护署，港岛西废物转运站（坚尼地城）	66m（长）×27m（宽）×11m（高）	凝灰岩	于1997年完成。两个大小不同的石窟垂直分布，其中最大的石窟（倾卸大堂）的尺寸为指定尺寸
中国香港	配水库	香港大学的水务署西配水库	50m（长）×17.6m（宽）×17m（高）	具有沉积层的凝灰岩	于2009年完成。两个大小相同的洞穴。水库的设计总蓄水量为12000m³

续表

国家及地区	类别	位置	规格	岩石类型	其他
中国香港	污水处理厂	渠务署赤柱污水处理厂	120m（长）×15m（宽）×17m（高）	花岗岩	于1995年完成。污水处理厂被安置在三个洞穴内，包括大约450m的道路通道和通风隧道、竖井
挪威	环卫设施	Odda, Norway	—	片麻岩	铝冶炼厂废品
瑞典	环卫设施	Forsmark, Stripa, Sweden	69m（宽）×30m（高）	片麻岩	圆柱体
瑞典	水处理设施	Lyckebo, Sweden	18m（宽）×30m（高）35m宽支柱	—	环形洞穴存储太阳能热水
挪威	水处理设施	Oslo, Norway	13m（宽）×16m（高）	正长岩	—
挪威	水处理设施	Oslo, Norway	16m（宽）×10m（高）12m厚立柱	页岩和石灰岩	—

岩洞开发整体优劣势分析表　　　　　　　表4

因素	优势	劣势
可持续发展和环境	①创造可利用市政设施空间的同时在地表保留自然景观 ②更有效地利用地表土地。在地表释放的土地用于提供其他用途，例如商业、住宅区等 ③减少视觉冲击（也应考虑可能产生的通风井和入口对视觉的影响） ④减缓对环境造成的不良影响（例如灰尘、气味、噪声及振动） ⑤可提供开采高质量岩石材料、收获地热能等其他用途	①通风系统排出的废气可能会对局部空气质量造成影响 ②创造一个不可逆转的地下空间 ③某些设施的运行及检修成本较高
安全与健康	①隔离危险材料和过程，减少安全风险 ②为岩洞内的设施及物料提供额外保护，避免受到外界影响	①妥善管理施工相关的安全隐患 ②需要设计科学安全的逃生方案 ③与地面设施相比，需要额外的设备和程序来避免火灾或其他危险（如应急电源、通风和隔间） ④需要有效控制岩洞内气体浓度
其他	提供避难点	须考虑地面及地下土地的拥有权和兼容性

3 岩洞利用适宜性评价分析方法

3.1 岩洞开发适宜性评价指标体系搭建

岩洞开发适宜性需要综合考虑多种因素，例如现有和拟建的地面及地下设施、工程地质、地形限制、郊野公园、具有保育性质的山地、地质不良区域、地下水分布情况等因素，重点将山体分布区域与岩性、地壳稳定程度、地下水贫水区进行因子叠加和多因子分析，本次以深圳市为例，探索构建岩洞开发适宜性评价体系方法，并提出岩洞开发适建区分布[8]（图2）。

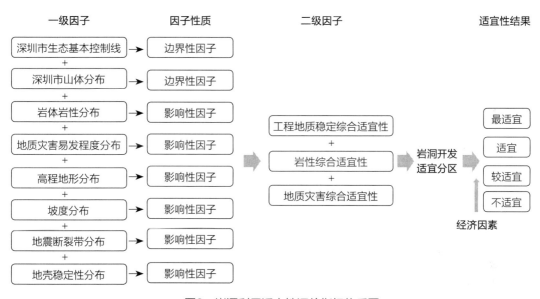

图2 岩洞利用适宜性评价指标体系图

3.2 岩洞开发适宜性评价方法探索

①工程地质开发适宜性评价（图3）：通过因子叠加分析，地质灾害易发区与地质高敏感区呈较差分布区。地质灾害易发区多以砂质黏性土、粉质黏土、砂砾石为主，地形起伏较大，地质环境条件复杂，进行工程建设活动易引发崩塌、滑坡等地质灾害。地质高敏感区即地形变化、坡度变化较大区域，是岩洞开发可选择的区域。

②地表水文环境影响评价（图4）：通过因子叠加分析，水高敏感区有多处分布于山体所在区域，在岩洞开发区域选择时，需对水高敏感区进行避让，严格保护地表水文环境。

③生态高敏感性评价（图5）：通过因子叠加分析，生态高敏感区以遥感影像为基础，通过NDVI分析地表下垫面情况，识别植被覆盖分布，岩洞开发区域山体，基本与高植被覆盖区、生态基本控制线划定区重合。因此，是否能突破生态基本控制线管控要求，需在选址时进一步论证，避免对生态区的生物造成较大影响。

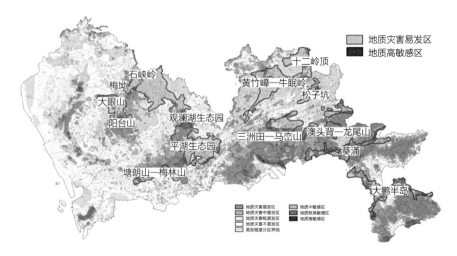

图3 工程地质开发适宜性评价图

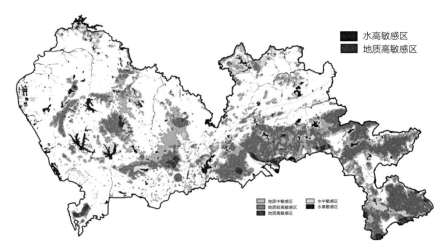

图4 地表水文环境影响评价图

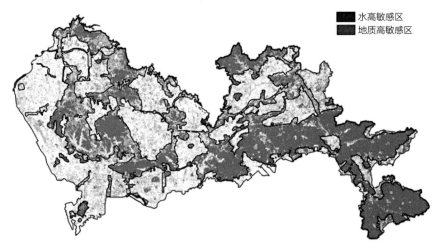

图5 生态高敏感性评价图

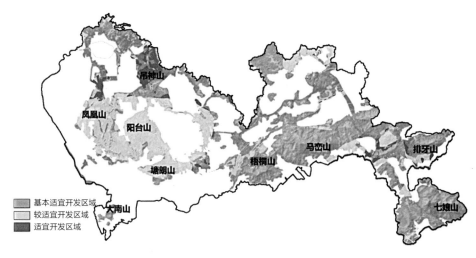

图6　岩洞开发适宜性评价图

④通过综合敏感性与岩性耦合分析评价因子叠加分析，得出深圳市岩洞开发适宜性评价（图6）。总体分为适宜开发区域、较适宜开发区域、基本适宜开发区域三大类。在未来的岩洞开发中，可以根据评价结果进行选址分析。

4　岩洞市政化利用可行性建议与效益评估

4.1　效益评估指标选取与方法选取

费用成本主要为建设成本、运维成本、生态成本，效益分析为经济效益、社会效益、生态效益。通过构建效益评估来量化岩洞利用的效益—费用关系，从而为项目的选取提供参考（表5）。

效益评估指标量化评估方法一览表　　　　　　　　　　　表5

序号	评价指标	评价内容	使用方法	内容	公式	备注
1	建设成本	建设费用	工程估价法	—	$S = P \times n$	P为单价；n为数量
2	运维成本	运维费用	工程估价法	一般情况下，岩洞内设施运维费用为地面设施运维费用的1.5～2倍	$S = P \times t \times 1.5$	P为运维单价；t为时间

序号	评价指标	评价内容	使用方法	内容	公式	备注
3	生态成本	生态环境影响	恢复与防护费用法	人们愿意为生态环境的恶化所承担的费用，用以恢复原本的生态环境或者避免破坏事件的发生。为了消除生态破坏带来的不良影响，就需要投入一定的资金，这部分资金就是恢复与防护费用	$B = \sum_{i=1}^{n} q_i \times Q_{C_i} \times P_{C_i}$	q_i为各污染物的削减量（单位：$kg \cdot a^{-1}$）；Q_{C_i}为污染当量值，不同污染物或污染排放量之间的污染危害和处理费用的相对关系（单位：kg）；P_{C_i}为污染当量征收标准（单位：元），可查阅《排污费征收使用管理条例》
4	经济效益、社会效益、生态效益	节省城市土地	市场价格比对法	将节省的土地与市场价格进行对比，同时考虑土地价格的增长率	$X = \dfrac{\sum_{i=1}^{n} P \times S \times (1 + a)}{(1 + r)^n}$	P为土地价格（单位：元/m^2）；S为节省的城市土地面积（单位：m^2）；a为土地的增值（单位：%）；r为将未来支付改变为现值所使用的利率（单位：%）；n为年数计算；i为年份的序数
		地面建筑增值效益	市场价格经验法	因将厌恶性市政设施移至岩洞内，导致周边城市土地和地面建筑产生增值	$X = \beta_1 \times G_1 + \beta_2 \times G_2$	X为地面建筑的增值效益（单位：万元）；β_1为城市土地增值系数；β_2为城市房产增值系数；G_1为同级别平均土地价格（单位：万元/m^2）；G_2为同级别平均房价（单位：万元/m^2）
		防灾效益	经验系数法	基础市政设施搬入岩洞内，基本免受台风、雷暴、洪水等自然灾害的破坏，节省了设施维修费用	$X = S \times a$	X为节省的设施维修费用（单位：万元）；S为设施建设费用（单位：万元）；a为经验系数
		增加就业机会	抽样类比法	据统计，城市地下空间建筑平均每平方米经营面积需安排0.12人，即8.3m^2就可以安排1人就业。按同等规模建设进行类比，地上建筑可提供1个就业岗位，岩洞内建筑可提供4个	$X = \dfrac{a \times 8.3 \times 4}{s}$	X为增加的经济效益（单位：万元）；a为经济系数；s为岩洞建设面积（单位：m^2）
		环境质量提升	污染损失法	因地下空间污染物易集中处理等特点，大大降低了环境中污染物的排放。计算单一污染物对环境造成的经济损失，可采用詹姆斯的"损失—浓度曲线"方法，根据环境洁净时的总价值和污染物对环境造成的损失率的乘积计算污染对环境造成的经济损失		按照搬入岩洞的设施进行具体分析，如垃圾转运搬入岩洞，降低了垃圾产生的污染物对环境的影响

4.2　市政基础设施分类评价方法

参考对岩洞用途及潜在问题分析、国内外已建案例及相关文件、设施功能、用途特点等，采用层次分析法，量化基础设施各项指标，建立评分体系，应用以下模型对市政设施进行评价并分类[9]。分类评价打分表如表6所示。

$$S_i = \sum_{j=1}^{n} Q_{ij} W_j$$

其中，i为组成该部分的设施名称；j为组成该部分的评价指标；n为该部分评价指标个数；S_i为该设施评价得分；Q_{ij}为该设施第j个指标得分；W_j为第j个指标权重。

分类评价打分表　　　　表6

评分类别	因子权重	说明
交通影响（Q_1）	0.25	市政基础设施搬入岩洞后，交通可达性变低，综合评价交通对设施功能的影响
公众支持（Q_2）	0.25	公众对厌恶性设施搬入岩洞的诉求分析，参考公众支持相关内容进行分析
效益评价（Q_3）	0.50	结合前文效益分析结果，评估设施搬入岩洞后的经济效益、社会效益和环境效益

根据以上效益分析和分类评价结果，结合国内外案例和深圳市实际，将市政基础设施分为推荐利用类、研究利用类、慎重利用类三类（表7）。设施根据评价总分（1~10分），将分为三个等级，从高级到低级分别为：

推荐利用：得分≥8.0；

研究利用：6.0≤得分≤7.9；

慎重利用：得分≤5.9。

市政设施岩洞利用建议一览表　　　　表7

分类	类别	设施名称
推荐利用类	供水设施	自来水厂、再生水厂、加压泵站
	供电设施	变电站
	通信设施	通信机房、数据中心
	排水设施	雨水泵站、污水泵站、污水处理厂、污泥处理厂、污水调蓄池、雨水调蓄池
	环卫设施	垃圾转运站

续表

分类	类别	设施名称
研究 利用类	供燃气设施	分输站、门站、储气站、加气母站、液化石油气储配站
	通信设施	移动基站
	广播电视设施	广播电视的发射、传输和监测设施
	环卫设施	车辆清洗站
	安全设施	消防、防洪等保卫城市安全的公用设施
慎重 利用类	供电设施	开闭所、变配电所、电厂
	通信设施	微波站
	环卫设施	环卫车辆停放修理厂
	环保设施	垃圾处理设施、危险品处理设施、医疗垃圾处理设施

5 岩洞市政化利用的设计要点

岩洞市政化利用应建立在良好的经济基础上，并应抓住机会实现潜在的经济效益，包括土地价值、环境价值、社会价值等。同时，也应考虑以下因素：充分证明工程和建筑的可行性；应对地质情况、适宜纳入岩洞的设施、岩洞开发的适宜性作出要求；应提供足够的市政设施接口。改善与附近土地用途和社区的整合和连接，包括与现有地面和地下设施和基础设施的互联互通。确定与发展有关的法定及控制线规定；充分解决整个生命周期潜在的岩洞开发的安全问题，特别是消防安全，包括规定紧急通道和逃生途径以及保护区；尽量减少建造期间及长远运行对环境的影响；考虑未来岩洞扩建或升级的潜力；岩洞内设施应满足低碳、智慧的要求；岩洞宜建设为科普宣传平台。表8为部分市政设施迁入岩洞需要考虑的因素。

部分市政设施岩洞利用设计要点一览表 表8

设施类型	设施特点	设计要点
给水设施	面积较大、保证率要求高	①岩洞开发适宜区内规划新建及扩建水厂建议进行岩洞利用评估 ②宜考虑和污染性较小的市政设施联合进行岩洞建设 ③采用用地集约、低碳的处理工艺 ④加氯消毒、污泥处置等工艺需要加强通风 ⑤主要工程设施供电等级应为一级负荷 ⑥岩洞开发时若有地下水源，经评估后可考虑纳入原水

续表

设施类型	设施特点	设计要点
排水设施	大型厌恶型设施、存在较多风险因素	①岩洞开发适宜区内规划新建及扩建污水厂建议进行岩洞利用评估 ②采用用地集约、低碳的污水处理工艺 ③宜考虑和环卫设施联合以达到碳中和目标 ④竖向合理，尽可能降低用于提升污水的能耗 ⑤预留污水的应急排水通道
数据中心	安全性、隐蔽性、能耗要求高	①岩洞电力、电信施工设计较为重要，与互联网有良好的连接，不可中断电源 ②岩洞选址应充分考虑湿度、温度、粉尘、噪声、振动等问题 ③建设标高较高，严控竖向设计，尽可能减小洪水等自然灾害带来的影响 ④岩洞入口处隐蔽设计，保证数据中心的安全性和隐蔽性
环卫设施	面积较小、厌恶型设施	①岩洞开发适宜区内环卫建议进行岩洞利用评估，建议和其他类型设施联合利用 ②做好环卫车辆的交通组织 ③尽可能靠近垃圾产生源 ④设施规模较小，不建议单独搬置岩洞 ⑤做好防渗、防污染、通风等措施

6　岩洞市政化利用的相关建议

6.1　做好规划顶层设计，实现可持续发展

国外很早就开始进行岩洞空间利用的规划研究，并制定相应标准与准则、设计指南、长期战略等等。当前，内地城市岩洞空间发展暂时处于空白状态，也未能像发达城市那样事先制定相应标准与准则。这就需要根据未来城市发展规划，提早对城市岩洞空间进行功能用地划分。同时，在进行城市国土空间规划过程中，应考虑将地下岩洞开发利用与市政、人防工程或其他工程功能等相结合，从而把公共系统与非公共系统、公共用地与非公共用地进行紧密衔接，争取为城市创造更大效益，以期实现城市岩洞空间利用的可持续发展。只有进行整体考虑与全面科学规划，才能使市政设施岩洞化后的资源达到效益最大化；学习先进经验，在环境方面，控制和改善岩洞规划对城市地面产生的负面环境影响；在经济方面，要体现岩洞开发对城市产生的经济效益；在社会方面，突出岩洞规划过程中城市管理能力和决策能力，并强化公众在岩洞规划过程中的参与性等，只有这样，才能真正实现岩洞利用的可持续发展。建议的岩洞开发流程如图7所示。

6.2　加强岩洞和周边区域的一体化开发

对计划搬迁至岩洞的区域市政设施进行统筹周密考虑，对未来岩洞空间的利用方式、建设周期、市政管线等进行统筹考虑。为每个项目编制迁入岩洞的实施方案以及搬迁后的土地利用开发模式。建议搬迁至岩洞的市政设施尽可能选择在市中心区域，土地价值较高而且建

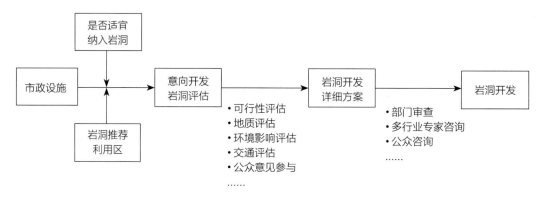

图7　岩洞开发流程建议示意图

设年代较为久远，搬迁至岩洞可以进行提标改造以及释放土地。岩洞本身可以作为土地集约化的示范基地供民众参观。对岩洞和周边一体化开发的认知理念、组织领导、规划设计、政策保障等问题进行研究解决和突破。

6.3　运用现代科技，指导规划开发

以往传统的二维管理方式难以准确、直观地显示地下各管线交叉排列的空间位置关系，规划技术主要关注区域的平面形式及纸面流程。依规划建成的地下空间，也可能存在实际位置与设计不符的情况。建议岩洞利用使用四维数据模型（三维和时间）（图8）。该模型的特点可以包括数据库（规划、设计、施工、运行、维护、监测等记录）、关于岩洞及其相关的基础设施（入口、竖井、隧道、通道等）、地质和其他特征（附近的岩洞、地基、隧道、公用设施）。这种数据模型极大地方便了规划、设计、施工和随后的运营、维护、升级和扩建，以及项目近远期的衔接，便于形象化展示和公众咨询[10]。

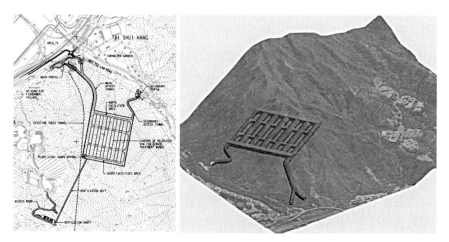

图8　岩洞开发数据模型图

6.4 在开发岩洞空间的同时注意邻避效应和对生态的保育

岩洞内市政设施较多为市政厌恶型设施，应充分考虑对周边的影响，岩洞的建设并不会直接破坏原有的地表生态，但是岩洞的开发仍然要考虑对生态的影响，建议对岩洞空间开发利用生态保护进行专门研究。例如制定区域岩洞空间开发规划时，如果地表存在需要保护或保留的植被，应该考虑岩洞开发对其生长的影响，必要时咨询当地园林专家。对高大植物密集的区域以及地下水流梯度较大的区域建议不进行岩洞开发。在制定区域岩洞开发规划时，应结合区域环境现状，提出相应的绿化控制标准，通过提高绿地系统的生态效益，真正达到改善当地生态环境的效果。

参考文献

[1] 张宏，朱佳伟. 城市地下空间开发社会效益研究综述 [J]. 价值工程，2019，38（11）：187-189.

[2] 马正婧，张中俭. 香港城市地下空间开发利用现状研究 [J]. 现代城市研究，2018（12）：62-68.

[3] Raymond L Sterling，杨可，黄瑞达. 国际地下空间开发利用研究现状（二）[J]. 城乡建设，2017（5）：52-55.

[4] 伏海艳，朱良成. 善用地下空间资源——香港地下空间发展的经验和启示 [J]. 地下空间与工程学报，2016，12（2）：293-298.

[5] 孙波，胡敏智，魏怀，等. 城市地下空间开发规划与设计——亚洲稠密城市经验研究 [J]. 隧道建设，2015，35（8）：810-814.

[6] 万汉斌. 城市高密度地区地下空间开发策略研究 [D]. 天津：天津大学，2013.

[7] 邵继中，王海丰. 中国地下空间规划现状与趋势 [J]. 现代城市研究，2013，28（1）：87-93.

[8] 范幸义. 香港地下空间利用管理框架的发展 [J]. 地下空间，1994（2）：150-155.

[9] 崔曙平. 国外地下空间开发利用的现状和趋势 [J]. 城乡建设，2007（6）：68-71.

[10] 苏小超，蔡浩，郭东军，等. BIM技术在城市地下空间开发中的应用 [J]. 解放军理工大学学报（自然科学版），2014，15（3）：219-224.

新型缆线管廊规划与设计要点探讨与思考

朱安邦　刘应明（水务规划设计研究中心）

[摘　要] 新型缆线管廊具有投资省、工期短、适应性强、维护简便等优点。本文从适用条件、可纳入管线、标准断面、重要节点、运营维护等方面对新型缆线管廊的规划与设计关键技术要点进行了系统阐述，对新型缆线管廊的推广应用路径进行了思考，为新型缆线管廊未来发展方向提供了参考。

[关键词] 综合管廊；新型缆线管廊；规划；设计

1　引言

综合管廊是保障城市运行的重要基础设施和生命线。综合管廊，可分为干线综合管廊、支线综合管廊和缆线管廊。其中，新型缆线管廊与缆线管廊类似，采用浅埋沟道方式建设，可纳入中压电力电缆、通信电缆和小口径给水管线等，无覆土要求，设有可开启盖板，其内部空间不需要满足人员正常通行要求，不设置常规电气、机械通风等附属设施。干线综合管廊和支线综合管廊主要铺设于城市的主、次干道上，而新型缆线管廊可适用于城市次干道、支路、居民区道路，用于承接干、支线综合管廊的分支管线，可同时为两侧地块进行服务。现阶段，综合管廊逐渐向规划建设理性化、入廊管线科学化、管廊断面小型化和附属设施减量化的趋势发展，新型缆线管廊的优点契合了综合管廊的发展趋势。但《城市综合管廊工程技术规范》GB 50838—2015对缆线管廊的描述仅限于定义。同时，我国不同城市针对缆线管廊的规划和设计具有较大差异，相关研究还有待进一步完善。因此，笔者针对新型缆线管廊规划与设计中的要点问题进行探讨，思考新型缆线管廊推广与应用价值，为类似新型缆线管廊的建设提供参考。

2　缆线管廊研究现状

2.1　国外

国外缆线管廊规划和建设发展较早的日本，形成了以干线共同沟、供给管共同沟和电线共同沟的综合管廊系统（图1）。其中，供给管共同沟用于纳入直接服务于沿线区域的电缆

图1　日本共同沟系统示意图

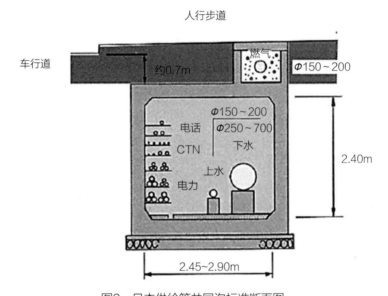

图2　日本供给管共同沟标准断面图

以及给水管、再生水管、雨水管和污水管等，一般设置于人行道下，无覆土要求，标准断面净宽为2.45～2.90m，净高为2.40m（图2）。电线共同沟即缆线综合管廊，仅用于容纳电力管线和通信管线。可以有效减少城市架空线的存在，对城市景观以及通行环境具有良好的提升作用。20世纪90年代，日本根据不同的道路和管线情况建设了不同的缆线管廊形式[1]。

2.2　国内

①厦门市在2019年出台了《缆线管廊工程技术规范》DB3502/Z 5057—2020，对缆线管廊平面布局、标准断面、空间设计、节点设计、结构设计等方面提出了具体细化的指引。福建省厦门市缆线管廊标准断面见图3。

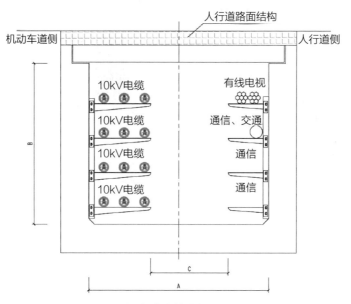

图3　厦门市缆线管廊标准断面图

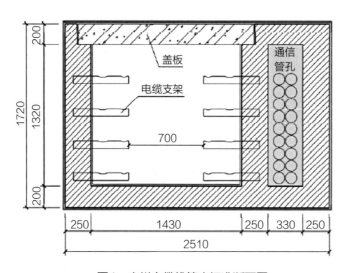

图4　广州市缆线管廊标准断面图

②广州市在2018年出台了《广州市缆线管廊工程技术指引》，细化了缆线管廊的设计指引，将电力管线和通信管线处于分隔状态。广东省广州市缆线管廊标准断面见图4。

③成都市在2019年出台了《成都地下综合管廊设计导则》，提出了微型管廊的概念。微型管廊已在成都市草金路等多个项目中成功实施[2]。四川省成都市微型管廊标准断面见图5。

④南宁市出台了《南宁市缆线管廊技术指南》，提出了缆廊概念，将缆线管廊和新型缆线管廊统称为缆廊。缆廊所容纳的管线为支管或配管，给水管、再生水管和燃气管管径不超过500mm，电力电缆不大于110kV，且不超过24根。一般主要敷设于居民区道路或城市支路。广西南宁市缆廊标准断面见图6。

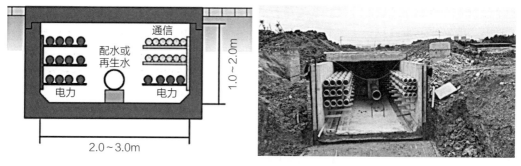

图5　成都市微型管廊标准断面图（左）和实拍图（右）

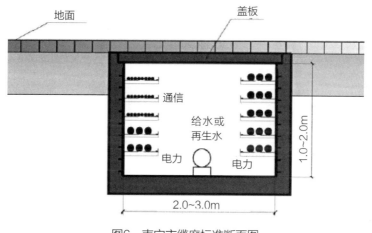

图6　南宁市缆廊标准断面图

综上所述，目前国内已有城市开始规划建设多样的缆线管廊，这些新型缆线管廊在结构上更加简单，无附属设施（通风口、投料口、逃生口、照明设施、消防设施等）；无覆土要求，且施工断面较小，可以大大减少综合管廊的投资造价[3]。

3　新型缆线管廊规划要点探讨

通过对综合管廊需求以及建设条件分析，得到综合管廊适建区域，再叠加道路等要素，确定综合管廊骨架系统和重点建设区域[4]。综合管廊的空间布局即综合管廊具体布置的道路路由，需要依据地下管线的敷设密度、道路等级、道路和管线类别、市政基础设施的建设计划等确定[5]。

3.1　规划布局原则

新型缆线管廊适用于以下情况[6]：①城市次干道、支路、居民区道路；②干线综合管廊、支线综合管廊与地块的连接；③道路上中压电力电缆回路数不超过20回，通信线缆不超过15孔，且给水管等管径不大于300mm；④城市更新区、工业园区、旧村等具有管线下地需求，但道路宽度有限的区域。

3.2 适用场景分析

市政道路通常敷设给水管DN200mm、雨水管DN800mm、污水管DN400mm、燃气管DN150mm、通信线缆（8孔）、电力电缆（8回）、照明（6线）7类管线。若采用新型缆线管廊，可节省平面宽度0.8m，且能解决后期因为管线扩容或维修造成的马路开挖问题。城中村道路或小支路上往往是连接地块的市政管线通道，给水管、雨水管、污水管、电力电缆和通信电缆等管线需求较小，建设封闭式的综合管廊必要性不强[7]。采用新型缆线管廊还可以有效解决马路拉链、管道敷设空间不足等问题。管线直埋和新型缆线管廊平面布置见图7、图8。

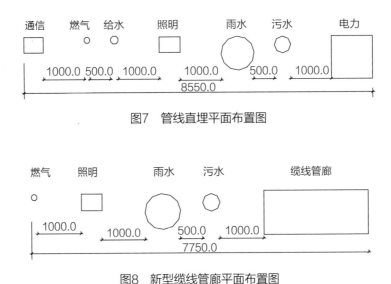

图7 管线直埋平面布置图

图8 新型缆线管廊平面布置图

3.3 重点问题协调

（1）与排水管线竖向协调

由于重力流管线无法通过改变局部标高的方式轻易避让缆线管廊，因此，需要进行排水管线与缆线管廊的竖向协调，主要通过排水管倒虹吸避让缆线管廊、缆线管廊局部改排管避让排水管线、缆线管廊下穿排水管线等方式进行处理[8]。

（2）穿越车行道协调

在道路十字交叉口，缆线管廊需要穿越车行道后再进行衔接，在缆线管廊两端设置转接井，车行道下采用布管的方式进行衔接。新型缆线管廊穿越车行道[9]见图9。

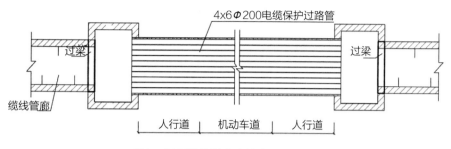

图9 新型缆线管廊穿越车行道示意图

（3）缆线管廊之间十字交叉协调

为了连通道路两侧的缆线管廊，需要在主要道路十字交叉口设置四通井，四通井一般为上下两层结构，以便于缆线管廊十字交叉时，管线能相互连通[10]。

4 新型缆线综合管廊设计要点探讨

4.1 纳入管线选择

新型缆线管廊在选择纳入管线时，主要考虑断面空间、管线特性和消防要求等。一般除了中压电力电缆和通信电缆外，还可以将小口径给水管（再生水管）、中压燃气管等纳入。

4.2 标准断面设计

电缆构筑物的敷设应参考：①电缆构筑物的尺寸应按照容纳的全部电缆确定，电缆的配置应无碍安全运行；②电缆沟、隧道和工作井内通道净宽见表1。

电缆沟、隧道和工作井内通道净宽一览表（单位：m） 表1

电缆支架配制方式	具有下列深度的电缆沟			开挖式隧道或封闭工作井	非开挖式隧道
	<0.6	0.6~1.0	>1.0		
两侧	0.3	0.5	0.7	1.0	0.8
单侧	0.3	0.45	0.6	0.9	0.8

由于加入了小口径给水管（再生水水管或小口径中压燃气管），给水管与电力、通信线缆的间距应综合考虑消防安全、后期运维方便等因素，新型缆线综合管廊标准断面设计方案如下：

①方案A（图10）：可纳入中压电力电缆不大于20回，通信电缆不大于12孔，给水管（或再生水管）直径不大于300mm。中压电力电缆单独一侧放置，通信线缆和给水管（或

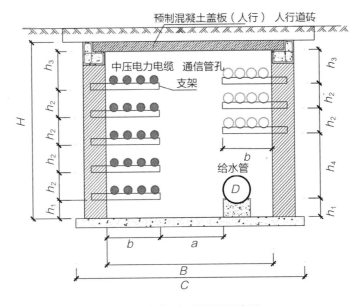

图10　方案A标准断面示意图

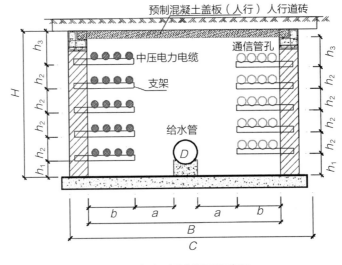

图11　方案B标准断面示意图

再生水管）同侧放置。该断面净高H为1.4～1.8m，中间走廊净宽a为0.7～0.9m，净宽b为1.8～2.0m，工作人员无法在廊道内通行，不设置常规电气、机械通风等附属设施，检修时需要打开盖板进行操作。

　　②方案B（图11）：可纳入中压电力电缆不大于20回，通信电缆不大于20孔，给水管（或再生水管）直径不大于300mm。中压电力电缆和通信电缆单独一侧放置，给水管（或再生水管）放置在中央走道上。该断面净高H为1.4～1.8m，中间走廊净宽a为0.5m，净宽B为2.5m，工作人员无法在廊道内通行，检修时需要打开盖板进行操作。

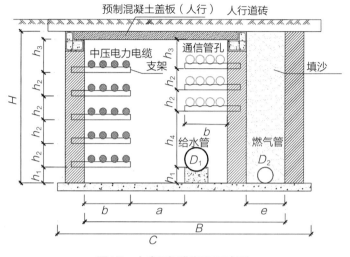

图12　方案C标准断面示意图

③方案C（图12）：可纳入中压电力电缆不大于16回，通信电缆不大于12孔，给水管（或再生水管）直径不大于300mm，中压燃气管直径不大于200mm。中压电力电缆单独一侧放置，通信线缆和给水管（或再生水管）同侧放置，中压燃气管需要单独敷设，舱室里面填满沙土。该断面净高H为1.4~2.0m，中间走廊净宽a为0.7~0.9m，燃气舱净宽e为0.5m，工作人员无法在廊道内通行，检修时需要打开盖板进行操作。

三个方案标准断面尺寸[11]见表2。

三个方案标准断面尺寸参考值表　　　　　　　表2

方案	给水管公称直径（mm）	管道、支架安装净距（mm）			检修通道（mm）	自用支架长度（mm）	净宽（mm）	净高（mm）	最多可纳入线缆数量	
	D	h_1	h_2	h_3	a	b	B	H	中压电力	通信
A					≥700		≤2100	≤1800	20回	12孔
B	<400	≥200	≥200	≥350	≥500	≤600	≤3000	≤1800	20回	20孔
C					≥700		≤2100	≤1800	20回	12孔

4.3　平面规划布局

为保证新型缆线管廊节点和管线引出的空间需要，建议人行道和非机动车道的宽度不应小于3.0m。因此在规划布局新型缆线管廊时，应结合城市道路设计，为缆线管廊同步预留足够的空间。新型缆线管廊在道路下位置见图13。

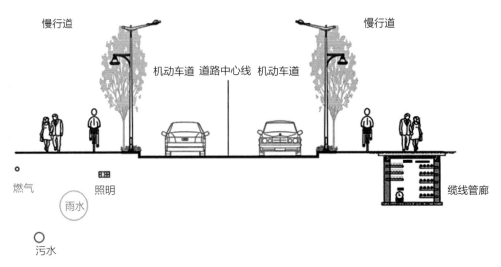

图13　新型缆线管廊在道路下位置示意图

4.4　节点设计

（1）工作井

为方便缆线管廊的后期维护和管理，在缆线分支、接头、大角度转向处应设置工作井，工作井间距不宜大于50m，工作井的空间应满足线缆敷设、安全运行维护等要求。缆线管廊工作井的井盖设施应满足使用功能、承载力、外观和尺寸、材料、标识规范的要求。此外，工作井应具有一定的防盗功能，防止不相关人员轻易进入工作井。

（2）出线井

缆线管廊的管线分支间距应满足地块使用功能及管线综合要求，管线分支口的形式根据出线情况确定。一般，每隔200～300m在路口位置设置出线井，在缆线管廊内采用局部加宽设计，并在缆线管廊侧壁预留出线孔。

（3）防火墙

为保障缆线管廊的消防安全，缆线管廊内应设置防火墙，防火墙间距不宜大于200m。

4.5　附属设施设计

①虽然缆线管廊不需要监控、通风、消防、照明灯附属设施，但是为保障其运维方便，一般会在缆线管廊内设置标志牌、集水坑等附属设施。

②由于缆线管廊敷设在人行道或非机动车道上，工作井盖板缝隙存在雨水进入的可能，雨水量较少时，可以在最顶点设置排水管，将雨水从排水管排至雨水管网。新型缆线管廊可以设置固定抽水泵，并在出线井、端部井等最低点预留集水坑。

5　新型缆线综合管廊推广应用思考

5.1　应尽快出台统一的技术标准

新型缆线管廊断面多种多样，目前除了少数几个城市出台了相应的技术规程外，国家层面尚未有专门的图集和规范，各个城市所规定的内容不一。不同的城市对于新型缆线管廊的名称不同，如："微型管廊""小型管廊""缆廊""复合型缆线管廊"等名称的出现容易对综合管廊体系造成混淆。要解决好新型缆线管廊的推广应用，应在技术标准上形成国家或省部层面的标准，该标准在新型缆线管廊的应用区域、规划布局、入廊管线、断面设计、结构设计、附属设计等方面形成一个相对成熟稳定的技术规程或标准。重点解决新型缆线管廊的消防、断面、管线衔接等设计问题。

5.2　统筹协调各地对预留空间的标准

在规划设计方面，受限于各类管线的特性，新型缆线管廊虽然有助于改善"马路拉链"问题，集约利用地下空间，但其规划与建设推广难度大，管线单位接受度差。主要原因：几类入廊管线的产权单位对于新型缆线管廊的认识还有待提升，比如电力管线单位和通信管线单位之间，重点强调两种管线之间的安全运维因素，两种管线合并为一个舱室后，不利于管线的消防安全及后期管养维护；城市规划在预留城市道路空间时，一般未充分考虑新型缆线管廊的断面空间预留；新型缆线管廊主要布置在人行道及非机动车道下，平面空间一般需预留3.5m空间的结构需求常得不到满足。

目前除了少数城市建设了极少量的缆线管廊外，尚无城市专门针对新型缆线管廊或缆线管廊进行专门研究和规划。在各个城市内还未能形成一致共识，统筹协调新型缆线管廊的空间的预留标准，是制约新型缆线管廊推广应用的关键因素。

5.3　形成成熟的缆线管廊运维体系

国家专门出台了《城市地下综合管廊运行维护及安全技术标准》GB 51354—2019，但其重点是针对干线及支线型综合管廊的运维管理。由于现阶段新型缆线管廊还未形成规模，目前综合管廊的运维管理方面还缺乏相关的经验，运维体系的形成需要进一步的研究和积累经验。

6　结语

目前，综合管廊规划建设的理性化、科学化、小型化和减量化趋势不断加强，发展新型缆线管廊迫在眉睫。现阶段虽然少数城市对新型缆线管廊已经开始研究和关注，但各方还缺乏共识，新型缆线管廊在设计及规划布局上还存在一些技术难点有待进一步突破，后期的运维管理也有待进一步积累经验。笔者在国内现有新型缆线管廊研究的基础上，讨论了新型缆线管廊的设计、规划布局及协调要点，阐述了对现阶段新型缆线管廊在推广应用过程中的技术标准、规划设计、运维管理等问题的一些思考，期望能在新型缆线管廊的规划设计方面与同行进行交流。

参考文献

[1]　刘应明. 城市地下综合管廊工程规划与管理 [M]. 北京：中国建筑出版社，2017：131-138.

[2]　郑轶丽，谢鲁，曾小云. 成都地下综合管廊复合型集约化总体设计 [J]. 中国给水排水，2019，35（2）：72-78.

[3]　中铁第四勘察设计院集团有限公司. 一种浅埋式综合管廊：CN206844150U [P]. 2018-01-05.

[4]　汪晨倩，叶晓东，朱棪瑶，等. 综合管廊建设条件评价与规划研究 [J]. 市政技术，2021，39（10）：141-145.

[5]　刘广奇. 综合管廊专项规划关键问题探讨 [J]. 市政技术，2018，36（4）：172-175.

[6]　袁荣亮，苏云龙，刘磊，等. 精细化城市更新背景下缆线型综合管廊应用探索 [J]. 市政技术，2020，38（3）：210-214.

[7]　鄢丹，谢顶良，查俊. 市政道路缆线管廊设计探讨 [J]. 西部交通科技，2020（6）：151-153.

[8]　李康宁. 缆线管廊与市政排水管道交叉处理方案探讨 [J]. 城市道桥与防洪，2019（9）：211-213，218，23.

[9]　上官士青，张府. 多舱缆线管廊设计探讨 [J]. 中国水运（上半月），2020（6）：113-115.

[10]　王建，刘澄波，张浩，等. 缆线管廊技术选型研究 [J]. 工程建设标准化，2018（5）：21-27.

[11]　朱安邦，王灿，刘应明，等. 城中村浅埋式复合型缆线管廊规划与设计要点 [J]. 中国给水排水，2019，35（16）：68-72.

"双碳"背景下电动汽车充电设施
规划探索与实践

韩刚团　夏煜宸（城市安全与韧性规划研究中心）

[摘　要]　本文着眼汽车能源供应的时代变革，分析国内外先进案例经验，总结探索规划技术，并结合深圳市、中山市、济南市等多地多年规划探索与实践，总结提出电动汽车充电设施规划体系，为电动汽车充电设施的发展提供新思路新方向，助力全面实现汽车能源供应的绿色转型。

[关键词]　双碳；电动汽车充电设施；规划方法；山东济南

1　引言

我国已进入大宗汽车消费时代，但令我们长期无法摆脱的隐忧是能源与环境问题，因为燃油汽车造成的环境污染已到了非常严峻的阶段。与此同时，我国已向世界承诺实现"双碳"目标时间表，即力争于2030年前实现"碳达峰"，2060年前实现"碳中和"，而交通运输领域是碳排放的重要来源之一。

响应"双碳"国策、顺应能源转型加速、助力绿色生态可持续发展，机动车能源供给方式正在发生历史性转变，充电设施的构建也随之向系统性、网络化发展，成为以电力为核心的新型机动车动力供应系统。

2　发展形势

2.1　全球能源应用清洁化、多元化

国际能源供应与消费呈现清洁、高效、全球、多元的发展趋势，一次能源消费结构逐渐向清洁低碳的方向发展，大力推动清洁能源发展是全球应对气候和环境挑战的关键因素之一。同时，能源应用结构也从煤油气等化石燃料向核能、太阳能、风能、地热能等新能源与可再生能源转变，形成能源供应多元化格局。

2.2 国际汽车用能电动化、标准化

世界各地汽车产业"革命"加速发展，电动汽车进入全面发展新阶段[1]。行业方面，我国电动汽车产业已具备研发和生产能力，蓬勃的汽车行业对国民经济的稳定发展发挥了重要作用。政策方面，政府积极推进标准化工作，建立健全电动汽车的标准法规体系，逐步完善政策环境。

2.3 国内充电设施规模化、市场化

我国电动汽车在政策、技术、市场上不断强化支撑、蓬勃发展。据公安部统计，截至2022年9月底，全国纯电动汽车保有量达926万辆，占汽车总量的2.94%，呈高速增长态势[2]。充电设施作为电动汽车发展的必要保障，截至2022年9月全国充电基础设施累计数量已达448.8万台[3]。中央到地方陆续出台电动汽车充电基础设施市场化建设的相关政策，包括战略规划、鼓励推广、约束性质等方面，全面积极推动了充电设施规模化、市场化建设。

3 国内外充电设施发展特征及经验

3.1 国外

面对电动汽车发展的不确定性，各国针对充电设施政策与建设方式各有偏向重点并有一定时效性[4]。如欧洲各国重点关注于相关技术、通行特权、商业模式等方面的创新，政府力图通过低成本政策扶持以推动产业发展；美国扶持政策相对全面，实行从国家到地方、从车辆到充电设施各环节均覆盖补贴，大力鼓励、培育市场；日本则侧重于电动汽车关键技术的研发、支持企业联盟共同开发核心技术、提升市场竞争力，以补贴方式为主支持充电设施购置安装。

3.2 国内

建设方面，2020～2021年国务院政府工作报告明确指出加强新型基础设施建设，增加充电桩、换电站等设施数量，推广电动汽车，激发新消费需求、助力产业升级，并印发《新能源汽车产业发展规划（2021—2035年）》积极引导推广发展电动汽车，目标至2035年，依托"互联网+"智慧能源，加快形成适度超前、慢充为主、应急快充为辅的充电网络。

政策方面，我国总体呈现财政及行政手段"两手抓""两条腿走路"的模式特点。国家对于电动汽车产业的支持政策已经由产业规划层面逐渐转向实际操作层面，多部门从多角度出发，相继出台多项扶持政策，省、市、区县多级共同合力，政策内容涉及生产准入、示范推广、财政补贴、税收减免、技术创新、基础设施建设等各具体层面。如私人消费领域实行高额度直接性购车补贴模式，公共领域方面则通过政府计划有序推进传统汽车向电动汽车行业更迭发展，产业发展进程稳居世界首位。

3.3　小结

各国各地多以时序为主线，制定针对电动汽车发展具有不确定性特点的核心发展策略。在策略指引下，自上而下，以时序引导空间布局；自下而上，提炼空间特征，为时序控制提供载体并预留控制。通过加大申购补贴力度、制定相应标准等直接作用于电动汽车的政策，有效促进了电动汽车推广及充电设施建设。

4　规划方法探索

基于国内外电动汽车及充电设施发展形势、建设与政策发展特征经验启示，以下从四个方面就电动汽车充电设施的规划方法进行探索。

4.1　模式选择方面

影响电动汽车充电模式的因素主要包括电动汽车充电特性要求、充电运营方式两方面影响。其中，充电特性方面，主要包括"快速、通用、高效、集成、智能"的基本要求，充电运营方式主要受电动汽车的推广度及发展程度的影响。在初期推广阶段，充电设施的建设主体以政府为主导，充电设施主要起到示范带动作用。因此，适合的充电方式以常规与快速充电相结合的方式为主。待电动汽车发展至一定规模，且处于相对成熟阶段时，建设主体将由政府主导逐渐转变为企业主导，各企业将根据自身所长，形成网络化、人性化、综合化的混合式充电模式。表1为不同阶段运营模式和充电模式的分析[5]。

不同阶段运营模式和充电模式分析表　　　　　　　　　　表1

充电运营模式	适合时期	充电模式
政府主导	初期推广阶段	充电站、充电桩
企业特许经营	中后期成熟阶段	充电站、充电桩、电池更换

4.2　规模预测方面

以上位规划及相关规划中对城市电动汽车发展规模及充电设施需求的预测作为参考及比照依据，在对城市电动汽车及其充电设施运营行业及主管部门更细致调研的基础上，以收集的基础数据为依托，对电动汽车发展规模及充电桩需求预测结果进行深化及校核[6]。

（1）充电模式预测

电动汽车发展的主要类型为私家车、公交车、出租车等，需就各种类型电动汽车主要充电方式以及充电时间进行分析，并根据各类电动汽车的充电模式和实际需求分别进行预测和充电设施配置。

（2）电动汽车、充电站/桩规模预测

1）电动汽车保有量预测

电动汽车保有量的预测需结合城市汽车保有量的历史增长情况，根据社会经济发展与人民生活消费水平提高的需求，研究各类型汽车的发展趋势，并参考市政府与交通部门的相关规划成果，通过趋势外推法、公交万人标台数法、出租车千人指标数法等方法进行规划期各类型汽车保有量预测。以此为基础，结合城市电动汽车相关发展规划、实施意见、推广计划，充分考虑发展趋势、政府财力等相关情况，进行规划期各类型电动汽车保有量预测。

2）快速充电设施规模预测

通过基础分析，电动汽车充电设施可按照充电特征主要分为两类，即充电站与充电桩。按照服务对象的不同又可分为社会公共充电站（桩）与公交充电站（桩）。规划应针对不同种类电动汽车的充电需求，有针对性地对充电设施进行分类预测。

①社会公共充电站

社会公共充电站的主要功能是为电动汽车解决应急动力充电，因此，设置数量不宜过多。结合规划区已有充电设施情况，以规划用地空间特征为主线，梯次进行预测，并根据各地关于新能源汽车充电设施政策要求，对社会充电设施的预测标准进行校核。站点布局与规模预测可参照2021年12月出台的《电动汽车充电设施布局规划导则》T/UPSC 0008—2021为依据，并将规划区以"面状—线状—点状"空间划分进行逐级预测：面状空间，以片区为基本结构单位，按照2~3km的服务半径要求合理布局充电站[7]，满足片区内部紧急充电需求；线状空间，依托现有及远期规划的干线性道路，按照"每百公里不超过两对"的要求进行沿线布设；点状空间，结合主要旅游景点、交通枢纽进行布局，以满足应急充电需求。

②社会公共充电桩

社会公共充电桩根据停车位配设，其规模预测需以控规停车位配置要求为基础，以相关政策及标准为依据进行近远期预测。社会充电桩预测配置对象汇总如表2所示。

社会充电桩预测配置对象汇总表 表2

充电桩类别	配置对象及标准
社会公共充电桩	配置广泛，涵盖所有公共场所，包括大型停车场、商场、酒店、饭店、医院、机场、码头、车站、公园、景区等
公务车充电桩	根据电动公务车使用部门所在地，以1∶1比例配置充电桩
住宅区（私家车）充电桩	各住宅小区配置，根据各小区的建设将情况设置不同标准

注：资料来源于《深圳市节能与新能源汽车示范推广实施方案》。

③公交充电站、充电桩

明确适合配设充电设施的公交场站类型，以交通规划为依据，以发展改革、交通运输部门对公交场站配置充电站的意见为指导进行预测。其中，布设对象主要为公交车首末站、枢纽站、综合车场；布设比例结合各地政策要求，如近期实施可结合公交车始末场站、枢纽站配置快充站，并可满足10辆以上公交车充电需求；或结合公交综合场站设置充电桩，需满足100辆以上公交车充电需求；远期可根据电动公交车发展数量按需配置。

4.3　布局方面

（1）布局原则

随着电动汽车充电设施的推广建设以及电动汽车市场的变化等影响因素，应在时间与空间两个维度采取针对性与弹性相结合的布局原则。一是时序上近远统一，近期以需求为导向，满足缺口地区设施需求，并主动引导该区域电动汽车推广发展，远期依据市场反馈情况，作出互动选择。二是空间上科学合理，充电设施建设应形成网络，必须服从城市主要相关规划的安排，应与用地、交通、电力等主要规划相协调，且满足环保安全和可操作性要求等。三是实施管理上应刚性与弹性结合：刚性方面，近期实施选址应在确保合法、合理、可行的基础上纳入近期实施计划以保障如期落地；弹性方面，为更好地适应未来发展需要，远期计划选址宜以预控为主，从而应对市场不确定性及情况变化。

（2）布局策略

1）充电站布局策略

充电站的布局需主要满足交通、用地和其他基础设施三个方面要求[8]。交通方面，充电站分布与电动汽车交通密度和充电需求的分布应尽可能保持一致；用地方面，以用地性质与出行分担率为导引，应尽量将充电设施的布置与不同性质用地的交通分担率结合考虑；其他基础设施方面，充电站的设置应充分考虑本区域的输配电网现状。此外，充电站的布局应符合充电站服务半径要求。

2）充电桩布局策略

充电桩的布局则应结合社会停车场、配建停车场的现状及规划分布情况，按照人流、车流等因素综合分析后确定配置比例，分阶段、分用地类型布局充电桩。

4.4　选址方面

（1）城市公共充电站选址

为保障车辆充电便捷性，在考虑充电站布点时，应结合城市规划和路网规划，以站点供电半径为基础进行总体布局规划，并借鉴加油站设置原则进行设定，结合现有与在建设施进行优化选择：如高速公路充电站按每百公里两对设置，建于服务区内；城区服务半径控制在1～3km范围内；城市主干道按每20km一对设置；可考虑与位于路侧的变电站合建。

（2）公交充电站选址

公交充电站即公交车专用快充站与慢充站。其中，快充站应设置于公交车站场0.5km范围内，可考虑与公交车场站合建。慢充站宜结合大型停车场设置并与大型公交车场站合建，充电桩按车位1∶1配置并集中配置配电设备，具体应结合公交系统规划确定。

（3）出租车专用充电站选址

出租车专用充电站需重点结合重要公共交通枢纽、出租车停车场站设置，或结合加油加气站停车场进行选址，以实现停车、加油、加气、充电的空间复合化利用。同时，需考虑结合中心城区出租车的主要流线，且站点选址需兼顾城区多个方向的充电需求。

（4）物流环卫等专用充电站选址

该类充电站主要服务对象区域为物流园区和环卫基地。由此，充电站可结合物流园区、环卫基地的专用停车场进行建设，其规模应满足近期物流运输、环卫车辆的充电需求，宜按1∶1标准配建专用充电车位。

（5）充电桩选址

充电桩可分为私人充电桩、公共充电桩两大类，主要服务私人乘用车、租赁车、出租车等，可供车辆停放的地方（场所）均可考虑布点。其中，私人充电桩应主要考虑于居住小区内结合私人停车位配建。新建住宅小区停车位，宜按停车位的100%进行建设或预留安装充电设施接口；已建住宅小区，宜按照不低于总停车位数量10%的比例逐步改造或加装基础设施。而公共充电桩可结合大型停车场、住宅小区、商场、医院、换乘站、码头、公园、景区等交通热点区域进行配建。根据配建标准，新建场所应按30%停车位比例进行建设或预留安装充电设施接口；已建区域按不低于总停车位数量10%的比例逐步改造或加装基础设施。对于近期实施的充电桩配置比例，可结合实际需要和现状建设资金情况按2%～5%进行布设，并应优先考虑中心城区和主要景点。

5 山东济南中心城规划实践

5.1 背景条件

济南市中心城南接生态保护区，西、北临黄河地上悬河，形成一道天然屏障；东部衔接章丘产业园——全市产业园区转移重点开发区[9]。地势南高北低，地形复杂多样，规划人口规模为430万人，用地规模410km²。

充电设施建设方面，济南市中心城已初步形成了公用充电网络的雏形，但存在充电设施分布不均、空间布局与充电需求难以匹配、土地资源紧缺等问题。

5.2 规划思路

《济南市中心城充电基础设施专项规划（2018—2020）》的编制充分应用了以上规划理

念与方法，采用"以常规充电为主，快速充电为辅"的原则，逐步形成以住宅小区、办公场所自（专）用充电设施为主，以公共停车位、道路停车位、独立充电站等公共充电设施为辅的充电服务网络，并在城际间及对外通道上形成高速公路服务区和加油（气）站为主要轴线的公共充电设施服务走廊的规划思路。

（1）规模预测

规模的预测以济南市电动汽车及其充电设施运营行业及主管部门调研为基础，以收集的基础数据为依托，深化及校核济南市中心城区电动汽车发展规模及充电桩需求预测结果，预测从以下三个方面开展：

1）本底分析，特征预测

分析济南市机动车、电动汽车的现状保有量等基础数据，依据不同的电动汽车类型进行分类并分别进行预测。同时，充分分析现状空间（充电设施匹配空间）的分布及自身特征。

2）需求划分，分类预测

济南市中心城区电动汽车充电设施按照充电特征主要分为三类，即"充电站、充电桩、换电站"。而根据服务对象的不同，规划将充电站分为五大类，分别为公共充电站、公交专用充电站、出租车专用充电站、物流专用充电站、环卫专用充电站。充电桩则分为两大类：私人充电桩、公共充电桩（含专用充电桩）。并针对不同种类的电动汽车的充电需求，合理地预测充电设施规模。

3）把握态势，时序预测

规划通过把握电动汽车及充电设施的未来发展态势，以时序为主线，结合多样充电模式，客观合理地预测充电设施规模，即近中期主要考虑依托政策指引及企业推广计划进行预测，远期结合市场反应，主动调整预测数据。

（2）设施布局

规划以电动汽车及充电设施预测规模结果为基础，结合城市空间结构、用地布局、重点建设区域、道路交通条件、交通枢纽布局等影响因素，通过GIS叠加分析的方法，从而推导出各类型充电设施的合理布局方案，并根据现状情况进行校核调整。

1）公共充电站规划布局

公共充电站的布局主要考虑包括自然条件与建设条件两大方面因素。自然条件方面，主要考虑现状地形地貌特征是否适应建设充电站的要求。建设条件方面，梳理分析市域范围内的各镇区建设用地，总结分析现状及规划建设用地，分为"点、线、面"三个层次进行综合考虑城市公共充电站布局。济南市中心城区公共充电站的布局以城市重点发展片区为首要区域，并结合人流和车流量情况于片区重要位置布置，以起到示范引导性作用。

①点状布局：结合主要旅游景点、交通枢纽站点等交通流量密集的点状空间进行布局，以满足应急充电需求。

②线状布局：依托现有及规划的干线性道路，按照"每百公里不超过两对"的要求进行沿线充电站布设。

③面状布局：以片区为基本结构单位，结合重点发展片区、商业中心区，按照城市建成区内1~3km的服务半径要求布局充电站，起到区域性示范引导作用。

2）专用充电站规划布局

专用充电站分为公交专用充电站、出租车专用充电站、物流环卫等专用车充电站等。

①公交专用充电站：主要是为电动公交车服务，优先考虑在公交枢纽站和公交首末站内建设。

②出租车专用充电站：主要设置于重要公共交通枢纽、出租车停车场站，充分结合重要公共交通枢纽、加油加气站、出租车公司等停车场地进行布局。

③物流环卫等专用车充电站：主要结合物流工业园区和环卫车辆的专用停车场，物流车辆集中的物流园区等地进行布局，考虑到物流车辆一般载重较大，该类站规模宜定位为中心枢纽站，可同时满足多辆大型物流车辆充电需求。

3）充电桩规划布局

根据充电桩服务对象的不同可分为私人充电桩和公共充电桩两大类，充电桩布局主要结合相关用地内部配建的停车位进行建设。通过对济南市中心城的用地规划，对居住、商业服务业、行政办公等用地进行梳理分析，以及相关规范和充电设施配置标准对不同性质用地分别提出了充电桩的建设要求。

5.3 选址建设

济南市中心城区充电站的选址建设模式以结合社会停车场，变电站，公交、出租、物流、环卫停车场用地建设为主。同时，结合济南市中心城区控制性详细规划对设施选址用地情况进行核查梳理。

6 结语

"碳达峰""碳中和"目标作为方向和旗帜，需要在未来几十年中实现能源结构的明显转型，交通作为碳排放重要来源，电动汽车的发展将有助于载运工具能源结构的转型。本文通过分析电动汽车发展形势，综合国内外电动汽车充电设施发展经验与多年多地的规划探索实践，提出电动汽车充电设施规划理论体系，并以山东省济南市为例探讨了该类规划的编制要点，以期为行业提供参考借鉴，助力交通运输绿色发展。

参考文献

［1］　中华人民共和国公安部. 全国新能源汽车保有量［EB/OL］.（2022-10-8）
　　　　［2023-1-30］. https://t.ynet.cn/baijia/33436733.html.

［2］　中国电动汽车充电基础设施促进联盟. 2022年9月全国充电基础设施累计数量
　　　　［EB/OL］.（2022-10-13）［2023-1-30］. https://www.aqsiqauto.com/
　　　　newcars/info/11067.html.

［3］　济南市自然资源和规划局，深圳市城市规划设计研究院. 济南市中心城充电基础设施
　　　　专项规划（2018—2020）［R］. 济南市自然资源和规划局，深圳市城市规划设计研
　　　　究院，2019.

［4］　中国城市规划学会. 电动汽车充电设施布局规划导则T/UPSC 0008—2021［S］. 深
　　　　圳：中国城市规划学会，2021.

［5］　深圳市城市规划设计研究院有限公司. 东部滨海地区充电设施布局规划研究［R］.
　　　　深圳：深圳市城市规划设计研究院有限公司，2011.

［6］　深圳市城市规划设计研究院有限公司. 宝安区充电设施系统布局规划［R］. 深圳：
　　　　深圳市城市规划设计研究院有限公司，2013.

［7］　韩刚团，江腾. 我国电动汽车发展趋势研判［J］. 城乡建设，2018（8）：7-10.

［8］　韩刚团，沈嘉聪. 国内外电动汽车推行政策模式分析［J］. 城乡建设，2018（8）：
　　　　11-16.

［9］　韩刚团，曹艳涛. 电动汽车充电基础设施规划体系构建［J］. 城乡建设，2018（8）：
　　　　17-21.

碳中和目标下的高密度城区碧道生态规划策略

吴丹（生态低碳规划研究中心）

[摘　要]　在我国推进生态文明建设和实现碳中和目标的背景下，碧道规划建设应努力参与到低碳环保积极设计的挑战中，并将其作为重要设计理念融入相关规划建设实施项目中，努力为城市提供绿色服务产品，探索绿色技术创新。本研究以深圳市罗湖区碧道规划建设为契机，创新性地提出针对高开发强度城区的碧道生态建设方法路径，包括践行河湖水系最优美的目标，制定生态优先、民生为本、系统建设、低碳节约、因水制宜、有序推进的原则，构建全自然生态要素的碧道格局，提出进行全域生态节点统筹、生态廊道分类管控提升、实施水生态修复、联动水产业生态提升的策略，形成碧道生态建设实施管理路径。将以生态优先为先决条件制定的规划引导作为后续碧道建设项目立项的重要依据，以及与涉河更新单元规划协同的重要依据，以期为深圳其他区提供具有实操性的经验借鉴，为全国类似地区提供相关研究基础。

[关键词]　碳中和；高密度城区；碧道建设；深圳市罗湖区

1　碧道建设背景

1.1　国家推进生态文明建设与碳中和中国目标

加强生态文明建设、推动绿色发展，是实现高质量发展的题中之义，也是实现高质量发展和应对新形势的新要求。2020年9月22日，习近平总书记在第七十五届联合国大会一般性辩论上发表重要讲话，指出"中国努力争取2060年前实现碳中和"，这意味着中国高质量发展低碳转型的坚定决心。在碧道规划中，应将低碳环保作为重要的设计理念传达到相关的设计、施工项目中。

1.2　广东省率先实施万里碧道工程建设

2018年12月20日，《广东省河长制办公室关于开展万里碧道建设试点工作的通知》（粤河长办函〔2018〕195号）要求各地因地制宜、分区建设、试点先行，迅速开展万里碧道建设试点工作，高标准建设万里碧道，至2035年，全省建成"水清岸绿、鱼翔浅底，水草丰美、白鹭成群"的万里碧道，使之成为广大人民群众喜游乐到的美好去处。碧道是新时期提出的以水为纽带，以岸线为载体，统筹生态、安全、文化、景观和休闲功能的复合型廊道，从理论和实践中弥补了生态文明建设实践缺乏抓手、缺乏主体的问题[1]。广东省近期提出了以水系为抓手、治水与治岸联动的生态修复新举措——万里碧道规划建设，旨在通过治水、治产和治城的联动，促进流域社会—生态系统功能的提升，从而优化国土空间功能[2]。

1.3　深圳市积极推进千里碧道工程与罗湖区认领建设任务

深圳市率先落实万里碧道建设，开展碧道建设规划，印发《关于印发广东万里碧道建设深圳行动方案的通知》（深河长办〔2019〕83号）和《深圳市碧道建设总体规划（2020—2035）》。

罗湖区响应市碧道建设号召，2020年启动10km碧道建设，完成2.4km沙湾河（罗湖段）碧道试点建设。2022年完成17.5km碧道建设，山水廊道初具规模，2025年完成35km碧道建设，罗湖区碧道主干体系全面建成，助力罗湖的蝶变与振兴。

2　深圳市碧道建设典范案例

2.1　深圳市光明区木墩河

木墩河，是茅洲河上游左岸的一级支流，河长6.36km（光明街道辖区内长度约5.20km），流域面积5.58km²（图1）。治理前的木墩河是光明区生态环境上的一块伤疤。以"以生态之曲，谱生活乐章"为理念，借助暗渠复明的机会，致力于通过栖息地营造、活动节点设计、文化元素融合，为光明区增添一条富有生机与生活气息的活力绿廊。

图1　木墩河实拍图

2.2 深圳茅洲河碧道

该项目为深圳市开工建设的第一批碧道试点，试点段全长12.9km，其中宝安区段长约6.1km，光明区段6.8km（图2）。实现从"全省污染最严重河流"到"深圳水环境显著改善的典型代表"的转变。茅洲河碧道示范段主要节点包括燕罗湿地、茅洲河展示馆、碧道之环、亲水活力节点，是市民亲水近水的生态长廊。以优越的生态资源招引创新产业入驻，让治水成效带来更大经济价值。根据"湾区东岸绿脉、深圳西部门户"的规划定位，打造出一个由水文化展示馆、湿地公园、亲水活力节点、特色水闸、啤酒花园、碧道之环、滨海明珠、左岸科技公园、南光绿境、大围沙河商业街等主要节点组成的生态人文纽带，成为茅洲河流域最具人气与活力的碧道形象客厅，深圳市水上运动训练中心在此落户[3]。

图2 茅洲河碧道实拍图

3 碧道建设生态评估

3.1 罗湖区碧道建设基础条件

（1）典型高强度开发城区

罗湖区总面积为78.75km²，其中建成区面积为43.40km²，其余主要为深圳市水源保护区和梧桐山森林保护区。罗湖区属于典型的高强度开发地区，现状毛容积率达到1.5，金三角地区容积率超过3.0，金三角地区用地面积只占全区用地16%，但集聚了全区约65%的商业商务建筑规模、72%的总部企业数量。

（2）坚守"一半山水一半城"特色

在城区迅速建设、经济快速发展的同时，罗湖区始终加强生态资源保护，区域生态环境优良，基本生态控制线范围的面积约为48.12km²，占辖区土地面积的61.00%；森林覆盖率达51.77%，处于全市领先水平；城市绿化覆盖率达64.60%，城市布局上始终保持着"一半山水一半城"的特色（图3）。

山　山体分布在东部及西北地区，即梧桐山、银湖山两大山脉及其他山丘，其中梧桐山主峰为深圳市最高峰

水　河流有深圳河、布吉河、梧桐山河、莲塘河、笔架山河和水库排洪河

林　林地分布于山区，属南亚热带海洋性季风常绿阔叶林区，以次生林、人工林为主

田　少量耕地农田分布于东北部

湖　湖库包括洪湖、深圳水库、仙湖水库、金湖上库、金湖下库、银湖水库、大坑水库、小坑水库、横沥口水库

草　草地分布与山区及绿地，以茅草、鹧鸪草为主

图3　罗湖区自然要素分布示意图

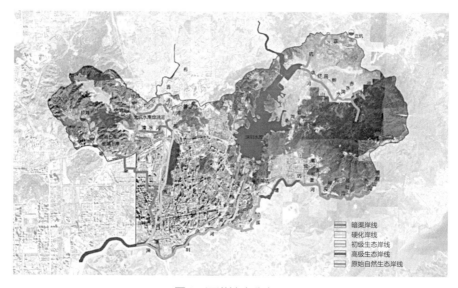

图4　河道坡度分布图

3.2　罗湖区碧道建设生态评估

（1）自然竖向条件

全区河道坡度总体范围为0～26.3%（图4），生态区坡度较大，仙湖水坡度范围为22.2%～26.3%；建成区坡度较小，笔架山河坡度范围为18.3%～22.2%，可结合河道坡度特性因地制宜进行生态修复方法选择。

（2）生态岸线

罗湖区生态岸线占比合计58.8%（包含初级生态岸线20.8%、高级生态岸线5.2%、原始生态岸线32.8%），硬化岸线占比21.3%，暗渠占比19.9%，总体生态岸线占比低于全市美丽

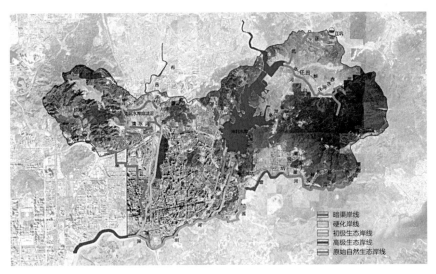

图5　生态岸线现状分布图

河湖建设总体方案中提出的2025年生态岸线比例达到65.0%的要求。

生态岸线有较多突出问题（现状见图5），主要有以下几方面：

①硬化岸线生态退化明显，大多以垂直型硬化岸线为主，河道断面内生态改造难度大。水流速度较快，造成河道内水生植物稳定性差。水位落差大、日常水量少，河渠深，亲水性差。

②梧桐山河区域生态岸线生态基础较好，有沙洲、鹭类、鱼类，但河道与生活空间几乎割裂，生态空间过于封闭，水中水岸植物样貌单一。

③以暗渠和硬质化岸线结合为主的河道，生态阻隔严重，如大坑水虽上游段已建设少量绿道，但生态质量一般，河道内毫无生境，暗渠段被道路和建筑物覆盖[4]。

罗湖区现状岸线类型统计如表1所示。

罗湖区现状岸线类型统计表　　　　　　　　　　　　表1

编号	河流名称	河流长度（km）	暗渠岸线（km）	硬化岸线（km）	初级生态岸线（km）	原始生态岸线（km）	高级生态岸线（km）	生态岸线合计（km）	生态岸线比例（%）	暗渠比例（%）	硬化岸线比例（%）
1	梧桐山沟	1.00	0	0	0	1.00	0	1.00	100	0	0
2	茂仔水	2.69	0	0	0	2.69	0	2.69	100	0	0
3	梧桐山河	3.87	0	0	0	3.87	0	3.87	100	0	0
4	赤水洞水	1.95	0	1.95	0	0	0	0	0	0	100
5	正坑水	3.81	0	0	0	3.81	0	3.81	100	0	0
6	深圳水库排洪河	3.86	0	1.45	0.75	1.66	0	2.41	62.43	0	37.56

续表

编号	河流名称	河流长度（km）	暗渠岸线（km）	硬化岸线（km）	初级生态岸线（km）	原始生态岸线（km）	高级生态岸线（km）	生态岸线合计（km）	生态岸线比例（%）	暗渠比例（%）	硬化岸线比例（%）
7	大坑水库排洪河	1.70	1.28	0.42	0	0	0	0	0	75.29	24.71
8	清水河	2.76	1.43	0	1.33	0	0	1.33	48.18	51.81	0
9	莲塘河	7.64	0	0	2.81	2.37	2.46	7.64	100	0	0
10	深圳河干流罗湖	4.90	0	0	4.90	0	0	4.90	100	0	0
11	布吉河罗湖段	7.03	1.38	5.65	0	0	0	0	0	19.63	80.36
12	笔架山河罗湖段	5.77	5.24	0.53	0	0	0	0	0	90.81	9.18

（3）生物多样性

水中水岸植物资源禀赋不高，造成水中水岸的生态系统功能受到削弱。罗湖区布吉河、深圳河等水域是候鸟迁徙线路中重要"中转站"的组成部分，深圳市十佳观鸟点中，罗湖区占四处，分别为洪湖公园、东湖公园、仙湖植物园、梧桐山风景区（图6）。

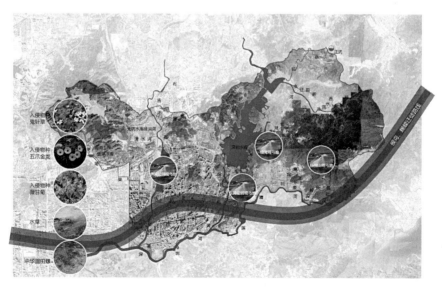

图6　罗湖区观鸟点分布示意图

4 "碳中和"目标下的碧道生态建设方向

4.1 碧道生态建设目标和愿景

碧道生态总体目标是实现河湖水系最优美，水生态修复成效突出。现状水域面积约为532hm²，水面率为6.76%。预计至2035年碧道建设完成后，新增水面至550hm²（新增18hm²），水面率增至6.99%，对标其他区相关规划，此项数据较为突出。

4.2 碧道生态建设原则

（1）生态优先，民生为本

碧道建设应突出自然生态，以实现水清为第一目标，先行做好水环境改善，水生态修复，推动河流从达标水体向健康河湖提升，坚持以人民为中心，为人民提供高质量生态产品。

（2）系统建设，低碳节约

统筹山水林田湖海草各生态要素，以系统思维推进碧道建设，并加强与治水提质、正本清源、黑臭水体整治等项目的有序衔接，树立节约意识、成本意识、效益意识。

（3）因水制宜，有序推进

以错位发展、彰显特色为原则，按照水体不同、区域不同进行分类开发建设，因水制宜确定流域功能定位，避免低水平重复建设，量力而行，尽力而为。

4.3 碧道生态建设格局

构建"一带、五廊、三核、两线"全自然要素碧道格局（图7）。其中，"一带"为深圳河—莲塘河生态带；"五廊"指笔架山河廊道、布吉河廊道、沙湾河廊道、梧桐山廊道、清水河廊道；"三核"为银湖山生态核心、梧桐山生态核心、洪湖公园生态核心；"两线"为银

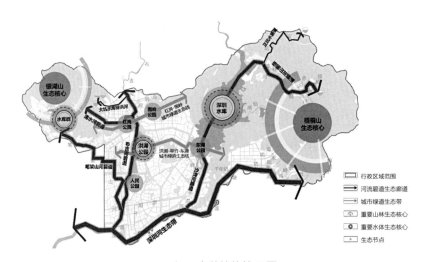

图7 罗湖区碧道总体格局图

湖—红岗—围岭—梧桐山区域绿道生态线、洪湖—翠竹—东湖城市绿道生态线。

5 碧道生态建设策略

5.1 全域生态节点统筹打造

打造涵养蓄存型、调蓄净化型、生态保育型生态节点，统筹考虑所有水生态空间，强化水生态节点服务功能，实现上游生态保育、中游涵养蓄存、下游调蓄净化（图8）。通过对公园绿地类型的绿地板块识别，确认重要绿地板块的现状用地分别为森林、绿地、湿地等，明确区分其在城市建设与流域区位格局中具有的水源涵养、蓄存回用、净化保育等重要功能[5]。

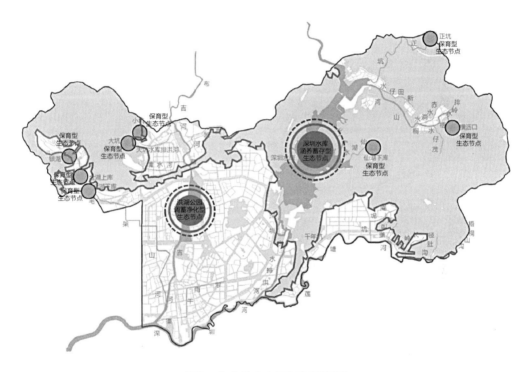

图8 生态节点布局规划示意图

5.2 生态廊道分类管控提升

统筹考虑所有生态空间，增强生态节点生态服务功能，增强生态连贯性，进行水生态廊道修复提升，生态廊道分类管控与提升，宏、中、微观分级施策（图9～图12）。

5.3 实施水生态修复

（1）生态跌水及水形共同作用生态修复

根据河道竖向坡度设计多级生态跌水，因地制宜设计生态水形。设计多级生态跌水，

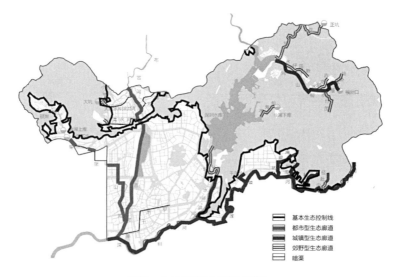

图9 生态廊道布局规划图

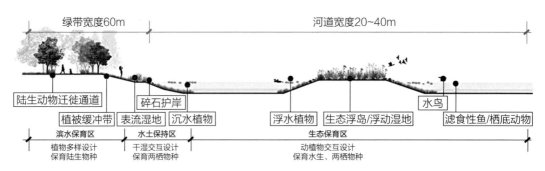

图10 自然郊野型生态廊道示意图

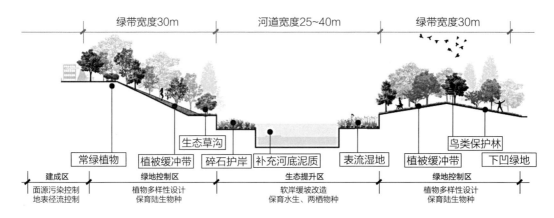

图11 生活休闲型生态廊道示意图

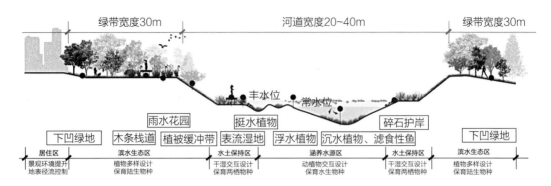

图12 黄金水岸型生态廊道示意图

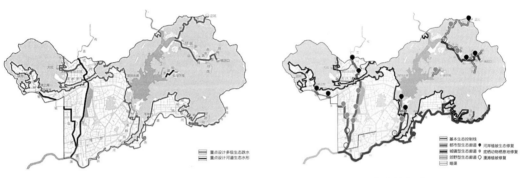

图13 生态跌水与水形设计总体布局图 图14 生态修复布局图

具有竖向充氧、净化水质、生态修复、景观娱乐等多重生态服务功能；进行曲折化河道内部设计，设置滨水垂直挡墙、多级生态跌水、生态观景休闲阶梯、生态转输绿带、荷花回水河湾，重构垂直硬质化岸线生态能力，最大化河道曲折，丰富水中水岸动植物多样性（图13）。

（2）"植物—动物—微生物"共同作用生态修复

通过"植物—动物—微生物"共同作用提升水质进行生态修复，对上游河岸进行植被生态修复，中游进行底栖动物投放与栖息地修复，下游进行漫滩植被修复（图14）。

（3）水生态修复效果评估

在理想条件下，通过"动物+植物+微生物"的共同作用，可实现对总磷、氨氮50%～80%的去除率，通过进水水质提标、水质指标监测与评估，共同实现河道水质满足相关规范要求，实现可亲水、可划船等娱乐活动。水生态修复实施评估如表2所示。

水生态修复实施评估表　　　　表2

工程名称	具体建设内容	效果评估					
		生态设施	规模	总削减能力			
				SS	COD	NH$_4$-N	TP
植被群落修复	移除入侵植物并进行植物补植，在河岸补植禾本科植物、狼尾草、莎草等草本植物，在河中补植芦竹、水生美人蕉、灯芯草等耐湿且净水效果较好的水生植物	生态岸线	9处（每处15m宽250m长）	46.48%	35.75%	28.60%	42.90%
底栖动物投放、水生植物补植	补植沉水植物，接种食藻虫，并投放泥鳅、田螺、黄鳝、河蚌等水生动物		9处（每处10m宽100m长）	43.95%	33.81%	50%～80%（浓度为3mg/L）	50%～80%（浓度为3mg/L）
漫滩植被修复	移除入侵物种并在漫滩上补植水生植物和本地植物，在与河岸相连的绿地空间进行补种，在河中补植芦竹、水生美人蕉、灯芯草等耐湿且净水效果较好的水生植物，修复河岸周边林相，提高林木品质和健康状况		4处（每处15m宽250m长）	47.52%	36.55%	29.24%	43.86%
湿地水下森林系统建造、底栖动物和鱼类群落构建	深水区（水深0.8～1.2m）种植沉水植物、漂浮植物，浅滩湿地（水深20～140mm）种植高度耐水湿草本植物，滨水林带种植果树、樟、棕榈等	生态湿地	20m²	41.50%	31.92%	50%～80%（浓度为3mg/L）	50%～80%（浓度为3mg/L）

5.4 水产业功能提升

通过水工设施用地功能提升，植入绿地、运动休闲、艺术空间。将东湖水厂改造为休闲艺术场地可为各年龄段游客提供富有活力的公园体验，展示净水设施构造，结合雨水综合利用系统，建造可持续水多功能公共活动空间和艺术剧场，策划科普教育文化宣传等活动。

6 碧道生态建设实施指引

6.1 碧道生态建设指引

①碧道设计应以水污染治理等工作为基础，维护和提升水环境质量，达到相应水质标准。

②碧道设计应复核水质达标情况，对于尚未达标的，应综合考虑外源减排、内源清淤、生态补水、活水循环、生态恢复等多种方式，提出保障水质稳定达标的具体措施。

③河湖库所沉积底泥是水生态环境的有机组成部分，也可能是主要的内源污染源，应科学分析、合理确定清淤规模、清淤方式和处置方式。

④碧道设计可结合滞洪区、河口、污水处理厂等节点建设自然或人工湿地，改善水质。植物配置应选用土著种，优先选择根系发达、净化能力好、生长期长、株型高、便于管理维护的挺水植物。

⑤碧道设计应尽量维持河湖岸线和海洋岸线天然状态，禁止缩窄河道行泄断面，避免侵占海域，避免裁弯取直；同时也应避免为营造景观，人为将现状顺直的岸线修整弯曲。

⑥碧道设计应保留河湖横断面坡、岸、滩、槽、洲、潭等多样化的自然形态，避免将河湖底部平整化，应维持自然的深水、浅水等区域，维护河道生境的多样性。

⑦碧道的建设应充分利用沿线城市公共绿地，建设雨水花园、生物滞留带、植草沟、透水铺装等设施，构建海绵系统，削减雨水径流量和初期雨水污染，形成弹性的蓄水空间，避免河道遭受较大的冲击而造成生态系统的破坏。

⑧经充分评估和规划后，可利用山塘、非饮用水水源水库对旱季河道进行补水，确保旱季不断流，维持河道生态基流，提升水环境容量。

⑨碧道设计可利用经水质提升后的污水处理厂尾水对河道进行补水，应合理安排近远期补水点、补水水量，提高补水的生态效益，改善水环境质量。

⑩碧道设计应体现建筑物结构与材料的生态性、环保性、景观性，加快推进环境友好的新技术、新工艺、新材料、新设备的运用，包括生态混凝土、装配式多孔结构、护砌体、土工织物、内加剂、涂料等。

⑪布设亲水设施应减少对近岸动物栖息地的不利影响，设置必要的生物通道。

6.2 生态断面设计指引

通过河道拓宽、暗渠揭盖复明、植入生态草沟和沿河滨水花园带，植入生态洞穴浅滩，实现水清岸绿，水城融合，提供因水制宜的设计引导。

图15为布吉河草铺段生态断面改造示意图。

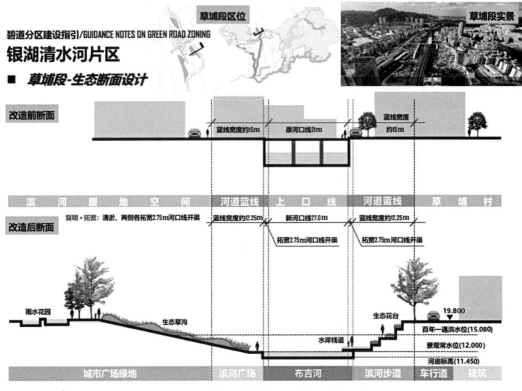

图15　布吉河草铺段生态断面改造示意图

6.3　城市更新管控要求与用地协同

（1）南湖街道—108船步街片区棚改项目（以下简称"108项目"）涉及布吉河蓝线侵占

108项目用地10.56万m²，依据最新蓝线修编，本更新项目有少量蓝线面积侵占，需保证水域控制线两侧蓝线空间20m，建议更新项目进行线位预留，保留水生态空间（图16）。

（2）清水河街道—16笔架山河项目（以下简称"16项目"）涉及布吉河河道水域控制线侵占、蓝线侵占，笔架山河水域控制线侵占、蓝线侵占

16项目用地194.16万m²，依据最新蓝线修编，本更新项目有水域控制线侵占、蓝线面积侵占，需保证布吉河水域控制线40m，两侧蓝线空间15m；需保证笔架山河水域控制线9m，两侧蓝线空间10m。建议更新项目进行线位预留，清退水域控制线内占地，保留水生态空间。

（3）笋岗街道—46互联网产业总部（以下简称"46项目"）、47帝豪金融大厦（以下简称"47项目"）涉及笔架山河道水域控制线侵占、蓝线侵占

46项目用地3.69万m²、47项目用地0.54万m²，依据最新蓝线修编，本更新项目有水域控制线侵占、蓝线面积侵占，需保证笔架山河水域控制线9m，两侧蓝线空间10m。建议更新项

图16 南湖街道—108船步街片区棚改项目示意图

目进行线位预留，清退水域控制线内占地，保留水生态空间。

（4）东晓街道—29草莆城中村南片区（以下简称"29项目"）、30布吉农批（以下简称"30项目"）涉及布吉河河道水域控制线侵占、蓝线侵占

29项目用地6.52万㎡、30项目用地8.47万㎡，依据最新蓝线修编，本更新项目有水域控制线侵占、蓝线面积侵占，需保证布吉河水域控制线30m，两侧蓝线空间15m，建议更新项目进行线位预留，保留水生态空间。

参考文献

［1］ 邓瑞欣，刘其南，张裕婷. 海绵城市在黄埔区碧道建设中的探索实践［J］. 珠江水运，2020（11）：30-31.

［2］ 马向明，魏冀明，胡秀媚，等. 国土空间生态修复新思路：广东万里碧道规划建设探讨［J］. 规划师，2020（17）：26-34.

［3］ 深圳市水务局. 深圳：碧一江春水道两岸风华高质量建设"五道合一"碧道［J］. 中国水利，2020（24）：188-191.

［4］ 冯刚. "碧道"老相识"碧道"新朋友［J］. 环境文化，2021：78-80.

［5］ 吴丹，俞露，李晓君，等. 基于海绵型生态节点的水生态系统规划思考［C］//共享与品质——中国城市规划年会论文集. 北京：中国建筑工业出版社，2018：245-247.

高强度城市开发背景下垃圾收运系统发展趋势探讨

李蕾　唐圣钧（可持续发展规划研究中心）

［摘　要］　真空垃圾收集系统，作为一项新型环卫收运技术，因其具有密闭化、智能化、与垃圾分类无缝衔接及显著提升垃圾收运效率等优势，目前，已在国内外CBD地区、高端居住区、机场、医院、商业办公场所等区域得到广泛应用，是未来高强度城市开发区域垃圾收运系统建设的发展方向之一。本文将通过介绍真空垃圾收集系统的工作原理、系统构成及技术特点，分析国内外真空垃圾收集系统应用现状，并以深圳市为典型案例，研究深圳市垃圾收运现状及存在的问题，深入探讨真空垃圾收集系统应用于深圳市的策略建议，以期为高强度开发城市真空垃圾收集系统项目的规划建设和运营管理提供科学参考。

［关键词］　真空垃圾收集系统；深圳市；垃圾收运；发展趋势

1　引言

生活垃圾的收运过程主要为"家庭、办公、商业及公共场所等地→收集点→转运场所→垃圾无害化处理场（厂）"，由于生活垃圾产生源在空间上的分布具有高度分散和随机的特点，导致生活垃圾前端收集与运输工作的完善成为制约城市固体废物治理的重大难题。据调查，生活垃圾的收运费用约占城市生活垃圾管理费用的60%以上[1]。目前，国内生活垃圾收运主要采用的是以"袋或桶"为收集点，以"车"为运输设备的传统收运模式。一方面，随着城市化进程的不断加快，尤其是以北京市、上海市、深圳市等为首的超大城市，在土地资源十分紧缺的情况下，开发建设强度不断增强，单位建筑面积的垃圾产生量急剧增加；另一方面，随着垃圾分类工作的推进，各大城市开展楼层撤桶工作，垃圾集中投放，在城市高强度开发背景下，现有垃圾收集点垃圾桶难以满足垃圾投放需求，屡屡出现垃圾满溢、洒落的现象，收集点垃圾难以及时收运，大量垃圾囤积，给周边景观及生态环境带来诸多不良影响。在此背景之下，亟需探索新型垃圾收运技术，满足高强度开发背景下城市垃圾收运以及整体生态环境的需求。

Kaliampakos和Benardos[2]等提出未来城市的可持续发展依赖于地下空间的开发利用，

可以将环境不友好、建设有难度、经济效益差的基础设施移至地下，从而释放地上空间，发挥其最大的利用价值。垃圾收运系统向地下空间的转移，可能是未来环卫行业发展的一大重要方向[3]。而真空垃圾收集系统就是垃圾收运系统向地下空间转移的具体体现。

真空垃圾收集系统技术以真空涡轮机和低碳钢管道为基本设备，将生活垃圾由产生源地通过敷设在住宅区和城市道路下的真空管道网络抽送至集中点[4]，目前已在欧洲、日本、韩国等国家取得成功应用。相比于传统的垃圾收运模式，其具有四大优势：一是将垃圾收运过程由地上移至地下，"隐形"收运，意味着固体废物的收运将类似于城市供水、污水排放及天然气、电力输送等一样，成为"隐形"的公共设施；二是由暴露转为封闭，与居民生活环境有效隔绝，既杜绝臭气污染、防止细菌滋生，又助力防疫，可显著提升环境品质；三是取消人工，由电脑自动控制，全天候运行，有效提升收运效率，是城市智能化发展的一项技术选择；四是投放口可随管道延伸，上至高层或超高层建筑，避免使用电梯运输垃圾，既避免扰民，又节省建筑空间。因此，将真空垃圾收集系统技术应用于城市固体废物收运的工作，对于土地利用率高、人口和经济高度集聚的城市（如深圳市、上海市、北京市、广州市等城市）具有很强的实践意义。

但目前国内对真空垃圾收集系统的研究主要停留在技术分析、工程研究阶段，并未从宏观上探讨其在高度开发的城市或地块的适宜性分析。因此，本文以深圳市为例，通过对真空垃圾收集系统的工作原理、系统构成、技术特点等方面的介绍，以及在国内外真空垃圾收集系统应用案例研究的基础上，深入分析深圳市垃圾收运现状及存在的核心问题，进而为国内其他经济和人口高度集聚城市的真空垃圾收集系统项目的规划建设和运营管理提供科学参考。

2 真空垃圾收集系统

2.1 工作原理

真空垃圾收集系统借助气动力，将散落在各处的生活垃圾以60～70km/h的速度通过预先铺设的地下管道系统运输至中央收集站指定的密闭压缩容器中，最后运送至垃圾处理场（厂）进行处理。根据收运垃圾对象的不同，可分为餐厨垃圾、生活垃圾及被服收集系统[5]。

2.2 系统构成

根据真空垃圾收集系统工作原理，一般情况下，其系统构成主要包括三个部分，即投放口、地下管道网络和中央收集站[6, 7]。

投放口是指居民投放垃圾的入口处，连接输送管道前部分，主要包括垃圾投放口、暂存垃圾槽及通风除臭设备等，其中垃圾投放口的设计应本着安全、卫生、便民和利用率最大化原则，可内置于室内墙壁或独立于室外街道路口，室外投放口可分为地下式或半地下式。此外，可以通过设置不同投放口或按时间投放传送，实现垃圾分类收集。地下管道网络如同一条传输纽带，在负压气流作用下，将垃圾从投放系统输送至中央收集站。中央收集站的功能类似于综合性压缩式垃圾转运站，具有压缩、转运、储存、分选、回收等功能，但与传统的垃圾转运站相比最大特点是全自动化，服务半径更大，可达2km以上。其设备主要包括密闭压缩罐、空气过滤室及抽风机等，密闭压缩罐的数量设置与垃圾分类、垃圾清运量及清运次数等因素有关。

2.3 技术特点

真空垃圾收集系统在应用过程中的技术特点主要体现在以下五个方面：①操作上电脑监控，收运智能化管理。垃圾收运的全自动化一方面意味着劳动强度显著降低，人工成本减少，环卫工人的劳动环境得到改善；另一方面意味着垃圾收运效率得到提高，这有利于人流量大的场所或时期（如交通枢纽地区或大型展会的开展）产生的大量垃圾得到及时清运，避免垃圾外溢，污染周边环境，损害城市形象。②由原先的地面暴露收运转变为地下封闭收集，取消垃圾车等配套设备的使用，缓解交通压力，减少空气污染，降低噪声，具有显著的环境效益。③能365×24h稳定运行，不受季节、天气、突发事件等影响，垃圾状态相对稳定，有利于后续填埋或焚烧处理。④相对于传统收运模式来说，真空垃圾收集系统运营成本和管理费用较低，但前期一次性投资成本过高，从长期投资运营来看，真空垃圾收集系统运营成本和管理费用的节省可以弥补投资成本过高的缺陷。D.Nakou[8]等评估了真空垃圾收集系统代替传统收运模式应用于雅典垃圾收集与运输的经济效益，经研究发现，这两个收运系统年成本大致相同，且真空垃圾收集系统的运营成本降低了将近40%。⑤由于技术水平发展的限制，真空垃圾收集系统的管道易堵塞且对垃圾投入的种类有所限制，不适合大件垃圾、有毒垃圾、坚硬物品、黏性物品等固体废物的投放。具体来说，真空垃圾收集系统的优势和劣势如表1所示。

真空垃圾收集系统技术的优势和劣势对比分析表　　　　　　　表1

优势	劣势
①相对于传统收运方式，经营成本、操作费用显著减少 ②能够收集与运输绝大部分城市生活垃圾，而且容易与垃圾分类衔接 ③取消垃圾运输工具，缓解了交通压力，改善了城市居住环境，提升了城市环境质量 ④缓解了垃圾运输过程中产生的噪声、蚊虫滋生、渗滤液泄漏、臭气污染等环境问题，减少了温室气体的排放，如二氧化碳等 ⑤改善了环卫工作条件，优化了环卫工人劳动环境 ⑥能够全天候自动运行，不受季节、天气等影响	①前期投资巨大，建设投资是同等规模压缩式垃圾转运站的40～60倍 ②对投放垃圾有要求，该系统不适合大件垃圾、易燃易爆物品、危险化学品、坚硬物品、黏性物品、膨胀物品、厨余垃圾等固体废物的投放 ③系统管理要求高，需对居民进行培训 ④管道面对着堵塞磨损的技术难题 ⑤运营维护专业，需配置专业人员 ⑥建设要求高，需开挖地下空间，应对其建设安全与稳定性进行评估

2.4 发展水平及案例分析

（1）国外真空垃圾收集系统发展现状

真空垃圾收集系统最早应用于20世纪60年代瑞典斯德哥摩尔一家医院的垃圾收集与运输，之后在欧洲得到发展，目前，国外的技术已经发展相对成熟，并广泛应用于瑞典、芬兰、柏林、东京、首尔、新加坡等国家或地区[9]，有近千套运营成功的案例。其中典型的有瑞典汉马贝滨海新城、韩国龙仁市[10]及芬兰赫尔辛基市城市真空垃圾收集系统的建设。

为进行旧工业区改造，建设循环生态圈，瑞典政府在汉马贝滨海新城分期投资建设4套真空垃圾收集系统（其中3套为固定式，1套为移动式），平均每套系统管道里程为4km，收集规模为15t/d，分为有机垃圾、可燃垃圾和纸张三类垃圾投放。服务人口为2.5万人，约1.1万套公寓。真空垃圾收集系统的应用，显著改善了城市环境卫生，提高了垃圾处理效率。

为响应垃圾回收、资源化利用的政策，英国温布利城市应用真空垃圾收集系统，根据投放口颜色设置的不同将垃圾分为有机物质（如食物、园林垃圾等）、干垃圾（纸、卡片、玻璃、罐头、塑料瓶等）和其他生活垃圾，服务面积约为5.8hm²，服务区域是一个包含4200个居住区、商店、餐饮、办公楼等综合性社区。该系统的应用，显著减少了二氧化碳的排放，释放了地面空间（1865m²住宅楼建设面积，62个停车位及1106m²商业区建设）。

韩国龙仁市于2000年建成并运行了封闭式真空垃圾收集系统，该系统地下管网连接了105栋不同高度的建筑、20个公寓楼，分两类收集来自该地区14000户家庭和无数商店、饭店的垃圾，每日收集能力为28t，分类后的可焚烧垃圾被运至垃圾焚烧厂进行处理，为14000户居民提供电力和热能，剩余部分则被填埋。经实践表明：90%以上的住户对该系统是满意的，70%的住户认为该系统为他们的房屋带来了附加价值。

Tripla是芬兰赫尔辛基市内的大型商业综合体，建有芬兰最大的购物中心。为提高整个片区环境品质，Tripla于2019年建成并投入使用真空垃圾收集系统，系统服务面积为59万m²，建筑面积48万m²，服务用地类型有商业、居住、办公、酒店和交通场站等。服务垃圾类型为厨余垃圾、其他垃圾和可回收物。该系统的应用，极大地减少了环卫工人清运工作量，提升了环卫作业效率，营造了无接触垃圾的环境空间。

（2）国内真空垃圾收集系统发展现状

国内真空垃圾收集系统应用起步较晚，目前主要应用于我国香港地区，北京、天津、上海、广州、深圳等城市，应用范围包括大型展会、城市新建区、机场、医院、高档住宅、高新科技园区等。

中国香港地区为将香港科技园建设为示范型高档次工业园区，于2002年在香港科技园一期投资建设一套固定式真空垃圾收集系统，服务区域涵盖22栋办公楼，服务人口约1万人，管道里程约为4200m，收运规模为10t/d。

中新天津生态城为落实生态城指标体系中对生活垃圾回收率和无害化处理率的要求，建设了国内第一套垃圾干湿分类真空垃圾收集系统。按照规划方案，收集系统建筑面积530万m²，拥有4个中央垃圾收集站，收集能力将达到87.2t/d，服务人口约10万人，目前已投入使用一套系统[11]。

上海市政府为了在2010年世博会中展示上海市良好的市容景观和环境卫生，在世博园内设置该系统，应用于世博园区，服务面积0.5km²，收运规模为30～40t/d，气力输送总管长6800m，管径DN500，中央垃圾收集站占地面积2835m²，总投资为5983.43万元。

广州市为将金沙洲居住新城打造成高端生态居住小区，规划建设了4套真空垃圾收集系统，服务面积9.08km²，服务人口11万人，总收运规模165t/d，总投资约3亿元。

深圳市应用真空垃圾收集系统始于2011年，深圳市大运会部分运用到了真空垃圾收集系统，大运会结束后移交深圳市信息职业技术学院。服务面积约0.5km²，服务建筑面积约47.8万m²，服务人口1万余人，收运规模6.3t/d，投资造价约为100元/m²，运营成本为0.8～1.5元/m²。

（3）总结分析

综合对比国内外发展及应用现状，除了中国香港地区以外，上海世博园、深圳大运村和广州金沙洲真空垃圾收集系统并未取得如发达国家那般的成功，其原因主要包括：①缺乏前期统筹规划研究。以往仅把真空垃圾收集系统当作一项技术的简单应用，其实质是一项复杂的城市系统工程，其规划、设计、施工、运营维护及建设运营成本等需进行前期统筹规划和专题研究。②设计与施工脱节，运营管理上存在着盲区或困难，因此造成系统运行具有很大的不稳定性，容易造成管道堵塞和腐蚀。③系统定位与使用者不匹配，面向公众，投放存在很大的不确定性，垃圾投放要求不符。④后续使用及维护费用分摊不明确等严重影响着真空垃圾收集系统的长久运行等。

3　深圳市垃圾收运现状及存在问题

3.1　垃圾收运现状

深圳市的生活垃圾产生量一直呈现出上升趋势，据统计，2021年，其他垃圾清运量达18278t/d，年清运量约667.13万t。对于垃圾的收集，深圳市主要采用混合收集—袋装投放方式，大部分小区开展了分类收集。转运方式以小型垃圾转运站为主、大型垃圾转运站为辅，收运设备主要为转运站配备的半挂式集装箱和牵引拖车，如图1所示。据深圳市城市管理和综合执法局统计，截至目前，深圳市共建有垃圾转运站950座，其中大型转运站1座（位于宝安区西乡街道）、小型转运站949座。此外，这些转运站还配备有市容环卫专用车辆共4257辆。

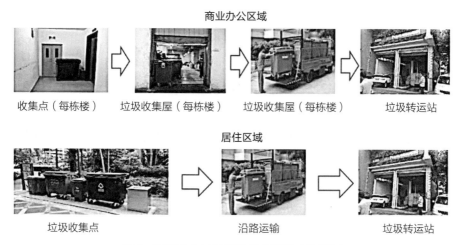

商业办公区域

收集点（每栋楼）　垃圾收集屋（每栋楼）　垃圾收集屋（每栋楼）　垃圾转运站

居住区域

垃圾收集点　　　　　　沿路运输　　　　　　垃圾转运站

图1　深圳市生活垃圾现状收运技术路线图

3.2　存在问题分析

通过分析，虽然深圳市现有收运系统基本上契合了全市生活垃圾收集、转运的需求，但仍然存在着很多隐患问题，主要表现在三大方面：①收集点一般设置在居民住宅门口角落或楼梯间角落、小区、街道等处，垃圾堆放暴露于居民生活环境中，而且垃圾收集绝大部分采用专人定时定点收集，因无人实时监控，垃圾收集点易发生满溢现象而得不到及时处理，这不仅产生了视觉污染，而且垃圾放置时间长，易产生恶臭、蚊虫鼠蝇滋生、污水等二次污染。②手推车、大型垃圾车等穿梭于住宅、社区、城市中，运输过程无法达到完全封闭，交通堵塞、恶臭、垃圾渗滤液泄露等问题时而发生，对城市环境卫生形象造成潜在的破坏。③由于邻避效应和前期环卫设施规划滞后于城市发展等原因，垃圾转运站落地难，布局不够科学，分布不均匀，无法达到服务效益最大化。而且小型垃圾压缩站的服务半径在0.6～1km，收运效率受运输工具的严重制约，共享服务范围有一定限制。此外，随着城市开发建设强度的不断提高，以上三大隐患问题愈发突出。

4　真空垃圾收集系统应用展望

（1）真空垃圾收集系统是未来高强度开发片区营造高品质环境空间的必然选择

深圳市"十四五"规划将深圳市定位于现代化国际化创新城市，高端的城市功能与定位要求需要安全、稳定、先进、永续的市政基础设施建设来支撑，而环卫工程作为市政工程的重要一部分，也应该体现高质量、高标准、严要求。并且深圳市土地资源极其紧缺宝贵，楼房多数以高层为主，建设密度较高，因此，真空垃圾收集系统无疑是提升城市质量的一项现代化创新型环卫技术。但目前真空垃圾收集系统技术存在着一次性投资大、对系统的维护和管理要求较高等缺陷。因此，结合深圳市的发展情况，现阶段建议真空垃圾收集系统覆盖发展定位高且高强度集中开发片区，如香蜜湖片区、前海合作区、深圳湾总部基地、大空港地区等。主要原因在于高强度集中开发片区垃圾产生量大且分布点密集，采用真空收集系统可显著提高收运效率，节省建筑空间，实现垃圾无接触，防止臭气污染，显著提升环境品质。

（2）真空垃圾收集系统是一套先进且复杂的收运体系，需有详细规划作为支撑

以往对真空垃圾收集系统的认知仅停留在技术层面，将应用于片区简单地认为单独建筑的复制，因此造成一旦应用于国内城市或地块单元，其成功案例微乎其微。经大量研究案例梳理总结，真空垃圾收集系统其实质是一套复杂收运体系，其应用于片区层面，需深入研究以下五个方面：一是广场、公园绿地、商场、公交场站、办公、居住等不同场景下投放口布局规划；二是管网与道路、竖向、其他市政管网等衔接关系，最优管网路由选择，管网上楼方案的选址，建筑体内管井空间的管控要求等；三是中央收集站最优选址方案、用地模式选择、用地标准等，进气设备、排气管与城市景观协调性；四是真空收集系统与已建地块、未建已出让地块及未出让地块的衔接性等；五是真空垃圾收集系统与地块开发时序的衔接性等。

（3）真空垃圾收集系统是一项高精尖系统，近期需依赖于中外合作

真空垃圾收集系统起源于欧洲，国内引进该系统比较晚，其技术研发未达到成熟阶段，而真空垃圾收集系统属于一项高精尖系统，管道爬升高度、转弯半径、管道埋深、管道与中央收集站的连接、管材的选择、风机的选型等均需严格把控。因此，其近期应用需依赖于中外合作，待技术研发成熟后进行国产替代。

（4）降低生活垃圾含水率是真空垃圾收集系统应用的技术关键

深圳市生活垃圾平均含水率为40%~60%，高含水率主要是因为现阶段厨余垃圾混杂于生活垃圾当中。而高含水率使得生活垃圾在管道抽吸过程中将产生大量渗滤液，不仅会腐蚀管道，而且会产生臭气、堵塞管道等问题。因此，建议在垃圾投入之前进行分类，或者学习日本的厨房垃圾沥干办法，在水池边缘加一个沥水网兜，将剩菜汤沥干后再与干垃圾一起投入真空垃圾收集系统。

（5）树立全生命周期成本理念，通过多种方式鼓励和引导开发商建设自动垃圾收集系统

全生命周期成本是指工程全寿命周期成本的总和，包括工程建设成本、运营管理成本及养护维修成本。规划建设真空垃圾收集系统时，首先要树立全生命周期成本的理念，即不仅要关注真空垃圾收集系统建设的初期成本，而且要考虑后期维修和养护成本，更要将垃圾收集系统放到社会和环境两大维度中，看到其产生的环境和社会成本。

由于真空垃圾收集系统一次性投资较大，采用政府直接投资模式短时间内政府将面临资金短缺的困境，加重财政负担。因此，应通过多种方式鼓励和引导开发商建设真空垃圾收集系统。如像韩国龙仁市，引导普通公寓开发商在申请"公共住宅项目许可"时设置真空垃圾收集系统。

（6）借助深圳市全市范围实施综合管廊规划建设的契机，开展真空垃圾收集系统设计、建设、运营维护与投融资等专题研究

2016年，深圳市组织实施地下综合管廊工程规划，目前光明区等区域均进行了地下综合管廊建设。为了减少开挖等工程，节省建设成本，真空垃圾收集系统可依托于综合管廊建设，与其他市政管线共同敷设，减少建设、维护成本。在进行建设前，应全方位开展真空垃圾收集系统设计、建设、运营维护与投融资等方面的专题研究。

此外，建议真空垃圾收集系统的投放口及中央收集站的设计可结合片区城市设计的效果灵活调整，与周边环境景观协调，为城市设计加分。垃圾投入口宜设置在显眼的地方，既方便垃圾投入又有利于互相监督。

参考文献

［1］ 上海市市容环境卫生管理局科技委，等. 垃圾气力管道输送系统综述［J］. 科技信息与动态，2006（8）：1-3.

［2］ Kaliampakos D, Benardos A. Underground Space Development: Setting Modern Strategies[J]. 环境卫生工程，2008：1-10.

［3］ 李颖，尹荔堃，李蔚然. 国内外城市生活垃圾收运系统剖析［J］. 环境工程，2010（28）：250-253.

［4］ 梁小田，盛加宝，罗凯，等. 垃圾气力管道收送系统在工程中的应用简介［J］. 给水排水，2015，41（7）：3.

［5］ 钟亚力，杨章印. 真空管道垃圾收集系统介绍［J］. 环境卫生工程，2007，15（2）：21-22.

［6］ 林洪，周静宣，段金明. 气力管道输送在垃圾收运领域的应用研究［J］. 环境保护科学，2006，32（4）：36-38.

［7］ 陈伟锋. 城市地下空间环卫设施的开发与利用［J］. 环境卫生工程，2010，18（3）：21-25.

［8］ D Nakou, Andreas Benardos, Dimitris Kaliampakos. Assessing the Financial and Environmental Performance of Underground Automated Vacuum Waste Collection[J]. Tunnelling and Underground Space Technology, 2014, 41(3): 263-271.

［9］ 吴涓涓. 生物岛封闭式垃圾自动收集系统可行性分析［D］. 广州：华南理工大学，2009.

［10］ 杨永健，蒋玉广，马骏驰，等. 中韩两国在垃圾气力输送系统应用方面的差异分析［J］. 环境工程，2015，1（5）：513-514.

［11］ 魏建民，梁静波，李征，等. 中新天津生态城中部片区垃圾气力输送系统设计研究［J］. 环境卫生工程，2016，19（1）：89-91.

人民城市建设中的智慧海绵城市实施路径研究

张捷　吴丹　张亮（深圳香蜜湖国际交流中心发展有限公司、生态低碳规划研究中心）

［摘　要］　为落实"人民城市人民建，人民城市为人民"的规划精神，践行我国加快推进水务基础设施智慧化转型的发展要求，深圳市正在积极创建中国特色社会主义先行示范智慧城区，并涌现出一批具有时代担当的智慧海绵城市建设典范项目。深圳国际交流中心位于香蜜湖北区，是深圳市福田区创建"首善之区"的重要引擎，以全球标杆城市为目标，软实力与硬实力双向并举，着力打造聪明、精细的智慧海绵系统。本研究基于对人民城市建设中关于智慧海绵城市建设的必要性分析，探索国有企业主导下的智慧海绵城市建设模式，提出智慧海绵城市平台系统功能模块方案、以BIM数字平台为载体的监测布点及评估、片区水安全监测治理与生态空间格局管控、海绵城市业务活动管理与人民的共享共治等实施路径，积极参与到智慧环保城市创建的先行先试之中，为推进智慧城市高质量发展和为人民创造高品质生活作出贡献。

［关键词］　人民城市；智慧海绵城市；BIM数字平台；深圳国际交流中心；香蜜湖

1　引言

当前深圳市正在加快智慧城市建设，围绕建设粤港澳大湾区、中国特色社会主义先行示范区和实施综合改革试点等要求，打造成为全球新型智慧城市标杆和"数字中国"城市典范，实现全域感知、全网协同和全场景智慧，让城市"能感知、会思考、可进化、有温度"。海绵城市建设以人民为中心，落实生态文明理念，以提升城市生态空间质量为己任，目前已将海绵城市建设理念全面纳入城市建设需求。深圳市正处在实现全域智慧海绵城市管理平台的搭建与应用阶段，全市重点示范项目也在积极响应智慧海绵城市平台的建设。随着《海绵城市建设绩效评价与考核办法（试行）》的发布，海绵城市设施如何实现科学管理和绩效评价成为业界专注的热点。而构建智慧海绵，采用最先进的信息化手段，实现海绵设施的科学管理，是完成海绵设施绩效考核，并最大程度发挥其效益的最佳途径[1]。

2　背景解读

2.1　人民城市人民建，人民城市为人民

当前我国城市规划工作者正在全面贯彻落实习近平总书记"人民城市人民建，人民城市为人民"的精神，不断创新以人为本的规划理论、方法和实践，提升新型城镇化建设质量，合理安排生产、生活和生态空间，优化共建共治共享的规划体制，建设让人民更满意、更幸福的美好家园。海绵城市建设贯穿于城市规划建设的各个环节之中，是我们落实"人民城市人民建，人民城市为人民"精神的重要载体。

2.2　我国加快推进水务基础设施数字化改造

我国正在将物联感知设施纳入基础设施规划以及加快市政设施智能化改造的城市转型当中，国家"十四五"规划纲要提出进行数字中国、基础设施物联感知、城市信息平台、城市运行管理平台建设的新要求；国家"十四五"数字经济发展规划提出我国已经进入水利环保领域基础设施数字化改造、跟踪监测和成效分析的新阶段。海绵城市建设理应抓好数字化、智慧化重大任务目标并推进实施。

2.3　深港联动从"互联互通"到"全域实景"

中国香港特区政府发布的《香港2030+：跨越2030年的规划远景与策略》中提出要将智慧措施融入排水、雨水收集等基础设施建设。《粤港澳大湾区发展规划纲要》提出建成智慧城市群，建设全面覆盖、泛在互联的智能感知网络以及智慧城市时空信息云平台，大力发展智慧交通、智慧能源、智慧市政、智慧社区，强化水资源安全保障，加强水文水资源监测，共同建设灾害监测预警、联防联控和应急调度系统，提高防洪防潮减灾应急能力。海绵城市排水物联感知与智慧运营管理是实现深港联动智慧化建设的重要内容。

2.4　深圳加快智慧城市建设，福田区打造首善智能城区

深圳作为中国特色社会主义先行示范城市，被赋予从"经济特区"到"全球引领"的使命。《深圳市人民政府关于加快智慧城市和数字政府建设的若干意见》（深府〔2020〕89号）提出深圳要创建全球智慧城市与数字城市标杆，福田区也在积极探索智慧城区建设和绿色领域的"先行先试"。福田区提出"建设首善之区、首善环境、智能城区、生态样板"的发展目标，打造一批高质量、有温度、能感知的基础设施。深圳国际交流中心作为福田区发展的三大引擎之一，正在积极响应创建具有显示度的高度生态文明标志与可持续发展绿色生态环保标杆。

3 智慧海绵城市建设相关综述

海绵城市是城市生态文明和绿色发展的新方式、新理念，是一项长期的系统性工作，涉及城市规划、建设、管理的各个环节，系统性强，需要多专业融合、多部门合作。住房和城乡建设部颁布的《海绵城市建设绩效评价与考核办法》要求综合运用在线监测数据、填报数据、系统集成数据，细化分解考核指标，建立考核评估指标体系。《海绵城市建设评价标准》GB/T 51345—2018提出以监测数据为基础，结合现场检查、资料查阅和模型模拟等方法，对源头减排项目、排水分区及建成区整体的海绵效应进行评价。

当前全国海绵城市建设试点城市均在有序开展智慧海绵城市平台搭建的工作，以期通过海绵城市监测评估与智慧管理平台建设，实现海绵城市规划建设的全方位、精细化、信息化管理，实现海绵城市建设效果的可视化、全方位展示，支撑全市海绵城市建设绩效考核，为合理优化海绵城市建设工作提供解决思路，为公众开启参与通道，实现全民共建。智慧海绵城市的建设，实现了海绵设施状态的实时监控、各类参数的全面采集、水务数据的分析利用、海绵实施效果的准确评估、仿真和辅助决策的科学利用，提高了海绵城市的管理水平，为智慧城市建设提供了发展空间，也促进了海绵城市信息管理的高效化和决策的智能化[2]。

深圳市已全域实现智慧海绵管理系统的应用（图1），该系统是"智慧水务"总体框架的重要"拼图"，可为市、区海绵办及市、区相关部门对各自辖区或行业的海绵城市建设实施全过程、全覆盖的信息化管理，包括海绵城市项目在空间和时间维度的全市总览、项目统筹管理、绩效模型评估、业务管理、海绵学院、公众参与互动等八大模块，可实现：基于空间地理信息对海绵项目进行全面管理，为各建设项目业主报送建设项目海绵设施施工进度提

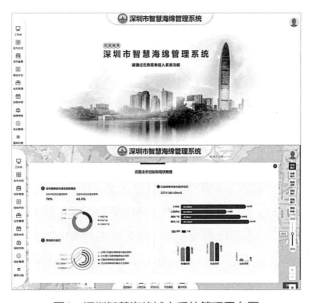

图1 深圳智慧海绵城市系统管理平台图

供平台等服务；构建以排水分区为单位，基于时间维度、监测与模拟的绩效评估功能；针对重点示范项目完成海绵建设建模分析，利用全市、行政分区（汇水分区）、项目各层级的海绵信息，形成与公众的交互式海绵知识普及；搭建行业专家与专业技术人员的知识库，实现互动问答交流学习等。深圳市各重点片区项目也在积极响应智慧海绵平台建设，例如腾讯智慧建筑管理平台微瓴、华润智慧城市海绵数据监测中心。

4 人民城市建设中关于智慧海绵城市建设的必要性

4.1 海绵城市已纳入城市建设需求，智慧化转型有利于人民宜居

福田区以"幸福福田暖人心"为发展目标，努力让城市更加宜居宜业宜游，不断为市民打造功能齐全的城市公共空间，随时随地享受高品质的城市服务。海绵城市建设中涉及的雨水花园、下凹绿地、透水铺装、绿色屋顶等设施以城市绿地空间为载体，不仅是高品质公共空间建设的重要节点，也是城市地表径流排水与雨水系统管理利用的重要组成部分，对其进行物联感知监测有利于成效评估、展示共享，更有利于人民宜居。

4.2 海绵城市建设管理数字化改造，将有利于实现环境科学治理

海绵城市建设管理工作是深圳市水务工作中的一个重要板块，为建成自主能动、高效运转"智能城区"并实现"全域治理"的示范。海绵城市建设管理的数字化改造将通过综合应用云计算、"互联网+"和地理信息系统等科学手段，建立海绵城市规划设计、工程建设、运营维护的管理平台，实现海绵城市建设管理智慧化、系统化、科学化、精细化管理，提高深圳市海绵城市建设和管理水平，有利于实现环境科学治理。

4.3 打造先进动态智能的水务体系，有利于水安全精细高效防治

以深圳市香蜜湖片区为例，其生态条件得天独厚，处于山海通廊关键节点，香蜜湖湖体作为区域海绵型生态节点，承担滞蓄调峰、调节微气候、生态净化、削减面源等多重作用，需要考虑排水防涝、积水预警、调蓄情况、水质质量、韧性防灾等多方面问题，应与大环境政策衔接，顺应政府有关规划发展要求，对香蜜湖进行监测评估，以数字化智慧化的形式予以显示，有利于片区水安全精细化高效防治。从智慧地球到智慧城市，再到智慧水务，智慧水务的发展是水务信息系统发展的必然趋势（图2）[3]。

4.4 与BIM平台深度匹配共同交付，为项目建设全程数字化留痕

深圳国际交流中心基于BIM平台，采用智慧工地管理系统对项目建设过程进行管控，充分利用物联网、传感技术、大数据、人工智能等高新技术，围绕现场管理，对人员行为、生产状态、环境信息等进行全面监控。各模块功能经过升级完善，实现数字孪生仿真现场实际

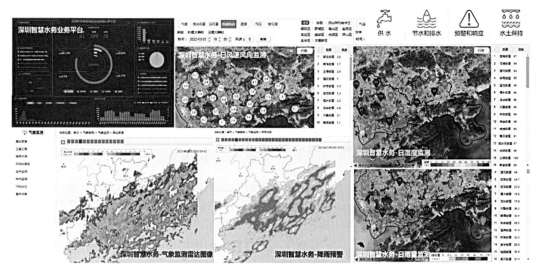

图2　深圳动态智能的水务管理系统图

图3　深圳国际交流中心基于BIM的智慧工地管理
系统图

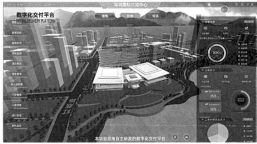

图4　深圳国际交流中心基于BIM的数字化交付
平台图

进度、机械设备定位及监控、物料信息跟踪查询、投资管理等各项看板功能。在项目施工阶段和运维阶段，BIM技术与海绵城市设施施工进行深度匹配以及共同交付，对海绵设施建设前、建设后进行全过程数据的收集管理，提高项目海绵城市建设管理的信息化水平，有利于项目建设全过程的数字化留痕和追溯（图3、图4）。结合物联网、BIM、大数据及地理信息系统优化等技术，打造海绵城市智慧运营与管理平台，全面、细致地记录和分析该运营管理平台所呈现的所有数据，支持对海绵城市建设过程中各项管理过程和管理目标的管控，为海绵城市的建设和实践提供可靠技术和数据支持[4]。

5　香蜜湖国际交流中心智慧海绵城市建设实施路径

5.1　国有企业主导下的智慧海绵城市典范模式

智慧海绵城市建设除了以政府主导进行实施的方式以外，一方面由于深圳市对社会资本

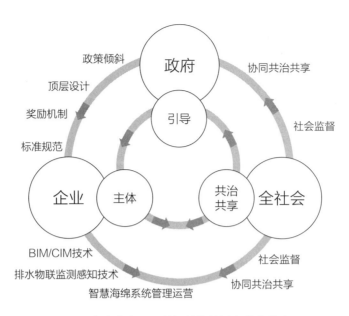

图5 国有企业主导下的智慧海绵城市典范模式图

新建海绵城市典范项目的奖励机制作用产生了催化,另一方面海绵城市建设已经完全纳入城市建设需求之中。因此,由政府规划引导、国有企业代建、人民共享共治三方合作共同打造智慧海绵城市的建设模式已经凸显,国有企业在典范项目创建中正在积极落实智慧水务建设目标,将智慧海绵城市系统平台作为项目总体智慧平台建设中的重要板块进行系统性搭建。图5为国有企业主导下的智慧海绵城市典范模式图。

5.2 智慧海绵城市平台六大功能板块方案定制

智慧海绵城市平台包含显示层、业务层、支持层、数据层等多个系统建设层面,涵盖大数据库平台、海绵城市考核评估系统、海绵地图管理系统、项目生命周期管理系统、城市内涝预警、在线数学模拟评估子系统、海绵城市工具箱子系统、海绵城市联合调度评估系统、系统集成调试、系统运行维护等多个子系统功能,需要针对不同项目需求进行功能板块的定制,以切实为人民生产生活提供更好的服务。

针对深圳国际交流中心的切实需求,打造六大功能板块(图6),分别为:监测感知板块,通过排水物联网监测感知,积累全过程数据,形成数据对比;建设评估板块,形成方案设计阶段、项目运维阶段、片区成效的系统性评估;安全韧性板块,进行积水内涝预警、水环境污染物抓取、水生态安全格局管控,并及时响应;业务管理板块,进行设施运维管理,国企成员单位海绵业务智能化管理,海绵奖励档案管理;海绵活动板块,进行海绵城市数据共享,配合市、区开展培训教育等海绵活动;共享展示板块,主要向公众推送海绵城市建设成效,身边海绵设施查询,管控总览。

图6 深圳国际交流中心智慧海绵城市平台六大功能板块示意图

5.3 以BIM数字平台为载体的监测布点及评估

该层次的创建主要是运用传感器、移动终端等设备，对需要监测的水务区域进行实时监测[5]。制定系统性监测感知点位布局，确定海绵城市监测片区，确定监测内容、点位、指标、频次及方法。监测内容需涵盖片区年径流总量控制率及径流体积控制、路面积水控制与内涝防治、城市水体环境质量、海绵设施实施有效性等内容。通过现场监测、现场踏勘核查、资料收集、影像分析等方法进行数据收集，并建立监测数据库。基于获取的资料和监测数据，对所选片区进行监测数据分析评估和模型模拟评估。

深圳国际交流中心智慧海绵城市监测点位布局及功能如图7、表1所示。

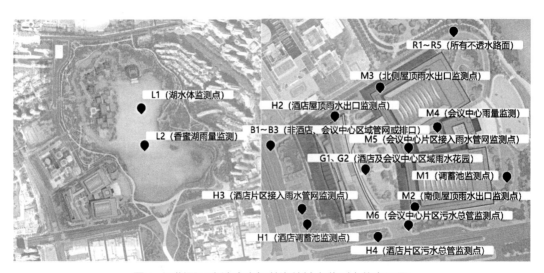

图7 深圳国际交流中心智慧海绵城市监测点位布局图

深圳国际交流中心智慧海绵城市监测点位功能详细表 表1

序号	地块区域	监测点	测量参数	目标	设备名称型号	备注
1	香蜜湖	L1（湖水体监测点）	液位、SS、电导率、COD、氨氮	在线监测湖水液位及水质变化，支撑预警报警及面源污染等数据分析	THWater多指标水质在线仪（TWT）	—
2		L2（香蜜湖雨量监测）	雨量、温度、湿度	在线监测降雨量及温湿度变化，为径流计算及热岛效应等提供数据	THWater气象监测仪（TWR）	—
3	会议中心	M1（调蓄池监测点）	液位、SS	为调蓄容量变化及水质变化实现在线监测，辅助数据计算	THWater单指标水质监测仪（TWT）	
4		M2（南侧屋顶雨水出口监测点）	流量、SS	在线监测南楼流量及水质，计算径流控制及面源污染削减等	THWater智能在线流量水质监测仪（TWQ）	—
5		M3（北侧屋顶雨水出口监测点）	流量、SS	在线监测北楼流量及水质，计算径流控制及面源污染削减等	THWater智能在线流量水质监测仪（TWQ）	—
6		M4（会议中心雨量监测）	雨量、温度、湿度	在线监测空中地块降雨量及温湿度变化，为径流计算及热岛效应等提供数据	THWater气象监测仪（TWR）	
7		M5（会议中心片区接入雨水管网监测点）	液位、流量、SS	在线监测会议中心总区域流量及水质，计算径流控制及面源污染削减等	THWater智能在线流量水质监测仪（TWQ）	
8		M6（会议中心片区污水总管监测点）	液位、流量、电导率	对会议中心片区污水排放进行水量水质监测，混排预警报警，入流入渗分析	THWater智能在线流量水质监测仪（TWQ）	
9	酒店	H1（酒店调蓄池监测点）	液位、SS	为调蓄容量变化及水质变化实现在线监测，辅助数据计算	THWater单指标水质监测仪（TWT）	
10		H2（酒店屋顶雨水出口监测点）	流量、SS	在线监测酒店屋顶流量及水质，计算径流控制及面源污染削减等	THWater智能在线流量水质监测仪（TWQ）	—
11		H3（酒店片区接入雨水管网监测点）	流量、SS	在线监测酒店总区域流量及水质，计算径流控制及面源污染削减等	THWater智能在线流量水质监测仪（TWQ）	—
12		H4（酒店片区污水总管监测点）	液位、流量、电导率	对酒店片区污水排放进行水量水质监管，混排预警报警，入流入渗分析	THWater智能在线流量水质监测仪（TWQ）	

续表

序号	地块区域	监测点	测量参数	目标	设备名称型号	备注
13	雨水花园	G1、G2（酒店及会议中心区域）	液位、SS	为下渗雨水花园容量变化及水质变化实现在线监测，辅助数据计算	THWater单指标水质监测仪（TWT）	共2个点，根据现场布置
14	不透水路面	R1~R5（所有路面）	液位	地表径流及积水监测	THWater智能在线监测液位仪（TWP）	共5个点，根据现场布置
15	其他建筑区域	B1~B3（非酒店、会议中心区域管网或排口）	液位、流量、电导率	污水排放进行水量水质监管，混排预警报警，入流入渗分析	THWater智能在线流量水质监测仪（TWQ）	共3个点，根据现场布置

相关监测设备如图8所示。

图8　智慧排水水质监测仪主机、智慧雨量温湿度监测仪示意图

在建设成效分析评估方面，评估系统涵盖适用于方案设计阶段的简易评估、项目设计运维阶段评估和片区成效评估。基于建设目标，根据《低影响开发雨水综合利用技术规范》SZDB/Z 145—2015评估设施结构，并对年径流总量控制率、面源污染实际削减、设施合理布局性、径流峰值削减等进行评估。香蜜湖片区主要从年径流总量控制、水体水质控制、内涝防治控制、水质不劣于建设前、旱季下游断面水质不劣于上游来水、水体透明度、水体氨氮、水体溶解氧和城市热岛等方面的成效进行评估（表2）。

深圳国际交流中心智慧海绵城市成效评估系统列表　　表2

评估系统	简易评估	项目设计运维阶段评估	片区成效评估
项目阶段	方案设计阶段	海绵设计及运维过程	片区成效评估
评估方法	容积法	模型法	模型法
评估内容	①年径流总量控制率 ②面源污染削减率 ③设施布局合理性 ④径流峰值削减率 ⑤绿色屋顶比例 ⑥绿地下沉比例 ⑦透水铺装比例 ⑧不透水下垫面径流控制比例	①年径流总量控制率 ②面源污染削减率 ③径流峰值削减率 ④接纳周边雨水径流 ⑤雨水资源利用率 ⑥绿色屋顶比例 ⑦绿地下沉比例 ⑧透水铺装比例 ⑨不透水下垫面径流控制比例	①年径流总量控制率 ②合流制污染控制 ③水体水质控制 ④内涝防治控制 ⑤水域面积 ⑥生态岸线率 ⑦地下水埋深 ⑧热岛效应

5.4　片区水安全监测治理与生态空间格局管控

通过三维建模实现可视化，实时监测积水、降雨量，融合气象云图、雷达图进行未来降雨、积水预测推演，污染物视频监测抓取预警，生态格局廊道保护管控，与总体智慧平台预警中心等功能形成一套完整的监测预警平台（图9）。

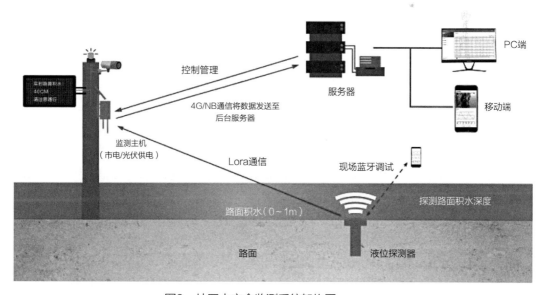

图9　片区水安全监测系统架构图

5.5　海绵城市业务活动管理与人民的共享共治

深圳国际交流中心智慧海绵模块为与深圳市海绵城市智慧管理系统平台的数字衔接预留窗口，提供国企成员单位海绵业务智能化管理系统（图10），如海绵城市年度奖励分申报的日常业务数字管理。平台将配合市、区开展海绵重要工作或活动，线上实现数据共享与实时直播，向公众推送海绵城市建设成效，开放查询身边的公共海绵设施信息，建立人民共享共治机制。

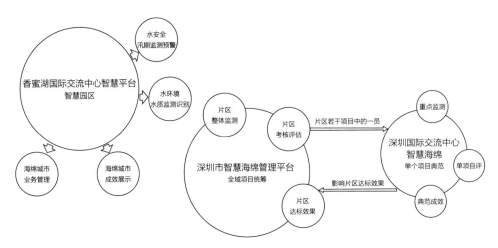

图10　深圳国际交流中心智慧海绵模块与深圳智慧海绵系统的连接示意图

6　总结

数字化服务是满足人民美好生活需要的重要途径，规范健康可持续发展是数字经济高质量发展的迫切要求，深圳国际交流中心创新性地构建基于时间维度的海绵监测感知系统、海绵成效评估系统，形成开发前、建设中、运营阶段数据对比，确保全过程数据积累，充分展示动态的海绵城市建设效果。建立用户层、业务应用层、平台支持层、数据层、海绵设施层、环境感知层等系统架构，基于BIM平台实现运营阶段高效数字化管理，形成与公众的交互式共享共治，落实"人民城市人民建，人民城市为人民"的规划精神，助力大湾区生态环保绿色建筑标杆的树立。

参考文献

[1] 董金凯，孟青亮，冯力文. 智慧海绵系统的总体架构与关键技术初探［J］. 智能城市，2017（11）：19-21.

［2］　张大为，王岩，戴春琴. 智慧水务在海绵城市中的应用［J］. 市政技术，2020，38（6）：215-219.

［3］　李婷睿. 基于海绵城市理念的智慧水务应用研究［J］. 给水排水，2017，43（7）：129-135.

［4］　曹业强. BIM技术在海绵城市建设中的应用研究［J］. 智能建筑与智慧城市，2021（10）：174-175.

［5］　马珂. 海绵城市理念下的智慧水务建设研究［J］. 智能建筑与智慧城市，2022（1）：139-141.

实现碳中和目标的深圳国际低碳城自然生态空间规划策略

吴丹（生态低碳规划研究中心）

[摘　要]　深圳国际低碳城建设起点高、任务重、难度大，肩负着为国家低碳发展探路、为国家应对气候变化国际谈判提供重要战略支点的责任和使命。十年来开展了全方位"低碳营城"实践，目标到2025年，国际低碳城二氧化碳排放量达到峰值并实现稳中有降。本研究从自然生态空间规划层面，论述了深圳国际低碳城在蓝绿生态格局、绿化固碳释氧量贡献、高效碳汇亲自然空间建设以及碳汇空间生态技术应用等方面进行的规划实践，探索低碳城生态空间治理体系，为国际低碳城成为绿色低碳循环发展经济体系的示范区域和引领粤港澳大湾区绿色高质量发展的旗帜标杆作出努力，以期为相关规划实践提供经验。

[关键词]　碳中和；深圳国际低碳城；自然生态空间；碳汇空间

1　引言

　　深圳国际低碳城位于大湾区东岸的几何中心，是深圳市唯一以低碳命名的重点区域。在"双碳"背景下，深圳国际低碳城启动综合发展规划，优化顶层设计，引领区域绿色发展，是国家首批低碳城（镇）试点。自2012年启动建设以来，国际低碳城已经走过近十年历程，开展了全方位"低碳营城"实践，作为先行者、试验区，率先探索中国低碳发展转型之路，代表中国参与全球气候治理，为广大发展中国家探路。本文主要从自然生态空间规划层面论述当前深圳国际低碳城综合发展规划中的行动方案。

2　研究背景

2.1　碳达峰、碳中和为国际低碳城发展带来新动能

　　实现碳达峰、碳中和是以习近平同志为核心的党中央经过深思熟虑作出的重大战略决策，是我国实现可持续发展、高质量发展的内在要求，也是推动构建人类命运共同体的必然选择。加强生态文明建设，加快调整优化产业结构、能源结构，倡导绿色低碳的生产生活方

式，从发展阶段、资源禀赋、产业结构、能源结构、技术水平等方面看，实现碳达峰、碳中和将是一场广泛而深刻的经济社会系统性变革，能为深圳国际低碳城带来新发展动能。

2.2 "双区驱动"战略为国际低碳城赋予新使命

"十四五"是实现碳达峰的重要阶段，也是能源低碳转型的关键时期。国际低碳城作为深圳市探索绿色低碳发展的重要载体和广深科技创新走廊的重要节点，在探索深莞惠联动发展、促进湾区融合发展、探索产业互补和社会协同治理机制方面具有重要优势，有潜力、有能力发挥高质量发展动力源和增长极作用，率先推动经济全面绿色低碳转型，在低碳发展的制度、路径和技术等方面探索创新，为实现绿色低碳发展、促进生态文明建设提供"深圳方案"。

2.3 深圳国际低碳城具备丰富的低碳生态建设实践基础

深圳国际低碳城作为龙岗区重点发展区域，规划总面积53.14km^2，建设用地规模19km^2，基本生态线控制区域达63%，三面环山，河谷穿流，绿树遍布，生态本底条件优越。具有多年生态建设实践经验，推进了公园生态林地建设、城市绿廊建设、河道整治工程，为国家、省、市在绿色低碳和可持续发展领域带来众多有益尝试和经验探索，是深圳市18个重点发展区域中，唯一以绿色低碳发展为特色的重要载体和示范窗口。

3　低碳城建设国内外相关综述

目前，低碳生态城市正成为城市转型发展的全球共识和时代主题，以及现阶段各国适应和减缓气候变化的重要战略[1]。国外更多强调生态环境的整体性，从城市整体层面统筹协调、全面布局城市的绿色可持续发展。温哥华通过对城市开发的合理控制，有效避免了城市蔓延，保护了生态资源环境，所有温哥华居民都能在5min内步行到达绿道、公园和其他绿色空间，并且新种植15万棵树。澳大利亚阿德莱德从城市整体规划、土地利用模式和交通运输体系规划等宏观调控层面上，应用生态学原理，制定明确的生态城市建设目标、原则和途径，并指导和落实到城市生态化建设的具体措施上。

国内武汉花山生态新城与华北的天津中新生态城、东部的上海东滩生态城建立战略联盟，共同构成中国生态城市格局的重要战略支点，有着"一江两山四湖"的自然生态格局，仅绿地和水域面积就占总面积50%以上，实施生态修复工程，积极开展湿地、绿道、城市公园的建设，积极打造绿色社区，在实施产业引领的同时严守生态红线。天津中新生态城打造"人与人、人与经济活动、人与环境和谐共存，能实行、能复制、能推广"的现代化繁荣宜居智慧新城，生态城完整保留湿地，确保自然湿地净损失率为零，预留鸟类栖息地，治理修复近3km^{2}污水库，打造"北方西湖"，形成了集河道、湖面、草地、湿地、海滩为一体的生态格局，本地适生植物比率达到70%，建成区绿化覆盖率达到50%以上。

4 生境提升与生物丰富的蓝绿生态格局

4.1 "三山三河、五廊多脉"

在空间景观格局方面，通过将城市融入周边山体、水体等自然景观要素，通过城市空间布局的生态化，低碳生态城市的"景观"多样性将得以凸显[2]。深圳国际低碳城建设高质量的绿色开放空间，保证蓝绿空间面积大于68%，保护利用山林、河流、湖泊、绿地等全自然生态要素，衔接深圳市"四带八片多廊"的生态空间总体格局和"山海连城""一脊一带十八廊"的城市生态骨架，依托松仔坑山廊及龙岗河水廊交汇网络，构建蓝绿融合、韧性交联的"三山三河、五廊多脉"生态空间格局（图1）。

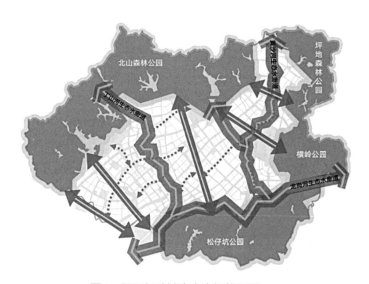

图1 国际低碳城生态空间格局图

"三山"即北、东、南三侧环城的自然山体，是国际低碳城最重要的绿色屏障；"三河"即龙岗河、丁山河和黄沙河，是滋养城区的蓝色脉络；"五廊"依托花园路、环龙大道、外环快速路、龙坪盐通道等五条主要道路两侧的绿化带深入城中，串联绿色与文化体验的规模化廊道；"多脉"依托多条沿道路规划的城市绿道将居民生活与规模化绿色空间联系起来，创造亲近自然的城中绿脉。

4.2 严守山体生态安全屏障

严格控制低碳城北、南、东三侧生态敏感性较高自然山体林地的开发建设，强化管制力度，推进精细化管理，对控制线内违法建设等破坏生态行为严厉查处。对黄竹坑水库、白石塘水库、长坑水库、三坑水库等水体资源进行严格保护和开发控制，利用低冲击开发、生态化技术对其进行重点保护，推进黄竹坑、长坑和白石塘水库环水库碧道建设，加快修建黄竹坑水库、长坑水库与清林径水库连接山道，形成大绿环。按照宜林则林、宜草则草、宜水则水的要求，采用"乔灌草藤相结合、乔灌木优先"的思路优化植物配置措施，提高设计、施工标准，加强后期维护管养，保障国际低碳城生态安全屏障。

4.3　开展水土保持综合治理

完成白石塘水库、长坑水库等水土保持综合整治工程，建设水土保持林，开展水源涵养林修复工程，从源头上减少水土流失，减轻土壤侵蚀，丰富水源地物种。加强对地质灾害和危险边坡巡查、排查、群测群防、治理、维护工作。调查评价国际低碳城边坡隐患点，分年度制定危险边坡治理工作计划，开展裸露地块、闲置地的基础调查，全面落实复绿措施，开展鹏程基业后侧边坡等地质灾害和危险边坡治理工程。加强已复绿场地的绿化管养，发现问题区域及时补栽，减少裸露土地面积。

4.4　构建多层绿地生态系统

推进"点、线、面"结合构建多层次的城区公共空间绿地生态系统，打造郊野公园—综合公园—社区公园—带状公园—防护绿地组成的五级城内公园体系。低碳城市主要从"减碳"的角度考虑城市建设，强调城市建设空间的紧凑性和复合性[3]。提升街头绿地、口袋公园等点状空间绿化生态品质，通过乔灌草合理配置、乡土树种运用等方式增加生物多样性。加强河流、山林步道、道路等线性元素绿道建设，沿龙岗河、丁山河、黄沙河建设滨水绿道，营造水绿交织的生态景观。提升环城南路、富坪路、紫荆路、环城西路等主干道路防护绿带空间绿化生态品质，加强道路两侧绿地生态连通。有序推动坪地公园、丁山河湿地公园、坪地湿地公园、龙岗河湿地公园、零碳公园、国际低碳城滨水公园等作为生境提升、生物丰富的城区生态修复示范公园。

4.5　修复软性河流生态系统

严格落实《深圳市蓝线规划》《深圳市蓝线优化调整方案》相关保护和控制要求，针对龙岗河、丁山河、黄沙河、黄沙河左支流、黄竹坑水、花园河、上峯水、和尚径水、长坑水九条河流建设各具特色的滨水走廊，加快推进河流综合整治工程，修复水生态系统。重视丁山河、黄沙河、龙岗河廊道宽度保护和廊道的生态化设计，加强沿河分布的河漫滩、湿地绿地生态修复、景观优化及生态串联。结合自然生态游览路径和清水慢行道，构建河岸多层次植被缓冲带、沿河湿地昆虫栖息生境、河床缓流幼鱼–底栖生物繁育生境，提升河道生态自净与修复能力。

4.6　打造亲近自然低碳活力

提升土地利用效益和促进低碳生态城市建设，应重点推广环境友好的土地利用模式，优化低碳环境[4]。充分发挥国际低碳城北倚青山、绿水穿城的良好自然景观基底，结合绿道、活力街道及服务节点，策划多元、有活力的公共活动，塑造公共空间的城市活力，改善居民的公共生活品质；依托低碳城郊野公园及龙岗河湿地公园，在保护的基础上，适当植入生态观光功能，生态康养、生态教育功能，使其成为社会休闲活动的特色节点；围绕龙岗河、丁山河形成两条公共生活水景廊道，充分发挥自然水系对国际低碳城景观营造、生态保育、人文氛围塑造上的积极效用，以滨河散步道、滨水广场以及滨河体育休闲等方式，为河岸周边社区提供游憩休闲场所。打造绿亲自然空间、绿色公共空间、蓝色亲自然空间，塑造山水连城、亲近自然低碳生态活力。

5 为实现碳中和目标的绿化固碳释氧贡献

5.1 绿化固碳释氧量预测

《联合国气候变化框架公约》将"碳汇"定义为：从大气中清除二氧化碳的过程、活动或机制。林业碳汇是指森林植物通过光合作用将大气中的二氧化碳吸收并固定在植被与土壤当中，从而减少大气中二氧化碳浓度的过程、活动或机制。森林、草地、农田和灌木四种生态系统是我国固碳能力较大的四种生态系统类型[5]。固碳释氧量计算根据用地性质不同有所差异，城市建设用地中，绿地主要为地面绿化；水域和其他用地的碳汇以自然林地碳汇为主，交通设施用地暂不考虑绿化量，居住、公共服务、商业、工业等其他建设用地为地面绿化、屋顶绿化、垂直绿化则依据性质按不同比例整合配置。地面绿化面积按35%绿地率设计，屋顶绿化面积依不同用地类型设计为项目区屋顶总面积的30%~70%，垂直绿化面积为项目区墙体总面积的15%。

经统计（表1、表2及图2、图3），低碳城53.42km²范围内年固碳量约为276426t，年释氧量约为202068t，除非建设用地及用地类型为绿地外，其他建设用地年固碳量约为73211.85t，年释氧量约为53659.67t，总绿量约为21.73472km²。

低碳城总绿化固碳释氧量预测表 表1

用地类型		冠层	植物种数	面积（km²）	总绿量（×1000m²）	固碳量（t/a）	释氧量（t/a）
非建设用地	自然林地	自然群落	—	25.48	—	134550.77	97855.10
建设用地（绿地G）	绿地G	乔木	20	1.39	3772.75	11613.47	9069.41
		灌木	13	2.11	8868.57	37269.71	27095.66
		草本	8	2.42	7237.70	19779.96	14387.85

续表

用地类型		冠层	植物种数	面积（km²）	总绿量（×1000m²）	固碳量（t/a）	释氧量（t/a）
建设用地（其他）	地面绿化	乔木	24	0.95	2573.00	7920.34	6185.31
		灌木	15	1.44	6048.33	25417.81	18479.14
		草本	8	1.65	4936.09	13489.86	9812.46
	屋顶绿化	灌木	11	0.33	1391.80	5848.96	4252.28
		草本	6	1.11	3313.28	9054.89	6586.48
	垂直绿化	藤本	4	1.20	3472.22	11480.00	8344.00

三类绿化生态效益比对表　　　　　　　　　　表2

类型	固碳量（t/a）	释氧量（t/a）
自然林地	134550.77	97855.10
绿地G	68663.14	50552.92
立体绿化	73211.85	53659.67
总和	276425.75	202067.69

图2　建设用地立体绿化植物类型生态效益贡献示意图（从左往右为总绿量、固碳量、释氧量）

 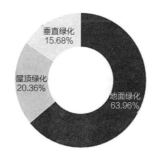 

图3　建设用地立体绿化类型生态效益贡献示意图（从左往右为总绿量、固碳量、释氧量）

5.2 低碳城立体绿化与常规绿化比对

将低碳城经过立体绿化设计后的固碳释氧量与常规绿化进行比对（表3），若绿化体系仅采用常规的地面绿化模式设计，植物配置为乔灌草结合，除非建设用地及用地类型为绿地外，其他建设用地类型总绿量约为11419840m²，年固碳量约为38263.17t，年释氧量约为28134.44t。因此，加入立体绿化后将比常规绿化总绿量、固碳量、释氧量均增加90%以上。低碳城提升碳汇效率下的生态空间分布如图4所示。

低碳城立体绿化与常规绿化比对 表3

类型	冠层	物种数	面积（km²）	总绿量（×1000m²）	固碳量（t/a）	释氧量（t/a）
常规绿化	乔木	24	692316.00	1874.45	5770.02	4506.03
	灌木	15	1038474.00	4359.51	18320.63	13319.38
	草本	8	1730790.00	5185.88	14172.52	10309.03
	总和			11419.84	38263.17	28134.44
立体绿化	总和			21734.72	73211.85	53659.67
立体绿化比常规绿化增加				90.32%	91.34%	90.73%

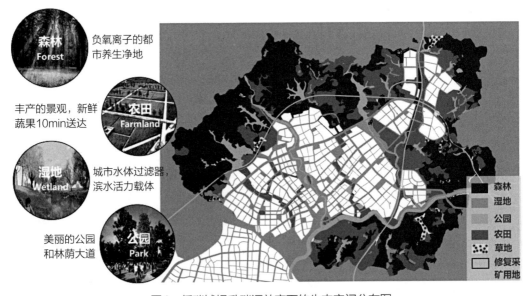

图4 低碳城提升碳汇效率下的生态空间分布图

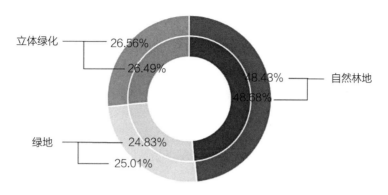

图5 固碳量（内环）、释氧量（外环）贡献量示意图

低碳城的固碳量、释氧量贡献最大的主要为城郊自然林地（图5），占比约为49%；城区绿地占比约为25%；城区立体绿化占比约为26%。进而制定相对应的碳汇策略，如提升城郊林地碳汇效能，保护修复自然山林、湿地，修复生态廊道断点，保护修复河流、道路绿地生态廊道，拓宽绿廊，保留农田与耕地，因地制宜推广立体绿化等。

6 构建高效碳汇的蓝绿亲自然生态空间

6.1 提升城郊林地碳汇效能

坚持适地适树原则，以乡土树种为主、引进树种为辅，提高混交林比例，优化造林模式，培育适应气候变化的优质健康森林[6]。以增加林草碳汇为目的，开展林地碳汇机制研究和修复、监测技术研究与应用。开展天然森林湿地保护修复，实施低碳郊野公园、坪地森林公园、松子坑郊野公园郁闭度提升工程，提升森林蓄积量，营造物种丰富的近自然地带性森林群落和湿生环境，完善森林湿地生态系统。开展林地整治和造林工程、林相修复与提升工程，建设生态景观林带等工程建设为抓手，探索林地多用途保护与利用，拓展绿色碳汇空间。

图6为森林郁闭度提升及造林工程分布图。

6.2 修复城市生态廊道断点

重点打造北、东、南三侧山体之间滨水和主要道路两侧绿地生态廊道，适当拓宽绿廊宽度，有效提高城郊储碳量。茂盛的绿色廊道可沿街道提供大量树荫、自然

■ 森林郁闭度提升及造林工程

图6 森林郁闭度提升及造林工程分布图

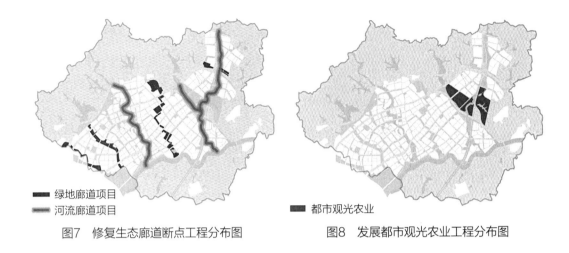

图7　修复生态廊道断点工程分布图　　　　图8　发展都市观光农业工程分布图

通风和降温，同时，这些生物过滤网络也可以帮助净化雨水和防洪。通过对丁山河、黄沙河滨水开放空间设置不同形式和功能的空间以及景观元素，以滨河散步道、滨水广场以及滨河体育休闲等提供河岸周边社区的游憩休闲，同时支持了更大范围内的生态联系。

图7为修复生态廊道断点工程分布图。

6.3　发展都市休闲观光农业

对低碳城内的部分农田与耕地予以保留，发展都市观光农业，包括立体农业及生态休闲农业，都市农业使居民和土地之间有着密切的联系，同时创造了丰富的生产性景观，完美地维持了城市建设用地与农耕用地之间的平衡。穿梭于都市肌理下的农田与耕地，通过赋予教育与旅游功能，可以得到更多公众的关注，在强化农业的同时一并延续了邻里的传统特点。

图8为发展都市观光农业工程分布图。

6.4　因地制宜推广立体绿化

重点推广核心区立体绿化，优先在公共建筑、绿色产业园区、低碳城公园等公共活动空间开展立体绿化设计和建设(图9~图11)。绿色产业区立体绿化，在高桥、坪西、德国小镇等产业区、柔宇科技、中美低碳建筑与社区创新实验中心和国际低碳城启动区厂房等建设生态共享花园、墙面立体绿化、屋顶绿化、外围栅栏绿化，减少建筑耗能；公共建筑立体绿化，在低碳城会展中心、学校、医院、体育馆等通过屋顶花园、阳台和露台绿化、垂直绿化等措施，打造公共建筑立体绿化样板工程；居住区立体绿化，实施屋顶绿化、阳台绿化，结合裙楼绿化工程经验，建设裙楼屋顶花园和露台花园；桥跨绿化建设，在高桥立交、盐龙大道、教育路、丁山河等符合立体绿化施工条件的人行桥、立交桥、快线桥、跨河桥等各类桥梁防护栏内侧或外侧实施；棚架绿化建设，在公共停车场、广场等开敞公共空间实施；针对建筑工地、垃圾中转站、污水处理厂等邻避设施，对围挡、墙面等采取模块化的立体绿化建设方式，由各区、社区落实生态型围挡建设。

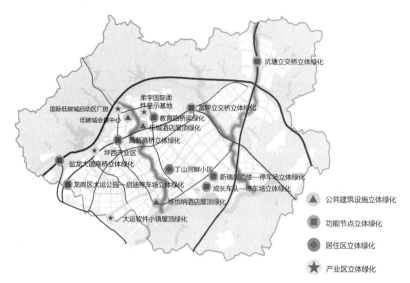

图9　功能节点类立体绿化工程分布图

图10　立体绿化示意图

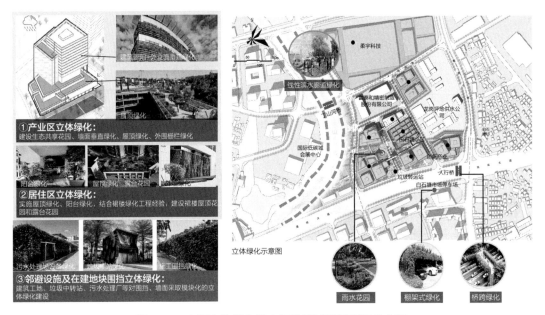

图11 丁山河立体绿化重点打造区域建设项目分布图

6.5 高效碳汇空间生态技术

绿色亲自然空间，保护修复城郊山林、湿地、农田，综合提升生态绿地碳汇效能，应用碧道建设技术，人工湿地、生态沟道、多季相植物群落营造，近自然高生物多样性森林群落营造，新型生态农业设施和智能监测系统等生态技术，塑造亲近自然的低碳生态活力，融入生态文化普及设施，打造自然低碳展示示范基地（图12）。

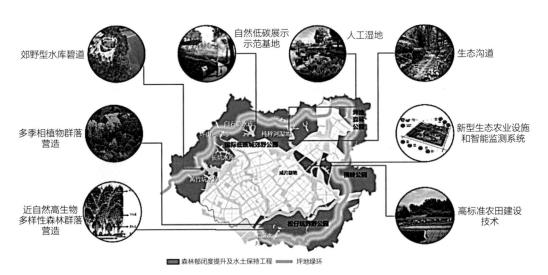

图12 绿色亲自然空间生态技术应用分布图

蓝色亲自然空间，启动区内丁山河水体生态修复，厚植生态本底，拓展多元生境空间，加快形成多元生态系统，不断提高各类生物资源总量和生物多样性（图13）。建设近自然、低干预、原生态的"再生栖息地"，结合城市公共空间功能，打造兼顾安全防御、城市活力、生态保育的"韧性滨水带"，营造具有低碳城活力特色、创新氛围的"活力水廊道"，打造径流优化，净化转输，海绵胶囊，兼顾水体修复与雨洪管理的"零碳海绵城"。

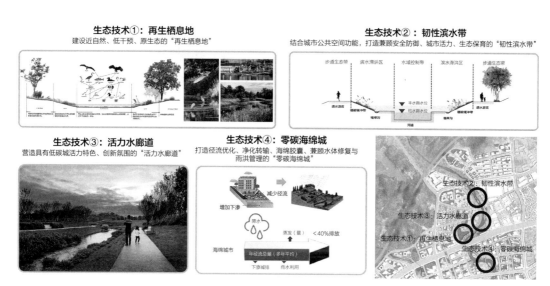

图13 蓝色亲自然空间生态技术应用分布图

7 结论与建议

深圳国际低碳城以自然生态高质量发展为前提，经过多年低碳城建设，区域范围内的河道污染、生态破碎已进行了有效整治。为进一步推进生态文明建设，需对自然生态恢复现状进行更加深入的研究，从地形地貌、水利水文、气候变化、动物植物、人类活动中不断寻找自然生态和城市发展的平衡点。本研究以深圳国际低碳城综合发展规划为契机，提出蓝绿生态空间格局的构建、实现碳中和目标的绿化固碳释氧贡献、高效碳汇亲自然空间的打造等规划策略，为城市建设用地的合理布局和优化配置提供依据，为国际低碳城成为绿色低碳循环发展经济体系的示范区域和引领粤港澳大湾区绿色高质量发展的旗帜标杆作出努力。

参考文献

[1] 徐鹏，林永红，栾胜基. 低碳生态城市建设效应评估方法构建及在深圳市的应用[J]. 环境科学学报，2016，36（4）：1457-1467.

[2] 沈清基，安超，刘昌寿. 低碳生态城市的内涵、特征及规划建设的基本原理探讨 [J]. 城市规划学刊，2010，5（190）：48-57.

[3] 方创琳，王少剑，王洋. 中国低碳生态新城新区：现状、问题及对策 [J]. 地理研究，2016，35（9）：1601-1614.

[4] 陈柔珊，王枫. 低碳生态城市视角下珠三角土地利用效益评价及障碍诊断 [J]. 水土保持研究，2021，28（2）：351-359.

[5] 赵宁，周蕾，庄杰，等. 中国陆地生态系统碳源/汇整合分析 [J]. 生态学报，2021，41（19）：7648-7658.

[6] 王国胜，孙涛，昝国盛，等. 陆地生态系统碳汇在实现"双碳"目标中的作用和建议 [J]. 中国地质调查，2021，8（4）：13-19.

基于多功能智能杆的智慧城市
感知网络研究

刘冉　孙志超（能源与信息规划研究中心）

[摘　要] 智慧城市在经历多年的发展后，越来越重视数字世界对于物理世界的信息获取能力，即感知能力。智慧城市感知网络体系是智慧城市建设的核心要素。本文将对智慧感知网络架构、组网方式进行研究，分析基于多功能智能杆的典型智慧感知网络组网模型，并以深圳市为例，深入探讨智慧感知网络基础设施的在深圳市的布局需求，并提出与城市规划衔接的策略建议，以期从规划角度为建设智慧感知一张网提供参考思路。

[关键词] 智慧感知网络；多功能智能杆；信息基础设施

1　引言

"十三五"时期，国家与各省市发布的智慧城市政策及顶层规划对电子政务、智慧交通、大数据与云计算等方面作出了指导。"十四五"规划纲要提出加快建设新型基础设施建设，围绕5G网络、大数据中心体系、物联网及工业互联网等，并明确提出加强泛在感知、终端联网、智能调度体系建设，构建新型基础设施标准体系。

目前，基于政策支持，物联网、云计算、大数据等技术已有快速发展，智慧城市感知设施已实现对多种业务类型的覆盖、多种设施数据接口的融合，但对于智慧城市感知的认识尚停留在规划建设多功能智能杆上，未打通感知网络系统化建设思路。并且，全国各地以多功能智能杆为主要载体的感知挂载设施尚处建设初期，全市级规模化、区域化的建设尚未形成，当前感知网络仍然是以成长期的物联网为主。并且通信网络、算力设施、配电及数据平台等方面的规划建设仍缺乏一定的系统关联，导致网络建设碎片化，信息网络无法打通，造成"数据孤岛"现象，因此，智慧感知网络系统化的规划建设势在必行。本文探讨以多功能智能杆为载体，系统化搭建智慧感知网络，深入探讨智慧感知网络需求下新型信息基础设施的规划布局，进而为高质量建设智慧城市，构建新型基础设施体系提供思路。

2 认识智慧城市感知网络

2.1 智慧感知网络的概述与理解

智慧感知网络体系是一个实时反馈信息的神经网络系统，不止依赖感知传感器，还有通过网络连接起来的无数的数据源子系统。

（1）感知与网络的集成与融合

感知为核心，网络为基础，通过感知网络体系使城市大脑可以有效地感知城市的各种变化，可以对之作出有效调整。感知网络体系最终是服务于智慧城市建设的，随着智慧城市的建设，感知网络融合建设也是一个持续的过程，未来将融合感知设施、边缘计算、通信网络、北斗定位等组成一个更加完备的感知体系。

（2）城市"神经末梢"

感知网络设备和感知终端分布在城市每个角落，是一个无处不在的网络，如血管和神经一样深入城市的公路、街道和园区，对人口密集处有良好的渗透，构建了城市无处不在的毛细血管，是具有生命力的城市末梢触角，服务于城市交通系统、智能电网系统、绿色建筑系统和城市供水等城市重大保障系统，是支撑城市管理全景感知、快速反应、科学决策的"最后一公里"。

（3）融合且开放的新型网络

在智慧城市政策背景及技术发展演进下，智慧城市感知网络被赋予了完备性和系统性。其网络系统需具备如下几个特征：有通电和通网等基础保障，有用于传感设备挂载感知的载体，还具有基于边缘计算、云网协同、站点OS生态实现各种应用场景的智能联动与交互功能，其部署的边缘计算平台具备融合连接、计算、存储应用安装及访问能力的开放平台，使得智慧感知网络形成具备端、边、云智能赋能场景的融合开放网络的特征。智慧城市感知网络框架结构如图1所示。

2.2 多功能智能杆是智慧城市感知网络的重要载体

多功能智能杆（又称智能杆、智慧杆）是集智能照明、视频采集、移动通信、交通管理、环境监测、气象监测、无线电监测、应急求助、信息交互等诸多功能于一体的复合型公共基础设施，是未来构建新型智慧城市全面感知网络的重要载体[1]。

智慧城市感知网络有着完备性和系统性的要求，多功能智能杆有通电和通网等基础保障，有泛在分布的条件，具备数、网、算、电于一体的功能，并通过多级组网与平台接口，实现多元城市应用。

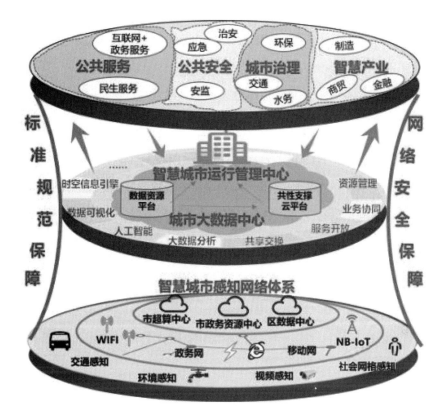

图1　智慧城市感知网络体系概念框架图

3　基于多功能智能杆的感知网络体系研究

基于多功能智能杆的智慧城市感知网络是智慧城市中实现万物互联的面向未来的物联网络，是智慧城市的感知物联数字底座。通过多功能智能杆挂载城市物联感知设备采集数据，汇聚城市用户"端侧"数据，通过城市"一张网"汇聚、建立物联感知系统"云"，本章将从系统框架到分层组网，深入分析基于多功能杆的智慧感知网络[2]。

3.1　基于多功能智能杆的"云网边端"感知体系

构建智慧感知网络的关键技术在于通过灵活组网，将物理空间上分布的感知设备，以及汇聚、回传网络等设施组成一张自治网络，实现并支撑场景化应用与交互。因此，如图2所示，将智慧感知网络的总体架构体系划分为以下四部分：

①端：以多功能智能杆为载体，挂载具备与外部系统双向通信能力的感知设备，包括车路协同设施、信息通信设施、智慧安防监控设施、智慧照明、广播等。

②边：以多功能智能杆为载体，集合光端机、路由器、交换机、边缘计算单元等功能的智能网络，融合云侧AI的边缘计算设施，提供边缘侧杆体微组网功能。

③网：包括政务外网、业务专网、物联专网、互联网等。通过有线和无线两种技术实现，主要有运营商公众网、互联网、物联网和政务外网等，按传输架构分为一般核心层、汇聚层及接入层，并需各层传输数据处理机房及智慧管网等基础设施资源。

④云：对感知能力和感知数据资产统一运营管理的云平台，为满足杆体管理、内容发布、数据共享等基础服务的价值呈现，所需的感知中枢基础设施资源。

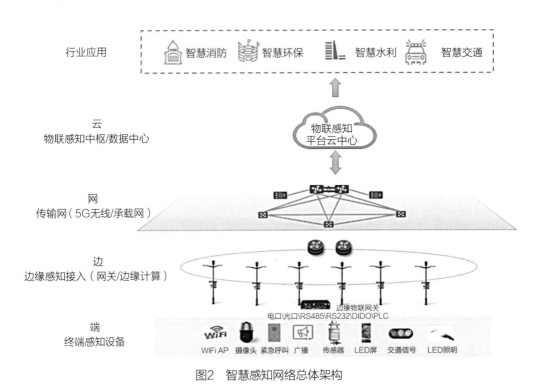

图2　智慧感知网络总体架构

3.2　基于多功能智能杆的感知网络组网

本节从边端数据的接入，以及传输网的组网结构两方面探讨智慧感知网络组网方式，随各种网络技术发展，组网方式与结构像更灵活、更敏捷方向发展。

（1）"边端"微接入网

"边端"微接入网指多功能杆之间及多功能体系统的微组网。组网方式主要可以分成环网、星型组网及无线组网三类，其中环网、星型组网均通过有线方式连接。考虑城区功能、密度、建设条件等因素，在大的网络中，同样可以派生出一些混合型的拓扑结构，如总线—星型结构、树型、双环型等多种组合应用形式，各有特点、相互补充。具体结构如图3所示。

环型组网：机柜接入交换机与多功能智能杆点串联起来，首尾相连，组成环型结构，节点共用环内带宽，避免带宽资源浪费，节省纤芯、和汇聚设备端口。适用于新建道路批量建设及规模改造场景。

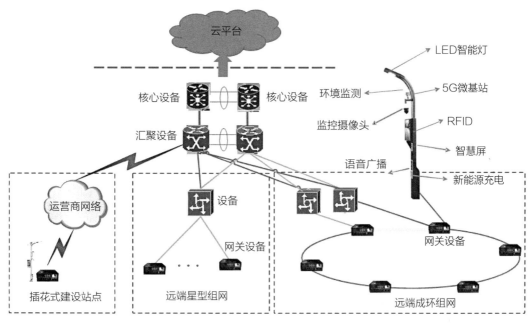

图3　多种组网结构示意图

星型组网：机柜接入交换机与多功能智能杆点直接相连，而其余点之间互相不能直接相连时，就构成了星型结构。该组网方式保证带宽，新节点的接入不影响原有的设备节点的组网，优质服务、成本高，适用于改扩建场景、插花式建设场景或小批量试点。

无线组网：通过4G/5G或其他无线网络技术接入，适用于远端、对时延要求不高的应用场景，如环境监测、水质监测等。

（2）传输网

城域光纤传输网采用核心层、汇聚层、接入层三层的城域网网络架构。市级核心部署"双中心"作为聚焦点，组成一个城市级骨干网，"双中心"一般异地部署，跨区或城市"飞地"。下一层向区级延伸，区级感知数据的处理中心部署双设备，各区核心跟市核心采取双链路组网。网络设备和链路的物理备份确保网络的可靠性。区级汇聚层实现对各区辖区内感知数据的汇聚。街道办接入层主要实现区辖区内街道及部门前端感知数据的接入。

以深圳市南山区为例，为实现全区域感知覆盖，打造全区"物理一张网、应用若干网"，该网络采用核心、汇聚、接入三层网络架构，设置两个核心节点（区政府、区数据中心）、13个汇聚节点（各街道办）、约1500个接入单位（医院、学校、园区等）。

3.3　基于多功能智能杆的典型场景组网模型

（1）城市主干道路

城市主干道场景中，市政、交通、环保、环卫、水利（水务）、城管等行业领域实现数据采集、传输、分析等，有效实现城市整体运营的降本增效，提升城市资源管理效率，对多功能智能杆的系统需求如表1所示。

主干道多功能智能杆设置需求表　　　　　　　　　　　　　　　　表1

功能	设施需求
照明	按两侧每隔35m设置
监控	两侧每间隔90m内部署智能监控设施
环境气象	每隔约1km，结合周边空间部署
车路协同	路口每个方向部署 路段约200m内部署一套
市政监测	对井盖、环卫等市政设施设置监测每隔150m设置一套
移动通信	根据城区密度90～200m设置1处微基站
其他	道路标识、广播等按规范及需求
智能网关	满足主干道智慧道路需求，根据网络时延需求路口随杆配置智能网关，路段按需配置
智能机柜	按道路每侧间隔500～800m部署智能机柜，配置边缘计算、网关等

根据上述多功能智能杆挂载需求，新建或改造道路批量建设多功能智能杆时采用环网结构。杆站边端的微组网部署设备如表2所示。

主干道的智慧感知网络组网部署　　　　　　　　　　　　　　　　表2

多功能智能杆	组网方式	微接入部署
根据挂载需求（35～90）m/根	环网型	每800m或0.5～1km²就近接入1处路侧边缘节点；尽量靠近主干路路口附近

（2）智慧（产业）园区

智慧（产业）园区是特定行业生产和科学实验需要的标准性建筑物或建筑物集群，随工业互联网、5G等新一代信息技术发展，园区对智慧化的要求更高，对智慧感知需求更具体体现在园区企业业务、园区管理、园区生活保障等。对多功能智能杆的系统需求如表3。

智慧（产业）园区多功能智能杆设置需求表　　　　　　　　　　　表3

功能	设施需求
照明	按园区内部道路/周边道路需求布设
监控	路口园区出入口、建筑楼宇出入口等人群密集区

续表

功能	设施需求
园区管理	针对园区巡检要求，均布设置
移动通信	根据城区密度，每90~200m设置1处微基站
智慧交通	园区道路或重点路口均布
其他	广播、充电设施等按园区需求设置
智能网关	按园区企业对低时延感知数据要求，多杆合设
数据处理机房	结合园区管理中心/监控室设置

考虑到重点片区建设，以及内部地块出让周期较长，根据上述感知设施布设需求，园区的感知网络系统需根据地块或道路建设时序分步建设，因此，组网方式宜采取星型网兼环网方式，便于后续感知设施灵活接入。杆站边端的微组网部署设备如表4所示。

智慧（产业）园区智慧感知网络组网部署　　　　　　　　　　　　表4

多功能智能杆	组网方式	微接入部署
（20~40）根/10hm²	星型兼环网型	园区管理中心/数据处理中心 需60~180㎡

（3）城市公园场景

城市公园是城市生态系统、城市景观的重要组成部分，满足城市居民的休闲需要，提供休息、游览、锻炼，以及部分文化活动或节庆活动的重要场所，涉山、水、绿地等场景。为实现公园服务与管理，多功能智能杆的系统需求如表5。

公园场景多功能智能杆设置需求表　　　　　　　　　　　　表5

功能	设施需求
照明	按公园内部道路每隔20~30m（庭院灯为主要形式）设置
监控	公园出入口、广场等人群密集区
公园管理	复用监控及照明
移动通信	按50~100m设置WiFi及微基站
其他	水域监测、广播、充电设施、环境监测等按园区需求设置
智能网关	5~10根杆配置一个智能网关
数据处理机房	结合公园管理中心/监控室设置

公园场景的杆站边端微组网部署需根据杆体挂载功能，还需根据公园内部道路空间多层组网结构。边缘数据处理汇聚结合公园自有管理中心或监控室，再上传至社区或街道级处理中心，如表6所示。

公园场景智慧感知网络组网部署一览表　　　　　　　　　表6

多功能智能杆	组网方式	微接入部署
（20～30）m/根	根据空间多环或一个大环网	园区管理中心/数据处理中心 约需15～30㎡

4 基于多功能智能杆的感知网络基础设施规划研究

智慧城市感知网络基础设施的规划重难点主要体现新型基础设施的规划内容、技术手段，以及如何与传统城市规划内容的衔接、如何更智慧集约整合资源，以契合高质量发展市政基础设施的要求。

4.1 感知网络基础设施新内容

根据上述网络架构及组网模型的研究，以及技术发展及应用需求，智慧城市感知网络基础设施规划设计层面包括通信管网、箱变、光交箱、机房等常规内容，还包含多功能智能杆、智慧接入管道、边缘计算处理中心、数据中心等内容[3]。

多功能智能杆：随着道路建设或改造，5G网络建设、智慧交通车路协同设施对感知元素需求增多，多功能智能杆规划布局不仅考虑多杆合一的要求，更体现在通信、交通、市政、安防等城市公共治理与服务的功能需求，因此，对多功能智能杆的规划的目标是高效建立覆盖系统，满足城市多种功能杆体承载的功能需求，并引导多功能智能杆向高质量方向发展。

智慧接入管道：智慧感知网络需通过管网形成"接入—汇聚—核心"的各层物理节点网格化结构，不同于常规通信管网，智慧感知网需接入泛在分布、种类繁多的感知设备，不再局限于市政管网分路由设置。智慧接入管道规划的要求是满足道路两侧、地块与建筑内部泛在的感知设备的覆盖、满足信息数据网络结构下沉的新型布局。

边缘数据处理中心：边缘计算处理中心一般指对城区内超低时延边缘数据业务处理所需的基础设施，从杆体、路侧综合机柜、单元处理中心、片区处理中心、区域处理中心层层布局，构建高效、高安全性的边缘处理网络。根据多层物理架构的组成，分为五级处理中心的设置，按城市路网空间、数据业务数据量及行政管理等因素划分各级网格，并在各级网格内设置相应处理中心，控制其规模，满足智慧感知网络对信息快速反应、科学决策的能力。

数据中心：不同于互联网企业数据中心、政务服务大型数据中心，城市级感知数据中心服务于城市智慧感知"一张网"建设要求，需通过统一智慧物联平台、统一智慧感知数据存储中心实现，需考虑城市数据业务核心区域、数据安全设置等因素。

4.2　新型规划设施与传统市政规划的衔接

城市规划及市政专项规划中，对城市新增的大量智慧感知终端设备所需要的电、光以及算力设施的部署尚缺乏详细的技术内容要求。常规通信系统中的汇聚机房、接入机房规划以通信运营商公众网络需求为主，市政道路电力和通信管道的部署也未考虑感知网络的需求。具体内容如表7。

在传统市政（通信）设施规划中需补充内容一览表　　　　表7

层级	传统城市（通信）规划	需补充智慧感知体系规划
总体规划	总体通信需求量，通信、广播电视等大型设施，主干管网	智慧城市发展信息数据业务量，数据中心（云计算中心）规划
详细规划	落实总体规划布置的大型设施，确定汇聚机房布置方案及通信管道方案	新增大规模城市级、区域级、单元级、边缘路侧的数据需求空间及多功能智能杆系统规划

因此，在传统市政规划中需要强调智慧城市基础设施的规划，可通过增加智慧城市基础设施规划专题研究，具体内容宜包括多功能智能杆、边缘计算设施、传输网络设施（接入—汇聚—区域级处理中心与智慧管道）、数据中心、配电设施等，并纳入相应层级国土空间规划。

4.3　智慧感知网络基础设施布局思路——以深圳市为例

（1）多功能智能杆

针对5G基站、智慧交通、公共安全视频监控、功能需求及城区功能，适度差异化地按城市发展时序规划布局。至2025年底，规划布局4.5万根多功能智能杆，城市核心区多功能智能杆布局平均密度为300根/km^2。

（2）智慧感知处理中心

根据感知网络结构及组网方式，以数据中心为核心，智慧感知处理中心可分为区域中心、片区中心、单元中心三层：

①单元中心用于单个或多个微网格内业务收敛的汇聚节点，每个平均覆盖面积0.2～1.2km^2，全市可部署1500～2000个；

②片区中心用于片区汇聚及核心点衔接，可覆盖4～6个单元节点，全市部署500～600个；

③区域中心用于大区域业务收敛及区级核心，可覆盖9～15个片区节点，全市共部署50～80个。

（3）智慧接入管道

智慧感知设施通过"接入（单元节点）—汇聚（片区/区域节点）—核心"的各层物理智慧节点搭建成融合、开放的新型感知一张网，新型接入网中需满足新型感知设施种类增多、网络层级逐步下沉的要求，因此接入信息管道规划需满足，除常规西（北）侧规划通信主路由之外，道路另一侧单独预留信息接入管道，规划规格为2～6孔。

5 总结

对于智慧城市而言，城市感知网络体系通过多维度感知站点、泛在网络、信息建模等设施与技术采集城市运行的实时数据，是连接和映射实与虚的媒介。以泛在的多功能智能杆为载体，通过敏捷、安全的组网结构及各级感知网络设施布局，实现智慧城市感知网络高质量发展需要。当前，全国各地仍在积极探索全面建设智慧城市感知网络的路径，从感知系统组网及基础设施系统化规划层面的思路为智慧感知网络建设提供重要的参考。

参考文献

［1］ 深圳市市场监督管理局. 多功能智能杆系统设计与工程建设规范DB4403/T 30—2019［S］. 2019.

［2］ 闫琛，夏俊杰，高枫，等. 智慧城市安全态势感知体系的研究［J］. 邮电设计技术，2022（5）：22-27.

［3］ 陈永海. 深圳市政基础设施集约建设案例及分析［J］. 城乡规划（城市地理学术版），2013（4）：100-106.

5G智能化基站的设计及站址优化研究

申宇芳　孙志超（能源与信息规划研究中心）

［摘　要］ 为解决5G频谱资源受限、数据卸载时延高、基站负载不均等问题，本文提出了基于NOMA的MEC策略，在接入网侧运用NOMA技术，使多个用户可在同一时隙，利用同一频率连接到基站并完成数据包的卸载；在基站侧部署MEC服务器，并分析MEC服务器放置的方法及对基站负载的影响，探析了智能化基站的部署方法。

［关键词］ 5G；非正交多址接入；MEC；基站；MEC服务器；物联网；智慧城市

1　引言

非正交多址接入技术（Non Orthogonal Multiple Access, NOMA）是第五代移动通信技术中的关键技术之一。在智慧城市和物联网的驱动下，5G接入设备的增长速率是4G的4倍。面对网络阻塞带来的时延，NOMA的技术路线是在发送端采用非正交传输模式，在接收端利用用户检测技术区分不同接入设备。NOMA技术通过在同一时频域叠加多组用户数据来降低数据卸载时延[1]。在边缘数据爆发式增长的背景下，多接入边缘计算（Multi-access Edge Computing，MEC）的概念被提出。MEC的核心是在"边缘"侧提供具有云计算能力的网络结构。实现MEC的物理实体一般是MEC服务器，其部署位置一般在靠近用户的基站侧，因此，业务交付的时延可以被大大降低[2]。

结合NOMA和MEC的技术优势，为了进一步降低延迟，提高用户体验，本文提出了NOMA-MEC智能基站策略。现阶段有少量对NOMA-MEC的研究，且都弱化了对MEC物理位置的研究。MEC服务器的不当部署会影响基站负载的平衡从而使数据传输时延增大，因此，本文对MEC服务器的部署方法进行了探析。

2　NOMA-MEC智能化基站在5G中的应用

2.1　智能化基站

相关符号说明如表1所示。

相关符号说明表 表1

P	用户发射功率
G	信道增益
s	用户向基站发送的数据
P_N	信道噪声功率
i	用户的个数

由于使用了NOMA和MEC技术，升级后的基站需要能够区分用户数据，以及具备边缘计算的功能。

（1）用户检测

接收端用户检测功能的设计取决于不同的发射方案[1]，研究对象组中两个NOMA用户采用的发射方案是基于符号级非稀疏扩频的NOMA方案。对应接收端应该采取最小均方误差算法（Minimum Mean Square Error，MMSE）进行用户检测。MMSE检测主要分为串行干扰消除（Successive Interference Cancellation，SIC）和并行干扰消除（Parallel Interference Cancellation，PIC）。本文对两用户的接收检测采用SIC方式。

以上发射方案选取的原则是根据本文的研究目的和研究模型确定的。用户一和用户二采用NOMA技术在同一时频资源传送数据s_1和s_2，到达接收端前数据经过信道编码、调制、扩频、傅里叶变换等后发射到信道。到达接收端的数据能被正确区分的前提是s_1和s_2的相关性需要足够低。现有的发射方案有非稀疏扩频序列（方案1）、稀疏扩频序列（方案2）、比特交织/加扰的NOMA发射方案（方案3）。对于数据相关性的降低方式，前两种方案的区别是两用户能否在同一频带资源位置进行数据传输，第三种方案的核心是数据比特级的重复传输。本文的研究目的是提高频带利用率和降低传输时延。通过比较，方案2通过牺牲频带利用率来换取低相关性，方案3在降低用户间干扰时增加了传输时延和频带资源的浪费。因此，本文采用的NOMA发射方案是符号级非稀疏扩频的NOMA方案。

接收端的多用户检测方案是SIC。原因是使用PIC存在两个问题，在第一级的用户检测中，由于两用户离基站的远近不同，用户二在用户一的强干扰下，信号成分不易被检出，因此，需要增加PIC的级数，而PIC的处理延迟会随着增加级数而变大[3]。图1为本文设计的智能基站接收端的单级SIC检测器。

（2）边缘计算

MEC服务器是智能基站的核心。MEC服务器的部署位置与基站类型、业务需求及具体的网络环境等因素有关。针对不同的业务场景，MEC服务器可以部署在无线接入云、边缘云或汇聚云[4]。针对不同的基站类型，MEC服务器可以在宏基站的机房内部署，也可以在小基站上抱杆部署。

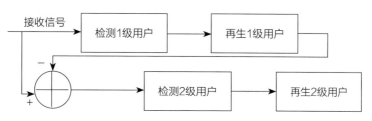

图1　基站接收端的单级SIC用户检测示意图

本文将研究两个问题：单个基站升级为智能基站后在数据卸载时延方面的优势，以及在多基站情况下MEC服务器的部署方法。第一个问题中，MEC服务器在基站侧部署，为传统基站引入了智能计算、本地内容缓存、转发等功能。基站通过链路访问其所属MEC服务器，可以将接入设备发送的任务卸载到MEC服务器上。通过构建模型，定义问题，对提出的智能基站方案进行时延性能分析。本文中数据卸载时延指待计算数据被接入设备发射到信道直至被智能基站检测接收的时长。第二个问题中，在多个基站构成的聚类群中，本文主要探析MEC服务器部署位置对基站负载的影响，并以平衡基站负载为目的，提出适宜的MEC服务器部署方法，并扩展应用到具体项目中基站站址的优化。

2.2　智能化基站有助于降低时延

为了证明NOMA-MEC智能基站可以缩短数据卸载时延。现构建单基站多用户的上行数据卸载场景（图2）。其中MEC服务器在小基站上抱杆安装。研究组为用户一、用户二及智能基站构成的数据卸载场景。对照组为正交多址接入（Orthogonal Multiple Access，OMA）数据卸载场景，其中包含用户一、用户二及未升级的OMA-MEC基站。

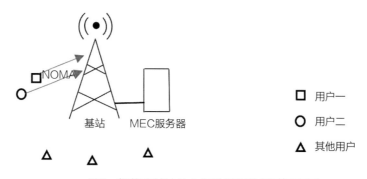

图2　智能化基站的上行数据卸载场景示意图

（1）问题定义

在运用NOMA的技术背景下，用户一和用户二在同一时隙向基站发送数据。基站收到的数据包为混合型，其表达式为：$y = \sum_{i=1}^{2} \sqrt{P_i G_i S_i}$ 。用户一相比用户二距离基站更近，其信道环境更好，因此，用户一的发射功率受到的衰减也更小。

假设两个用户所传数据的大小均为Nbit。对照组的两个OMA用户占用不同的时频资源连接到基站。研究组中，用户二允许用户一在时隙T_2传输数据。图3为研究组智能基站及对照组基站在数据卸载时延方面的比较。

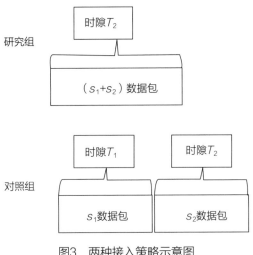

图3 两种接入策略示意图

为了在理论和仿真层面验证所提出NOMA-MEC智能基站比OMA-MEC基站更具有降低时延的优势。现进行问题转换和定义，在研究模型中，用户一的引入不会对用户二的性能产生影响。因此，当用户一在时隙T_2内传输的数据量不小于其在对照模型内传输的数据量时，即证明智能化基站的时延更小。其数学表达式为：

$$P_1 = P(V_1 T_2 \geqslant N)$$

两个用户的数据传输速率如下：

$$V_1 = \log_2\left(1 + \frac{P_1 |G_1|^2}{P_2 |G_2|^2 + P_N}\right)$$
$$V_2 = \log_2\left(1 + \frac{P_2 |G_2|^2}{P_N}\right)$$

（2）仿真验证

正如图4所示，纵坐标反映了用户一在时隙T_2内完成Nbit数据卸载的概率，该值为1时表明用户一和用户二可以同时在T_2内完成2Nbit的数据卸载任务；当用户二的发射功率固定时，逐渐增大用户一的发射功率，其向智能基站成功卸载数据的概率逐渐趋近于1。由于用户一信道条件好，信号在到达基站接收端后，强度比用户二高，因此最先被检测到。根据SIC接收机原理，当用户一卸载概率为1时，用户二一定可以成功卸载。由此可以证明本文提出的NOMA-MEC智能基站在降低时延方面更具有优势。

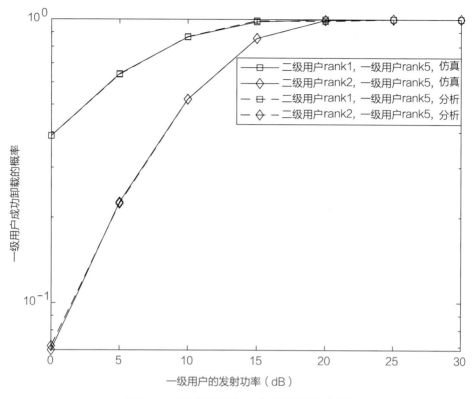

图4　P_2=10dB时用户一成功卸载的概率图

2.3　智能基站部署位置的探析

本文研究的智能基站建设方式为MEC服务器与基站共享站址。在多基站场景中，每个基站的负载差别较大且MEC服务器数量有限，因此，合理选择MEC服务器部署的位置可以降低数据交付时延。本文提出基于K-means的智能基站部署方法。

现把一个片区的基站归为一个集合，$S = \{S_1, S_2, S_3, \cdots, S_n\}$计划部署MEC服务器的个数为$N$。首先在集合中随机选择$N$个基站，分别计算其余基站到这$N$个基站的距离，根据距离最小准则将基站分为$N$个聚类。计算每个聚类的均值点，将$N$个均值点作为聚类质心，继续重复上一步骤，直至聚类质心不再变化，在最终确定的N个基站（聚类质心）上部署MEC服务器。上述部署方法的原则是基于最短距离进行聚类，因此，可以解决距离导致的延迟问题。

为解决基站负载不均带来的延迟问题。当片区内未升级的基站有访问MEC服务器的需求时，优先为负载大的基站分配距离近且有计算容量的MEC服务器。其中计算容量可以按如下表达式计算：

$$M = \frac{\sum\limits_{j=1}^{n} m_j}{N}$$

其中，m_j为片区内基站的负载。

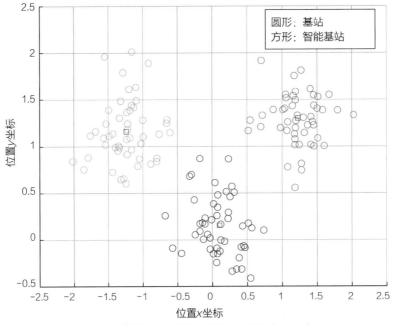

图5 智能基站部署位置的仿真图（N=3）

图5是利用K-means算法将一个片区内的基站分为3个聚类，并计算得到每个聚类部署MEC服务器的基站位置。

2.4 K-means在项目中的应用及分析

本文在前面的章节提出了智能基站的设计原理、智能基站的优势，以及基于K-means的智能基站部署方法，本章节将利用K-means部署方法在实际项目中确定智能基站的规划站址。

（1）留仙洞总部基地附设式基站站址优化

1）实现原理

利用留仙洞总部基地附设式基站的坐标在仿真软件上落点并用K-means算法计算规划智能基站的坐标。智能基站站址的规划思路为：首先，根据需求设置N值（本文选取N=3），图中的基站被分为3类，分别对应图6的围绕不同圆圈的三角形。其分类原则是根据基站间距离作为相似度指标，基站距离越近，相似度越大，相似度大的基站被归为一类。分别计算三类基站群的质心，质心的坐标为智能基站的规划站址。图7是利用上述智能基站站址的计算结果在CAD上部署其位置的示意图。

2）结果对比

从图6可以观察到智能基站站址没有与原规划及现状基站站址重合。由于利用该方法计算出的规划站址坐标是对应三个簇的最优解，因此，造成站址不重合的原因是原规划站址相比计算结果存在误差。利用K-means方法得出的规划站址保证了每个簇内基站布局最为合理，基站处理数据时效性最高，另外可以通过平衡基站负载避免信号忙区，通过提高全局基

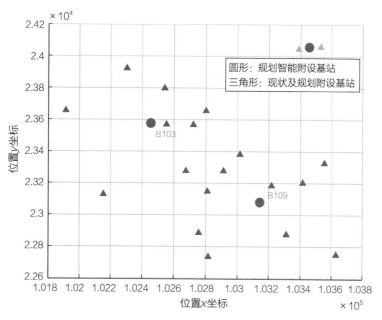

图6　基于K-means算法的智能基站规划仿真图（留仙洞）

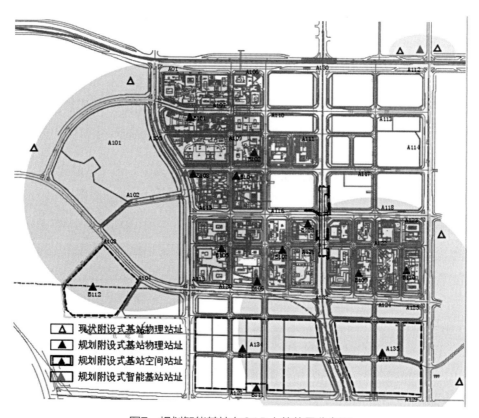

图7　规划智能基站在CAD上的位置分布图

站的覆盖率避免信号盲区，从而在一定程度上节省了建设小微站的额外成本，并且提高了全局基站生态的稳定性。相反，站址规划出现偏差会导致网络拥塞，访问响应时间缓慢，严重时会造成数据丢失和网络瘫痪。因此，建议将B103和B109的规划站址调整到本方法计算得到的智能基站规划站址。在CAD规划图中落点时，需结合实际情况，如B103号基站西侧是公路，不符合附设式智能基站的建设条件，可以考虑在附近适合的位置部署基站站址，或者改换方案，如图8所示，该方法的另一个优点是变换质心初值可以得到不同的基站分类结果，经过与图7的校核，图8中规划智能基站站址均符合建设条件。

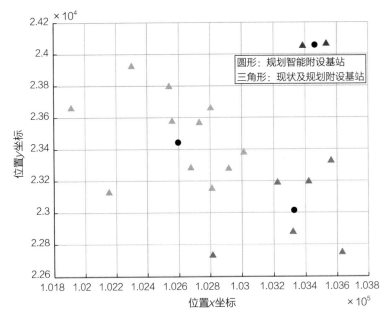

图8　留仙洞总部基地智能附设基站规划仿真图

（2）前海合作区通信基站站址优化

1）实现原理

下面将利用K-means算法为前海合作区妈湾片区基站站址规划图（2019～2021年）确定智能基站的部署位置。将CAD内的基站坐标导入仿真软件，K-means算法将对现状和规划的基站进行分类，并计算出合适的智能基站部署坐标。根据图9中计算出的智能基站坐标数据，在规划图中部署智能基站站址（图10）。

2）结果对比

观察图9可知，相比规划智能基站站址，原规划基站站址存在偏差，其中A1-3基站站址偏差较大，这种偏差会造成局部基站资源分配不均，并会降低信号覆盖范围，最终会为弥补信号盲区增加额外建设小微站的成本。图11是对图9方案的修改以进一步提高基站覆盖率。

经实验分析和对比，本文提出的K-means智能基站部署方法具有以下优势：该方法的计

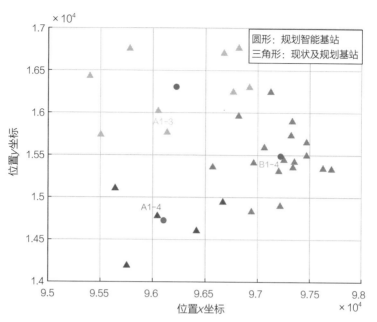

图9 基于K-means算法的智能基站规划仿真图（妈湾片区）

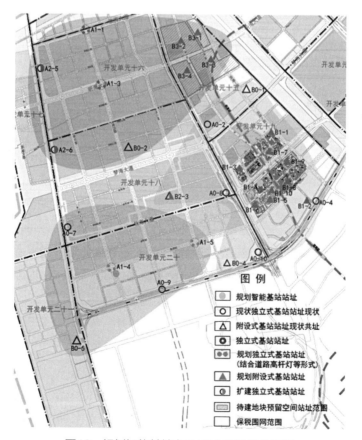

图10 规划智能基站在CAD上的位置分布图

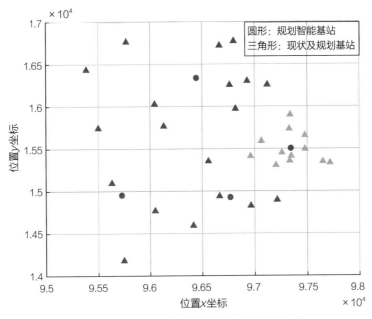

图11　妈湾片区智能基站规划仿真图（N=4）

算结果具有精准性和局部最优性，K-means算法计算出的所有均值向量（质心）都是对应簇的最优解，这意味着质心位置与簇内各基站间距离均最短，因此，在质心的位置部署智能基站站址不仅可以提高用户访问速度，还可以促进基站布局的均衡性和合理性，提高全局基站的覆盖率。

3　结束语

在智慧城市和物联网的应用场景中，随着通信网络海量终端的接入，5G通信需要满足低时延，高频谱效率的需求。NOMA作为5G的重要技术，可以在时延限制条件下提高频谱效率[5]。MEC技术通过业务应用本地化部署[6]，可以降低设备访问端到端的时延。因此，本文在第一部分提出了NOMA-MEC智能基站策略。本文在时延限制下计算和仿真数据卸载完成概率来衡量智能基站降低传输时延的性能。仿真结果表明智能基站性能优于传统基站。

智能基站的合理放置可以提高接入设备访问质量，降低访问时延，因此，本文第二部分提出了基于K-means的智能基站部署方法。本文提出的基站部署方法经仿真验证可行，在具体项目中的实践结果表明其可对规划基站站址进行优化。本文缺少与其他部署方法的对比，因此，继续探寻和优化智能基站部署方案是我们未来的研究重点。

参考文献

［1］　沈霞，魏克军. 5G NOMA技术中的发送与接收机分析［J］. 移动通信，2018，42（9）：1-8.

［2］　熊杰. 在5G小基站上部署MEC的意义分析［J］. 移动通信，2019，43（7）：63-66.

［3］　赵海军. 基于多级串行干扰和并行干扰消除的用户检测器设计［J］. 通化师范学院学报，2019，40（6）：1-6.

［4］　中国联通网络技术研究院. 中国联通边缘计算技术白皮书［R］. 北京：中国联通网络技术研究院，2017.

［5］　毕奇，梁林，杨姗，等. 面向5G的非正交多址接入技术［J］. 电信科学，2015，31（5）：14-21.

［6］　姚黎强. 面向5G网络的MEC部署方案［J］. 电信工程技术与标准化，2021，34（3）：50-54.

基于智能物联网的多媒体通信系统架构设计与关键技术研究

孙志超（能源与信息规划研究中心）

［摘　要］　在科学技术的不断进步之下，5G技术在商业、人工智能等方面的应用越来越广泛，在固话和手机的应用中，各种场景化的智能通信正在逐渐代替传统的固话通信，基础通信中的实时音视频连接也已经迈入200亿大关，在5G技术支撑下的实时音视频通信中呈现体验超清、交互智能、服务泛在等优势，为人们的生活带来诸多便利。本文中，笔者将以面向智能物联网的多媒体通信技术为主要话题，结合技术优势与技术应用场景，对当下智能通信技术的发展提出几点可行意见，以供各位参考。

［关键词］　智能物联网；多媒体通信；音视频通信

1　多媒体通信系统的发展动态

多媒体通信技术在人们日常生活和工作中的应用不但能大幅降低工作时间，同时彻底颠覆了人们之间日常交流与通信的行为习惯。目前，随着互联网技术的日益革新，人们对于沟通与交流的方式已经从传统的电话通信方式转变为内容丰富、样式新颖的多媒体通信方式，越来越多的企业都投入到了多媒体通信系统的研究应用中，例如著名的思科、中兴、华为等大型企业。

随着国内外大型互联网企业对多媒体通信领域的深入研究，以及各类国际标准的出台，加快了多媒体通信在未来发展的速度，通信技术的应用为其发展奠定了坚实基础。目前，针对多媒体通信系统的研究领域更加多样化，包括多媒体5G传输技术、存储技术、压缩技术和安全防护技术等，由此，多媒体通信系统的发展必将具有良好的交互性、智能性、灵活性[1]。

2　面向智能物联网的多媒体通信发展

2.1　超清化

在移动通信技术的发展之下，新媒体行业体验也能够进一步提升，其中，在未来新媒体行业之中，超高清视频有望能成为其中的基础业务。在这一方面，首先，在社会的进步中，人类逐渐开始追求精神上的享受，各种家庭影院级的沉浸式视频通信技术日益步入人们的视野，吸引着人们的关注，在通信中，人们也表现为更青睐于大屏、超清的临场体验。其次，在5G技术的支持下，视频能够以每秒120帧的速度在用户与用户间实时传输，其速度更快、成像更清，同时，以往有些人在应用VR技术时会产生眩晕感，这一情形很容易制约VR技术的发展，而在5G技术的应用之下，这种眩晕感会逐渐降低，从而使VR全景直播等新兴应用能真正得以"全面开花"。

2.2　智能化

面向智能联网的多媒体通信系统与5G技术的融合能够切实提高物联网的智能性。其具体表现为：第一，对物联网中人机交互方式的升级，在AI技术的升级之下，人机之间的交互不再局限于按键与触控，而是渐渐开始向多模态感知智能演变；第二，产业形态的增多，在5G技术的支撑下，多媒体通信系统可以应用于智慧医疗、智能家居等更多样化的场景之中，为人类未来社会的无障碍通信奠定坚实基础。

2.3　多态化

在5G技术逐渐成熟与广泛商用背景之下，消费者可得知信息的场景与载体等也在不断增加，在大带宽场景中，终端在5G技术的支撑下呈现出更多样的形态，例如智能音响、早教机、智能冰箱等等都可以成为服务传递的载体，为用户提供所需产品及信息。同时，这些智慧终端还将实现万物互联状态，为用户生活带来更多便利。另外，与4G技术相比，5G技术应用下的智慧终端具有功耗低、时延低、可靠性高的特点，例如在功耗方面，根据工业和信息化部统计数据可知，新技术中智能终端的电池寿命较以往相比可延长10倍。在这些优势的吸引下，更多商家将目光投入到多媒体通信技术的新型终端开发之中，而这就会让多媒体通信终端呈现出更加多态化的特点。

2.4　泛在化

在经济发展的大环境下，人们的消费水平与消费意识随之提高，为吸引用户目光，各种通信服务不应该再局限于电视广告或纸质传单，在5G技术依托下的多媒体通信技术之中，信息开始呈现泛在化，人们可以随时随地地利用各种终端获取汽车、医疗等各类所需信息与智能化服务。例如在智能物联网下的汽车使用中，人们可以获得与以往不同的自动化驾驶体验；在智能家居中，曾经的各种理想化全屋智能生活如今也已渐渐成为现实。

3　面向智能物联网的多媒体通信系统（AIoTel）

在面向智能物联网的多媒体通信系统发展之中，将5G技术、人工智能、千兆宽带等各类新型技术与之结合，可以使这一系统既能具备OTT通话中灵活度高、成本低的优势，又能具备电信级通话中互通性强、互动性高的特点。在新技术带动下的多媒体通信系统之中通过双域融合，即OTT与IMS融合，以及三层（平台服务层、网络传输层、终端接入层）分离的通信架构，以此实现服务云化。其核心优势在于该系统可以在不改造核心网的前提下，高速、便捷地进行新业务部署；在远程写号、软件定义通信模组技术等关键技术的解决之下，系统可以以近乎零成本的方法，让其中各种智能物联网终端均具备电信级通话的特点；在和VoLTE、IMS等网络的互通之下，系统就能实现对智能家居、医疗等应用的远程控制，继而实现人们生活的智能化、现代化与便捷化[2]。

4 AIoTel的技术原理与关键技术

AIoTel主要利用了终端、信息传输协议等技术，实现了物联网多媒体系统语音服务功能和其他终端交互功能，达到了智能物联网终端电信级的通信能力。

4.1 软件定义通信模组技术

AIoTel将通信模组通过一种全新的方式进行了定义，实现了在SIP协议适配的基础上对SIM认证机制的创新优化。尤其是互联网系统设计的方法的采用，使得物联网设备能够在避免使用通信模块的情况下，实现通信和控制功能，且这种能力的实现近乎零成本。

4.2 网络传输

与传统意义上的多媒体信息传输技术不同，AIoTel系统通过利用分布式的流媒体边缘调度技术，解决了多媒体信息传输过程中存在的信息传输延时较大、播放卡顿等问题，为实现超清化传输打下了良好的基础。

分布式流媒体边缘调度技术能够实现对现有硬件设备的充分利用，即以其为基础构建出抽象虚拟网络通道。首先，可以实现拓扑路径的全局化并达到网络传输的更新；其次，边缘服务节点的部署能够避免信息传输在"最后一公里"出现的延迟问题；最后，边缘节点之间接口的标准化能够实现业务的快速开展。

分布式流媒体边缘调度技术能够在互联网的基础上实现对带宽资源的充分利用。节点与节点之间的动态监控能够带来更低成本的流媒体信息传输，为高清数据的边缘信息交换带来更稳定的实施条件，从而保证在远程医疗和智慧教育等领域不会出现延时较长的问题。

4.3 平台服务

平台服务实现了多种业务管理和服务，包括用户管理与服务、通信管理与服务、开放服务等。在这些管理和服务业务中，开放服务和应用服务建立在上层应用和服务的基础上，能够满足对实际业务的拓展需求。

5 基于物联网终端的多媒体通信应用场景

在5G时代下，多媒体通信中的终端形态日益泛化、通信技术日益演进，于是，其在生活的应用也开始呈现出场景丰富与技术实用的特点。笔者将结合当下生活实情，在下文阐述几种基于物联网终端的多媒体通信应用场景。

5.1 亲情沟通

在以往的通信技术中，亲情之间的沟通只能依靠语音通话，语音通话存在形式单一、操作较复杂等缺陷，而在基于物联网终端的多媒体通信系统应用之下，这一问题可以得到有效解决。用户可以根据自身需求在多种物联网终端的切换与选择中，得到场景性通话的满足。

当某用户拨打亲人智能终端号码进行亲情沟通时，除智能终端会接收到音视频呼叫之外，其他如电视、音响等各种智能终端也可以获得音视频呼叫信号，这时，被呼叫者就可以结合自己当下的需求通过终端切换的方法进行更高质量的亲情沟通，例如：为提高观看清晰度，可以选择用大屏电视接听；为解放双手，可以选择用中屏音响接听；为保证方便快捷，可以选择智能手表接听等等。

5.2 远程医疗

在家庭生活中，医疗问题至关重要，但是对于行动不便的老人或者年龄过小的儿童等无法及时前往医院问诊的人群而言，看病实属困难，而在5G技术支撑下的多媒体通信系统系统之中，远程医疗服务能够打破这一困难局面，突破时间与空间的束缚，满足人们及时就医的需要，以此解决因医疗资源不均、时间不足而造成的看病难问题。

例如，在留守老人家庭中，老人可以借助智能终端进行多方视频通话，家人可以在智能终端的支持下以远程陪同的方式，在网络中进行挂号、看诊。

5.3 在线教育

在社会的进步之下，人们逐渐认识到教育事业的重要性，然而，纵观当前的教育形式，不难发现，我国仍存在教育资源不均衡等问题，基于此，人们对在线教育的要求日益迫切。在多媒体通信技术之下的在线教育中，系统可以利用虚拟现实教学、人工智能教学等方法，让用户可以依靠智慧大屏等终端，在在线教育直播与在线师生互动的过程中，实现名师课堂上课式的学习体验。

5.4 全屋智能

在科技的进步与社会的发展中，人们对生活品质的要求越来越高，基于此，全屋智能在人们生活中的应用也越来越广泛，但是，纵观当前的全屋智能系统，如传输技术不兼容等问题并不罕见，于是许多智能产品只能在这一状况下沦为"智能孤品"，各个产品之间无法互动、无法联系的情况，严重制约着全屋智能技术的发展，一些用户在智能家居用品的选择时也会倾向于轻套装。而在5G技术之下，系统可以在And-SIP轻量化控制协议的支持下，将家庭中如门锁、安防、家电等各个智能单品，串联起来进行统一控制，用户可以通过一键设置智能场景，根据进屋、离家、起床等不同时刻对家居的不同需要，进行单独设置，以此获得更智能、方便、安全的全屋智能体验。

5.5 智慧社区

在智慧社区中多媒体通信技术的应用也较为广泛。在海量物联网的运行及高智能硬件连接的协作之下，多媒体通信系统开始呈现形态多样、应用丰富等特点，基于此类特点，在社区生活中，相关人员可以利用系统将可视对讲、定位巡更、智能门禁、社区监控等应用技术联合起来，形成更智能的智慧社区管理体系。同时，在智慧社区模式中，除单一设备的使用之外，社区中信息化联动服务的使用频率也明显有所上升，例如，在信息联动的智慧社区中，当有访客到来时，智能门禁机即可以捕捉访客面部特征，进行访客身份识别，并将视频画面传输至主人家中，以此方便主人在社区中的远程监控与实时对讲，主人确定身份后，可以在终端操作中进行一键开门，此时单元门禁即可自动打开。

6 智能通信技术发展建议

6.1 电信级的物联网通信技术

在物联网通信技术的终端、协议与运输三个方面中，应注意如下几点问题：第一，终端，为将物联网通信技术切实应用到多媒体通信系统之中，各个终端厂家应统一行业标准、统一码号分配、统一IMS终端连接；第二，协议，针对当前物联网通信技术使用中终端数量多、系统操作繁杂及各环节协议存在一定壁垒等问题，相关方面应继续探索通过将通信指令与控制协议相融合的方法，形成And-SIP轻量化控制协议；第三，传输，在流媒体传输之中，时延越低，用户体验就越稳定，因此，在传输方面可继续借助分布式实时流媒体调度的方法[3]。

6.2 物联网通信能力中台

智能物联网通信系统的应用主要是借助开放的标准接口，搭建从支撑端至服务端的能力中台，在物联网通信能力中台的构建下应注意：第一，为使物联网终端商家可以高速赋能，为切实推进产业进度，能力中台里的接口标准应统一；第二，在当前物联网系统中存在终端过于多样、各终端间存在联通壁垒的问题，针对这些问题，可设置综合纳管中心。

6.3　基于物联网通信的差异化创新应用

移动通信技术的发展，极大地满足了人们对信息的需求，在以往的科幻片中，各种智能设备以其神秘、方便等特点吸引着无数人群的注意，如今，曾经科幻片中描述的场景，已成为科学技术发展的趋势，在技术的不断进步之中，人们获得信息的渠道越来越多，所获得的信息也越来越广、越来越深，而充当信息载体的就是万物互联的物联网，诚然，在AIoTel系统及5G技术的支持下，物联网通信给人们的生活带来了诸多创新。

（1）智能对讲

将物联网终端与电信级通信结合起来的方法，能够使家庭中如智能音响、猫眼门铃、智能门锁等各种物联网智能终端，兼具电信级通信的功能，成为拥有如语音、手势识别等AI技术的新型"电话"，在这一"电话"之中人们可以获得智能对讲服务。例如，将猫眼门铃与VoLTE终端及大屏电视、中屏音响结合起来，即可进行音频、视频联动的智能对讲，这不仅能为人们的家庭生活带来创新式的体验，而且能使人们切实感受到科技的便利。

（2）智能云广播

在传统生活中，人们对广播的印象就是"大喇叭"，而在5G技术中的智能物联网通信技术下，广播的形式可呈现出更智能、更现代的特点，如可将机顶盒、智能音响等作为广播传输载体，借助物联网的多媒体通信技术，进行兼具精准性与互动性的广播。例如，在农村生活中进行广播时，即可利用此项技术，借助村民家中的机顶盒进行信息通知，以此保证信息能切实通知到人，这对社会信息传递而言也可谓是一场大的创新。

（3）远程看家

人们外出时难免会考虑到家中的安全问题，是否有外人入侵、是否会出现如火灾等危险事故等拨动着无数人的心弦。以往，面对这些担心，人们只能束手无措，如今，在智能物联网技术的发展之中，远程看家功能已经得以实现，用户可以利用具备摄像功能的智能终端代替普通的监控摄像头进行实时监控，在监控中，用户可以利用终端的多设备联动进行家庭状态的查看、与家中未外出成员的实时对讲、对家中异常情况的及时报警等等，由此可见，这一创新应用能够切实保障用户家庭安全、避免用户离家困扰。

（4）家居联动

在以往的家庭生活中，很多人会备受"遥控器"困扰：打开空调需要空调遥控器、打开电视需要电视遥控器……而在智能物联网技术的发展之中，各项家居可以联动起来，形成一个智能体系，在这一体系中，用户可以借助手机等智能终端，利用远程家居控制技术，进行更简单的家居使用。例如，用户可以借助DTMF指令，以拨号盘按键的方式，进行打开门锁及灯光等家居联动式的服务。

7　结束语

纵观通信技术发展历史中的各个阶段，从1G蜂窝通信技术到5G移动通信技术，其中的种种革新与应用，无一不为人类的生产生活带来巨大便利，如今，在5G技术的飞跃发展与广泛使用之下，社会中可用于信息传递的方式越来越多、信息传递的成本越来越低、传递信息的形式越来越多样，因而，面对万物互联的新生活，探索利用基于智能物联网的多媒体通信技术，打造更安全、可靠、便捷的生活场景，不仅是时代发展的需求，更是社会发展的需要。

参考文献

[1] 张传福，赵立英，张宇. 5G移动通信系统及关键技术［M］. 北京：电子工业出版社，2018.

[2] 程宝平，梁守青. IMS原理与应用［M］. 北京：机械工业出版社，2007.

[3] 吕红卫，冯征，吴成林，等. 核心网架构与关键技术［M］. 北京：人民邮电出版社，2016.

后记

合抱之木，生于毫末；九层之台，起于累土；千里之行，始于足下。

——春秋《老子·六十四章》

    2016年6月，深规院受中国建筑工业出版社邀请，组织编写了《新型市政基础设施规划与管理丛书》，该套丛书共五册，涉及综合管廊、海绵城市、电动汽车充电设施、新能源以及低碳生态市政设施等诸多新型基础设施领域，均是当时我国提出的新发展理念或者重点推进的建设领域，于2018年9月全部完成出版发行。2019年6月，深规院再次受中国建筑工业出版社邀请，组织编写了《城市基础设施规划方法创新与实践系列丛书》，本套丛书共八册，系统探讨了市政详规、通信基础设施、非常规水资源、城市内涝防治、消防工程、综合环卫、城市物理环境、城市雨水径流污染治理等专项规划的技术方法，于2020年6月全部完成出版发行。在短短四年之内，深规院市政规划研究团队共出版了13本书籍，出版后均销售一空，部分书籍至今已进行了六次重印出版，受到了业界人士的高度评价，树立了深规院在市政基础设施规划研究领域的技术品牌。2021年底，当我们得知深圳成为全国首个城市基础设施高质量发展试点城市时，我们团队立即对城市基础设施高质量发展这一命题进行了深入的思考和行动部署。

    一个偶然的机会，在与深圳市发展和改革委员会城市发展处沈立威副处长交流时，他提出能否将过去一年我们公众号发表的关于城市基础设施高质量发展主题的技术总结汇集成册，以便更好地翻阅和学习。与此同时，中国建筑工业出版社朱晓瑜编辑也支持我们将已有的研究内容和技术总结成册出版，并形成《城市基础设施高质量发展探索与实践》一书，将相关实践经验进行分享，旨在为城市基础设施高质量发展提供一点启发和借鉴。我们受到鼓舞和启发，于是启动了本书的编写进程。

    回顾整个研究历程，虽然艰辛但是收获很大。本书既是深规院市政规划研究团队在城市基础设施规划研究领域实践的系统梳理，也是对城市基础设施高质量发展理念、方法和模式的一次思考和探索。全书本着优中选优、契合高质量主题的原则，选取了近两年来30余位作者的40余篇论文，并历时一个月完成了全书书稿的大纲搭建、图文校对和排版工作，以期望高效快速地与大家分享我们的研究成果，每篇论文都凝聚了作者在城市基础设施高质量发展方面的独到思考和探索。

　　本书的编写是一个学习、思考和总结的过程，也是感受集体劳动结晶，感恩各方关心和帮助的过程。感谢深规院这个平台，本书凝结了我们这个集体的辛勤汗水，是深规院这个平台让我们秉行务实规划理念，勤于思考，并使我们坚信"为城市，我们可以做更多"。感谢深圳市发展和改革委员会城市发展处沈立威副处长和中国建筑工业出版社朱晓瑜编辑，一直关注我们团队的发展动态，在本书编写的过程中，给了我们一如既往的鼓励和支持。感谢所有帮助、支持和鼓励完成本书的家人、专家、领导、同事和朋友，是你们的支持和鼓励给了我们认真做研究的动力。

　　本书编写时，正是疫情管控政策进行重大调整之际，持续了三年的新冠疫情正在逐渐消去，祈祷我们祖国繁荣昌盛！祝福我们的城市更加美好！三年来，面对新冠疫情的严峻挑战和考验，我们团队没有停止对城市基础设施规划建设的研究和探索。高质量基础设施让城市更美好，而推动城市基础设施高质量发展，并非一日之功，需要我们守正笃实、久久为功，驰而不息、绵绵用力。推进城市基础设施高质量发展的路还很长很长，我们仅仅迈出了第一步，未来我们将持续深化这个方面的研究。当然，本书在编写过程中难免会存在一些错漏、不足之处，真诚恳请各位读者批评指正。

2023年1月于深圳